普通高等教育"十二五"规划教材

高职高专食品类专业教材系列

生 物 化 学

主　编　江建军
副主编　余彩霞
主　审　贡汉坤

科学出版社

北　京

内 容 简 介

本书主要介绍糖类、蛋白质、酶、维生素和辅酶、核酸、脂类等主要物质的结构、性质、功能以及在生物技术中的应用；物质代谢和能量代谢的一般规律及代谢变化机理；信息分子代谢的理论基础；生物化学实验等内容。

全书在内容选择和编排顺序上尽可能结合生物技术专业实际需要，按照生物化学的体系和规律，力求做到简明扼要、由浅入深、循序渐进、学以致用。本书全面贯彻素质教育思想，从社会发展对高素质劳动者和高级应用型人才需要的实际出发，注重对学生的创新精神和实践能力的培养。适合高等职业教育生物技术类专业学生选用。

图书在版编目（CIP）数据

生物化学/江建军主编. —北京：科学出版社，2011
（普通高等教育"十二五"规划教材·高职高专食品类专业教材系列）
ISBN 978-7-03-032235-7

Ⅰ.①生…　Ⅱ.①江…　Ⅲ.①生物化学-高等职业教育-教材　Ⅳ.①Q5

中国版本图书馆 CIP 数据核字（2011）第 176743 号

责任编辑：沈力匀 / 责任校对：王万红
责任印制：吕春珉 / 封面设计：东方人华平面设计部

科学出版社出版
北京东黄城根北街16号
邮政编码：100717
http://www.sciencep.com

铭浩彩色印装有限公司印刷

科学出版社发行　　各地新华书店经销

*

2011 年 9 月第 一 版　　开本：787×1092 1/16
2014 年 9 月第二次印刷　　印张：18 3/4
印数：1—3 000　　字数：451 000

定价：33.00 元

（如有印装质量问题，我社负责调换〈骏杰〉）

销售部电话 010-62134988　编辑部电话 010-62135235（VP04）

普通高等教育"十二五"规划教材
高职高专食品类专业教材系列
专家委员会

主　任

　　贡汉坤　　　　江苏食品职业技术学院

副主任

　　逯家富　　　　长春职业技术学院

　　毕　阳　　　　甘肃农业大学

　　陈莎莎　　　　中国轻工职业技能鉴定指导中心

委　员

　　侯建平　　　　包头轻工职业技术学院

　　江建军　　　　四川工商职业技术学院

　　朱维军　　　　河南农业职业技术学院

　　莫慧平　　　　广东轻工职业技术学院

　　刘　冬　　　　深圳职业技术学院

　　王尔茂　　　　广东食品药品职业学院

　　于　雷　　　　沈阳师范大学

　　林　洪　　　　中国海洋大学

　　徐忠传　　　　常熟理工学院

　　郑桂富　　　　安徽蚌埠学院

　　魏福华　　　　江苏食品职业技术学院

　　陈历俊　　　　北京三元食品股份有限公司

　　康　健　　　　山西杏花村汾酒集团有限公司

　　陆　绮　　　　香格里拉饭店管理集团

前　言

为认真贯彻落实教育部《关于全面提高高等职业教育教学质量的若干意见》中提出的"加大课程建设与改革的力度，增强学生的职业能力"的要求，适应我国职业教育课程改革的趋势，我们根据食品行业各技术领域和职业岗位（群）的任职要求，以"工学结合"为切入点，以真实生产任务和工作过程为导向，以相关职业资格标准的基本工作要求为依据，重新构建了职业技术（技能）和职业素质基础知识培养两个课程系统。在不断总结近年来课程建设与改革经验的基础上，组织开发、编写了高等职业教育食品类专业教材系列，以满足各院校食品类专业建设和相关课程改革的需要，提高课程教学质量。

生物化学是生物科学中最活跃的分支学科之一，是现代生物学和生物工程技术的重要基础。工业、农业、医药、食品、能源、环境科学等越来越多的研究和生产应用领域都以生物化学理论为依据，以其实验技术为手段。因此《生物化学》是食品类专业和生物技术类专业的重要基础课。

本书是在 2004 年我们编写的高职高专《生物化学》基础上重新编写的。本次编写的过程中，我们对原书的内容做了比较多的修改，删去了一些理论性较强的内容，增加了一些生物学的基本知识和生物化学实验内容。在内容选择和编排顺序上尽可能结合生物技术专业实际需要，按照生物化学的体系和规律，力求做到简明扼要、由浅入深、循序渐进、学以致用。每章后还增加了扩展阅读以激发学生对生物化学的学习兴趣，同时也有助于教师进行分层次教学。

本书主要内容包括：糖类、蛋白质、酶、维生素和辅酶、核酸、脂类等主要物质的结构、性质、功能以及在生物技术中的应用；物质代谢和能量代谢的一般规律。全书通过对动态生物化学变化规律的阐述以说明生物机体所需主要物质的代谢变化机理；通过对信息分子代谢的阐述，以奠定将来对生物技术的研究和新产品的开发所必需的理论基础；书中还专门设置了实验内容，使学生做到边学边练，理论联系实际。

生物化学内容十分广泛，新的理论与研究与日俱增，因此，不可能在有限的篇幅里得以全面介绍。为此，本书除注意精选内容外，力求概念清晰、准确，语言文字简练、易懂，图文并茂、形象、直观等。

全书由四川工商职业技术学院江建军担任主编，四川工商职业技术学院余彩霞担任副主编，江苏食品职业技术学院贡汉坤担任主审。参加本书编写的人员还有：广西工业职业技术学院李晓华；漯河职业技术学院李文典；陕西科技大学职业技术学院王艳；宜兴技师学院卢益中。

本书在编写过程中得到教育部高职高专食品类专业教学指导委员会、教育部高职高专生物技术专业教学指导委员会、中国轻工职业技能鉴定指导中心、科学出版社、四川工商职业技术学院、陕西科技大学职业技术学院、广西轻工职业技术学院、内蒙古农业职业技术学院、包头轻工职业技术学院等领导的大力支持，谨此表示感谢。在编写过程中参考了许多文献、资料，包括大量网上资料，难以一一鸣谢，在此一并表示衷心感谢。

目　录

绪　　论

一、生物化学的定义

生物化学是一门研究生物体的化学组成和生命过程中的化学变化的科学。它运用化学的理论和方法，从分子水平研究生命现象的本质。可以说，生物化学是研究生命本质的化学。一切与生命有关的化学现象都是生物化学的研究对象。

二、生物化学的研究内容

生物化学是研究生物体的化学组成和生命过程中的化学变化的科学。其研究内容可分为静态生化、动态生化及功能生化三部分。其中功能生化主要研究生命物质的结构、功能与生命现象的关系，其内容分散于前两部分。因此，本书需要掌握的知识及实验技能见下图。

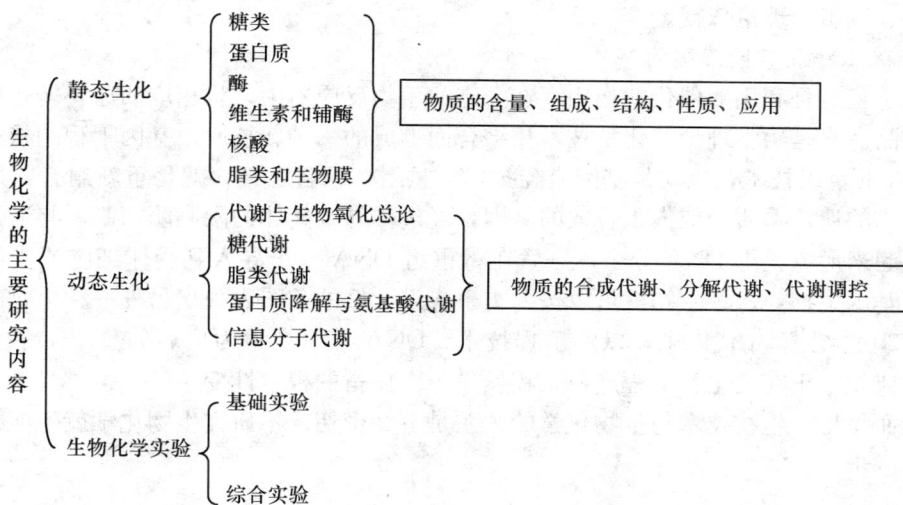

$$
\text{生物化学的主要研究内容}
\begin{cases}
\text{静态生化}
\begin{cases}
\text{糖类} \\
\text{蛋白质} \\
\text{酶} \\
\text{维生素和辅酶} \\
\text{核酸} \\
\text{脂类和生物膜}
\end{cases}
\text{物质的含量、组成、结构、性质、应用} \\[2em]
\text{动态生化}
\begin{cases}
\text{代谢与生物氧化总论} \\
\text{糖代谢} \\
\text{脂类代谢} \\
\text{蛋白质降解与氨基酸代谢} \\
\text{信息分子代谢}
\end{cases}
\text{物质的合成代谢、分解代谢、代谢调控} \\[2em]
\text{生物化学实验}
\begin{cases}
\text{基础实验} \\
\text{综合实验}
\end{cases}
\end{cases}
$$

生物化学研究内容

三、生物化学与生物技术的关系

生物化学是由多学科共同孕育而成的边缘学科，既是是生物及医、农各学科必不可少的基础学科，又是涉及面很广的应用学科；生物技术则是以现代生命科学为基础，结合其他基础科学的科学原理，以提供产品来为社会服务的技术。生物技术包括发酵工程、细胞工程、酶工程和基因工程四大板块。这些板块之间既有独立性又有联系，但它们都是建立在生物化学的基础上的。对生物技术来说，可以从下述几个方面认识生物化学的基础性和实用性。

1. 发酵工程的理论基础

发酵工程是一门利用微生物的生长和代谢活动来生产各种有用物质的工程技术。生物化学关于糖类、脂类、蛋白质、核酸等物质新陈代谢的理论，为工业发酵提供了理论依据。如不同微生物，同样是利用淀粉质原料进行发酵，为什么酒精酵母产生酒精，乳酸细菌产生乳酸，黑曲霉又产生了柠檬酸？诸如这类问题，都需要通过生物化学的研究才能解释；而生物化学关于分子遗传学基础、细胞代谢调控这一部分理论更是工业发酵产品积累的基础。如在有氮源供应的前提下，为什么有的微生物代谢糖质原料能产生并积累谷氨酸，而另一些微生物代谢烃类也能积累谷氨酸？要解决上述问题，也需要通过生物化学研究微生物的代谢规律及生理特点，了解积累发酵产品的最佳条件及产品的理化性质。更重要的是，还要利用这些代谢规律，选择合理工艺途径，提高产品质量。由此可见，生物化学是发酵工程必不可少的理论基础。

2. 细胞工程的理论基础

细胞工程是一种细胞水平上的遗传工程，它是将一种生物细胞中携带遗传信息的细胞核或染色体整个地转移给另一种生物细胞，使新细胞产生具有人们所需要的功能，从而改变受体细胞的遗传特性，打破只有同种生物才能进行杂交的限制，为改良品种或创造新品种开拓了广阔前景。而生物化学关于分子遗传学的研究则是细胞工程进行遗传物质修饰、重组的理论依据。

3. 酶工程和基因工程的基础

酶工程就是利用酶催化的作用，在一定的生物反应器中，将相应的原料转化成所需要的产品。它是酶学理论与化工技术相结合而形成的一种新技术。基因工程的核心技术是 DNA 的重组技术，也就是基因克隆技术。重组，顾名思义，就是重新组合，即利用供体生物的遗传物质，或人工合成的基因，经过体外或离体的限制酶切割后与适当的载体连接起来形成重组 DNA 分子，然后在将重组 DNA 分子导入到受体细胞或受体生物构建转基因生物，该种生物就可以按人类事先设计好的蓝图表现出另外一种生物的某种性状。20 世纪 70 年代以来，以酶工程技术、DNA 重组技术为代表的分子水平上的生物化学成就，正在使生物工程产业工程发生令人振奋的根本性变革。

显而易见，生物技术与生物化学的关系是多么密切。不研究生物化学就不能推动生物技术进步。

四、生物化学的学习方法

（1）建立起以生物功能为轴线的思维体系。

因为生物化学的理论体系是以生物功能为轴线建立起来的，不同于无机化学以元素周期系为基础的理论体系；也不同于有机化学以官能团为基础的理论体系。生物化学分为静态（结构）和动态（代谢）两大部分，两部分之间是互相联系的。结构是代谢的基础，而在学习结构时，往往也涉及一些代谢的知识。学完代谢之后，如果再复习一下结构的知识，会有更深刻的理解。从静态生化到动态生化都贯穿着生物功能这根轴线。静态生化中有些生化物质的概念就与有机化学的不同。关于分子结构与生物功能的关系更是生化重点讨论的内容。例如酶是蛋白质，却又从蛋白质化学中独立出来，以突出研究其结构、功能和作用机理。至于各种物质在细胞中的代谢变化，都有其特定的生物功能。学习研究反应过程和代谢变化规律，要理解正常代谢与生命现象的关系，还要理解正常或非正常代谢与发酵生产的关系。

（2）注意学习技巧。

生化内容虽有静态和动态之分，但编排次序并没有固定的格式，无论怎样编排，前后内容都是平等的，但又互相联系，互相依存。前面的内容常常需要学到后面才能深入理解，学习后面的内容又离不开前面的知识。因此，学习方法上需要前挂后联，温故知新。生物化学有许多需要记忆的知识，也有许多需要理解的知识，既需要记忆，又不能完全死记硬背。应该将书上的思考题尽量做做，以加深对书本内容的理解。生物化学内容很多，平时就应将常用的知识记牢。根据经验，随学随消化，则越学越容易，否则，越学困难越大。经常复习，总结归纳，是很重要的方法。复习时要由纲到目，先粗后细，否则，会觉得内容多，零乱无序，没有系统。

（3）要充分利用实验课的机会加深对生化理论知识的理解，学习实验研究方法，提高分析问题、解决问题和动手的能力。

扩展阅读

生物化学的发展历史

生物化学是一门较年轻的学科，约在 160 年前在欧洲开始，一直到 1903 年才引进"生物化学"这个名词而成为一门独立的学科。它的发展和其他自然科学的发展一样，也是随着生产实践、科学实践的发展而发展的。生物化学的发展可分为：叙述生物化学、动态生物化学及机能生物化学三个阶段。

一、叙述生物化学阶段

本阶段是以分析和研究生物体的物质组成、这些组成成分的理化性质，在各器官的分布、含量、存在形式为主要研究内容。这一时期包括我国古代和欧洲的研究发现，可看作生物化学的萌芽阶段。

我国古代人们在饮食、营养及医药上有很多发明创造，并从中获得了一些生物化学方面的知识与经验。

1. 饮食方面

公元前 21 世纪，我国人民已能造酒，相传夏人仪狄作酒，禹饮而甘之，作酒必用曲，故称曲为酒母，又叫做酶，与媒通，是促进谷物中主要成分的淀粉转化为酒的媒介物。现在我国生物化学工作者将促进生物体内化学反应的媒介物（即生物催化剂）统称为酶，从《周礼》的记载来推测，公元前 12 世纪以前，已能制饴；饴即今之麦芽糖，是大麦芽中的淀粉酶水解谷物中淀粉的产物。《周礼》称饴为五味之一。不但如此，在这同时，还能将酒发酵成醋。醋亦为五味之一。《周礼》上已有五味的描述。可见我国在上古时期，已使用生物体内一类很重要的有生物学活性的物质——酶，为饮食制作及加工的一种工具。这显然是酶学的萌芽时期。

2. 营养方面

《黄帝内经·素问》的"藏气法时论"篇记载有"五谷为养，五畜为益，五果为助，五菜为充"，将食物分为四大类，并以"养"、"益"、"助"、"充"表明在营养上的价值。这在近代营养学中，也是配制完全膳食的一个好原则。谷类含淀粉较多，蛋白质亦不少，宜为人类主食，是生长、发育以及养生所需食物中之最主要者；动物食品含蛋白质，质优且丰富，但含脂肪较多，不宜过多食用，可用以增进谷类主食的营养价值而有益于健康，果品及蔬菜中无机盐类及维生素较为丰富，且属于粗纤维，有利食物消化及废物的排出；如果膳食能得到果品的辅助，蔬菜的充实，营养上显然是一个无可争辩的完全膳食。膳食疗法早在周秦时代即已开始应用，到唐代已有专书出现。孟诜（公元 7 世纪）著《食疗本草》及昝殷（约公元 8 世纪）著《食医必鉴》等二书，是我国最早的膳食疗法书籍。宋朝的《圣济总录》（公元前 12 世纪）是阐明食治的。元朝忽思慧（公元 14 世纪）针对不同疾患，提出应用的食物及其烹调方法，并编写成《饮膳正要》。由此可看出我国古代医务工作者应用营养方面的原理，试图治疗疾患的一些端倪。

3. 医药方面

我国研究药物最早者据传为神农。神衣后世又称炎帝，是始作方书，以疗民疾者。《越绝书》上有神农尝百草的记载。自此以后，我国人民开始用天然产品治疗疾病，如用羊靥（包括甲状腺的头部肌肉）治甲状腺肿，紫河车（胎盘）作强壮剂，蟾酥（蟾蜍皮肤疣的分泌物）治创伤，羚羊角治中风，鸡内金止遗尿及消食健胃等。而最值得一提的是秋石。秋石是从男性尿中沉淀出的物质，用以治病者。其制取确实是最早从尿中分离类固醇激素的方法，其原理颇与近代有所相同。近代的方法为 Windaus 等在 20 世纪 30 年代所创，而我国的方法则出自 11 世纪沈括（号存中）著的《沈存中良方》中，现仍可在《苏沈良方》中寻着。其详细制法，在《本草纲目》上亦有记载，可概括为用皂角汁将类固醇激素，主要为睾酮，从男性尿中沉淀出来，反复熬煎制成结晶，名为秋石。皂角汁中含有皂角苷，是常用以提炼固醇类物质的试剂。这样看来，人类利用动物产品，调节生理功能，治疗疾病是从 10 世纪开始，实为内分泌学的萌芽。

这样看来，中国古代在生物化学的发展上，是有一定贡献的。但是由于历代封建王朝的尊经崇儒，斥科学为异端，所以近代生物化学的发展，欧洲就处于领先地位。18 世纪中叶，Scheele 研究生物体（植物及动物）各种组织的化学组成，一般认为这是奠定现代生物化学基础的工作。随后，Lavoisier 于 1785 年证明，在呼吸过程中，吸进的氧气被消耗，呼出二氧化碳，同时放出热能，这意味着呼吸过程包含有氧化作用，这是生物氧化及能代谢研究的开端。接着，Beaumont（1833 年）及 Bernard（1877 年）在消化基础上，Pasteur（1822～1895 年）在发酵上，以及 Liebig（1803～1873 年）在生物物质的定量分析上，都做出显著的贡献。1828 年 Wohler 在实验室里将氰酸铵转变成尿素，氰酸铵是一种普通的无机化合物，而尿素是哺乳动物尿中含氮物质代谢的一种主要产物，人工合成尿素的成功，不但为有机化学扫清了障碍，也为生物化学发展开辟了广阔的道路。自此直到 20 世纪初叶，对生物体内的物质，如脂类、糖类及氨基酸的研究，核质及核酸的发现，多肽的合成等，而更有意义的则是在 1897 年 Buchner 制备的无细胞酵母提取液，在催化糖类发酵上获得成功，开辟了发酵过程在化学上的研究道路，奠定了酶学的基础。9 年之后，Harden 与 Young 又发现发酵辅酶的存在，使酶学的发展更向前推进一步。

二、动态生物化学阶段

在了解生物体物质组成的基础上，人们开始进一步研究各组成物质的代谢，及酶、激素等在生物体物质代谢中的作用。如在营养方面，研究了人体对蛋白质的需要及需要量，并发现了必需氨基酸、必需脂肪酸、多种维生素及一些不可或缺的微量元素等。在内分泌方面，发现了各种激素。许多维生素及激素不但被提纯，而且还被合成。在酶学方面 Sumner 于 1926 年分离出尿酶，并成功地将其做成结晶。接着，胃蛋白酶及胰蛋白酶也相继做成结晶。这样，酶的蛋白质性质就得到了肯定，对其性质及功能才能有详尽的了解，使体内新陈代谢的研究易于推进。期间，随着同位素示踪技术、色谱技术等物理学手段的广泛应用，生物化学从单纯的组成分析深入到物质代谢途径及动态平衡、能量转化，光合作用、生物氧化、糖的分解和合成代谢、蛋白质合成、核酸的遗传功能、酶、维生素、激素、抗生素等的代谢。第二次世界大战后，特别从 20 世纪 50 年代开始，生物化学进入了一个蓬蓬勃勃的发展时期，对体内各种主要物质的代谢途径均已基本搞清楚。

三、机能生物化学阶段

近 20 多年来，除早已在研究代谢途径时所使用的放射性核素示踪法之外，还建立了许多先进技术及方法。例如，在分离和鉴定各种化合物时，有各种各样敏感而特异的电泳法及层析法，还有特别适用于分离生物大分子的超速离心法；在测定物质的化学组成时，可使用自动分析仪，如氨基酸自动分析仪等；甚至在测定氨基酸在蛋白质分子中的排列顺序时，也有可供使用的自动顺序分析仪。还有不少近代的物理方法和仪器（如红外、紫外、X 线等各种仪器），用以测定生物分子的性质和结构。在知道生物分子的结构之后，就有可能了解其功能，还有可能用人工方法合成。如：1965 年我国的生物化学工作者和有机化学工作者首先人工合成了有生物学活性的胰岛素，开阔了人工合成生物分子的途径。

除此之外，生物化学家也常常采用人工培养的细胞及繁殖迅速的细菌，作为研究材料，并用现代的先进手段，不但把糖类、脂类及蛋白质的分解代谢途径弄得更清楚，而且还将糖类、脂类、蛋白质、核酸、胆固醇、某些固醇类激素、血红素等的生物合成基本上已搞明白；不但测出了某些有生物学活性的重要蛋白质的结构（包括一、二、三及四级结构），尤其是一些酶的活性部位，而且还测出了一些脱氧核糖核酸（DNA）及核糖核酸（RNA）的结构，从而确定了它们在蛋白质生物合成及遗传中的作用。体内构成各种器官及组织的组成成分都有其特殊的功能，而功能则来源于各种组成的分子结构；有特殊机能的器官和组织，无疑是由具有特殊结构的生物分子所构成。探索结构与功能之间的关系正是现时期的任务。所以，可以认为生物化学已进入机能生物化学阶段。

20世纪70年代以后，由于现代物理、化学的发展为生命科学研究提供了先进的仪器和方法，生物化学也有了新的发展，也使得生命科学成为21世纪领头学科。其在人类生活的众多领域，如医药学、农学、生物能源的开发、环境治理、酶工程、单细胞蛋白的生产、微生物采矿、医用生物材料和可降解塑料的制备、法医学等领域都发挥着重要的作用。

四、生物化学研究的前沿内容

蛋白质三维结构与功能关系的研究：重点在于完整、精确、动态地测定蛋白质在溶液和晶体状态下的三维结构，并分析与其功能的关系。

蛋白质折叠的研究：主要包括生物体内新生肽链的折叠和体外变性蛋白的重折叠，以及以氨基酸序列知识为基础的蛋白质构象预测。

多肽工程和蛋白质工程：主要包括通过有控制的基因修饰和基因合成，对现有蛋白质和多肽加以定向改造，同时设计并最终生产比自然界已有的性能更加优良、更加符合人类需要的蛋白质和多肽。

核酸的结构与功能研究：包括 tRNA 结构与功能、核糖体的结构与功能、DNA 的复制、RNA 的翻译、酶活性 RNA 的结构与功能、snRNA 的结构与功能研究。对反义核酸及酶活性 RNA 的应用研究。

蛋白质功能的研究，例如酶促作用，受体识别，分子间专一性结合的机理，信息通过受体本身或通过分子间的作用而传递的机理。20世纪80年代以来，酶学中具有突破性进展的是酶活性 RNA 和抗体酶的发现。酶结构与功能的研究中有效的方法是蛋白质工程和一些物理技术，如荧光淬灭、核磁共振等，已经可以描绘出酶蛋白的立体构象。固定化酶和生物传感器的研究已经产生了巨大的效益。酶学研究包括三个部分：基础酶学，包括酶的结构与功能、动力学、酶分子设计等；应用酶学，包括疾病的诊断、治疗、物质测定及酶在工农业等的应用；酶工程，包括固相载体、固定化技术、酶传感器等。

基因信息的表达、传递、调控等的机理研究。基因表达调控的分子机理。包括核酸-蛋白质的相互作用，转录、翻译和后加工过程中顺式元件和反式因子的作用等。

基因工程的研究。包括基础研究（如基因表达调控、工程化宿主、翻译后加工、肽链折叠等）和关键技术（如基因体外操作和基因转移技术、包涵体后处理、肽链再折叠、高密度培养技术等）研究。

生物分子的合成和组装。包括膜脂与膜蛋白的相互作用，膜蛋白之间的相互作用，物质跨膜传送，跨膜信息传递和脂质体功能等研究。

细胞分裂和繁殖的生化进程及控制机理。细胞及组织的生长、分化、衰老的分子基础。

第一章　生物分类及细胞结构

☞　**课前导读**

　　地球上现有生物众多，目前人们已经命名的约有 200 万种，其中动物约有 150 万种，植物约有 50 万种。据科学家估计，世界上有 2000 万～5000 万种生物还有待发现和命名。为了研究、保护和利用如此丰富多彩的生物世界，科学家根据它们的相似程度（包括形态结构和生理功能等），对它们进行比较、梳理、分类，逐步建立了生物分类学。

　　地球上绝大多数生物体都是由细胞构成的，细胞是一切生命活动的基本功能单位和代谢单位。一般来说，细胞都包括细胞膜、细胞质和细胞核三部分。

　　组成细胞的化学物质可分为两大类：无机物和有机物。在无机物中水是最主要的成分，占细胞物质总含量的 75%～80%。糖类、脂类、蛋白质及核酸等大分子化合物则占细胞干重的 90%，是构成生物体的重要有机成分，在细胞的新陈代谢中发挥着不可忽视的作用。

☞　**教学目标**

　　(1) 了解常见的几种生物分类系统。
　　(2) 熟悉细胞的基本结构。
　　(3) 了解细胞的化学组成成分。

第一节　生 物 分 类

　　地球上现有生物众多，为了便于人们研究、保护和利用各种生物，科学家根据生物的相似程度（包括形态结构和生理功能等），对它们进行比较、梳理、分类，逐步建立了生物分类学。生物分类学是一门研究生物分类理论和方法的学科。它的形成，有利于人们认识生物，了解各个生物类群之间的亲缘关系、进化关系，从而掌握生物的生存和发展规律，为更广泛、更有效地保护和利用自然界丰富的资源提供方便。

一、分类学的发展

　　人们对生物的分类，最早可追溯到 2000 多年前。中国《尔雅》这本古书，就谈到了动、植物的分类，它把植物分为草、木两类，动物分为虫、鱼、鸟、兽诸类。

　　18 世纪，瑞典一个叫林奈的科学家，发明了流传至今的双命名法。即用拉丁文给每一种生物命名：其中一个是它的属名，一个是它的种名，例如：稻的学名是

Oryza. Sativa，前面的那个拉丁词是稻的属名，后面是它的种名，对生物进行了比较科学地分类。

19 世纪，英国的博物学家达尔文和德国的动物学家海克尔按照自然界中生物的亲缘关系的近疏给以分门别类，开创了用系统树来表示生物类群的亲缘关系。1866 年，海克尔在他的《普通形态学》一书中，就用这种树形图表简明地表示了生物的亲缘关系和类别及进化过程。

后来，科学家们又按生物之间相似程度定出了生物分类的等级，即界、门、纲、目、科、属、种。其中，界是最大的分类单位，往下依次递小，在越是大的分类单位中，生物彼此的共同特征越少，亲缘关系越远；在越是小的分类单位中，共同特征越多，亲缘关系越近。

但是，即使这样，分类方法还不尽完善。20 世纪生物学进入分子生物学水平，科学家采用比较生物体内染色体及染色体上排列的基因顺序的异同，来进行生物分类，这样使生物分类更准确、更科学。相信不久的将来，会有更先进的生物分类方法被研究出来。

二、生物的分界

随着人们研究技术的改进和认识的深入，生物的分类系统也发生着一系列的变迁。先后提出了如下几个分类系统。

1. 两界系统

18 世纪，瑞典自然科学家林奈注意到周围的生物有固着不动与能自由行动、自养型与异养型之分。为此，他将整个生物分成相应的两大类：植物界和动物界。其中凡有绿色叶片，可以进行光合作用，制造有机物，根生于土中，不能自由运动，并能无限生长的就是植物。与此相反，能自由运动，不营光合作用，以植物或其他有机物为营养，并有限生长的，都属动物界。该系统把细菌类、藻类和真菌类归入植物界，把原生动物类归入动物界。这个系统自问世以来，一直沿用到 20 世纪 50 年代。

2. 三界系统

两界分类系统中，由于原生动物能自由运动，且以其他有机物为营养，因此被归入动物界；而一些藻类则因它们不能自由行动，属自养型，因而被归入植物界。但它们有一共同的基本特点：都是单细胞生物，在结构上远比多细胞的动物和植物简单。所以，1866 年，德国生物学家海克尔从生物进化角度出发，在两界分类系统的基础上又增加一个原生生物界：包括单细胞动物和其他一些难以归入动物界或植物界的单细胞生物，作为植物界和动物界的祖先。这个三界（原生生物界、植物界和动物界）分类系统，初步地反映了生物进化的途径，解决了动植物界限难分的问题。但该观点一直到 20 世纪 50 年代，才开始被人们接受。

20 世纪 70 年代末，这个分类原则受到伍斯研究工作的挑战，他用寡核苷酸序列编目分析法对 60 多株细菌的 16SrRNA 序列进行比较后，惊奇地发现：产甲烷细菌完全没有作为细菌特征的那些序列，于是提出了生命的第三种形式——古细菌。随后他又对包括某些真核生物在内的大量菌株进行了 16Sr RNA（18SrRNA）序列的分析比较，又发现极端嗜盐菌和极端嗜酸嗜热菌也和产甲烷细菌一样，具有既不同其他细菌也不同于其核生物的序列特征，而它们之间则具有许多共同的序列特征。于是提出将生物分成为三界（后来后改称三个域）：古细菌、真细菌和真核生物。1990 年，为了避免把古细菌也看作是细菌的一类，他又把三界（域）改称为：细菌、古生菌和真核生物。并构建了三界（域）生物的系统树。

伍斯三界理论提出后，国际上对生物的系统发育进行了更广泛的研究，除了继续对 rRNA 序列进行比较外，还广泛研究了其他特征，包括许多表型特征。研究结果表明：三界理论虽然是根据 16SrRNA 序列的比较提出的，但其他特征的比较研究结果也在一定程度上支持了三界生物的划分。

3. 四界系统

在三界分类系统，只因真菌类（如我们日常食用的蘑菇以及遗传上常用的实验材料粗糙脉胞菌和面包酵母）固着生活和有细胞壁而归入植物界。但真菌细胞壁的化学组成是几丁质（而不是纤维素），储存的是糖原（而不是淀粉），这些都有别于其他植物。真菌虽为异养型，但主要为腐生或寄生，有别于动物的异养摄生或异养摄食；真菌为细胞外消化，即把其消化酶分泌到食物上，在胞外把食物分解后再吸收到胞内供利用，也有别于动物的细胞内消化。由于真菌与植物和动物的上述明显差异，所以在 1959 年惠特克提出了另立一个真菌界的四界（原生生物界、真菌界、植物界和动物界）分类系统。

4. 五界系统

随着显微镜技术的发展，可把细胞分成两大类：原核细胞和真核细胞。原核细胞很小，其体积约为真核细胞的千分之一；原核细胞染色体为裸露 DNA（即没有与蛋白质结合），其周围也没有膜与细胞其他部分隔开（即为原核），真核细胞染色体为 DNA 和蛋白质的结合物，且有核膜与细胞其他部分隔开（即为真核）。这两大类细胞的差异，反映了生物进化的不同水平，所以惠特克于 1969 年又提出了五界分类系统：原核生物界，包括细菌和其他原核生物；原生生物界，包括单细胞真核生物，如原生动物和多数藻类；真菌界；植物界；动物界。这是目前应用最为广泛的分类系统，因它基本上反映了地球细胞生物的进化历程。在结构上，从原核生物界进化到单细胞的真核生物（原生生物界），再进化到多细胞的真核生物；在营养上，从异养生物进化到自养和异养共存，构成了一个完善的物质和能量循环体系。

目前，生物分类学上使用较广的是五界分类系统，它是由美国生物学家魏泰克（R. H. Whittaker）在 1969 年提出的。魏泰克在已区分了植物与动物、原核生物与真核生物的基础上，又根据真菌与植物在营养方式和结构上的差异，把生物界分成了原核生物界、原生生物界、真菌界、植物界和动物界五界。

5. 六界分类系统

我国生物学家陈世骧提出了一个六界系统，他把生物界分为三个总界：非细胞总界、原核总界、真核总界。非细胞总界包括病毒界（包含类病毒）；原核总界包括细菌界及蓝藻界；真核总界包括植物界、真菌界及动物界。总共为六界。其中，由于病毒是一类非细胞生物，关于它们的来历，是原始类型，还是次生类型，仍未定论，从而尚不能确定其分类地位。

第二节　细胞的基本结构与化学组成

　　细胞是由膜包围的原生质团，可以通过质膜与周围环境进行物质和信息交流，具有一套完整的代谢和调节体系。它是地球上绝大多数生物体的基本组成单位，也是一切生命活动的基本功能单位和代谢单位。

　　细胞严密的结构（图1-1）是生物体新陈代谢得以顺利进行的一个重要因素。一般来说，细胞都包括细胞膜、细胞质和细胞核三部分，下面将简要的介绍其结构与功能。

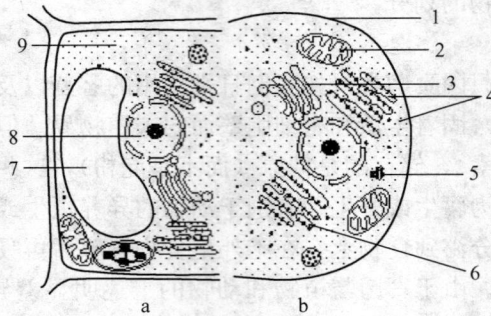

图1-1　细胞结构图
a. 植物细胞；b. 动物细胞

1. 细胞膜；2. 线粒体；3. 高尔基体；4. 核糖体；5. 中心体；6. 粗面内质网；7. 液泡；8. 细胞核；9. 细胞质

一、细胞的基本结构

1. 细胞膜

　　细胞膜曾指质膜，现泛指包括细胞质和细胞器的界膜。位于细胞表面，厚度通常为7～8nm，由磷脂双分子层和相关蛋白质以及胆固醇和糖脂组成（图1-2）。

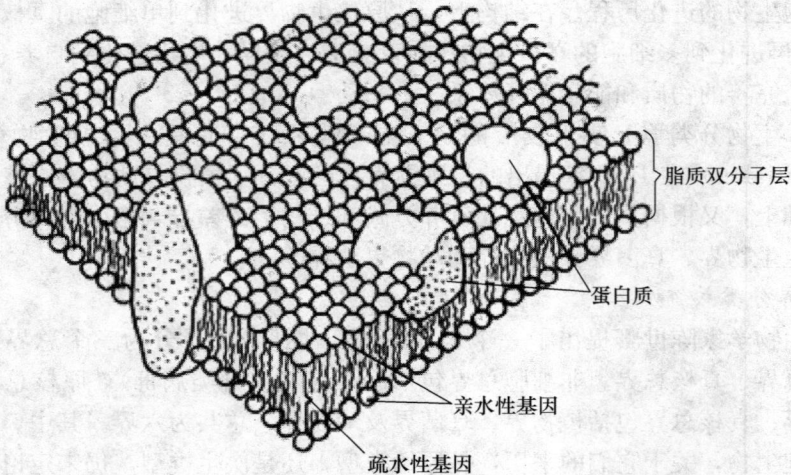

脂质双分子层

蛋白质

亲水性基因

疏水性基因

图1-2　细胞膜结构

　　细胞膜最重要的特性是半透性，或称选择透过性，即对进出入细胞的物质有很强的选择透过性，从而使细胞维持稳定代谢的胞内环境。此外，在细胞识别、信号传递、纤维素合成和微纤丝的组装等方面，质膜也发挥重要作用。

　　为了解释细胞膜的选择透过性，科学家们先后提出了数十种细胞膜的结构假说，其中得到较多实验事实支持而目前仍为大多数人所接受的是美国的 S. J. Singer 和 G. L. Nicholsom 于 1972 年提出的流体镶嵌模型。这一假想模型的基本内容是：膜的共同结构特点是以液态脂质双分子层为基架，其中镶嵌着具有不同分子结构，因而也具有不同生理功能的蛋白质，后者主要以 α-螺旋或球形蛋白质的形式存在。其局限性在于未表达出流动性不均一。

　　2. 细胞质

　　细胞质又称胞浆，是细胞质中均质而半透明的胶体部分，充填于其他有形结构之间。细胞质包括基质、细胞器和包含物。基质指细胞质内呈液态的部分，是细胞质的基本成分，主要含有多种可溶性酶、糖、无机盐和水等。细胞器是分布于细胞质内、具有一定形态、在细胞生理活动中起重要作用的结构。它包括：线粒体、内质网、高尔基体、溶酶体等。

　　1）线粒体

　　不同类型细胞，其线粒体的形状、大小和数量差异甚大。一般其外形呈椭圆形，横径为 0.5～1nm，长 2～6nm。内含三羧酸循环的全部酶和呼吸链的所有成分，能将糖类、脂类等彻底氧化分解，产生大量的 ATP，供细胞进行各种生命活动所用。因此，有"动力工厂"之称。线粒体结构如图 1-3 所示。

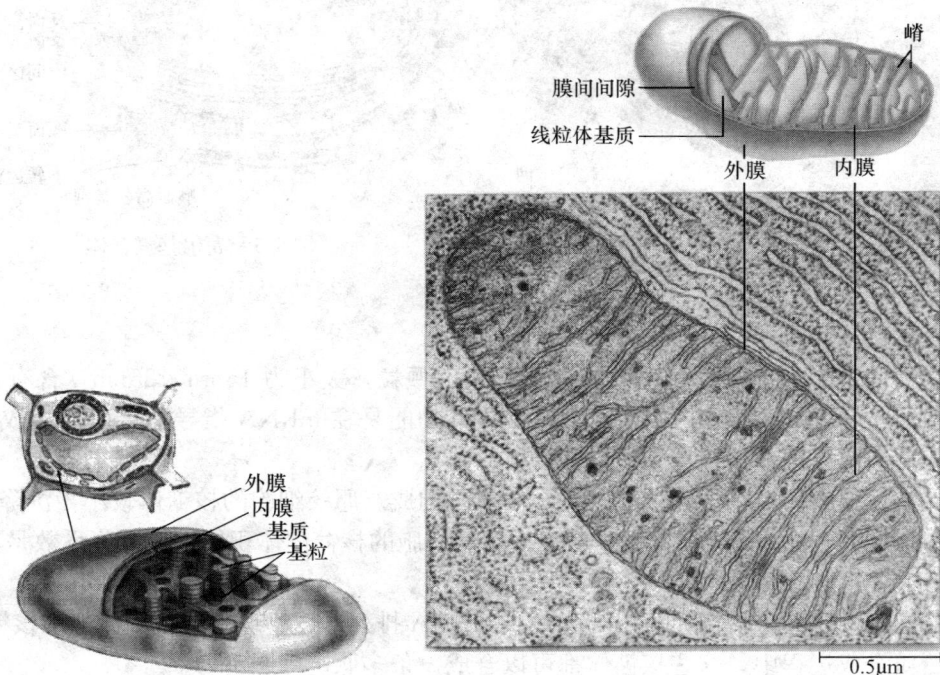

图 1-3　线粒体结构图

2) 内质网

内质网是扁平囊状或管泡状膜性结构，它们以分支互相吻合成为网络，有粗面内质网与滑面内质网之分（图 1-4）。粗面内质网多分布在分泌蛋白旺盛的细胞（如浆细胞、腺细胞）中；滑面内质网多是管泡状，仅在某些组胞中很丰富，如小肠吸收细胞可摄入脂肪酸、甘油及甘油一酯，在滑面内质网上酯化为甘油三酯，肝细胞摄取的脂肪酸也是在滑面内质网上被氧化还原酶分解，或者再度酯化；此外，横纹肌细胞中的滑面内质网膜上有钙泵，可将细胞质基质中的 Ca^{2+} 泵入、储存起来，导致肌细胞松弛，在特定因素作用下，又可将储存的 Ca^{2+} 释出，引起肌细胞收缩，从而起到调节机体生命活动的作用。

3) 高尔基复合体

高尔基复合体由扁平囊、小泡和大泡三部分组成（图 1-5）。其中，扁平囊有 3～10 层，平行紧密排列构成高尔基复合体的主体。其功能在于对来自粗面内质网的蛋白质进行加工、修饰、糖化与浓缩，使之变为成熟的蛋白质，如在胰岛 B 细胞中将前胰岛素加工成为胰岛素。高尔基复合体在细胞中的分布和数量依细胞的类型不同而异，一般来说，在蛋白质分泌旺盛的细胞中高尔基复合体发达。

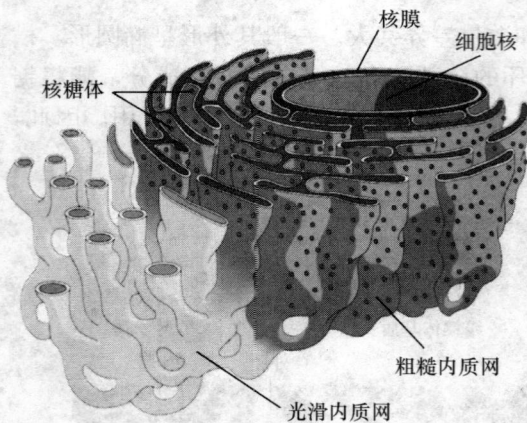

图 1-4　内质网

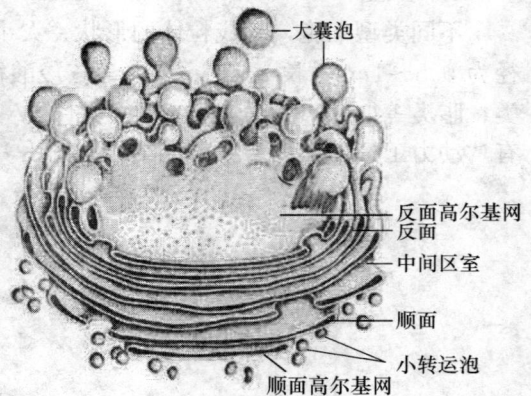

图 1-5　高尔基复合体

4) 核糖体

核糖体是附着于内质网膜上的椭圆形致密颗粒，大小为 $15nm \times 25nm$，含有 40％的蛋白质与 60％的核糖体 RNA（rRNA）。其功能是在 mRNA 指导的蛋白质合成过程中，起着装配台的作用。

完整的核糖体由一个大亚基与一个小亚基构成。原核细胞的核糖体较小，沉降系数为 70S，由 50S 和 30S 两个亚基组成；而真核细胞的核糖体体积较大，沉降系数是 80S，由 60S 和 40S 两个亚基组成。

活细胞中，许多核糖体可以沿着一条 mRNA 排列形成串珠状或花簇状的多核糖体，在蛋白质合成过程中，这些核糖体都可以合成一条多肽链（图 1-6）。

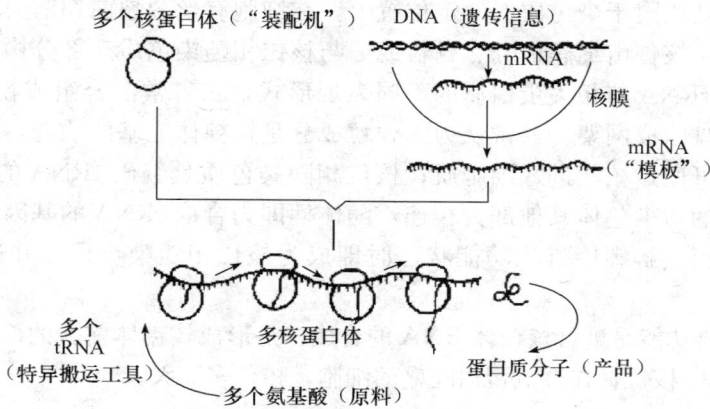

图 1-6 多核糖体

5）包涵物

包涵物是细胞质中本身没有代谢活性，却有特定形态的结构。有的是储存的能源物质，如糖元颗粒、脂滴；有的是细胞产物，如分泌颗粒、黑素颗粒；残余体也可视为包涵物。

3. 细胞核

细胞核是遗传物质储存、复制和转录的场所。根据是否有核膜将遗传物质与细胞质分开，可将细胞分为原核细胞和真核细胞。原核细胞由于其没有核膜，遗传物质集中在一个没有明确界限的低电子密度区，因此，只具有核区；真核细胞则具有形态完整、有核膜包裹的细胞核，其由核被膜、核基质、染色质和核仁四部分构成（图 1-7）。

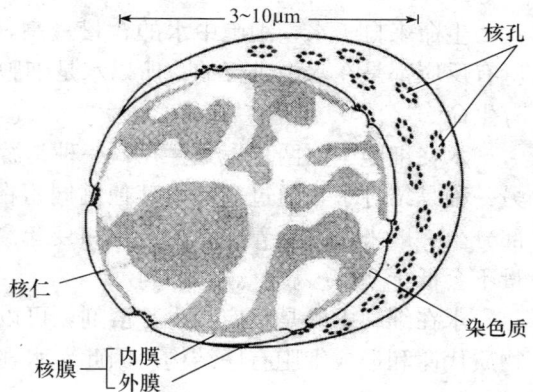

图 1-7 细胞核结构

1）核被膜

核被膜是包在细胞核外，由核膜和核纤层两部分组成的外被，其上有许多核孔，是细胞核与细胞质间进行物质交换的选择性通道。

2）染色质

染色质是指间期细胞内由 DNA、组蛋白和非组蛋白及少量 RNA 组成的线形复合结构，是间期细胞遗传物质存在形式。固定染色后，在光镜下能看到细胞核中经许多或粗或细的长丝交织成网的物质，从形态上可以分为常染色质和异染色质。常染色质呈细丝状，是 DNA 长链分子展开的部分，非常纤细，染色较淡。异染色质呈较大的深染团块，常附在核膜内面，DNA 长链分子紧缩盘绕的部分。

3）核仁

核仁是指在细胞核中一个没有膜包裹的圆形或椭圆形小体。核仁是细胞核中染色最深的部分，且依附于染色质的一定位置上，在细胞有丝分裂前期消失，后期又重新出现。电镜下，核仁由细丝成分、颗粒成分与核仁相随染色质三部分构成。细丝成分与颗粒成分是 rRNA 与相关蛋白质的不同表现形式，二者常混合组成粗为 60～80nm 核仁丝，后者盘曲成网架。通常认为，颗粒成分是核糖体亚基的前身，由细丝成分逐渐转变而成，可通过核孔进入细胞质；核仁相随染色质是编码 rRNA 的 DNA 链的局部，通过随体柄与染色体其他部分相连，随体柄即为合成 rRNA 的基因位点，又称核仁组织者区，当其解螺旋进入功能状态时即成为核仁相随染色质，并进一步发展为核仁。

核仁的主要功能是进行核糖体 RNA 的合成，是形成核糖体前身的部位。大多数细胞可具有 1～4 个核仁，在合成蛋白旺盛的细胞，核仁多而大。

4）核基质

核基质是指充满于细胞核空间，且由蛋白质组成的网状结构，具有支撑细胞核和提供染色质附着点的功能。

二、细胞的化学成分

从细胞结构可知：细胞是由多种化合物共同组成的。其含量常因不同生物、同种生物的不同生长阶段而不同，现简介如下，具体内容请查阅本书的第二章、第三章、第四章、第五章、第六章。

1. 水

生命来自于水，细胞中水的含量最高，通常占细胞总量的 70％～80％。细胞中的所有反应都是在水中进行的，所以水是细胞生命的活动介质。可以说，没有水，就不会有生命。

水在细胞中以两种形式存在：一种是游离水，约占 95％，是细胞代谢反应的溶剂；另一种是结合水，通过氢键或其他键同蛋白质结合，占 4％～5％，是原生质结构的一部分。一般来说，随着细胞的生长和衰老，细胞的含水量逐渐下降，但是活细胞的含水量不会低于 75％。

水在细胞中既是反应物也是溶剂，可以溶解无机物，调节温度，参加酶反应，参与物质代谢和形成细胞有序结构。因此，水在细胞中的具有非常重要的作用。

2. 无机盐

在细胞中含量不高，但它们的功能却非常重要。主要的无机盐有钠、钾、镁、钙、铁等 10 种，此外还有铜、锰等。它们有的和有机化合物结合为有机盐类，有的则直接以无机盐类存在，直接或间接的影响着生物体的各种代谢，借以调节机体的生理功能。

3. 有机化合物

细胞中，糖类、蛋白质及核酸等生物大分子占细胞干重的 90％，是构成生物体的重要有机成分，在细胞的新陈代谢中发挥着不可忽视的作用。

（1）糖类：一方面糖类可通过氧化分解释放供机体各种生理活动所需的能量；另一方面，部分糖类还可与脂类、蛋白质共同构成细胞的结构物质糖脂、糖蛋白等。

（2）蛋白质：一方面蛋白质作为结构物质，是细胞膜的重要组成成分；另一方面，蛋白质还以酶、激素等形式，调节机体的各种化学反应，从而影响生物体的生命活。可以说没有蛋白质的存在，没有蛋白质的自我更新，任何生命活动都是难以想象的。

本章小结

地球上的生物千姿百态、种类繁多。为了便于研究，科学家们建立了生物分类学。随着人们研究技术的改进和认识的深入，生物的分类系统也发生着一系列的变迁，先后出现了二界系统、三界系统、五界系统、六界系统等分类系统。目前，生物学家较多地接受五界系统或六界系统。

细胞严密的结构是生物体新陈代谢得以顺利进行的一个重要因素。一般来说，细胞都包括细胞膜、细胞质和细胞核三部分，其分别是由不同数量、不同种类的蛋白质、糖类等化合物共同组成的。

学习本章内容应在了解生物分类必要性及细胞结构的基础上做到：

(1) 了解常见的几种生物分类系统。

(2) 熟悉细胞的基本结构。

(3) 了解细胞的化学组成成分。

习题

(1) 简述生物分类学的意义。

(2) 简述五界系统基本内容。

(3) 简述细胞的基本结构及其功能。

扩展阅读

真核细胞与原核细胞的区别

提起真核细胞与原核细胞的区别，人们首先想到的是细胞核的区别，而细胞核的区别首先得考虑是否有成形的细胞核，即核膜的有无问题。原核细胞由于没有核膜，遗传物质集中在一个没有明确界限的低电子密度区，因此，只具有核区；真核细胞的遗传物质则是由核膜将其与细胞质分开的，因此，具有成形的细胞核。此外，二者在遗传物质上也有差别：原核细胞的遗传物质通常是裸露的环状 DNA 分子；而真核细胞的遗传物质通常和其他物质结合，比如和蛋白质等结合成染色体。除了上述区别外，遗传物质在细胞质中的存在位置也是一个重要差别：原核细胞的质基因直接存在于细胞质基质中，而真核细胞的质基因多分布于细胞器（比如叶绿体和线粒体）中。

　　其次，看细胞质上的差别：细胞质包括细胞质基质和细胞器。关于细胞质基质，我们不做探讨，而是将侧重点放在细胞器上。真核细胞内具有线粒体、核糖体、高尔基体等复杂的细胞器，借此完成复杂的生命活动。但原核细胞内只有无膜结构的核糖体，用以合成维持生命活动的基本物质——蛋白质。

　　再次，看细胞膜上的差别：据有关资料显示，原核细胞膜上的蛋白质含量明显高于真核细胞。原因如下：真核细胞体积大，相对表面积小，但真核细胞的生命活动比较复杂，复杂的生命活动需要广阔的膜面积，这样只有借助于胞内的生物膜来弥补这一"缺陷"；原核生物体积小，相对表面积大，与外界的物质交换效率高，但它因为胞内没有像真核细胞那样的由膜包被的细胞器来扩大其相对表面积，所以很多生命活动均由细胞膜来完成，比如有氧呼吸过程（真核细胞是在线粒体内进行的）。这样势必会增大膜上蛋白质的含量。

　　最后，看细胞壁上的区别：原核细胞大部分有细胞壁，成分为蛋白质和糖类；真核细胞中，不同生物的细胞壁成分也有所不同，如植物细胞的细胞壁成分为纤维素和果胶，而酵母细胞的细胞壁则是由葡聚糖、甘露聚糖、蛋白质、几丁质及少量脂类构成。

　　由上述分析可知：真核细胞与原核细胞在大小、结构等方面存在差异，具体内容见表 1-1。

表 1-1　原核细胞和真核细胞的区别

比较项目	原核细胞	真核细胞
大小	大多数很小（1～10μm）	大多数较大（10～100μm）
细胞核	无膜包围	有双层膜包围
遗传	环状裸露 DNA 或者结合少量蛋白质	线状 DNA，与蛋白质结合成染色质
	细胞质中有质粒 DNA	线粒体、叶绿体中有环状裸露 DNA
	一个细胞只有 1 条 DNA 分子	2 条 DNA 以上
	DNA 很少或者没有重复序列，无内含子	有高度重复，有内含子
	DNA 复制转录核翻译同一时间地点进行	复制转录在核中，翻译在细胞质中
内膜系统	无独立内膜系统	有，并且分化成细胞器
	无线粒体、叶绿体、高尔基体、内质网等细胞器	具有各种膜包被的细胞器
细胞质	无细胞骨架	有细胞骨架
	无中心粒	有中心粒
	核糖体 70S	核糖体 80S
细胞膜	鞭毛由鞭毛蛋白组成	主要由微管组成
	电子传递链、氧化磷酸化位于质膜上	电子传递链、氧化磷酸化位于线粒体内膜上
细胞壁	肽聚糖和壁酸组成	纤维素和果胶
繁殖方式	无丝分裂	无丝分裂、有丝分裂、减数分裂

第二章 糖 类

☞ **课前导读**

　　糖类化合物亦称碳水化合物，是自然界中最丰富的有机物。多糖是单糖的聚合物。目前，发酵工业多以糖类为主要原料。微生物多糖的发酵生产则是新兴的发酵生产领域。本章重点从生物工程角度讨论某些重要的糖类。

　　本章与有机化学知识联系较密切，根据有机化合物分类特点，糖类是多羟基（—OH）醛或酮，及其聚合物总称。其性质主要取决于功能团（酮基、半缩醛基）。在学习上可以从结构决定性质与功能的思路上考虑。

　　在应用方面，要了解天然糖类常以其他物质共存，注重糖类在生物体内的作用、在食品加工、生物工业上的作用。

☞ **教学目标**

　　（1）掌握糖的定义与分类。

　　（2）掌握单糖的结构、性质。

　　（3）熟悉几种重要的单糖（D-葡萄糖、D-果糖、D-核糖及 D-2-脱氧核糖）。

　　（4）了解双糖的结构特点。

　　（5）了解多糖的结构特点（淀粉、糖原、纤维素）。

　　（6）了解复合多糖的结构特点。

　　（7）了解糖类在食品、生物工业的应用。

第一节 概 述

　　糖类是生物界最重要的有机化合物之一，也是与生物工业关系最为密切的一类化合物，它广泛分布于动物、植物、微生物中。糖类含量在植物体中最为丰富，一般占植物体干重的 80% 左右。在微生物中，占菌体干重的 10%～30%。在人和动物体中含量较少，占人和动物体干重的 2% 以下，但也有个别组织含糖丰富，例如，肝脏储存糖原占到组织湿重的 5%，人奶中乳糖浓度达 5%～7%。核糖和脱氧核糖则存在于一切生物的活细胞中。

一、糖的定义

　　糖类是一类由碳、氢、氧三种元素组成的有机化合物，其分子式通常以 $C_n(H_2O)_n$

表示。有此式可以看出，式中氢原子数和氧原子数之比往往是 2：1，与水的组成比例相同，因此，过去常将糖类物质称为"碳水化合物"（carbohydrate）。实际上这一名称并不确切，如脱氧核糖、鼠李糖等糖类不符合通式，而甲醛、乙酸等虽符合这个通式，但并不属于糖类。故"碳水化合物"只是人们对糖类物质的一种习惯性称呼。

根据糖类物质化学结构的共同点，人们重新对糖类进行了定义：糖类物质是指多羟醛、多羟酮及其缩聚物和衍生物的总称。

二、糖的种类

糖类物质是一类物质的总称。根据其能否水解和水解后的产物，可将糖类分为以下几类。

1. 单糖

单糖是不能水解为更小分子的糖。根据碳原子数目，可分为丙糖、丁糖、戊糖、己糖和庚糖。根据羰基在分子中的位置，又可分为醛糖和酮糖。常见的单糖有葡萄糖、果糖、核糖、脱氧核糖等。

2. 寡糖

寡糖由 2～10 个单糖分子缩合而成，其中以双糖最普遍，常见的双糖有蔗糖、麦芽糖等。

3. 多糖

多糖由多个单糖聚合而成，又可分为同聚多糖和杂聚多糖。同聚多糖由同一种单糖构成，杂聚多糖由两种以上单糖构成。常见的多糖有淀粉、纤维素、糖原、果胶等。

4. 结合糖

糖链与蛋白质或脂类物质构成的复合分子称为结合糖。其中的糖链一般是杂聚寡糖或杂聚多糖。如糖蛋白、糖脂、蛋白聚糖等。

5. 衍生糖

衍生糖由单糖衍生而来，如糖胺、糖醛酸等。

三、糖类化合物的生物学功能

糖类化合物的生物学作用主要有：

（1）作为生物能源。

（2）作为其他物质，如蛋白质、核酸、脂类等生物合成的碳源。

（3）作为生物体的结构物质，如纤维素是植物茎秆等支撑组织的结构成分，甲壳质是虾、蟹等动物硬壳组织的结构成分。

（4）糖蛋白、糖脂等具有细胞识别、免疫活性等多种生理活性功能。

四、糖在食品工业和发酵工业中的重要性

糖在食品工业和发酵工业中有着重要的作用。

（1）糖类是食品工业和发酵工业的重要原料和新产品。

在食品工业中，糖和淀粉都是最重要的原料。卡拉胶、黄原胶、环状糊精和魔芋胶

等糖的衍生物在食品工业中也有广泛用途。一些功能性低聚糖对人体有特殊的作用。

发酵工业中可以直接用糖作原料，但经常是用价格低廉的淀粉水解成可发酵的糖作为发酵工业的原料。糖在发酵工业中为微生物生长提供能量，为微生物发酵生成和积累产物提供碳源。如黄原胶、环状糊精和一些功能性低聚糖都是发酵工业的产品。

（2）作为新型食品添加剂。

例如低聚异麦芽糖是一种功能性甜味剂，具有促进双歧杆菌显著增殖的特殊性能，又属于酵母和乳酸菌难发酵的糖，人对它的消化吸收也很少。添加到食品中不会引起龋齿，糖尿病人食用后不会引起血糖的增加。

果胶、海藻胶、羧甲基纤维素（CMC）、羧甲基纤维素钠（Na-CMC）、黄原胶、羟甲基淀粉和甲壳素等可作为食品增稠剂、被膜剂、药品改良剂、活性物质保护剂等。

环状糊精常作为稳定剂、乳化剂、增稠剂、抗氧化剂、香精吸附包埋剂、抗光解剂和药物缓释剂等，广泛应用于食品工业和医药业。

第二节　单糖的结构与性质

单糖是不能再水解成更小分子的多羟基醛或多羟基酮，如葡萄糖、果糖等。但单糖可以被进一步降解为其他物质，在生物体内最后通过生物氧化，生成二氧化碳和水并释放出生物能量（ATP）和热。

单糖的种类很多，结构和性质虽各有异，但也不乏相同之处。由于葡萄糖的结构及性质具有代表性，因此，下面以葡萄糖为例来阐述单糖的分子结构。

一、葡萄糖分子的开链结构及构型

许多单糖都具有使透过其水溶液的平面偏振光的振动平面发生偏转的性质——旋光性，能使偏振光平面发生顺时针方向偏转者，称为右旋糖，用"＋"号表示；发生逆时针方向偏转者，称为左旋糖，用"－"号表示。

经过研究，人们发现凡是具有旋光性的物质，其分子都是不对称的，即与碳原子相连的 4 个原子或基团各不相同，这种碳原子也被称为手性碳原子。图 2-1 为最简单的单糖分子甘油醛的费歇尔投影式，其中就有一个不对称碳原子（C*）。

从图 2-1 可以看出，写成费歇尔投影式，羟基可以投影在 C* 的左边，也可以投影在 C* 的右边。事实上，这是两种不同的物质——由于原子或基团在空间的排布方式（称为构型）不同，导致两种物质对偏振光的旋转方向不同。这种现象称为旋光异构现象，这对物质则互称旋光异构体。由于旋光异构体在结构上不是同一物质，而是实物与镜像的关系，因此，这种异构体也称为对映异构体。

$$\begin{array}{c} CHO \\ | \\ H\!-\!C^*\!-\!OH \\ | \\ CH_2OH \end{array}$$

图 2-1　甘油醛的费歇尔投影式
（第二个碳原子为手性碳原子）

为了区别和方便研究糖的旋光异构体，科学家做了如下规定：

甘油醛分子写成费歇尔投影式，手性碳原子上羟基投影在右边的，规定为 D-构型；羟基投影在左边的，规定为 L-构型，如图 2-2 所示。

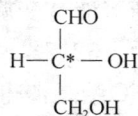

$$
\begin{array}{cc}
\text{CHO} & \text{CHO} \\
| & | \\
\text{H} - \text{C} - \text{OH} & \text{HO} - \text{C} - \text{H} \\
| & | \\
\text{CH}_2\text{OH} & \text{CH}_2\text{OH} \\
D\text{-甘油醛} & L\text{-甘油醛}
\end{array}
$$

图 2-2　D-甘油醛和 L-甘油醛的费歇尔投影式

其他糖类以甘油醛为参照物，将编号最大的手性碳原子（距醛基或酮基最远的手性碳原子）的构型与 D-（＋）甘油醛比较，构型相同的为 D-构，与 L-（－）-甘油醛相同的为 L-构型。自然界中的糖几乎都是 D-构型结构。

这里需要强调指出：构型是以标准参照物对比决定的，旋光性是通过旋光仪测定的，所以糖的左旋、右旋与 D/L 标记无关，例如 D-葡萄糖是右旋糖（＋），D-果糖则为左旋糖（－）。但是，同一种化合物的 D-型和 L-型异构体旋光方向相反，比旋光度（偏振光的旋转角度）相同，如图 2-3 所示。当其 D-型和 L-型等量混合时，旋光互相抵消，这种现象称为外消旋现象。外消旋产品用 DL-表示。

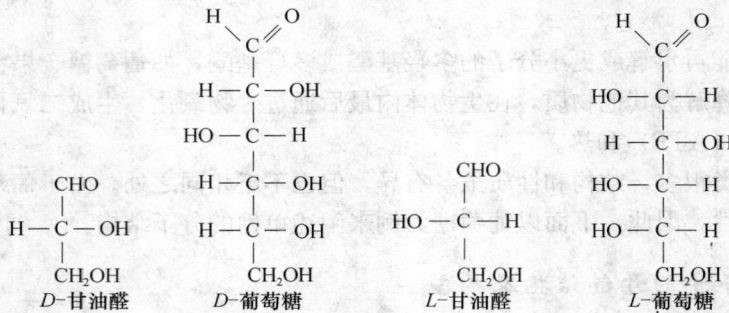

图 2-3　葡萄糖的构型

二、单糖的环状结构与构象

1. 环状结构与哈斯沃（Hawoth）式投影

葡萄糖在水溶液中以稳定的环式结构存在，只有极小部分（<1%）以链式结构存在。葡萄糖溶液有变旋现象，当新制的葡萄糖溶解于水时，最初的比旋光度是＋112°，放置后变为＋52.7°，并不再改变。溶液蒸干后，仍得到＋112°的葡萄糖。把葡萄糖浓溶液在 110℃结晶，得到比旋光度为＋19°的另一种葡萄糖。这两种葡萄糖溶液放置一定时间后，比旋光度都变为＋52.7°。我们把＋112°的叫做 α-D(＋)-葡萄糖，＋19°的叫做 β-D(＋)-葡萄糖。

这些现象都是由葡萄糖的环式结构引起的。葡萄糖分子中的醛基可以和 C_5 上的羟基缩合形成六元环的半缩醛。这样原来羰基的 C_1 就变成不对称碳原子，并形成一对非对映旋光异构体。一般规定半缩醛碳原子上的羟基（称为半缩醛羟基）与决定单糖构型的碳原子（C_5）上的羟基在同一侧的称为 α-葡萄糖，不在同一侧的称为 β-葡萄糖。半缩醛羟基比其他羟基活泼，糖的还原性一般指半缩醛羟基。

葡萄糖的醛基除了可以与 C_5 上的羟基缩合形成六元环外，还可与 C_4 上的羟基缩合形成五元环。五元环化合物不甚稳定，天然糖多以六元环的形式存在。五元环化合物可以看成是呋喃的衍生物，叫呋喃糖；六元环化合物可以看成是吡喃的衍生物，叫吡喃糖。因此，葡萄糖的全名应为 α-D(+)-或 β-D(+)-吡喃葡萄糖。

α-和 β-糖互为端基异构体，也叫异头物。D-葡萄糖在水介质中达到平衡时，β-异构体占 63.6%，α-异构体占 36.4%，以链式结构存在者极少。氧环式与开链式结构的相互转化如图 2-4 所示。

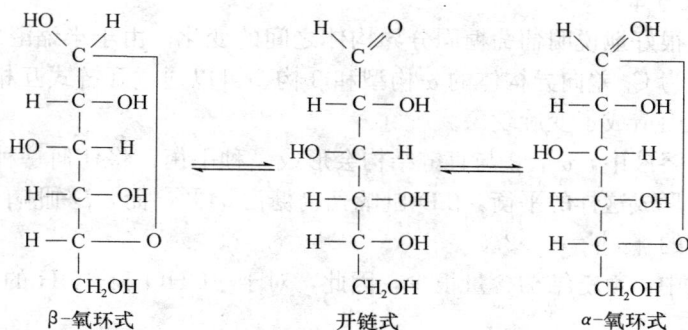

图 2-4 氧环式与开链式结构的相互转化

直立的环状费歇尔投影式，虽然可以表示单糖的环状结构，但还不能确切地反映单糖分子中各原子或原子团的空间排布。为此哈沃斯提出用透视式来表示。哈沃斯将直立环式改写成平面的环式时规定：将直立环式右边的—OH 写在平面的环式上方，左边的—OH 写在平面的环式下方；环外多余的碳原子，如果直链环（氧桥）在右侧，则将未成环的碳原子写在环上方，反之写在环下方。当半缩醛—OH 决定构型—OH 处于同侧时，称为 α-型，当半缩醛—OH 与决定构型的—OH 处于异侧时，称为 β-构型，如图 2-5 所示。

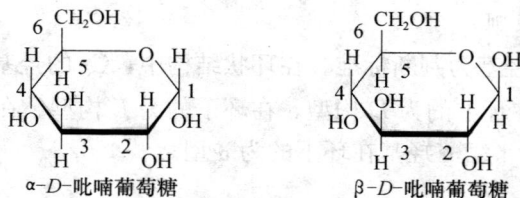

图 2-5 吡喃葡萄糖异构体

对于 D-葡萄糖而言，实际上就存在着 α-D-葡萄糖和 β-D-葡萄糖两种形式，它们的差异仅仅是 C_1 的构型不同，所以它们是 C_1 差向异构体。

葡萄糖六元环上的碳原子不在一个平面上，因此有船式和椅式两种构象。椅式构象比船式稳定，椅式构象中 β-羟基为平键，比 α-构象稳定，所以吡喃葡萄糖主要以 β-型椅式构象 C_1 存在，如图 2-6 所示。

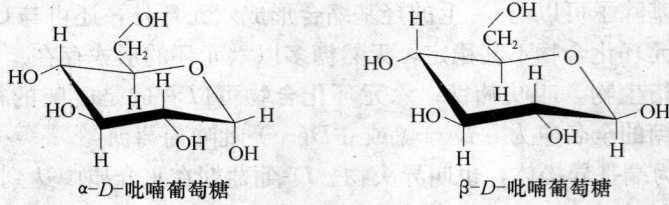

α-D-吡喃葡萄糖　　　　　　　β-D-吡喃葡萄糖

图 2-6　吡喃葡萄糖椅式构象

2. 变旋现象与本质

变旋现象能很好地说明葡萄糖同分异构体之间的变化。由于半缩醛形式并不稳定，在水溶液中，互为 C_1 差向异构体的 α-构型和 β-构型可以通过开链式互相转化，直至达到动态平衡，从而造成了变旋现象。

葡萄糖在水溶液中，α-，β-与直链结构会形成一种平衡，将任何一种结晶的葡萄糖溶于水，最终会形成这样的平衡，β-D-吡喃葡萄糖占 64%，而 α-D-吡喃葡萄糖占 34%，平衡时混合溶液的 $[\alpha]_D = +52.5°$。

在平衡体系中，直链结构含量很少，因此，对于—CHO 和—OH 的一些可逆反应，不易发生。

3. 果糖五元环结构

D-果糖是六碳酮糖。果糖通常形成呋喃环，即五元环，如图 2-7 所示。

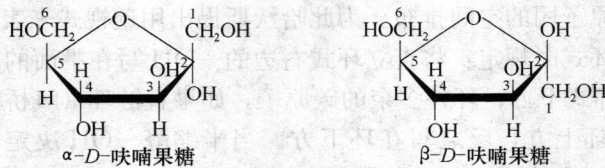

α-D-呋喃果糖　　　　　　　β-D-呋喃果糖

图 2-7　呋喃果糖异构体

4. 判断糖的构型原则

在直链中的 C_5 的羟基为判断标准。在环状结构中，C_5 的羟基参与成环，在环状结构中，C_5 上的羟甲基在环上的为 D 构型，在环下的为 L 构型。在 D 构型糖中，半缩醛羟基在环上的为 β 型，半缩醛羟基在环下的为 α 型。

三、单糖的理化性质

单糖都是无色晶体，有甜味，吸湿性强。易溶于水，在热水中溶解度大。也可溶于乙醇、乙醚、丙酮等有机溶剂，可用无水乙醇检测淀粉是否完全水解，如有沉淀解则水解不完全。单糖有旋光性，其溶液有变旋现象。

葡萄糖是无色晶体或白色结晶性粉末，熔点为 146℃，易溶于水，难溶于酒精，有甜味。天然的葡萄糖具有右旋性，故又称右旋糖。

半乳糖是无色晶体，熔点 165～166℃。半乳糖有还原性，也有变旋现象，平衡时

的比旋光度为 $+83.3°$。

果糖为无色晶体，易用溶于水，熔点为 $105℃$。D-果糖为左旋糖，也有变旋现象，平衡时的比旋光度为 $-92°$。这种平衡体系是开链式和环式果糖的混合物。

表 2-1 为糖的相对甜度。

表 2-1　糖的相对甜度

名　称	相对甜度/%	名　称	相对甜度/%
蔗糖	100	木糖	40
果糖	173	麦芽糖	32
转化糖	130	半乳糖	32
葡萄糖	74	乳糖	16

由于单糖分子的开链结构是多羟基醛或多羟基酮，因此，具有醇和醛或酮的化学性质。具有环状结构的单糖，不仅表现环状结构的化学性质，同时，也表现开链结构的化学性质。因为在水溶液中参加反应时，一般是以开链结构进行的，环状结构可转化为开链结构，直至反应平衡。单糖的重要化学性质简述如下。

1. 氧化作用

醛糖的醛基具有还原性。酮糖的酮基由于受相邻羟基的影响，也具有还原性。环状结构的半缩醛羟基具有与醛或酮基等同的还原性。因此，单糖都是还原糖，易被氧化成酸。

以葡萄糖为例，因反应条件不同，可有三种方式氧化，生成不同的酸：

（1）在弱氧化剂（如溴水）作用下，醛基被氧化生成葡萄糖酸。

（2）较强氧化剂（如稀硝酸）作用下，醛基和伯醇基同时被氧化，生成葡萄糖二酸。

（3）生物体内，在专一性酶的作用下，伯醇基被氧化，生成葡萄糖醛酸。

在碱性条件下，还原糖的醛基或酮基即变成非常活泼的烯醇式结构，具有还原性，能使金属离子（如 Cu^{2+}、Ag^+、Hg^{2+}、Bi^{3+}）还原，本身则被氧化成糖酸及其他产物，具有这种性质的糖称为还原糖，单糖都是还原糖。还原糖在碱性溶液中的氧化还原反应常被用做糖类定性、定量分析的依据。

测定糖最常用的碱性氧化剂是碱性硫酸铜溶液，所配成的定糖试剂有斐林（Fehling's）试剂和班乃的克（Benedict's）试剂。斐林试剂由甲液（$CuSO_4$ 溶液）和乙液（$NaOH$＋酒石酸钾钠溶液）组成。使用之前将甲、乙两种溶液等量混合，反应生成 $Cu(OH)_2$。酒石酸钾钠的作用的是防止 $Cu(OH)_2$ 沉淀，它与 Cu^{2+} 络合成可溶性酒石酸钾钠铜复合物，从而保证 Cu^{2+} 与还原糖发生氧化还原反应。斐林试剂定糖的反应过程为

$$CuSO_4 + 2NaOH \longrightarrow Cu(OH)_2 + Na_2SO_4$$

$$\begin{array}{l} HOCH—COONa \\ | \\ HOCH—COOK \end{array} + Cu(OH)_2 \longrightarrow Cu \begin{array}{l} OCH—COONa \\ | \\ OCH—COOK \end{array} + 2H_2O$$

　　　　酒石酸钾钠　　　　　　　　　　　　可溶性氧化铜复合物

$$Cu \left\langle \begin{array}{c} OCH-COONa \\ | \\ OCH-COOK \end{array} \right. + \begin{array}{c} CHO \\ | \\ (CHOH)_4 \\ | \\ CH_2OH \end{array} + 2H_2O \xrightarrow{NaOH} \begin{array}{c} HOCH-COONa \\ | \\ HOCH-COOK \end{array} + \begin{array}{c} COOH \\ | \\ (CHOH)_4 \\ | \\ CH_2OH \end{array} + Cu_2O\downarrow$$

　　　　　　　　　　　　　　　葡萄糖　　　　　　　　　　　　　　　　　　　　　　　　葡萄糖酸

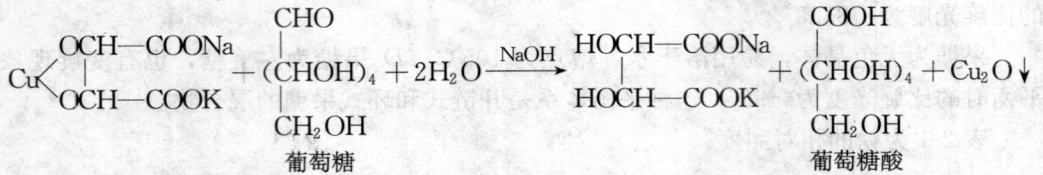

　　班乃的克试剂是以 Na_2CO_3 代替 NaOH，以柠檬酸代替酒石酸钾钠。斑氏试剂与斐林试剂基本原理一样。两者都是还原糖定性、定量的常用试剂。糖的氧化产物极为复杂，曾有人分离出 40 余种产物，而且，反应条件不同，产物也不同。因此，用这种方法进行糖的定量分析时，一定要在相同实验条件下同时做标准品对照，否则，会带来较大的误差。

　　2. 成苷反应与糖苷键

　　单糖的半缩醛羟基与其他化合物的羟基或氨基脱水生成缩醛结构，称糖苷（或糖甙）。此反应叫成苷反应。

　　糖苷由糖和非糖部分组成，糖部分称为糖苷基，非糖部分称为配基或糖苷配基，二者之间所连化学键称为糖苷键。

　　糖苷中没有半缩醛羟基，因此不能变为直链结构，因此糖苷无变旋现象，也没有还原性。在酸或碱催化下，可以水解为原来的糖和非糖部分。

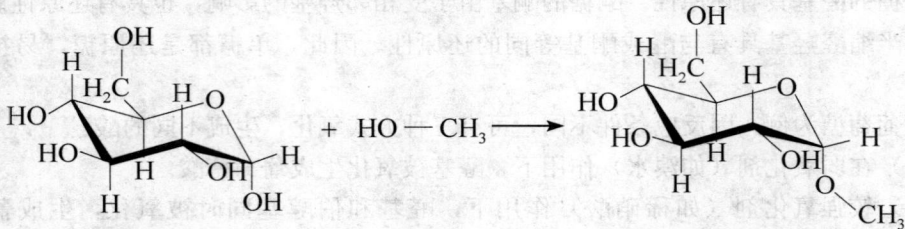

　　3. 还原反应

　　利用还原反应，可将醛基（—CHO）还原为醇基（—CH_2OH），例如，葡萄糖作为起始原料，经催化加氢制成 D-山梨醇，D-山梨醇是合成维生素 C 的主要原料。生物体内在酶催化下醛糖的醛基还原为醇。

　　4. 与含氮试剂反应（成脎反应）

　　苯肼是单糖的定性试剂。常温下，糖与 1 分子苯肼缩合生成苯腙，在过量的苯肼试剂中加热则与 3 分子苯肼作用生成糖脎。

　　糖脎为黄色结晶，微溶于水。各种糖的糖脎都有特异的晶形和熔点，据此，可以定性鉴定糖的种类。

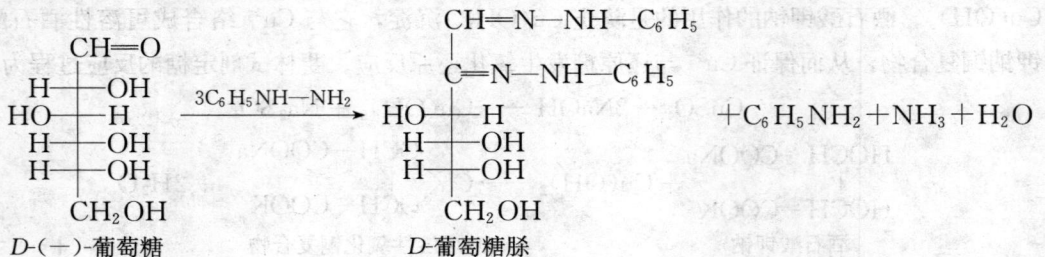

$$\begin{array}{c} CH=O \\ H-\!\!\!\!-OH \\ HO-\!\!\!\!-H \\ H-\!\!\!\!-OH \\ H-\!\!\!\!-OH \\ CH_2OH \end{array} \xrightarrow{3C_6H_5NH-NH_2} \begin{array}{c} CH=N-NH-C_6H_5 \\ C=N-NH-C_6H_5 \\ HO-\!\!\!\!-H \\ H-\!\!\!\!-OH \\ H-\!\!\!\!-OH \\ CH_2OH \end{array} + C_6H_5NH_2 + NH_3 + H_2O$$

　　D-(—)-葡萄糖　　　　　　　　　　　　D-葡萄糖脎

在单糖成脒反应中，单糖分子第三个碳原子以下的基团都不参加反应，故 D-葡萄糖，D-甘露糖、D-果糖的糖脒是相同的。

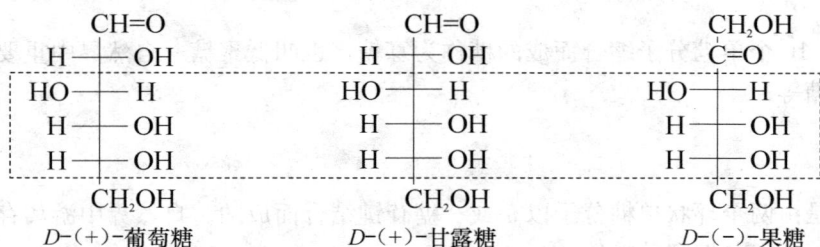

$$
\begin{array}{ccc}
\text{CH=O} & \text{CH=O} & \text{CH}_2\text{OH} \\
\text{H}\!-\!\!-\!\text{OH} & \text{H}\!-\!\!-\!\text{OH} & \text{C=O} \\
\text{HO}\!-\!\!-\!\text{H} & \text{HO}\!-\!\!-\!\text{H} & \text{HO}\!-\!\!-\!\text{H} \\
\text{H}\!-\!\!-\!\text{OH} & \text{H}\!-\!\!-\!\text{OH} & \text{H}\!-\!\!-\!\text{OH} \\
\text{H}\!-\!\!-\!\text{OH} & \text{H}\!-\!\!-\!\text{OH} & \text{H}\!-\!\!-\!\text{OH} \\
\text{CH}_2\text{OH} & \text{CH}_2\text{OH} & \text{CH}_2\text{OH}
\end{array}
$$

D-(+)-葡萄糖　　　　D-(+)-甘露糖　　　　D-(−)-果糖

5. 糖的鉴别反应

Molish 反应：单糖在强酸作用下，受热脱水生成糠醛或糠醛衍生物。例如戊糖与强酸共热脱水生成糠醛，己糖则生成羟甲基糠醛，然后分解成乙酰丙酸，甲酸、CO 和 CO_2。

糠醛或羟甲基糠醛能与某些酚类作用生成有色的缩合物，利用这一性质，可进行糖的定性定量测定。将糖与浓酸作用后再与 α-萘酚反应作用就能生成紫色的化合物，可鉴别糖。

Seliwanoff 反应：同样的原理，将糖与浓酸作用后再与间苯二酚反应，若是酮糖就显鲜红色，若是醛糖就显淡红色，由此可鉴别酮糖和醛糖。

四、重要的单糖

1. 常见的丙糖和丁糖

常见的丙糖有 D-甘油醛和二羟基丙酮。常见的丁糖有 D-赤藓糖和 D-赤藓酮糖。以上几种丙糖和丁糖的磷酸酯是糖的分解和合成代谢中重要的中间产物。

2. 自然界中存在的戊糖

戊醛糖主要有 D-核糖、D-2-脱氧核糖、D-木糖和 L-阿拉伯糖。

D-核糖和 D-2-脱氧核糖，是核苷酸的组成成分，以 β-呋喃型结构存在于天然化合物中。L-阿拉伯糖和 D-木糖广泛分布于植物界，大都以多聚戊糖形式存在，是植物黏质、树胶、果胶质及半纤维素的组成成分。

戊酮糖主要有 D-核酮糖和 D-木酮糖，均是糖合成代谢的中间产物。

3. 自然界中重要的己醛糖和己酮糖

己醛糖有 D-葡萄糖、D-半乳糖和 D-甘露糖。重要的己酮糖有 D-果糖和 D-山梨糖。

D-葡萄糖广泛分布于各种植物体中，是多种多糖的组成成分。D-半乳糖是乳糖、蜜二糖、棉子糖、琼脂及半纤维素的组成成分。甘露糖是植物黏质及半纤维素的组成成分。

果糖是糖类中甜度最大的糖，分布很广，与葡萄糖结合成蔗糖，在甘蔗和甜菜中含量最为丰富。蔗糖是食品的主要甜味剂。D-山梨糖是生物合成抗坏血酸的前体物质。

4. 七碳糖（庚糖）

七碳糖主要有 D-甘露庚酮糖和 D-景天庚酮糖，7-磷酸景天庚酮糖是磷酸己糖途径（HMS）的重要中间产物之一。

第三节　重要的寡糖

由 2～10 个单糖分子缩合而成的糖称为寡糖,也叫低聚糖。自然界中重要的寡糖有双糖和三糖等。

一、双糖

双糖是由两个环状单糖分子以 α-或 β-糖苷键结合而成的。自然界中游离存在的重要双糖有蔗糖、麦芽糖和乳糖等。

1. 蔗糖

蔗糖(图 2-8)是由 1 分子 α-D-葡萄糖和 1 分子 β-D-呋喃果糖通过 α,β-(1,2)-糖苷键结合而成的。葡萄糖和果糖互为苷元。因此,蔗糖分子可以视为 α-D-葡萄糖苷,也可以视为 β-D-果糖苷。

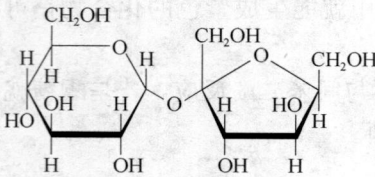

图 2-8　蔗糖的结构

蔗糖是非还原糖。具有右旋光性质,水解后生成等分子的 D-葡萄糖和 D-果糖。前者为 +52.20,后者为 -92.40。水解液表现为左旋,与原来的蔗糖不同,故称蔗糖水解产物为转化糖。

蔗糖易结晶,易溶于水,较难溶于乙醇,熔点为 186℃,加热至 200℃ 则呈褐色焦糖。

蔗糖甜度大,是传统的食品甜味剂。植物界分布广泛,甘蔗、甜菜、胡萝卜以及有甜味的水果如香蕉、柑橘、苹果、菠萝等,都含有丰富的蔗糖。其中,甘蔗含量达 26%,甜菜含量达 20%,是主要的蔗糖生产原料。

2. 乳糖

乳糖由 1 分子 α-D-葡萄糖和 1 分子 β-D-半乳糖缩合而成(图 2-9),是以葡萄糖为苷元的 β-D-半乳糖苷。

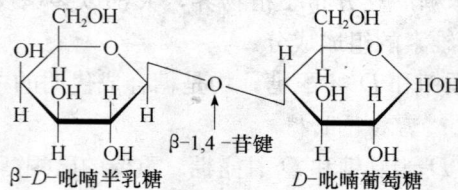

β-D-吡喃半乳糖　　β-1,4-苷键　　D-吡喃葡萄糖

图 2-9　乳糖的结构

乳糖不易溶于水,甜度低,其分子中有游离半缩醛羟基存在,故为还原性双糖。右旋 +55°。酵母不能发酵乳糖。乳糖是乳汁中的主要糖分,牛奶含 4%,人奶含 5%～7%,是婴幼儿食物中的唯一糖分。消化道内的 β-D-半乳糖苷酶将其水解为 2 分子单糖后,被吸收利用。缺少半乳糖苷酶的人不能分解乳糖,若过量食用乳品则消化不良。用 β-半乳糖苷酶处理乳品,将乳糖水解为单糖,则可解除乳糖不适者的困难。

3. 麦芽糖

麦芽糖易溶于水，右旋（图 2-10），分子中有游离半缩醛羟基存在，属还原性双糖。易被酵母发酵。

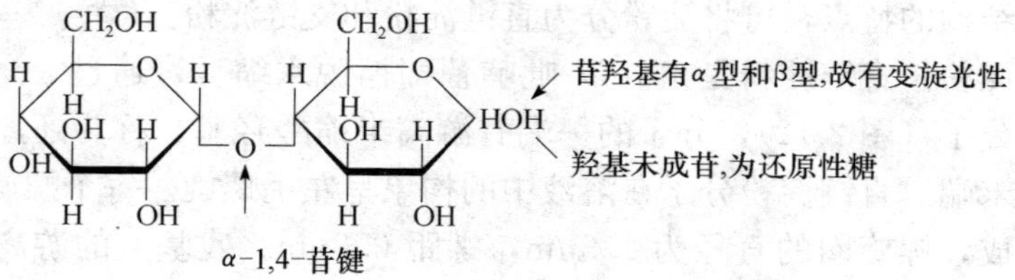

苷羟基有α型和β型,故有变旋光性

羟基未成苷,为还原性糖

α-1,4-苷键

图 2-10　麦芽糖的结构

麦芽糖大量存在于发芽谷粒中，特别是麦芽中。是子粒中淀粉被酶促水解的产物。工业上，通过酶促水解淀粉大量生产麦芽糖。

4. 异麦芽糖

异麦芽糖由 2 分子葡萄糖缩合而成，与麦芽糖不同，它是通过 α-1,6-葡萄糖苷键连接的（图 2-11）。

在支链淀粉和糖原分子中，通过 α-1,6-葡萄糖苷键引出分支。淀粉经酶促水解时，常因转苷酶的作用新合成 α-1,6-糖苷键。这些都是异麦芽糖的来源。异麦芽糖不能被酵母发酵。异淀粉酶

可催化 α-1,6-葡萄糖苷键水解。

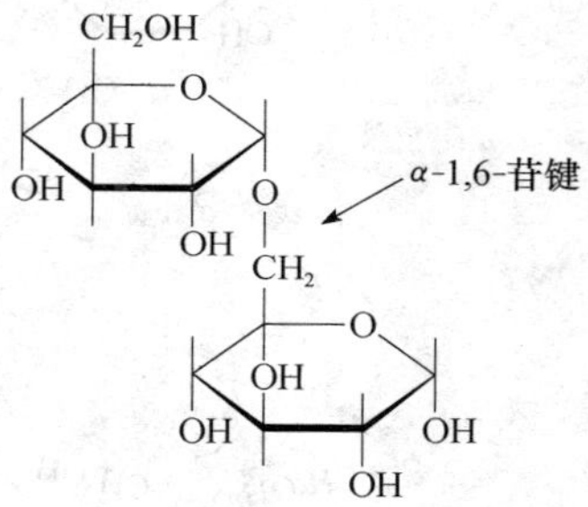

α-1,6-苷键

图 2-11 异麦芽糖的结构

二、三糖

常见的三糖有棉子糖、龙胆三糖和松三糖等。其中棉子糖在棉子、桉树干分泌物（甘露蜜）以及甜菜中含量较多。

第四节　常见的多糖

多糖是指由 10 个以上单糖分子缩合而成的大分子化合物。按其组成特点可分为同聚多糖和杂聚多糖两类。前者由一种单糖组成，如淀粉、纤维素和糖原；后者则是由几种单糖组成，如阿拉伯胶是由戊糖和半乳糖等组成。广义的多糖包括高聚糖与氨基酸、脂类等非糖物质形成的杂多糖。

多糖在性质上与单糖、寡糖不同。多糖大部分为分子质量比较大的无定形粉末，无甜味，不溶于水或与水形成胶体溶液，没有还原性，有旋光性，但没有变旋现象。多糖是糖苷，可以在酸或酶作用下水解生成单糖、二糖及部分非糖物质。

一、同聚多糖

1. 淀粉

1）存在

淀粉广泛地存在于许多植物的种子、块茎和根中。其中，谷物种子、薯类块根、马

铃薯块茎及各种水果和坚果等，是储存淀粉最多的器官。农作物的淀粉含量，因作物品种、生长条件、地理气候条件及生长期不同而变化。

2) 结构

根据分子结构的特点，可将淀粉分为直链淀粉和支链淀粉。

(1) 直链淀粉。直链淀粉是由 α-D-吡喃葡萄糖脱水缩合，通过 α-1,4-糖苷键连接而成的线形大分子（图 2-12），分子的一端有游离半缩醛羟基，称为还原性末端，另一端为非还原性末端。直链淀粉分子在溶液中的构象呈左手螺旋。每个螺旋圈由 6 个椅式吡喃葡萄糖组成，螺旋圈的直径为 $1.3\mu m$，螺距 $0.8\mu m$。残基上的游离羟基大都处于螺旋圈内侧（图 2-13）。

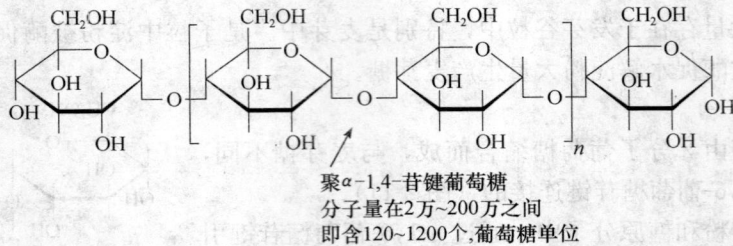

聚 α-1,4-苷键葡萄糖
分子量在2万~200万之间
即含120~1200个,葡萄糖单位

图 2-12　直链淀粉

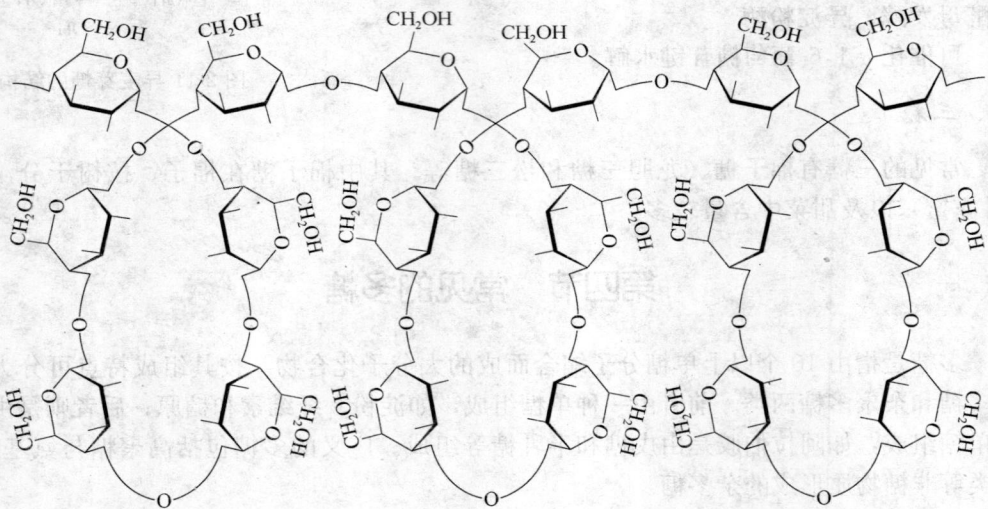

图 2-13　直链淀粉的螺旋状结构

由于各个分子中只保留一个半缩醛-OH，在分子中所占的比例甚小，一般认为直链淀粉无还原性。

(2) 支链淀粉。支淀粉与直链淀粉相比，具有高度分支（图 2-14），且所含葡萄糖单位要多得多，支链淀粉相对分子质量可高达 $1\times10^6\sim6\times10^6$。支链淀粉不溶于冷水，在热水中膨胀而成糊状。它的主链同样是由 D-葡萄糖以 α-1,4-苷键相连，此外每隔 20～25 个葡萄糖单位，还有一个以 α-1,6-苷键相连的支链。

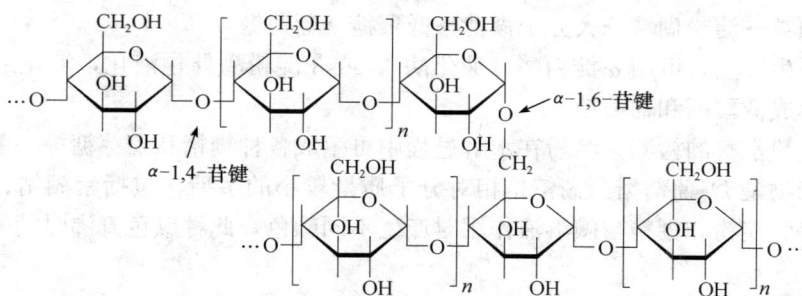

图 2-14 支链淀粉的结构

糯米中支链淀粉含量很高，糯米的"糯性"由此而来，支链淀粉不溶于水，但吸水膨胀，无还原性，遇 I_2 显紫红色，黏性强，水解反应时因 1,6-苷键的分支处不易彻底水解，水解受阻（从非还原端外部开始水解，难超过分支点），形成 β-界限糊精，故含支链淀粉作物较难消化。

不同的植物储存的淀粉颗粒中的直链淀粉和支链淀粉在结构和性质上有一定差别，比例随植物品种而不同，一般直链淀粉的含量为 20%～30%，支链淀粉含量为 70%～80%。两者经酸水解后最终产物都是 D-葡萄糖。

3）性质

淀粉的主要性质是与碘的反应，直链淀粉遇碘产生蓝色，支链淀粉遇碘产生紫红色。利用这种颜色反应可以鉴别淀粉，也可用其检测淀粉的水解程度。

（1）淀粉的水解。淀粉的水解可分为物理过程与化学过程两个阶段。

① 物理过程——糊化。细胞内淀粉颗粒结构密实，淀粉分子呈微晶束定向排列，这种淀粉结构状态称 β 型结构。

淀粉乳在加热过程中，淀粉颗粒吸水膨胀，淀粉乳变成糊状液称为糊化。糊化后的淀粉呈糊状溶液，糊化过程是不溶于水的淀粉乳变成黏稠溶液的过程。糊化后的淀粉溶液黏度比淀粉糊化前的黏度有明显下降。

在糊化后，淀粉吸水膨胀，微晶束结构解体，糖链排列混乱，这种淀粉结构状态称 α 型，其变化称 α 化。α 化是淀粉由生变熟的过程。

久置的 α 型的淀粉，受外因影响，部分淀粉分子结构回到 β 型状态，这种现象称为回生。

② 化学过程——糖化。糊化后的淀粉糊在热力作用到一定程度时，会发生水解，生成小分子糖，完全水解则水解产物均是单糖。此过程称为糖化。糖化过程也可以在淀粉酶的催化下进行。例如利用麦芽糖化制备麦汁过程就是利用麦芽中的糖化酶将麦芽中的淀粉水解制备麦芽糖汁。

淀粉水解时要经过乳化吸水膨胀、液化降黏和糖化成糖三个阶段。

在乳化吸水阶段，淀粉颗粒先吸水膨胀，体积膨胀几十倍后，颗粒松散，淀粉颗粒分子分散成乳状溶液。在液化阶段，已吸水膨胀的淀粉链在受热条件下分解，淀粉乳转变成糊状胶体溶液，黏度先升高后下降。在糖化阶段，已糊化的淀粉分子在热力或淀粉酶的作用下，逐渐降解，生成大分子糊精，低分子糊精、低聚糖，最后变成葡萄糖。

淀粉颗粒→淀粉糊精→大分子糊精→低聚糖→葡萄糖

在工业生产上，可用 α-淀粉酶（液化酶）、或 β-淀粉酶催化液化，液化醪再用糖化酶继续降解成低聚糖和葡萄糖。

（2）淀粉水解的检测。淀粉在水解过程中可生成各种糊精和麦芽糖等一系列中间产物，最终产物是 D-葡萄糖。糊精是相对分子质量较小的多糖，包括紫糊精、红糊精和无色糊精等。淀粉和糊精与碘溶液作用时产生不同颜色，此种颜色煮沸时消失，放冷又重现。

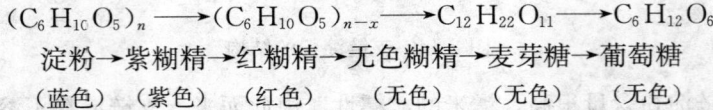

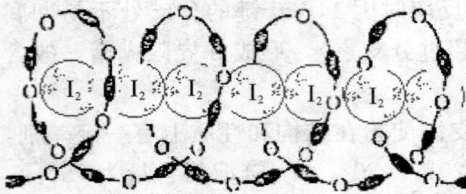

$$(C_6H_{10}O_5)_n \longrightarrow (C_6H_{10}O_5)_{n-x} \longrightarrow C_{12}H_{22}O_{11} \longrightarrow C_6H_{12}O_6$$

淀粉→紫糊精→红糊精→无色糊精→麦芽糖→葡萄糖
（蓝色）（紫色）（红色）　　（无色）　（无色）　（无色）

图 2-15　碘-淀粉包合物结构示意图

淀粉与碘作用显色机理：碘与淀粉显色，是由于淀粉螺旋状结构的中空穴部分恰好能容纳碘分子，二者之间借助于范德华力形成一种蓝色的包合物，如图 2-15 所示。此显色反应常用来检验淀粉或碘的存在。

在生产上，常用碘液法和无水酒精法检测淀粉的水解程度。用碘液检测时颜色从紫色→紫红→"原色"，此法可大致检测水解到低聚糖程度。而用无水酒精法可检测淀粉是否完全水解。淀粉水解不完全时，水解液不溶于酒精，出现混浊现象；淀粉水解完全时，水解液溶于酒精，溶液透明，无混浊现象。

2. 糖原

1）存在

糖原是动物体内储存的多糖，是组织能源物质的储备形式，是体力脑力活动效率及持久力的物质保证。糖原主要储存在肌肉和肝脏中，当动物食入丰富的含糖物质并分解为单糖后，过量的葡萄糖便以糖原的形式储存起来。当饥饿时，储存的糖原降解，维持血糖浓度以满足机体组织对葡萄糖的需要。

2）结构

糖原的分子质量很大，从几百万至几千万大小不等。分子结构与支链淀粉相似。主要由 D-葡萄糖通过 α-1,4 连接组成糖链，并通过 α-1,6 连接产生支链。糖原分子中分支比支链淀粉更多，平均每间隔 12 个 α-1,4 连接的葡萄糖就是一个分支点（支链淀粉分子中平均间隔为 20～25 个葡萄糖），整个分子呈球形。

3）性质

糖原具有右旋性，$[\alpha]_D^{20} = +200°$，无还原性，遇碘显红色；糖原能溶于水和三氯醋酸，但不溶于乙醇与其他有机溶剂。

糖原是无定性粉末，溶于热水，溶解后呈胶体溶液。糖原溶液遇碘呈紫红色。糖原水解的最终产物是 D-葡萄糖。

糖原在体内可水解生成 1-磷酸葡萄糖，1-磷酸葡萄糖异构为 6-磷酸葡萄糖后进入糖酵解途径（EMP），进入供能代谢。

3. 纤维素

植物细胞与动物细胞相比，有特殊的细胞壁，从化学组成对比，植物细胞特有的成分包括了纤维素（cellulose）、半纤维素（hemicellulose）、木质素（lignin）等。这三种成分是植物细胞壁的主要组成分，约占了细胞壁组成的 95% 以上。木质素不是多糖物质，而是苯基丙烷类的聚合物，具有复杂的三维结构。因为木质素存在于细胞壁中难以与纤维素分离，故在膳食纤维的组成分中包括了木质素。蛋白质、脂肪、碳水化合物、矿物质、维生素和水人体必需的六大营养素，现代科学已证明，食物纤维素也是维护人体健康必需的食物所含的营养成分之一。所以有第七营养素之称。

1）存在

纤维素、半纤维素、木质素三种成分是植物细胞壁的主要组成分，约占了细胞壁组成的 95% 以上。纤维素是植物细胞壁的主要成分，是构成植物支撑组织的基础。

2）结构

纤维素的结构类似于直链淀粉（图 2-16），纤维素的结构单位也是 D-葡萄糖，是以 β-1,4 苷键连接而成的一条螺旋状长链。是纤维二糖的高聚糖，相对分子质量 $M \approx 2.2 \times 10^5 \sim 1.8 \times 10^6$。

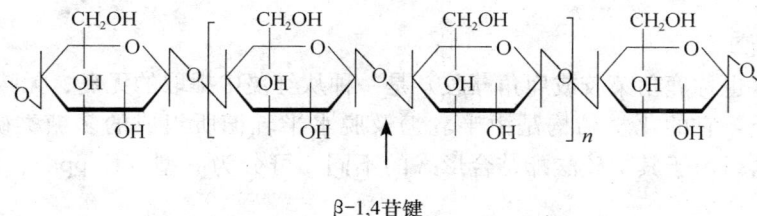

β-1,4苷键

图 2-16　纤维素的结构

经 X 射线测定，纤维素分子的链和链之间借助于分子间的氢键拧成像绳索状的结构，有良好的机械程度和化学稳定性；故在植物体内起着支撑的作用。

3）性质

纤维素是白色物质，不溶于水，也极难溶于一般有机溶剂，但吸水膨胀；溶于 $Cu(OH)_2/NH_3$、$ZnCl_2/HCl$、NaOH 和 CS_2 中，形成黏稠的溶胶，利用这些性质可制造各种人造丝。纤维素无还原性，性质稳定。纤维素比淀粉难水解，一般需要在浓酸中或用稀酸在加压条件下进行。产物可是纤维四糖、纤维三糖，最终产物是 D-葡萄糖和纤维二糖。

人的消化道中水解淀粉酶只能水解 α-1,4-苷键，而不能水解 β-1,4-苷键，所以纤维素不能作为人的营养物质，但食物中的纤维素能促使肠蠕动，具有通便作用。某些细菌含有分解 β-苷键的纤维素酶，使纤维素水解。牛、羊等动物之所以能以草作为饲料，就是因为它们的胃里含有这类细菌。另外，植物的枯枝败叶能分解成腐植质，提高土壤肥力，也是因为土壤中存在这类微生物的缘故。

纤维素与氯乙酸钠（$CH_2ClCOONa$）反应生成羧甲基纤维素钠（CMC）。它是白色吸湿性粉末，可溶于冷、热水中，是性能良好的混悬剂、增稠剂、黏合剂和延效剂。

4. 其他多糖

1）果胶

果胶是典型的植物多糖，是植物细胞壁的组成成分，主要存在于水果和蔬菜的软组织中，它填充在植物细胞壁之间，使细胞黏合在一起。

果胶的化学结构是聚 D-半乳糖醛酸甲酯，是以 α-1,4-糖苷键连接的（图 2-17），果胶是一种无定形的物质，其特点是可形成凝胶和胶冻，在热溶液中溶解，在酸性溶液中遇热形成胶态。果胶也具有与离子结合的能力。因此果胶广泛用于糖果、饮料、面包、蜜饯、奶品和制药、化妆品工业。

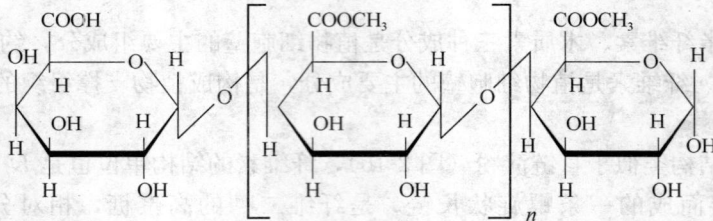

图 2-17　果胶的结构

2）卡拉胶

卡拉胶（也称鹿角菜胶或鹿角藻胶）是一种从红藻中提取的无臭、无味的白色或淡黄色粉末物质，它的化学结构是由半乳糖及脱水半乳糖所组成的多糖类硫酸酯的钙、钾、钠、铵盐。由于其中硫酸酯结合形态的不同，可分为 κ 型（Kappa）、I 型（Iota）、L 型（Lambda）。

卡拉胶具有良好的水溶性，一般在 70℃ 开始溶解，80℃ 则完全溶解，可形成亲水胶体。这种凝胶是热可逆的，即加热凝结融化成溶液，溶液放冷时，又形成凝胶。这使得增稠、乳化、成膜、稳定分散等特性，因而被广泛应用于食品工业、化学工业及生化、医学研究等领域中。

食品工业中，卡拉胶常被应用于乳制品、冰淇淋、果汁饮料、面包、水凝胶（水果冻）、肉食品、调味品、罐头食品等方面。可调配成果冻粉、软糖粉、布丁粉、西式火腿调配粉等。此外，卡拉胶在啤酒、果酒生产工艺中还被作为使酒澄清的助剂。

卡拉胶的独特性能是不能被其他树脂所代替，使得卡拉胶工业迅速发展，卡拉胶安全无毒已被联合国粮农组织和世界卫生组织食品添加剂联合专家委员会（UECFA）所确认。现在世界卡拉胶的年总产量已远远超过琼脂的产量。

3）环状糊精

环状糊精是淀粉经酸解环化生成的产物。环状糊精是一种含有 6～8 个葡萄糖残基的环状低聚糖。是 α-D-吡喃葡萄糖残基以 α-1,4-糖苷键连接而成的环状分子，葡萄糖残基数一般为 6～12 个，最常见的是含有 6、7、8 个残基的，分别称为：α-CD、β-CD、γ-CD。其中最常用的为 β-CD。

由于环状糊精具有特殊的环状中空筒型结构，环外亲水环内疏水的特性，它可以包络各种化合物分子，特别是脂溶性物质分子，增加被包络物对光热、氧的稳定性，改变被包络物质的理化性质。

环状糊精具有高度的选择性，不具毒性，为可食性、不吸湿性、化学稳定性佳及易于分离等优点，有着保护一些物质抗氧化、抗光、抗热、防挥发以及固相化等功能。在食品工业上有广泛应用，可作为多功能食品添加剂，如稳定剂、乳化剂、增溶剂、抗氧化剂、抗光解剂和药物缓释剂。

4）多聚葡萄糖

近年来，发现有些多糖，特别是多聚葡萄糖具有显著的抗癌活性。这类多糖主要在 D-葡萄糖通过 β-1,3-苷键相互缩合而成，对某些实验动物肿瘤有明显的抵制作用，而且毒性很低。例如，从香菇中分离出的香菇多糖具有 β-1,3-葡萄糖苷键，是一种直链多糖（图 2-18），呈显著的抗癌活性。由茯苓中分离的茯苓多糖具有 β-1,3-葡萄糖苷键与少量 β-1,6-葡萄糖苷键，也有显著的抗癌活性。

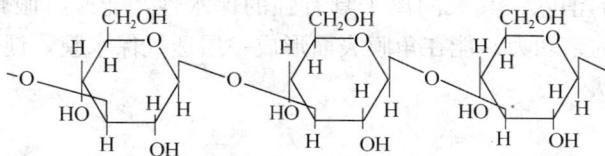

图 2-18 香菇多糖的结构

二、杂聚多糖

1. 半纤维素

1）存在

半纤维素广泛存在于植物中，是植物细胞壁中与纤维素紧密结合的几种不同类型多糖混合物。包括木聚糖、木葡聚糖和半乳葡萄甘露聚糖等。其中多聚木糖主要存在于植物的木质部及纤维组织内；多聚半乳糖则是木质部和种子细胞壁的组成成分。

2）结构

半纤维素是由多种单糖聚合组成的一类杂聚多糖，没有相应的特定的化学结构。其主链上由木聚糖、半乳聚糖或甘露糖组成，在其支链上带有阿拉伯糖或半乳糖，单糖单元之间的连接键为 β-糖苷键。

3）性质

半纤维素具有亲水性能，一方面可使半纤维素中不溶于水的成分润胀，起到清理肠壁的作用，对防止便秘具有良好的治疗作用；另一方面，半纤维中某些可溶的成分，如在谷类中的戊聚糖，则可形成黏稠的水溶液，具有降低血清胆固醇的作用。

2. 黏多糖

杂聚多糖中最重要的是黏多糖，这是一类含氮的杂多糖，也叫糖胺聚糖，存在于软骨、腱等结缔组织中，构成组织间质。它们的化学组成中通常含有两种类型交替出现的单糖单位（常为乙酰己糖胺和己糖醛酸）。这类多糖具有代表性的有硫酸软骨素、硫酸皮肤素、硫酸角质素、肝素和透明质酸。其中除角质素外，都含有糖醛酸；除透明质酸外，都含有硫酸基。

1）透明质酸

透明质酸存在于眼睛的玻璃液及脐带中，可溶于水，成黏稠溶液。其主要功能是在组织中吸着水分，具有保护及黏合细胞使其不分散的作用。在具有强烈侵染性的细菌中，在迅速生长的恶性肿瘤中，在蜂毒与蛇毒中都含有透明质酸酶，它能引起透明质酸的分解。

2）硫酸软骨素

硫酸软骨素是糖胺聚糖的一种，是软骨、腱及骨骼的主要成分。由 D-葡糖醛酸和 N-乙酰氨基半乳糖以 β-1,4-糖苷键连接而成的重复二糖单位组成的多糖，并在 N-乙酰氨基半乳糖的 C_4 位或 C_6 位羟基上发生硫酸酯化。硫酸软骨素对角膜胶原纤维具有保护作用，能促进基质中纤维的增长，增强通透性，改善血液循环，加速新陈代谢，促进渗透液的吸收及炎症的消除；其聚阴离子具有强的保水性，能改善眼角膜组织的水分代谢，对角膜有较强的亲和力，能在角膜表面形成一层透气保水膜，促进角膜创伤的愈合及改善眼部干燥症状。

3）肝素

肝素在动物体内分布很广，因在肝脏中含量丰富而得名。其是由 D-β-葡糖醛酸（或 L-α-艾杜糖醛酸）和 N-乙酰氨基葡糖形成重复二糖单位组成的黏多糖。由紧靠血管的肥大细胞产生，并储存于肥大细胞的颗粒中，在一定的刺激情况下释放，具有抗凝血作用。目前广泛应用肝素为输血时的血液抗凝剂，临床上也常用它防止血栓形成。

第五节　结 合 糖

结合糖是指糖与非糖物质如脂或蛋白质共价结合，形成糖脂或糖蛋白、蛋白聚糖等结合物，常见的是与蛋白质的结合物。

一、糖脂与脂多糖

糖脂是一类由糖与脂形成的化合物。糖脂和脂多糖是生物膜的组成成分。鞘糖脂主要存在于哺乳动物中，植物和微生物中则以甘油糖脂为主。糖脂多存在于质膜的外层，具有保护细胞质膜结构稳定和接受胞外信息调节细胞功能等作用。脂多糖主要存在于革兰氏阴性细菌细胞壁中。

动物细胞表面存在着一层富含糖类物质的结构，称为细胞外被或糖萼。细胞外被是由构成质膜的糖蛋白和糖脂伸出的寡糖链组成的，实质上是质膜结构的一部分。作用有：

（1）保护作用：细胞外被具有一定的保护作用，去掉细胞外被，并不会直接损伤质膜。

（2）细胞识别：细胞识别与构成细胞外被的寡糖链密切相关。寡糖链由质膜糖蛋白和糖脂伸出，每种细胞寡糖链的单糖残基具有一定的排列顺序，编成了细胞表面的密码，它是细胞的"指纹"，为细胞的识别形成了分子基础。同时细胞表面尚有寡糖的专一受体，对具有一定序列的寡糖链具有识别作用。因此，细胞识别实质上是分子识别。

（3）决定血型：血型实质上是不同的红细胞表面抗原，人有 20 几种血型，最基本的血型是 ABO 血型。红细胞质膜上的糖鞘脂是 ABO 血型系统的血型抗原，血型免疫活性特异性的分子基础是糖链的糖基组成。A、B、O 三种血型抗原的糖链结构基本相同，只是糖链末端的糖基有所不同。A 型血的糖链末端为 N-乙酰半乳糖；B 型血为半乳糖；AB 型两种糖基都有，O 型血则缺少这两种糖基。

二、糖蛋白与蛋白聚糖

它们的分布很广泛，生物功能多种多样，且都含有一类含氮的多糖，即黏多糖。根据含糖多少可分为以糖为主的蛋白多糖和以蛋白为主的糖蛋白。

1. 糖蛋白

糖蛋白是以蛋白质为主体的糖-蛋白质复合物，在肽链的特定残基上共价结合着一个、几个或十几个寡糖链。寡糖链一般由 2～15 个单糖构成。寡糖链与肽链的连接方式有两种，一种是它的还原末端以 O-糖苷键与肽链的丝氨酸或苏氨酸残基的侧链羟基结合，另一种是以 N-糖苷键与侧链的天冬酰胺残基的侧链氨基结合。

糖蛋白在体内分布十分广泛，许多酶、激素、运输蛋白、结构蛋白都是糖蛋白。糖成分的存在对糖蛋白的分布、功能、稳定性等都有影响。糖成分通过改变糖蛋白的质量、体积、电荷、溶解性、黏度等发挥着多种效应。

1）血浆糖蛋白

血浆经电泳后，除清蛋白外，其他部分 α_1、α_2、β 和 γ 球蛋白以及纤维蛋白原都含有糖。糖分以唾液酸、氨基葡萄糖、半乳糖、甘露糖为主，也有少量氨基半乳糖和岩藻糖。血浆蛋白中具有运输作用的有：运输铜的铜蓝蛋白，运输铁的转铁蛋白，运输血红蛋白的触珠蛋白，运输甲状腺素的甲状腺素结合蛋白。参与凝血过程的有凝血酶原和纤维蛋白原。肝实质性障碍时，血浆糖蛋白量减少，而在肝癌时却增加。

2）血型物质

人的胃液、唾液、卵巢囊肿的黏液和红细胞中都含有血型物质，它包含约 75％ 的糖，主要是岩藻糖、半乳糖、氨基葡萄糖和氨基半乳糖。含糖部分决定血型物质的特异性。

3）卵白糖蛋白

卵白糖蛋白分较简单，只有甘露糖和 N-乙酰氨基葡萄糖。某些卵白糖蛋白对胰蛋白酶或糜蛋白酶有抑制作用，而另一些则具有强烈的抑制病毒血球凝集的作用。

2. 蛋白聚糖

蛋白聚糖是由蛋白质和以糖胺聚糖通过共价键相连的化合物，也被称为黏蛋白。蛋白聚糖是细胞外基质的主要成分，广泛存在于高等动物的一切组织中，对结缔组织、软骨、骨骼的构成至关重要。

蛋白聚糖具有极强的亲水性，能结合大量的水，能保持组织的体积和外形并使之具有抗拉、抗压强度。蛋白聚糖链相互间的作用，在细胞与细胞、细胞与基质相互结合，维持组织的完整性中起重要作用。

本章小结

糖类是自然界中分布最广的一类有机化合物，是构成动植物体、并维持其正常生命活动的重要物质。

本章重点学习单糖的直链结构及 L/D 构型、旋光性；环状结构及空间构象、单糖的成苷、氧化、还原、成脎、碱性条件下的反应，以及寡糖和多糖的主要性质。

多糖的结构单位是单糖，多糖相对分子质量从几万到几千万。结构单位之间以苷键相连接，常见的苷键有 α-1,4-苷键、β-1,4-苷键和 α-1,6-苷键。结构单位可以连成直链，也可以形成支链，直链一般以 α-1,4-苷键（如淀粉）和 β-1,4-苷键（如纤维素）连成；支链中链与链的连接点是 α-1,6-苷键。

学习本章内容应在了解糖类结构特点的基础上做到：

(1) 了解常见单糖的化学结构及分类，掌握重要单糖的费歇尔投影式及构型表示。

(2) 掌握单糖的化学性质。

(3) 掌握一些重要糖的鉴别方法。

(4) 熟悉寡糖和多糖的分类、结构特点与主要性质。

(5) 了解糖类的应用。

习题

(1) 糖类是如何分类的？醛糖与酮糖有何结构与性质差别。

(2) 画写出葡萄糖、果糖的直链、环式结构。

(3) 试比较淀粉、糖原和纤维素在结构和功能上的异同点。

(4) 举例说明果胶、环状糊精的应用。

(5) 糖类在生物体内起什么作用？

(6) 糖类在生物技术中起到何种作用？

(7) 说明淀粉糊化、糖化的基本原理与水解程度的检测方法。

(8) 什么叫做还原糖，非还原糖能否用斐林法检测其含量？如能检测应如何处理？

(9) 大分子在空间结构上有何特点？

扩展阅读

几种微生物糖类物质的应用

糖类物质在食品工业中具有广泛的用途，下面将对几种糖类物质在食品工业中的应用和功效进行简要的介绍。

一、黄原胶

黄原胶又名黄单胞菌多糖、汉生胶、苦顿胶等，是由黄单胞菌以淀粉或蔗糖为主要原料，经微生物发酵及一系列生化过程，最终得到的一种生物高聚物。其主要成分为葡萄糖、甘露糖、葡萄糖醛酸等。分子质量达数百万。它具有突出的高黏性和水溶性，独特的流变学特性，优良的温度稳定性和 pH 稳定性，令人满意的兼容性。该产品是世界上生产规模最大，用途最广的微生物多糖。美国曾对 9 种微生物多糖进行评价，黄原胶以其功能全面、用途广泛而居首位。

黄原胶可用于多种行业，例如：用于食品工业，可使饮料不分层、啤酒发泡足而持久；冰淇淋更松软可口；面包和蛋糕延长松软时间；肉制品的风味和口感得以改善并提高出品率，黄原胶的这些性质使制成食品及其他产品具有更长的货架寿命、良好的流动性、均一的黏度、更好的质构、口感和令人愉悦的外观。

1. 突出的高黏性和水溶性

黄原胶易溶于冷水和热水。它是具有多侧链线性结构的多羟基化合物。其羟基能与水分子相结合，形成较稳定的网状结构，而且在很低的浓度下具有较高的黏度，增稠效果显著。

2. 独特的流变学特性

黄原胶具有独特的剪切稀释性能。当施加一定的剪切力时，流体黏度迅速下降。而除去剪切力后，流体又恢复原有黏度。且这种变化是可逆的。

由于上述流变性能，使黄原胶具有独特的乳化稳定性能。所谓乳化性是指在一个悬乳体中，将油滴分散并悬浮到已增稠了的水溶液中。因此，黄原胶是一种高效的乳化稳定剂。

3. 优良的温度稳定性

大多数高分子化合物，如羟甲基纤维素、海藻胶、淀粉等一经加热，黏度即明显下降。而温度低至零度左右时，分子结构和性能即发生异化。而黄原胶在一个相当大的范围内（$-18 \sim 80℃$）基本保持原有的黏度及性能，因而具有稳定可靠的增稠效果和冻融稳定效果。

4. pH 稳定性

黄原胶溶液的黏度基本不受酸、碱的影响，在 pH1～13 范围内，能保持原有性能。

5. 令人满意的兼容性

黄原胶与各种盐类有着良好的兼容性。与高浓度的糖或盐类共存时能形成稳定的增稠系统，并保持原有的流变性。与其他化学物质（酸、碱、表面活性剂、防腐剂等）均有令人满意的兼容性。

6. 黄原胶的安全性

黄原胶采用天然物质为原料，经发酵精制而成的生物高聚物。1983 年联合国粮农组织的世界卫生组织（FAO/WHO）所属食品添加剂专家委员会已正式批准其为安全食品添加剂，而且对添加量不做任何限制。

二、异麦芽酮糖醇

异麦芽酮糖醇又称帕拉金糖醇，国外称益寿糖，是近年来国际上新兴的功能性食用糖醇，是一种理想的代糖品。其独特的理化性质、生理功能和食用安全性已经实验充分证实，被美国 FDA 给予食品安全最高等级 "GRAS（公认安全）"，对其每日摄入量不做限制。其用量近年来急剧上升。

异麦芽酮糖醇由 α-D-吡喃葡糖基-1,6-山梨糖醇（GPS）和 α-D-吡喃葡糖基-1,1-甘露糖醇（GPM）基本上按等摩尔的比例混合而成，是一种含有约 5％ 的结晶水白色结晶状混合物。

大规模工业化生产异麦芽酮糖醇主要分两步，第一步是以蔗糖为原料经 α-葡基转移酶（蔗糖异构酶）的作用生成异麦芽酮糖（帕拉金糖），第二步是异麦芽酮糖在催化剂作用下氢化为异麦芽酮糖醇（帕拉金糖醇），在氢化异麦芽酮糖的过程中，产生 2 个同分异构体，即 GPS 和 GPM。再将 GPS 和 GPM 混合物经过浓缩、结晶、干燥即得成品。异麦芽酮糖醇为无气味白色、结晶状糖醇、不吸湿、甜味纯正、甜度为蔗糖的 50％～60％，有遮蔽苦味的作用、低热卡、热值仅为蔗糖的 50％，约 8.4kJ/g，热稳定性好，对酸、碱稳定，各种微生物很难利用，不致于龋齿。

异麦芽酮糖醇作为一种具有特殊性能的新型优良的甜味剂，可应用于糖果、饮料、巧克力、口香糖、冰淇淋、果冻、果酱、糕点、涂抹食品、餐桌甜味剂等，它具有以下优越的特性：

（1）适合糖尿病、高血脂等病人使用。由于人体本身的消化酶极难分解利用异麦芽酮糖醇，因此基本不被吸收，不会引起血糖和胰岛素任何明显上升。

（2）非致龋齿性。异麦芽酮糖醇，包括人体口腔中造成蛀牙的变形链球菌也不能分解利用，因而食用后不会产生不溶性葡聚糖和大量乳酸，所异麦芽酮糖醇是不会导致龋齿的更适儿童食用的甜味剂。

（3）甜味纯正天然，可与其他强力甜味剂配合使用，掩盖其不良的味道。

（4）低热量性。一方面由于异麦芽酮糖醇本身所含有的热量只有蔗糖的 50％；另一方面，异麦芽酮糖醇基本不被人体吸收利用。因此，它对人体来说基本是零热量，适合高血压、高血脂、肥胖及害怕肥胖的人群使用。

（5）化学性质稳定。异麦芽酮糖醇为多元糖醇，没有还原性，非常稳定，在较强的酸、碱条件下也不水解，在很高温度下也不产生色素，与蔗糖相比，其稳定性在数值上大 10 倍以上；也不会和食品中其他成分发生化学反应，如与氨基酸发生美拉德反应。

（6）高耐受性。很多甜味剂，如山梨醇、木糖醇、氢化葡萄糖浆、麦芽糖醇浆及很多低聚糖，如食用过多会造成腹胀、肠鸣、腹泻等不适现象，因而 FAO/WHO 都规定其最大使用量，但人体对异麦芽酮糖醇的耐受量却惊奇的大，每日摄入 50g 不会造成肠胃不适；因此经 FAO/WHO 联合食品添加剂专家委员会审查通过，对异麦芽酮糖醇的每日摄入量可不做规定。

（7）非吸湿性。与蔗糖、葡萄糖或某些低聚糖相比异麦芽酮糖醇具非常低的吸湿性，在25℃，相对湿度为70%时基本没有吸湿性。从而保证以它为原料生产和糖果等产品没有吸湿发黏现象。

（8）异麦芽酮糖醇是一种优良的双歧杆菌增殖因子，虽然异麦芽酮糖醇不能被人体和绝大多数微生物的酶系所利用，但却可以被人体肠道中的双歧杆菌所分解利用，促进双歧杆菌的生长繁殖，维持肠道的微生态平衡，有利于人体的健康。

三、异麦芽酮糖

异麦芽酮糖是蔗糖经酶异构转化的产物，甜度为蔗糖的42%，甜味纯正。它的一个重要特性是不会引起牙齿龋变，水解速度较蔗糖慢，且可能作为糖尿病人或其他疾病病人的非肠道能量来源而应用在临床上。对于不宜摄入食糖而需要慎重选择甜味剂的特殊人群来说，异麦芽酮糖是良好的食糖替代品。

异麦芽酮糖（6-O-α-D-吡喃葡糖基-D-果糖）是一种结晶状的还原性双糖，其结晶体含有1分子的水，失水后不呈结晶状。与果糖一样，它呈正交晶体，含水 Palatinose 晶体的相对分子质量为360；它的溶点在122～123℃，比蔗糖（182℃）要低得多；其旋光度 $[\alpha]_D^{20}=97.2°$；还原活性是葡萄糖的52%。

（1）异麦芽酮糖具有与蔗糖类似的甜味特性，它对味蕾的最初刺激速度比蔗糖快，最强的甜味刺激与蔗糖一样，终了时的甜刺激则要比蔗糖弱。无任何异味，其甜度是蔗糖的42%，而且不随温度变化而改变。将其应用在糖果和巧克力类食品中，没有发现它与蔗糖间存在明显的差异。

（2）室温下，异麦芽酮糖的溶解度只有蔗糖的一半。但随着温度的升高，其溶解度会急剧增加，80℃时可达蔗糖的85%。因此，在相对高的温度下生产的含异麦芽酮糖的食品于常温下保存时，可能会出现的结晶现象。浓度相同时，异麦芽酮糖溶液的黏度略小于蔗糖溶液。

（3）与颗粒状蔗溏和乳糖不同。异麦芽酮糖没有吸湿性，即使添加1.5%～15%的柠檬酸，其吸湿性也不会增加，而同样条件下颗粒状蔗糖的吸湿性却大为增加。将异麦芽酮糖与柠檬酸混合，保温储藏22d也没有发现转化糖生成。这些特性表明，对于含有机酸或维生素C的食品来说，用异麦芽酮糖作增甜剂比用蔗糖要稳定。

（4）异麦芽酮糖抗酸水解能力很强。将20%的酸化异麦芽酮糖水溶液和蔗糖水溶液（pH2）煮沸后比较它们的水解率，发现60min后蔗糖完全水解，而此时异麦芽酮糖并没被水解。用异麦芽酮糖做糖果熬煮试验表明，120℃时其甜味没有变化，只出现了轻微的褐变；在高达140℃时，异麦芽酮糖开始出现褐变、分解和聚合等反应；继续升温至160℃以上，这些反应明显加剧。因此，异麦芽酮糖的热稳定性要比蔗糖略差些。

（5）大多数细菌和酵母不能发酵利用异麦芽酮糖。将含有异麦芽酮糖和蔗糖的酸性饮料或面包储存一段时间，发现异麦芽酮糖的数量一点也没减少。因此，当异麦芽酮糖应用在发酵食品和饮料生产中，其抗微生物特性使得产品的甜味易于保持。

另外，异麦芽酮糖不被口腔细菌（包括致龋齿属细菌）所发酵利用，所以它的致龋齿性很低。

（6）异麦芽酮糖除在高温长时间下产生少量色素外，它具有与异麦芽酮糖醇一样的特点，可应用于饮料、糖果、糕点、冰淇淋、果酱、配制酒及一切制作工艺不需要很高温度的食品行业。

四、果寡糖（FOS）

低聚果糖英文缩写为 FOS，又称蔗果低聚糖、果寡糖或蔗果三糖族低聚糖，是指在蔗糖分子的果糖残基上通过 β（1～2）糖苷键连接 1～3 个果糖基而成的蔗果三糖、蔗果四糖、蔗果五糖及其混合物。

果寡糖广泛存在于：大麦、大蒜、洋葱、黑麦、马铃薯、芦苇根、菊芋、小麦、黑小麦等植物中，但商品果寡糖制剂主要是通过微生物发酵来生产。

低聚果糖是以蔗糖为原料，通过果糖基转移酶，运用高科技生物技术转化而成的一种功能性低聚糖，其甜度只有等量蔗糖的 0.6 倍，甜味纯正，较蔗糖甜味清爽，味道纯净，不带任何后味。体内测量的低聚果糖热值仅为 1.5kcal/g（1kcal＝4.184kJ），热值极低。低聚果糖的水分活性及黏性与蔗糖相当。低聚果糖的保湿性与山梨醇、饴糖相似。适用于保湿时间长的食品，以保证食品的货架期。低聚果糖在 120℃ 中性条件下，稳定性与蔗糖相近，保留了蔗糖优质的食品加工特性。

FOS 由于其独特的结构，不被消化道的胃酸和酶消化，能直达大肠，被人体有益的菌群双歧杆菌选择性的吸收，使人体的有益菌群双歧杆菌迅速增殖，并产生短链脂肪酸，使肠道 pH 偏向酸性，拟制有害菌群的生长，同时降低某些有害还原酶的活性，减少肠道内致癌物质和有害代谢物的生成和积累，真正起到清除肠道垃圾的作用。

由于 FOS 是一种可溶性膳食纤维，长期服用可降低血清胆固醇，改善脂质代谢。实践证明，FOS 对提高人体免疫力、改善肠道功能、防止便秘和降低血脂等十分有效，是一种功能性保健产品，为国际新兴的功能性养生食品及新型糖源。

（1）作为益生素即双歧杆菌促生素。不仅可以使产品附加上低聚果糖的功能，而且可以克服原产品的某些缺陷，使产品更完美。如在非发酵乳制品（原乳、奶粉等）中添加低聚果糖，可以解决中老年人和儿童在补充营养时易上火和便秘等问题；在发酵乳制品中增加低聚果糖，可以为产品中的活菌提供营养源，增强活菌作用，延长保质期；在谷物产品等添加低聚果糖，可以得高产品品质并延长产品货架期。

（2）作为膳食纤维素，可以有效地降低血清胆固醇和血脂，对因血脂高而引起的高血压、动脉硬化等有一系列心血管疾病有较好的改善作用。如在降血压和调节血脂的食品、保健品中添加低聚果糖，不仅可以提高产品的功效，而且还可以改善产品的口感，提高产品的档次。

（3）作为活化因子即钙、镁、铁等矿物质和微量元素的活化因子，可以达到促进矿物质和微量元素吸收的效果，如在补钙、铁、锌等食品、保健品中添加低聚果糖，可以提向产品的功效。

（4）作为营养素，可以促进体内自然合成 B 类复合维生素，具有支持脑、神经系统、消化及能量生成的作用。如在提高人体免疫力的滋补食品中添加低聚果糖，不仅可以增强产品的功效，而且可以降低产品的火气。

（5）作为独特的低糖、低热值、难消化的甜味剂，添加于食品中，不仅可以改善产品的口味，降低食品的热值，而且可以延长产品的货架期。如在减肥食品中添加低聚果糖，可以极大降低产品热值；在低糖食品中低聚果糖，较难引起血糖升高；在酒类产品中添加低聚果糖，可以防止酒中内容物沉淀，改善澄明度，提高酒的风味，使酒的口感更醇厚、更清爽；在果味饮料和茶饮料中添加低聚果糖，可以使产品口味更细腻柔和、更清爽。

（6）在焙烤食品中增加低聚果糖，可以增进产品的色泽，改进脆性，有利于膨化。

第三章　蛋　白　质

☞ **课前导读**

　　蛋白质是生物细胞中含量十分丰富又具有重要作用的生物大分子，是表达遗传信息的主要物质基础。每一种蛋白质分子都有其特定的结构与相应的生物功能，各种各样的生命现象是各种活性蛋白质作用的结果。蛋白质与生物技术生产实践关系也很密切。蛋白质分子是由一条或多条肽链构成的，多肽链是由20 种氨基酸通过肽键共价连接而成的，各种多肽链确有自己特定的氨基酸顺序。

☞ **教学目标**

　　(1) 了解蛋白质的化学组成，掌握蛋白质中常见的氨基酸的种类、名称、符号、结构和性质，以及氨基酸的制备和用途，肽的概念。
　　(2) 了解蛋白质的分类方法、主要生理功能。
　　(3) 掌握蛋白质分子结构的概念，各级空间结构特点及结构与功能的关系。
　　(4) 掌握蛋白质的一些重要理化性质及其实践意义。
　　(5) 了解蛋白质的制备方法，储藏加工中蛋白质的变化。

第一节　概　　述

　　蛋白质是由许多不同的 α-氨基酸按一定的序列通过肽键（酰胺键）连接而成的，具有较稳定的构象并具有一定生物功能的生物大分子。

一、蛋白质的生物学意义

　　生命是物质运动的高级形式，这种运动形式就是通过蛋白质来实现的，因此，蛋白质有着极其重要的生物学意义。

　　蛋白质是生物体的重要组成成分。恩格斯说："无论在什么地方，要是我们遇到生命，我们总是看到生命是与某种蛋白体相联系的，我们所知道的最低等的生物，仅是单纯的蛋白体，可是这些生物已经表现了一切基本的生活现象。"事实上，无论简单的低等生物，或是复杂的高等生物，在它们体内都一定有蛋白质的存在，就微生物而言，其细胞原生质中蛋白质含量尤为丰富，若按菌体的干重计算，酵母菌含蛋白质 50%～75%；霉菌含蛋白质 14%～50%；细菌含蛋白质 50%～80%；病毒，如提纯的烟草斑纹病毒是一种核蛋白的结晶体，除少量的核酸外，几乎全是蛋白质。

　　恩格斯还明确指出："生命是蛋白质的存在方式，这种存在方式实质上，就是这些蛋白体的化学成分的不断的自我更新。"这就是说，生命的物质基础是蛋白质，生命的基本特征是蛋白质的自我更新，更新就是两种对立的相互矛盾的反应——合成与分解的相互关系，由此可见，蛋白质与生命活动息息相关，没有蛋白质的存在，没有蛋白质的自我更新，任何生命活动都是难以想象的。

　　从上述可以了解到蛋白质对生命活动如此重要而重要性是通过认识它在生命活动中所起的作用表现出来的。例如：

　　（1）催化作用——酶。物质代谢过程所包括的化学反应，绝大多数需由酶催化，酶的化学本质就是蛋白质。例如，食物在肠内消化以致分解代谢都需由酶催化。

　　（2）调节作用——激素。物质代谢过程多需由激素调节，有些激素的化学本质就是蛋白质，例如胰岛素有调节血糖浓度的作用，能使血糖浓度降低。

　　（3）运动机能。肌肉的收缩完全是肌纤维中肌动球蛋白分子的相对滑动的作用。

　　（4）输送作用。体内氧化作用所需的氧及所生成的二氧化碳主要是由血液所含的血红蛋白输送。生物细胞内物质的"主动运输"也是靠蛋白质的变构完成的。

　　（5）免疫作用。引起免疫作用的抗原及免疫过程所生成的抗体都是蛋白质。

　　（6）参与组成一切生物膜。细胞质膜、细胞内各种细胞器的膜以及高等动物的各种复合膜，几乎都是由蛋白质和脂类等物质组成的。生物膜是一类能完成多种生理功能的复合体，是生物体内物质和信息流通的必经之路，也是能量转换的重要场所。它具有保护作用，以及传递细胞的信息，选择性吸收物质，能量转换，免疫反应等功能。

　　总之蛋白质是生命的物质基础，它对生命活动是非常重要的物质，它和生物的代谢运动、繁殖等生命活动机能密切相关。正如恩格斯所说："没有蛋白质，就谈不到生命。"从生物技术角度来看，蛋白质除了是生物体的主要组成部分，是生命活动所依赖的物质基础外，我们要了解生物技术中酶的性质和作用，也必须先认识蛋白质。因此，了解蛋白质的结构和性质，及其在生物化工生产中的化学变化，具有很重要的实际意义。

二、蛋白质的元素组成与分类

1. 蛋白质的元素组成

　　蛋白质是化学结构复杂、种类繁多的高分子有机物。但在自然界中，无论蛋白质的来源如何，其元素组成均相近似，即所有蛋白质都是由 C、H、O、N 四种主要元素组成，除这四种元素以外，大多数蛋白质还含有 S，少数蛋白质还含有微量的磷、铁、锌、钼、铜、碘等元素。经分析，在干燥蛋白质中，各组成元素的比例如下：碳 50%～55%，氢 6.0%～8.0%，氧 20%～23%，氮 15%～17%，硫 0～4%。

　　糖及脂类也都含 C、H、O 三种元素，但多不含 N，而蛋白质则一定含 N，应特别指出的是：大多数蛋白质的 N 含量，相对来说是恒定的，一般每 100g 蛋白质平均含 N 为 16g 左右，即蛋白质样品中 1gN 相当于 6.25g 蛋白质（100÷16＝6.25），根据蛋白质元素组成上的这一特点，蛋白质定量分析中，只要测定出其中的含氮量即可测知其样品组成成分中蛋白质的含量。

即：每克样品中含 N 的克数×6.25×100＝蛋白质的含量（g/100g 样品）

2. 蛋白质的分类

根据蛋白质化学组成和溶解度不同，把蛋白质分为简单蛋白和结合蛋白两大类。把蛋白质水解后，其产品只有氨基酸的叫简单蛋白质。而水解后，其产物除了氨基酸外，还有其他物质，如糖、脂肪、核酸、磷酸、色素的蛋白质叫结合蛋白质，结合蛋白质的非蛋白质部分称为辅基。单纯蛋白质根据其溶解度的不同，又可分为清蛋白、球蛋白、谷蛋白、醇溶谷蛋白、硬蛋白、组蛋白等七类，结合蛋白质又可按其所含辅基的不同而分为核蛋白、色蛋白、磷蛋白、脂蛋白及糖蛋白等几类，其存在与性质见表 3-1。

表 3-1　蛋白质的分类及其存在

蛋白质及其分类		特　性	分　布	举　例
单纯蛋白质	清蛋白	能溶于水及中性盐溶液，加硫酸铵达饱和时沉淀析出	广布于一切动植物组织细胞及体液内	血清清蛋白、乳清蛋白、卵清清蛋白
	球蛋白	溶于稀盐溶液，加硫酸铵半饱和时即沉淀析出	常与清蛋白一起广布于一切动植物组织细胞与体液内	血清球蛋白、β-乳球蛋白、麻仁球蛋白、大豆球蛋白
	谷蛋白	不溶于水，但溶于稀酸稀碱	遍布于植物种子与叶内，尤以谷物种子含量多	麦谷蛋白、米谷蛋白等
	醇溶谷蛋白	不溶于水，但溶于 70%～80%乙醇内，含大量脯氨酸	为主要的植物蛋白之一，分布于植物种子	谷胶蛋白（小麦仁）大麦胶蛋白，玉米胶蛋白
	精蛋白	含 80%精氨酸的一类碱性蛋白质，等电点 pH12，溶于水、稀酸及氨水	含于动物成熟的生殖细胞，常与核酸结合成核蛋白存在于动物体。鱼精中含量甚多鱼精蛋白	—
	组蛋白	含精氨酸赖氨酸特多的一类碱性蛋白质，可溶于水及稀酸，但不溶于氨水	主要与核酸及血红素结合成核蛋白和血红蛋白而存在于细胞核与红血细胞中	胸腺组蛋白
结合蛋白	核蛋白	由单纯蛋白质（精、组蛋白）与核酸结合而成，即含 RNA 或 DNA	含于一切生物细胞	核酸组蛋白、核酸鱼精蛋白、酵母核蛋白
	磷蛋白	由单纯蛋白质与磷酸在苏、丝氨基酸侧链上以脂键结合的一类复合蛋白质	广布于生物细胞及体液	酪蛋白、卵黄磷蛋白、脑磷蛋白
	色蛋白	是单纯蛋白质与含金属的有色化合物相结合而成的结合蛋白质	含于生物细胞及体液	血红蛋白、肌红蛋白、细胞色素、血蓝蛋白等
	糖蛋白	是由单纯蛋白质与糖的衍生物结合而成的结合蛋白质，它们的辅基统称为黏多糖	动物细胞及分泌液	黏液糖蛋白、黏蛋白等
	脂蛋白	由单纯蛋白质与脂肪或脂类（磷脂、固醇等）结合而成的一类结合蛋白	脑、肌肉、卵黄及血浆	凝血致活酶、血 α、β-脂蛋白

第二节　蛋白质的基本结构单位——氨基酸

　　蛋白质是一类含氮的生物大分子，相对分子质量大，结构复杂，但如用酸、碱或酶水解时，其分子碎裂，顺序变成分子较小的胨胰及肽，最后都可变成分子结构比较简单的各种氨基酸，氨基酸是不能在水解为更小的单位。因此认为氨基酸是蛋白质的基本组成单位。

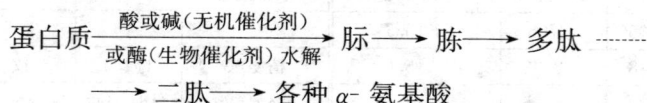

$$蛋白质 \xrightarrow[\text{或酶（生物催化剂）水解}]{\text{酸或碱（无机催化剂）}} 胨 \longrightarrow 胰 \longrightarrow 多肽 \text{------}$$

$$\longrightarrow 二肽 \longrightarrow 各种 \alpha\text{-} 氨基酸$$

　　氨基酸是指含有氨基的羧酸。蛋白质是由 20 种氨基酸组成的，除脯氨酸外，均为 α-氨基酸，即羧酸分子中 α-碳原子上的一个氢原子被氨基取代而成的化合物。

一、氨基酸的结构通式

　　α-氨基酸的结构，可用图 3-1 表示。式中 R 为 α-氨基酸的侧链，方框内的基团为各种氨基酸的共同结构。

　　式中除 R 为 H 的甘氨酸外，其他氨基酸（R≠H）所含的 α-碳原子均为不对称碳原子，所以氨基酸（甘氨酸除外）均具有光学活性。能使偏振光平面向左或右旋转。向右旋转者称为右旋体，常以（＋）号表示，向左旋转者称为左旋体，以（－）号表示。

　　α-氨基酸（除甘氨酸外）的 α-碳原子皆为不对称，故均有 D-型和 L-型两种立体异构体，这取决于 α-碳原子上氨基的位置。书写时将羧基写在 α-碳原子的上端，则氨基在左边的为 L-型，氨基在右边的为 D-型，这是与甘油醛的构型相比较后确定的（图 3-2）。

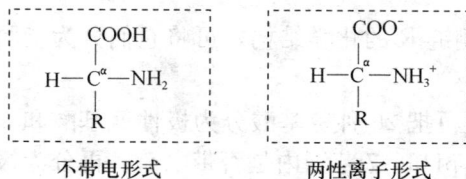

图 3-1　α-氨基酸结构

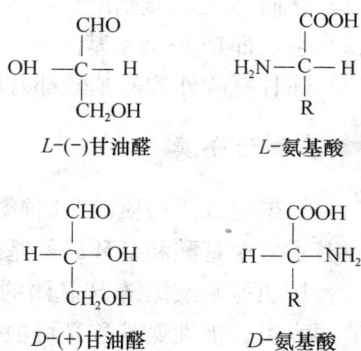

图 3-2　D-型、L-型立体结构

　　构型与旋光方向二者没有直接对应的关系。各种 L-型氨基酸中有的为左旋有的为右旋，即使同一种 L-型氨基酸，在不同溶剂中测定时，其比旋光度和旋光方向也会不同。表 3-2 列举出 L-氨基酸的比旋光度，供参考。

表 3-2　常见 L-型氨基酸的比旋光度

名　称	M_r	$[\alpha]_D$ (H₂O)	$[\alpha]_D$ (5mol/L HCl)	名　称	M_r	$[\alpha]_D$ (H₂O)	$[\alpha]_D$ (5mol/L HCl)
甘氨酸	75.05	—	—	天冬氨酸	133.6	+5.0	+25.4
丙氨酸	89.06	+1.8	+14.6	天冬酰胺	132.6	−5.3	+33.2
缬氨酸	117.09	+5.6	+28.3				(3mol/L HCl)
亮氨酸	131.11	−11.0	+16.0	谷氨酸	147.08	+12.0	+31.8
异亮氨酸	131.11	+12.4	+39.5	谷氨酰胺	146.08	+6.3	+31.8
丝氨酸	105.06	−7.5	+15.1				(1mol/L HCl)
苏氨酸	119.18	−28.5	−15.0	精氨酸	174.4	+12.5	+27.6
赖氨酸	146.13	+13.5	+26.0	酪氨酸	181.09	—	−10.0
组氨酸	155.09	−38.5	+11.8	色氨酸	2.4.11	−33.7	+2.8
胱氨酸	240.33		−232				(1mol/L HCl)
半胱氨酸	121.12	−16.5	+6.5	脯氨酸	115.08	−86.2	−60.4
甲硫氨酸	149.15	−10.0	+23.2	羟脯氨酸	131.08	−76.0	−50.5
苯丙氨酸	165.09	−34.5	−4.5	—		—	—

　　天然蛋白质中的氨基酸均属 L-型，因此，L-型氨基酸称为天然氨基酸，只是在微生物中发现含有 D-型氨基酸的多肽，D- 与 L-型氨基酸化学组成虽无区别，但生理功能却互不相同，各种生物一般只能利用 L-型氨基酸，而不能利用 D-型氨基酸。例如，乳酸菌在含 L-亮氨酸和 D-亮氨酸的培养基上，乳酸菌利用完 L-亮氨酸后，其生长就受到抑制。

　　组成蛋白质的氨基酸，目前大多可用发酵法或化学合成法生产，发酵法生产的氨基酸皆为 L-型，而化学合成法生产的氨基酸往往为 L-型和 D-型的混合型。

　　综上所述，组成蛋白质的氨基酸结构上的共同特点有如下三条：
　　(1) 它们都是 α-氨基酸。
　　(2) 它们都是 L-型氨基酸。
　　(3) 除甘氨酸外的氨基酸都有旋光性。

二、氨基酸的分类

　　(1) 根据组成蛋白质的 20 种氨基酸的侧链 R 的化学结构，可将它们分为脂肪族氨基酸、芳香族氨基酸和杂环族氨基酸三大类。

　　(2) 按照氨基酸侧链 R 基团的不同，还可把 20 种氨基酸分为极性氨基酸和非极性氨基酸两大类。极性氨基酸又可根据它们在 pH6～7 范围内是否带电荷，再分为极性不带电荷、极性带正电荷、极性带负电荷氨基酸。

　　(3) 根据氨基酸在水溶液中的酸碱性质或所含氨基和羧基的数目又可分为中性氨基酸、酸性氨基酸和碱性氨基酸三类。

　　① 中性氨基酸，分子中的氨基数与羧基数相等。其中非极性氨基酸有丙氨酸、缬氨酸、亮氨酸、异亮氨酸、蛋氨酸、苯丙氨酸、色氨酸、脯氨酸和甘氨酸；极性氨基酸有丝氨酸、苏氨酸、半胱氨酸、酪氨酸、天冬酰胺和谷氨酰胺。蛋氨酸和半胱氨酸是含

硫的氨基酸，半胱氨酸氧化可以二硫键连接起来称为胱氨酸。

② 酸性氨基酸，羧基数多于氨基数。有天冬氨酸和谷氨酸。

③ 碱性氨基酸，氨基数多于羧基数。有赖氨酸、精氨酸和组氨酸。

人和动物体所需的某些氨基酸，可由体内代谢转变而来，称为非必需氨基酸，而有些氨基酸是体内不能生成的，必须从食物中供给，如果食物中缺乏这些氨基酸，就会影响机体正常生长和健康。这些氨基酸称为必需氨基酸，人的必需氨基酸有赖氨酸、缬氨酸、蛋氨酸、色氨酸、亮氨酸、异亮氨酸、苏氨酸和苯丙氨酸等 8 种。

氨基酸的结构和分类，列于表 3-3 中。

表 3-3　构成蛋白的氨基酸分类

分　类		名　称	符　号	分子结构	化学名称
中性氨基酸	脂肪族氨基酸	甘氨酸	Gly	H—CH—COOH 　　　| 　　　NH₂	氨基乙酸
		L-丙氨酸	Ala	CH₃—CH—COOH 　　　　| 　　　　NH₂	α-氨基丙酸
		L-缬氨酸	Val	CH₃—CH—CH—COOH 　　　| 　　　CH₃ NH₂	α-氨基异戊酸
		L-亮氨酸	Leu	CH₃—CH—CH₂—CH—COOH 　　|　　　　　| 　　CH₃　　　　NH₂	α-氨基异己酸
		L-异亮氨酸	Ile	CH₃—CH₂—CH—CH—COOH 　　　　　　|　| 　　　　　CH₃ NH₂	α-氨基-β-甲基戊酸
	含羟基氨基酸	L-丝氨酸	Ser	OH—CH₂—CH—COOH 　　　　　| 　　　　　NH₂	α-氨基-β-羟基丙酸
		L-苏氨酸	Thr	CH₃—CH—CH—COOH 　　　|　| 　　　OH NH₂	α-氨基-β-羟基丁酸
	含硫氨基酸	L-蛋氨酸	Met	CH₃—S—CH₂—CH₂—CH—COOH 　　　　　　　　　| 　　　　　　　　　NH₂	α-氨基-γ-甲硫基丁酸
		L-半胱氨酸	Cys	HS—CH₂—CH—COOH 　　　　　| 　　　　　NH₂	α-氨基-β-巯基丙酸
	杂环氨基酸	L-脯氨酸	Pro	（吡咯烷环）—COOH NH	β-吡咯烷基-α-羧酸
		L-苯丙氨酸	Phe	（苯环）—CH₂—CH—COOH 　　　　　　　| 　　　　　　　NH₂	α-氨基-β-苯基丙酸
		L-酪氨酸	Tyr	HO—（苯环）—CH₂—CH—COOH 　　　　　　　　　| 　　　　　　　　　NH₂	α-氨基-β-对羟基苯丙酸
		L-色氨酸	Try	（吲哚环）—CH₂—CH—COOH 　　　　　　　　| 　　　　　　　　NH₂	α-氨基-β-吲哚基丙酸

分 类		名 称	符 号	分子结构	化学名称
中性氨基酸	酰胺	L-天冬酰胺	Asn	$\underset{O}{\overset{\displaystyle H_2N-C-CH_2-CH-COOH}{\|\|}}\quad\overset{\displaystyle}{NH_2}$	α-氨基-β-酰胺丙酸
		L-谷酰胺	Gln	$\underset{O}{\overset{\displaystyle H_2N-C-(CH_2)_2-CH-COOH}{\|\|}}\quad\overset{\displaystyle}{NH_2}$	α-氨基-γ-酰胺丁酸续表
酸性氨基酸		L-天冬氨酸	Asp	$HOOC-CH_2-\underset{NH_2}{CH}-COOH$	α-氨基丁二酸
		L-谷氨酸	Glu	$HOOC-CH_2-CH_2-\underset{NH_2}{CH}-COOH$	α-氨基戊二酸
碱性氨基酸		L-精氨酸	Arg	$\underset{}{\overset{\displaystyle NH}{H_2N-C-NH-(CH_2)_3-\underset{NH_2}{CH}-COOH}}$	α-氨基-δ-胍基戊酸
		L-组氨酸	His	咪唑环 $CH_2-\underset{NH_2}{CH}-COOH$	α-氨基-β-咪唑基丙酸
		L-赖氨酸	Lys	$H_2N-CH_2-(CH_2)_3-\underset{NH_2}{CH}-COOH$	α,ε-二氨基己酸

三、氨基酸的重要理化性质

（一）一般物理性质

1. 物理性状和熔点

α-氨基酸均为无色结晶。结晶形状因氨基酸的构型而异。如 L-谷氨酸为四角柱形结晶，D-谷氨酸则为菱片状结晶。α-氨基酸熔点极高，一般在 $200\sim300℃$，在熔点时，氨基酸即分解。氨基酸的熔点比相应的羧酸或胺都高，如甘氨酸的熔点为 $232℃$，而乙酸的熔点为 $16.5℃$。

2. 溶解度

各种氨基酸在水中的溶解度差别很大，胱氨酸、酪氨酸在水中难溶，脯氨酸易溶。

例如在 $25℃$下，每 $100g$ 水中可溶解胱氨酸 $0.011g$，酪氨酸为 $0.045g$，而脯氨酸为 $162.3g$。所有氨基酸都易溶于稀酸、稀碱溶液中，但不能溶解于有机溶剂。通常酒精能把氨基酸从其溶液中沉淀析出。

3. 味感

氨基酸的味感与它的立体构型有关，L-氨基酸一般是无味或带有苦味，而 D-型氨基酸多数带有甜味，甜味最强的是 D-色氨酸。L-谷氨酸钠盐具有强烈的鲜味，即味精。其他氨基酸，如天冬氨酸、甘氨酸、丙氨酸、组氨酸、赖氨酸等也都有鲜味，用于食品增添美味。

4. 旋光性

除甘氨酸外，所有的氨基酸都有不对称碳原子，因此具有旋光性。

(二) 两性解离及等电点

氨基酸分子中含有碱性的氨基（—NH$_2$）和酸性的羧基（—COOH），—COOH 基可以解离出 H$^+$，其自身变为—COO$^-$ 负离子，H$^+$ 转给—NH$_2$ 使其变成—NH$_3^+$ 正离子，成为同 1 分子上带有正、负两种电荷的两性离子。

$$\underset{\substack{|\\ NH_2}}{R{-}CH}{-}COOH \rightleftharpoons \underset{\substack{|\\ NH_3^+}}{R{-}CH}{-}COO^-$$

氨基酸　　　　　　两性离子

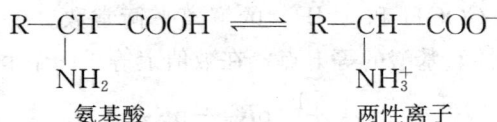

氨基酸的羧基及氨基的解离受溶液的酸碱度（pH）影响，在酸性溶液中，两性离子的羧基负离子（—COO$^-$）接受 H$^+$ 而成为羧基（—COOH），留下氨基正离子（—NH$_3^+$），故氨基酸此时成为正离子而存在，在电场中向阴极移动。在碱性溶液中，两性离子的 NH$_3^+$ 即解离放出一个 H$^+$，与溶液中的氢氧根离子（OH$^-$）结合成水，而自身变为负离子，在电场中向阳极移动。

在适当的酸碱度时，氨基酸的氨基和羧基的解离度可能完全相等，此式［正离子］＝［负离子］，静电荷为零，在电场中即不向阳极移动，也不向阴极移动，成为两性离子。此时氨基酸所处的 pH 就称为该氨基酸的等电点，以 pI 符号代表。

现将氨基酸在溶液中酸碱调节的离子转变反应归结如下：

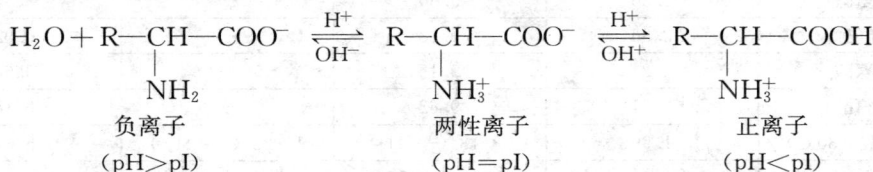

$$H_2O+\underset{\substack{|\\ NH_2}}{R{-}CH}{-}COO^- \underset{OH^-}{\overset{H^+}{\rightleftharpoons}} \underset{\substack{|\\ NH_3^+}}{R{-}CH}{-}COO^- \underset{OH^-}{\overset{H^+}{\rightleftharpoons}} \underset{\substack{|\\ NH_3^+}}{R{-}CH}{-}COOH$$

　　负离子　　　　　　　两性离子　　　　　　正离子

（pH＞pI）　　　　　（pH＝pI）　　　　　（pH＜pI）

各种氨基酸都有特定的等电点，当溶液的 pH 小于氨基酸等电点时，此氨基酸带正电荷，若溶液的 pH 大于等电点时，此氨基酸带负电荷，因此在同一 pH 时，不同氨基酸所带电荷不同。例如在 pH 为 5.97 时，甘氨酸就是两性离子，而谷氨酸的 pI 为 3.22，故它是阴离子，赖氨酸的 pI 为 9.74，则成为阳离子。

在等电点时，氨基酸的溶解度最小，容易沉淀。利用这一性质可以分离制备某些氨基酸。例如：谷氨酸的生产，就是将微生物发酵液的 pH 调节到 3.22 附近，则大量的谷氨酸沉淀析出。利用各种氨基酸的等电点不同，可以通过电泳法、离子交换法等在实验室或工业生产上进行混合氨基酸的分离或制备。氨基酸的等电点可由其分子上解离基团的解离常数来确定。各种氨基酸的解离常数 pK 和等电点 pI 的近似值列于表 2-4。

氨基酸的等电点除用酸碱滴定方法测定外，还可按氨基酸的可解离基团的 pK 计算。先写出氨基酸的解离方程，然后取两性离子两边的 pK 的算术平均值，即可计算出等电点。

现分别以丙氨酸、天冬氨酸、赖氨酸为例介绍从 pK 计算 pI。

丙氨酸在酸性溶液中，以 $\underset{\substack{|\\ NH_3^+}}{H_3\overset{+}{N}{-}CH}\overset{\displaystyle CH_3}{{-}COOH}$ 的形式存在，可以看作是一个二元弱酸，具有 2 个可解离的 H$^+$，即—COOH 上的 H$^+$ 和-NH$_3^+$ 上的 H$^+$，它的分步解离为

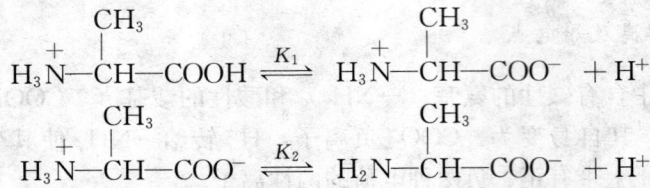

$$H_3\overset{+}{N}-\underset{\underset{CH_3}{|}}{\overset{\overset{CH_3}{|}}{C}H}-COOH \overset{K_1}{\rightleftharpoons} H_3\overset{+}{N}-\underset{\underset{CH_3}{|}}{\overset{\overset{CH_3}{|}}{C}H}-COO^- +H^+$$

$$H_3\overset{+}{N}-\underset{\underset{CH_3}{|}}{\overset{\overset{CH_3}{|}}{C}H}-COO^- \overset{K_2}{\rightleftharpoons} H_2N-\underset{\underset{CH_3}{|}}{\overset{\overset{CH_3}{|}}{C}H}-COO^- +H^+$$

K_1、K_2 分别表示—COOH 和—NH_3^+ 的解离平衡常数。K_1、K_2 的负对数分别用 pK_1 和 pK_2 表示，则中性氨基酸的等电点，在数值上等于两个 pK 之和的 $1/2$：

$$pI = \frac{1}{2}(pK_1 + pK_2)$$

由表 3-4 查得丙氨酸的 $pK_1 = 2.34$，$pK_2 = 9.69$ 代入上式，即得丙氨酸的等电点 $pI = \frac{1}{2}(2.34 + 9.69) = 6.02$。

表 3-4　各种氨基酸在 25℃ 时 pK 和 pI 的近似值

氨基酸名称	pK（α-COOH）	pK₂	pK₃	pI
甘氨酸	2.34	9.60	—	5.95
丙氨酸	2.34	9.69	—	6.0
缬氨酸	2.32	9.62	—	5.96
亮氨酸	2.36	9.60	—	5.98
异亮氨酸	2.36	9.68	—	6.02
丝氨酸	2.21	9.15	—	5.68
苏氨酸	2.71	9.62	—	6.18
半胱氨酸（30℃）	1.96	8.18（—SH）	10.28（—NH_3^+）	5.07
胱氨酸（30℃）	1.00	1.7（—COOH）	7.48 和 9.02	4.60
甲硫氨酸	2.28	9.21	—	5.74
天冬氨酸	1.88	3.65（β-COO⁻）	9.60（—NH_3^+）	2.77
谷氨酸	2.19	4.25（γ-COO⁻）	9.67（—NH_3^+）	3.22
天冬酰胺	2.02	8.80	—	5.41
谷氨酰胺	2.17	9.13	—	5.65
赖氨酸	2.18	8.95（α-NH_3^+）	10.53（ε-NH_3^+）	9.74
精氨酸	2.17	9.04（α-NH_3^+）	12.48（胍基）	10.76
苯丙氨酸	1.83	9.13	—	5.48
酪氨酸	2.20	9.11（α-NH_3^+）	10.07（—OH）	5.66
色氨酸	2.38	9.39	—	5.89
组胺酸	1.82	6.00（咪唑基）	9.17（α-NH_3^+）	7.59
脯氨酸	1.99	10.60	—	6.30
羟脯氨酸	1.92	9.73	—	5.83

在溶液中氨基酸随 pH 升高而逐级解离，并总是 pK 小的基团先解离，pK 大的后解离。对有三个解离基团的氨基酸，第三级解离可忽略不计，只有靠近两性离子的 2 个 pK 影响两性离子浓度。因此，只要正确写出解离反应式，都可根据等电离子两边的 pK 计算其 pI。例如天冬氨酸的 $pK_1 = 1.88$，$pK_2 = 3.65$，$pK_3 = 9.60$，天冬氨酸的解

离方程为

$$
\begin{array}{ccc}
\underset{\text{ASP}^+}{\begin{matrix}\text{COOH}\\|\\\text{CH}-\text{NH}_3^+\\|\\\text{CH}_2\\|\\\text{COOH}\end{matrix}}
\underset{}{\overset{K_1}{\rightleftharpoons}}
\underset{\substack{\text{ASP}^\pm\\\text{两性离子}}}{\begin{matrix}\text{COO}^-\\|\\\text{CH}-\text{NH}_3^+\\|\\\text{CH}_2\\|\\\text{COOH}\end{matrix}}
\underset{}{\overset{K_2}{\rightleftharpoons}}
\underset{\text{ASP}^-}{\begin{matrix}\text{COO}^-\\|\\\text{CH}-\text{NH}_3^+\\|\\\text{CH}_2\\|\\\text{COO}^-\end{matrix}}
\underset{}{\overset{K_3}{\rightleftharpoons}}
\underset{\text{ASP}^=}{\begin{matrix}\text{COO}^-\\|\\\text{CH}-\text{NH}_2\\|\\\text{COO}^-\end{matrix}}
\end{array}
$$

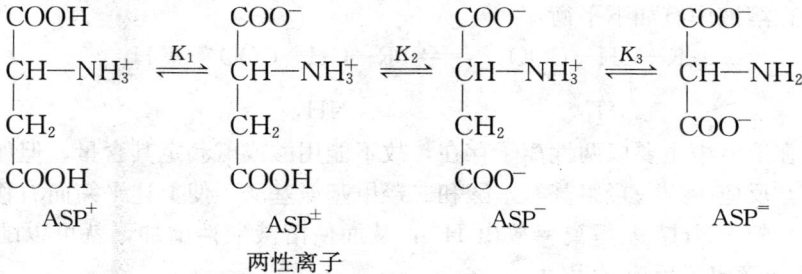

天冬氨酸在等电点时为 $\text{ASP}^\pm$，因此

$$\text{pI} = \frac{1}{2}(\text{p}K_1 + \text{p}K_2) = \frac{1}{2}(1.88 + 3.65) = 2.77$$

再如赖氨酸的 $\text{p}K_1 = 2.18$，$\text{p}K_2 = 8.95$，$\text{p}K_3 = 10.53$，赖氨酸的解离方程为

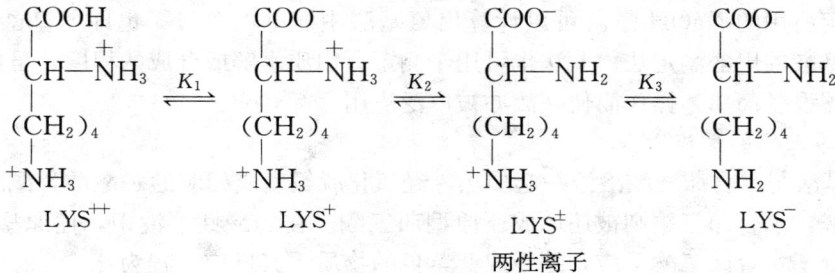

$$
\begin{array}{ccc}
\underset{\text{LYS}^{++}}{\begin{matrix}\text{COOH}\\|\\\text{CH}-\overset{+}{\text{NH}}_3\\|\\(\text{CH}_2)_4\\|\\{}^+\text{NH}_3\end{matrix}}
\underset{}{\overset{K_1}{\rightleftharpoons}}
\underset{\text{LYS}^+}{\begin{matrix}\text{COO}^-\\|\\\text{CH}-\overset{+}{\text{NH}}_3\\|\\(\text{CH}_2)_4\\|\\{}^+\text{NH}_3\end{matrix}}
\underset{}{\overset{K_2}{\rightleftharpoons}}
\underset{\substack{\text{LYS}^\pm\\\text{两性离子}}}{\begin{matrix}\text{COO}^-\\|\\\text{CH}-\text{NH}_2\\|\\(\text{CH}_2)_4\\|\\{}^+\text{NH}_3\end{matrix}}
\underset{}{\overset{K_3}{\rightleftharpoons}}
\underset{\text{LYS}^-}{\begin{matrix}\text{COO}^-\\|\\\text{CH}-\text{NH}_2\\|\\(\text{CH}_2)_4\\|\\\text{NH}_2\end{matrix}}
\end{array}
$$

赖氨酸的等电点为

$$\text{pI} = \frac{1}{2}(\text{P}K_2 + \text{p}K_3) = \frac{1}{2}(8.95 + 10.53) = 9.74$$

还要说明的是，一般情况下，一氨基一羧基氨基酸的等电点为什么都小于 pH7？这是由于氨基酸分子中的羧基的解离度大于氨基，故纯水（pH7）中，一羧基一氨基略呈酸性，其负离子的浓度大于正离子的浓度，必须加入适量的酸，才能将溶液中的 pH 调节至氨基酸的等电点。因此，一羧基一氨基氨基酸的等电点均小于 pH7，二羧基一氨基氨基酸的等电点一般较低，一羧基二氨基氨基酸的等电点则较高。

（三）氨基酸的化学性质

1. 与亚硝酸反应

α-氨基酸，除亚氨基酸（脯氨酸、羟脯氨酸）的亚氨基，精氨酸、组胺酸和色氨酸环中的 N 以外，α-氨基均可与亚硝酸作用而产生羟基酸并放出氮气（N_2）。

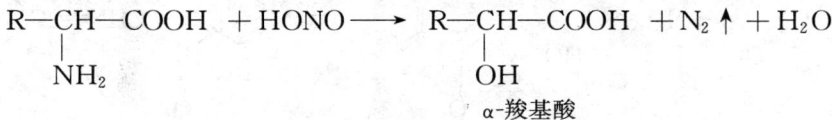

$$
\underset{}{\begin{matrix}\text{R}-\text{CH}-\text{COOH}\\|\\\text{NH}_2\end{matrix}} + \text{HONO} \longrightarrow \underset{\alpha\text{-羧基酸}}{\begin{matrix}\text{R}-\text{CH}-\text{COOH}\\|\\\text{OH}\end{matrix}} + N_2\uparrow + H_2O
$$

反应放出的 N_2 量一半来自氨基酸分子的氨基，故可用气体分析仪来加以测定。这是范式（Van slyke）定氮法的原理。范氏定氮法常用于氨基酸定量及蛋白质水解程度的测定。

2. 与甲醛反应

氨基酸在溶液中有如下平衡：

$$R\text{—}CH\text{—}COO^- \rightleftharpoons R\text{—}CH\text{—}COO^- + H^+$$
$$\quad\quad |\quad\quad\quad\quad\quad\quad\quad\quad\quad | $$
$$\quad\quad NH_3^+\quad\quad\quad\quad\quad\quad NH_2$$

氨基酸在溶液中主要以两性离子存在，故不能用酸或碱滴定其含量，但如用甲醛处理氨基酸时，反应生成一羟甲基氨基酸和二羟甲基氨基酸，使上述平衡向右移动，促使氨基酸分子上的—NH_3^+基解离释放出 H^+，从而使溶液酸性增加，就可以酚酞作指示剂用 NaOH 来滴定。反应过程为

$$R\text{—}CH\text{—}COO^- \xrightarrow{HCHO} R\text{—}CH\text{—}COO^- \xrightarrow{HCHO} R\text{—}CH\text{—}COO^- + H^+$$
$$\quad |\quad\quad\quad\quad\quad\quad\quad\quad |\quad\quad\quad\quad\quad\quad\quad |$$
$$\quad NH_3^+\quad\quad\quad\quad\quad\quad NH\text{—}CH_2OH\quad\quad\quad\quad N(CH_2OH)_2$$
$$\quad\quad\quad\quad\quad\quad\quad\quad\quad\alpha\text{-羟甲基氨基酸}\quad\quad\quad\quad 二羟甲基氨基酸$$

由滴定所用的 NaOH 量就可以计算出氨基酸中氨基的含量，也即氨基酸的含量。这就称氨基酸的甲醛滴定法。此法也可用于测定蛋白质水解或合成的程度，虽精确度稍差，但仪器设备简单，操作简便，故亦被广泛应用。

3. 与茚三酮的反应

α-氨基酸与水合茚三酮溶液一起加热，经氧化脱氨变成相应的 α-酮酸，酮酸进一步脱羧变成醛，水合茚三酮则被还原成还原型茚三酮。在弱酸性溶液中，还原型茚三酮、氨和另一分子水合茚三酮反应，缩合成蓝紫色的物质。其反应过程为

茚三酮　　　　　　　　水合茚三酮　　　　　　　还原型茚三酮

$$+NH_3+CO_2+R\text{—}C\underset{H}{\overset{O}{\big\|}}H$$

醛

蓝紫色物质

此反应在氨基酸分析上极为重要，放出的 CO_2 可用定量法加以测定，从而计算出参加反应的氨基酸量，产生的蓝紫色物质为比色法（包括纸层析法）分析氨基酸的依据

（纸层析法一般用茚三酮作显色剂，显色后就可进行定性或定量鉴定）。

脯氨酸和羟脯氨酸与茚三酮反应产生黄色物质，不放出 NH_3。天冬酰胺因有游离酰胺基，与茚三酮反应生成棕色产物。其余所有的 α-氨基酸与茚三酮反应均产生蓝紫色物质。

4. 脱羧反应

氨基酸经氨基酸脱羧酶催化脱羧，生成伯胺并相应放出 CO_2 气体。脱羧酶专一性很强，一种氨基酸脱羧酶只能催化一种氨基酸脱羧。例如，大肠杆菌 L-谷氨酸脱羧酶，只催化 L-谷氨酸脱羧：

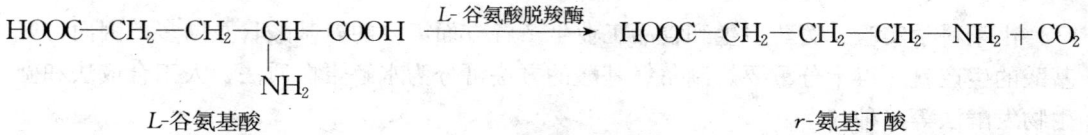

$$HOOC—CH_2—CH_2—\underset{\underset{NH_2}{|}}{CH}—COOH \xrightarrow{\text{L-谷氨酸脱羧酶}} HOOC—CH_2—CH_2—CH_2—NH_2 + CO_2$$

L-谷氨基酸   r-氨基丁酸

反应生成的 CO_2 可用瓦氏呼吸计定量测定。释放 CO_2 的物质的量等于溶液中氨基酸物质的量。目前氨基酸发酵生产中普遍用此方法进行生产检验。

5. 成盐反应

氨基酸分子中的氨基和羧基可分别与酸和碱成盐。味精即为谷氨酸的一钠盐。

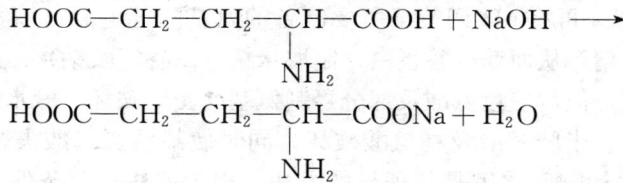

$$HOOC—CH_2—CH_2—\underset{\underset{NH_2}{|}}{CH}—COOH + NaOH \longrightarrow$$

$$HOOC—CH_2—CH_2—\underset{\underset{NH_2}{|}}{CH}—COONa + H_2O$$

6. 与金属离子反应

氨基酸可与一些金属离子反应生成络合物。例如，谷氨酸与 Zn^{2+}、Ca^{2+}、Ba^{2+} 等作用生成难溶于水的络合物，当 pH 为 6.3 时，谷氨酸与 Zn^{2+} 生成难溶于水的谷氨酸锌盐络合物（图 3-3）。

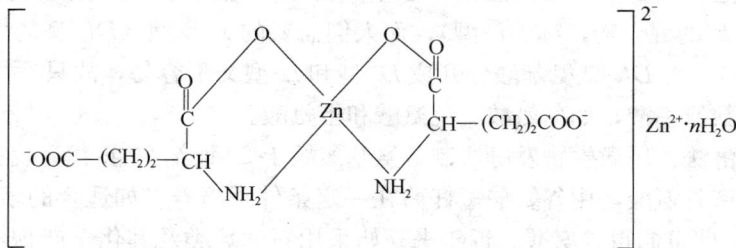

图 3-3 谷氨酸锌盐络合物

应用氨基酸此性质，可以分离提取某种氨基酸。

7. 美拉德反应

氨基酸能与单糖及糖的分解产物（如羟甲基糠醛、糠醛等）在高温条件下缩合形成一类呈黑色的化合物，这类反应称为美拉德反应，称这类物质为黑色素，此物部分溶于水，有芳香味，呈酸性及具有还原性，这一点对很多食品（如焙烤食品）的上色和增香有一定作用。美拉德反应产物对协调酿造产品风味有一定作用，近年来有学者认为中国白酒的一些特殊香味物质的产生与美拉德反应有关。但是许多食品在制造、干燥及储存时发生褐变现象，美拉德反应是原因之一。因此在食品和发酵产品生产中要避免美拉德反应的有害作用，发挥其有益作用。

四、氨基酸的制备和用途

（一）制备

由于科学实验、医药卫生和食品工业生产各方面需要的氨基酸日益增多，因而，氨基酸的生产就显得十分重要。制备氨基酸的方法可分为水解蛋白质法、人工合成法和微生物发酵法等三种。

水解蛋白质法：蛋白质经酸、碱或多种蛋白酶水解生成氨基酸，再用适当方法加以分离、提纯可得到拟制取的某些氨基酸。

酸水解是将蛋白质与相当于蛋白质体积的 $10\sim15$ 倍的 25% 浓度的 H_2SO_4 或 30% 浓度的 HCl，在 $100\sim120℃$ 的条件下加热，约经 $12\sim48h$ 即可完全水解为各种氨基酸，经 NaOH 中和过滤，再将 pH 调节至所要制备的氨基酸等电点，该氨基酸即可沉淀或结晶析出。原来味精厂从面筋（谷蛋白）制取味精（L-谷氨酸钠）即用此类方法。酸水解优点是比较稳定，但可使色氨酸及部分羟基氨基酸受到破坏。碱水解蛋白，作用比较强烈，可使胱氨酸、半胱氨酸及精氨酸破坏，同时使某些氨基酸失去旋光性，故制备氨基酸很少用碱水解。酶水解是较理想的方法。因为此法作用条件温和，不会破坏氨基酸，也不会使某些氨基酸失去旋光性。但必须用一系列蛋白酶联合催化，才能使蛋白质水解成氨基酸，水解速度较慢，而且水解常不完全，技术上仍有许多问题有待研究解决。但用酶水解肉类、酵母等生成氨基酸和多肽的混合物可作为鲜味剂，现已大量生产。

人工合成法：用有机合成方法制备氨基酸的缺点是所得的氨基酸都是外消旋产物（即 D-型和 L-型的混合物，称 DL-型），而人们需要的为 L-型（DL-型的生物学功能只有 L-型的一半）。将 DL-型氨基酸分开成 D-型和 L-型又不容易，故只适用于其他方法难于制备的少数氨基酸，如苏氨酸、色氨酸和蛋氨酸。

微生物发酵法：用微生物发酵法制备氨基酸始于 20 世纪 60 年代，现在味精厂已多采用发酵法生产谷氨酸，用谷氨酸短杆菌在一定条件下培养（如适合的培养基、温度、pH 和通风等）即可制得谷氨酸。近年来开始采用石油烃类及其化学产物，如石蜡、乙酸、乙醇等做氨基酸发酵试验，已取得一定成功。食品工业的某些"下脚料"也有作为氨基酸发酵原料的可能，所以微生物发酵法是生产氨基酸一条大有可为的途径。

（二）用途

1. 科学实验

肽的人工合成（如胰岛素、催产素和其他肽激素）、蛋白质（肽）的人工合成和代谢等研究都需要氨基酸作材料。

2. 食品工业

氨基酸主要用作调味助鲜和营养添加剂，也可改善面包品质。最常用的味精谷氨酸钠盐就是最重要的商品氨基酸，广泛用作食品助鲜剂；丙氨酸和甘氨酸也可作调味剂；苯丙氨酸和天冬氨酸制成的甜味肽是强有力的甜味剂（其甜味是蔗糖的 200 倍）；赖氨酸和精氨酸可代替亚硝酸盐作鱼肉和肉品的常规发色剂；多种氨基酸具有很强的抗氧化能力，例如，胱氨酸、半胱氨酸、亮氨酸以及异亮氨酸与木糖、缬氨酸与葡萄糖加热得到的褐变物质具有很强的抗氧化能力；赖氨酸的 ε-氨基与羰基化合物的羰基反应，能消除异臭；含巯基的半胱氨酸能显著地降低食品的褐变速度。

3. 医药工业

各种不同的氨基酸可以用来治疗各种不同的疾病。不但氨基酸本身有治疗作用，氨基酸的衍生物也有治疗作用。

氨基酸也可以同其他药物配合使用，制成各种合剂，例如，用适当比例配成的氨基酸混合液直接注射到人体血液补充营养，对创伤、烧伤和消化系统经手术后病人增进抗病力和促进康复的作用。其中八种必需氨基酸尤为重要。由氨基酸配制的复合氨基酸注射液，比水解蛋白好，浓度高、营养好、体积小、无热源及过敏物质，使用安全，保存期长。治疗肠胃溃疡病的"维生素 U"就是蛋氨酸的衍生物。谷氨酸、半胱氨酸、精氨酸、谷氨酰胺、组氨酸以及脯氨酸可以作为某些疾病治疗药物或合成药物的原料。

4. 工业原料

聚谷氨酸是合成人造革的重要原料，用 D-谷氨酸聚合生成聚谷氨酸，质量接近天然皮革，其强度，抗水性，耐老化性能较好。形成表面活性剂，氨基酸具有氨基和羧基亲水性基团，因此在任一基团引入亲油性基团就成为一种表面活性剂，比如引入高级脂肪酸就成为阴离子表面活性剂，引入高级脂肪醇就成为阳离子表面活性剂。谷氨酸、甘氨酸、丙氨酸与脂肪酸形成的表面活性剂，有洗净与抗菌作用，广泛用于洗涤剂、洗发剂、护肤剂、牙膏等生产中。氨基酸及其衍生物与皮肤成分相似，有调节皮肤 pH 和保护皮肤的功能，现已广泛用于配制各种化妆品，如胱氨酸用于护发膏，丝氨酸用于雪花膏，焦谷氨酸钠具有强烈的吸湿性能，能保持皮肤湿润，防止皮肤干裂。

5. 农业

增加饲料的营养率，一般谷类饲料中缺乏赖氨酸，豆类饲料中缺乏蛋氨酸。谷类蛋白经补充必需氨基酸后，蛋白质的营养价值可提高。在饲料里添加赖氨酸、蛋氨酸强化可以提高饲料喂饲效率，可多得动物性蛋白，如养鸡，一年可产 250 个蛋，仔猪经 120d 可养成 90kg 的大猪。氨基酸农药，在水稻孕穗期使用氨基酸、脂肪酸农药 N-月桂酰-L-异戊氨酸，能防止稻瘟病，又能提高水稻蛋白质的含量，改进稻米的风味和品质。甘氨酸同氯代甲基磷酸的缩合物称为新型的芽后除草剂。氨基酸烷基脂及 N-长链酰基氨基酸，没有直接杀菌作用，但植物喷施了这种药剂后，能提高其对病害的抵抗力，具有与一般杀菌剂同样的防治效果。

五、肽

一个氨基酸的 α-羧基和另一个氨基酸的 α-氨基脱水缩合而成的化合物称肽。氨基酸之间脱水后形成的键称肽键，又称酰胺键，由两个氨基酸缩合形成的称二肽，例如由丙氨酸的 α-羧基和甘氨酸的 α-氨基缩合形成的二肽称丙氨酰甘氨酸。

$$CH_3-CH-C-OH+H-N-CH_2-COOH \xrightarrow{-H_2O} CH_3-CH-C-N-CH_2COOH$$

丙氨酸　　　　　　　　甘氨酸　　　　　　　　丙氨酰甘氨酸（二肽）

可以看到上面二肽分子中尚有一个自由的氨基和一个自由的羧基，所以还能和第三个氨基酸借肽键缩合成三肽。多个氨基酸分子用上述方式相结合，则形成多肽。多肽为链状结构，所以多肽也称多肽链。蛋白质就是由几十个到几百个甚至几千个氨基酸分子借肽键相互连接起的多肽链。肽键是氨基酸在蛋白质分子中的主要连接方式。

下面是一段多肽链的结构，表示氨基酸之间的肽键。

$$H_2N-CH-C-N-CH-C-N-CH-C-\cdots NH-CH-COOH$$

N-末端　　　　　　　　　多肽键　　　　　　　　　C-末端

多肽链两端分别含有自由的 α-氨基和 α-羧基，它们分别称为氨基末端（N—末端）和羧基末端（C—末端）。书写时习惯上把 N—末端写在左边，把 C—末端写在右边。R_1、R_2、R_3……代表各氨基酸的侧链，R 上有很多基团，对维持蛋白质分子的主体结构和行使蛋白质的功能都起着重要的作用。从上述多肽链中可看到氨基酸单位已不是完整的氨基酸分子，因此每一个—NH—CHR—CO—单位称为氨基酸残基。

有一些肽在生物体内具有特殊功能。激素肽或神经肽都是活性肽，它们广泛分布于整个生物界。作为主要的化学信使，它们在沟通细胞内部、细胞与细胞间以及器官与器官之间的信息方面起着重要作用。据近年来对活性肽的研究，生物的生长发育、细胞分化、大脑活动、肿瘤病变、免疫防御、生殖控制、抗衰防老、生物钟规律及分子进化等均涉及到活性肽。从活性肽组成来看，小则由 2～3 个氨基酸组成的二、三肽就能发挥作用，大则为上百个氨基酸并含有由亚基组成的糖蛋白。肽的种类繁多，现选择介绍如下。

1. 谷胱甘肽

谷胱甘肽是生物体中具有重要的生物学功能的三肽，存在于动植物和微生物细胞中，由谷氨酸、半胱氨酸和甘氨酸组成的三肽。它的分子中有一个特殊的 γ-肽键，是由谷氨酸的 γ-羧基与半胱氨酸的 α-氨基缩合而成，显然这与蛋白质分子中的肽键不同。结构式如图 3-4 所示。

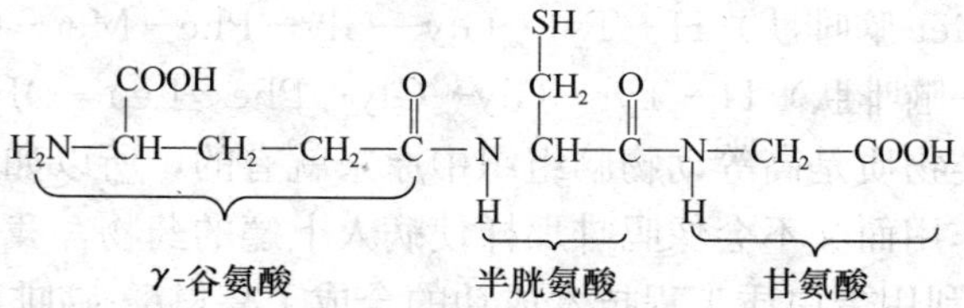

图 3-4 还原型谷胱甘肽

由于谷胱甘肽中含有一个活泼的巯基，很容易氧化，2 分子谷胱甘肽脱氢以二硫键相连成氧化型的谷胱甘肽。谷胱甘肽是某些酶的辅酶，在体内氧化还原过程中起重要的作用。

2. 催产素和升压素

两者都是在下丘脑的神经细胞中含的多肽激素，合成后与神经垂体运载蛋白相结合，经轴突运输到神经垂体，再释放到血液。它们都是 9 肽，催产素的简式如图 3-5 所示。

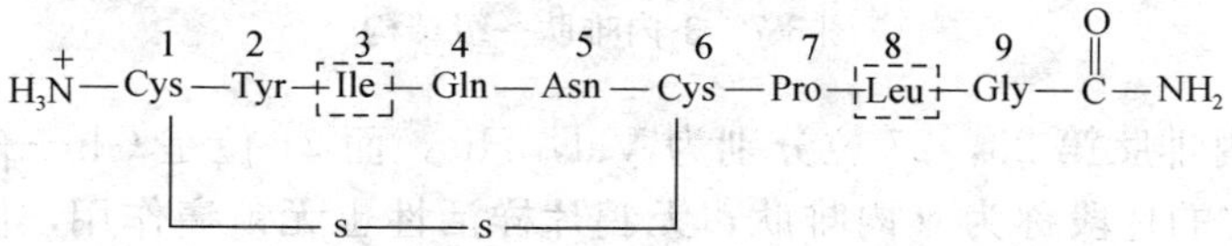

图 3-5 催产素简式

升压素的结构与催产素十分相近，仅第 3、第 8 位的 2 个氨基酸不同，它的结构简式如图 3-6 所示。

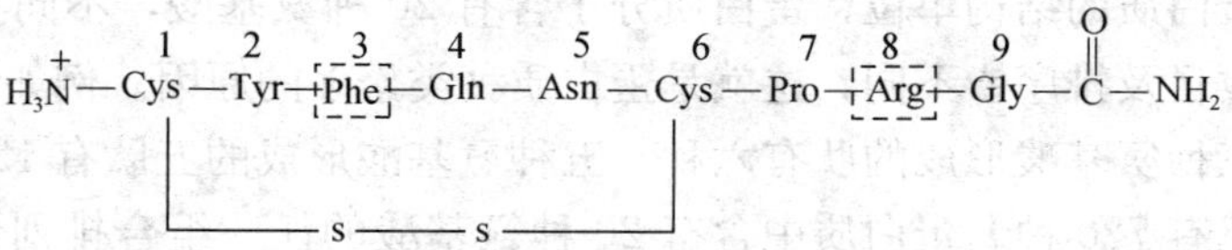

图 3-6 升压素简式

催产素和升压素虽然结构相似，但由于有两个氨基酸不同（注意方框中氨基酸），所以两者在生理功能上有所不同。前者使子宫和乳腺平滑肌收缩，具有催产及使乳腺排乳作用，而后者则是促进血管平滑肌收缩，从而升高血压，并有减少排尿的作用，所以也有称抗利尿激素。近年来有资料指出升压素还参与记忆过程，并且还根据实验提出升压素分子的环状部分参与学习记忆的巩固过程，分子的直线部分则参与记忆的恢复过程。催产素对行为的影响正好与升压素相反，是促进遗忘的。

3. 脑肽

脑肽的种类也是很多的，其中脑啡肽是近年来在高等动物脑中发现的比吗啡更有镇痛作用的活性肽，1975 年底有人将其结构搞清，并从猪脑中分离出两种类型脑啡肽，一种的 C 端氨基酸残基为甲硫氨酸称 Met-脑啡肽，另一种的 C 端氨基酸残基为亮氨酸，称 Leu-脑啡肽，它们都是 5 肽，其结构为

　　甲硫氨酸型（Met-脑啡肽）H—Tyr—Gly—Gly—Phe—Met—OH

　　亮氨酸型（Leu-脑啡肽）H—Tyr—Gly—Gly—Phe—Leu—OH

　　由于脑啡肽一类物质是高等动物脑组织中原来就有的，所以如果能合成出来，这必然是一类既有镇痛作用而又不会像吗啡那样使病人上瘾的药物，我国中国科学院上海生化所于 1982 年 5 月利用蛋白质工程技术成功的合成了亮氨酸-脑啡肽，不仅在应用方面而且在理论上都有重要意义，它为分子神经生物学的研究开扩了思路，从而可以在分子基础上阐明大脑的活动。

　　1975 年有人从猪脑中分离出一种 31 肽的具有较强的吗啡样活性与镇痛作用的 β-内啡肽。一级结构如图 3-7 所示。

$$
\overset{+}{H_3N}—Tyr—Gly—Gly—Phe—\overset{5}{Met}—Thr—Ser—Glu—Lys—\overset{10}{Ser}—Gln—Thr—Pro—Leu—
$$

$$
\overset{15}{Val}—Thr—Leu—Phe—Lys—\overset{20}{Asn}—Ala—Ile—Val—Lys—\overset{25}{Asn}—Ala—His—
$$

$$
\overset{30}{Lal}—Lys—Gly—Gln—Coo^-
$$

图 3-7　β-内啡肽一级结构

　　人类的 β-内啡肽第 23，27 位分别为 Val，His，而 31 位是 Gln。β-内啡肽降解产物：第 1～17 位的片段称为 γ 内啡肽，无鸦片样活性也无镇痛作用，但显示出行为效应，具有抗精神分裂症的疗效。

第三节　蛋白质的分子结构

　　氨基酸是蛋白质的结构单位，蛋白质分子含有 20 种氨基酸，不同蛋白质所含的氨基酸其种类、数目及排序皆不同，这就是蛋白质种类繁多的原因。例如两种氨基酸形成二肽有两种，三种氨基酸形成的肽有六种，五种氨基酸形成的五肽有 120 种，六种氨基酸形成的六肽就有 720 种。蛋白质中含有 20 种氨基酸的任一组合排列形成的多肽，其种类是众多的。

　　蛋白质中那么多氨基酸是怎样连接起来的呢？以怎样的次序排列？成什么样的立体构型？这些就是蛋白质的研究内容。蛋白质结构十分复杂，根据长期研究蛋白质的结果，已确认蛋白质的结果有不同的层次，人们为了认识的方便通常将其分为一级结构、二级结构、三级结构及四级结构。

一、蛋白质分子的一级结构

　　1. 一级结构的涵义

　　一级结构又叫初级结构、基本化学结构或共价结构。蛋白质分子中氨基酸残基的排列顺序就是蛋白质的一级结构。

　　蛋白质多肽的氨基酸排列次序是怎样测出来的？

　　测定方法不止一种，可随分子大小及链形复杂程度而采取不同操作方法，最简单和最基本的方法步骤是：

（1）酸或酶水解蛋白，将蛋白质多肽断裂成多肽分子片断。

（2）应用肽链末端分析方法，测出分子片段的氨基和羧基末端，一个一个氨基酸依次降解，即可测出分子片段的氨基酸排列次序。

（3）根据各分子片断的氨基酸排列次序，决定整个蛋白质多肽的氨基酸排列顺序。

2．一级结构举例

最先被确定一级结构的蛋白质是牛胰岛素。

胰岛素是哺乳动物胰脏中的 β-细胞分泌的一种蛋白质激素。对糖代谢起调节作用，促进血糖的利用和糖原的合成。还有调节脂肪和蛋白质代谢的功能。

牛胰岛素分子由 51 个氨基酸残基组成，其中由 A、B 两条链组成，A 链由 21 个氨基酸残基组成，B 链由 30 个氨基酸残基组成。两条肽链的氨基酸组成与排列顺序如图 3-8 所示。

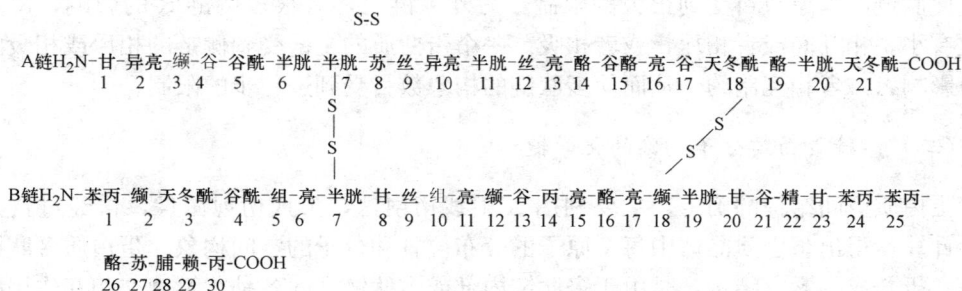

图 3-8　胰岛素结构示意图

A 链和 B 链之间通过两对二硫键连接起来。另外 A 链本身 6 位和 11 位上的两个半胱氨酸通过二硫键相连形成链内小环。

1965 年我国科学家在世界上最先完成了牛胰岛素分子的全人工合成研究。这个全人工合成的牛胰岛素分子的结构、生物活性、结晶性状、免疫特性、层析和酶解图谱以及电泳行为等方面，都与天然分子完全相同。这是人类历史上第一次成功的人工合成蛋白质分子。标志着我国在这一科学领域攀上了世界高峰，在人类认识生命奥秘的进程中迈出了有历史意义的一步。

对一级结构研究较多的蛋白质还有牛胰核糖核酸酶、血红蛋白、木瓜蛋白酶、细胞色素 C、溶菌酶、胰蛋白酶、胰凝乳酶，等等。其中，牛胰核糖核酸酶由一条肽链组成，含 124 个氨基酸残基，相对分子质量 12600，N 末端是赖氨酸（Lys），C 末端是缬氨酸（Val），分子内有 4 个链内二硫键。

血红蛋白是由四条肽链组成的寡聚蛋白。其中，两条相同的 α-链，各有 141 个残基，两条相同的 β-链各有 146 个残基。α-链和 β-链在许多位置上的残基是相同的。

二、蛋白质分子的空间结构

蛋白质的多肽链不是一条任意的无规律的线团，而是按一定方式折叠盘绕成特有的空间结构。蛋白质的空间结构通常称为蛋白质的构象，也称高级结构，是指蛋白质分子中所有原子在三维空间的排列分布和肽链的走向。

（一）构型与构象

构型与构象是不同的两个概念。构型是表示某一特定立体异构体特征的原子的排布。如 1 个碳原子和 4 个不同的基团相连时，只可能有两种不同的空间排列，这两种不同的空间排列叫做不同的构型，这两种构型如果没有共价键的断裂是不能互变的。例如从 D-丙氨基酸变为 L-丙氨基酸，必须发生共价键的变化（断裂和另生成）。构象是指这些取代基团由于单键旋转而可能形成的不同的立体结构。这种空间位置的改变并不涉及共价键的断开，只要分子中发生 C—C 单键的转动就能从一种构象变为另一种构象。如此说来，蛋白质分子该有无数构象了，其实不然。天然蛋白质分子都有与其生物活性相关的一种或少数几种特定的构象，这是因为主链上有 1/3 是 C—N 健，不能自由旋转，使肽链的构象数目受到很大的限制，另外主链上还有很多侧链 R 的影响，R 基团有大有小，相互间或者相斥，或者相吸。一个蛋白质的主链受到侧链的相斥或相吸的作用力影响，二者相互制约，从而使多肽链的构象数目受到进一步的限制。

（二）维持蛋白质分子构象的化学键

蛋白质空间结构的确定，主要利用 X 射线衍射法，形成衍射图像，再经过数学推导和计算，得出蛋白质晶体中每个原子的分布位置和分子的空间构象。蛋白质多肽链的卷曲，折叠成的紧密结构，是由于多肽链内部或多肽链之间各种化学键交相互作用的结果，其中重要的化学键型有以下几种。（图 3-9）

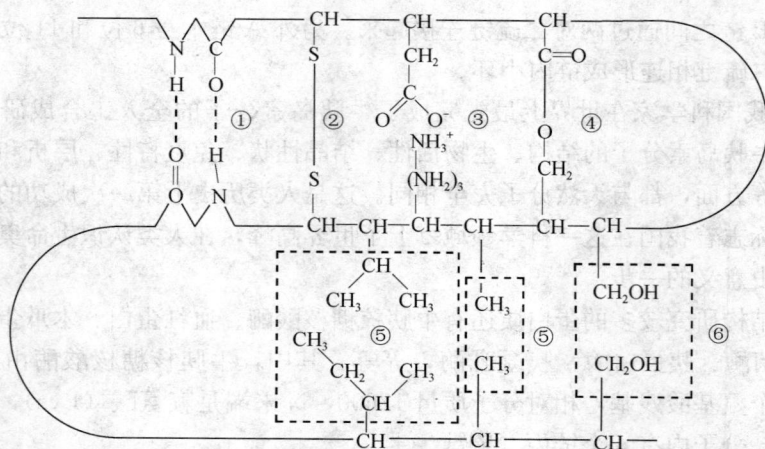

图 3-9　蛋白质分子中的化学键
①氢键；②二硫键；③盐键；④酯键；⑤疏水键；⑥范德华力

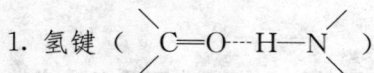

1. 氢键 （ C=O⋯H—N ）

氢键主要由肽链与肽链之间及同一螺旋肽链之中空间位置相距很近的羧基和亚氨基

之间，微带正电荷的 H^+ 与负电性较强的 O^- 结合形成的弱键，氢键虽然是弱键（键能只及主键的 1/10），易受外力影响而破坏，但由于蛋白质分子中可形成大量氢键，故对蛋白质分子结构的稳定性的维持具有重要作用。

2. 二硫键（—S—S—）

二硫键是由一个半胱氨基酸的—SH 基与同链或邻链另一半胱氨基酸的—SH 基之间的脱氢相连形成的化学键。此键结合得比较牢固，蛋白质分子中的二硫键越多，则此种蛋白质越稳定，对抗外界能力越强，例如，毛、发、甲壳等之所以比较坚固，与其蛋白质中所含二硫键较多有关。

3. 盐键（—NH_3^+—OOC—）

盐键是由一个肽链的氨基酸侧链上的羧基（谷氨酸和天冬氨酸侧链上的—COOH 基）与另一条肽链的氨基酸侧链上的氨基（主要是赖基酸和精氨酸的侧链上的—NH_3^+）之间，相互结合而成的化学键，此键在蛋白质分子中数量较少，易受酸、碱的作用而破坏。

4. 疏水键

疏水键是蛋白质分子中一些疏水性较强的氨基酸（缬氨酸、亮氨酸、异亮氨酸等）的侧链基团能避开水面相互紧密靠拢而形成，而且把这个范围的水分子排出去。疏水键主要存在于蛋白质分子的内部，对蛋白质的稳定起着一定的作用。

5. 酯键（ $R—\overset{\displaystyle O}{\overset{\displaystyle \|}{C}}—O—R'$ ）

此键是由于羟基氨基酸（丝氨酸、苏氨酸）的羟基与二羧基一氨基氨基酸（谷氨酸、天冬氨酸）的羧基之间脱水缩合而成的键。此键在蛋白质分子中不多，水解时可受破坏。

6. 范德华力

范德华力又叫范德华键。其实质也是静电引力，它有三种表现形式：

（1）极性基团（如丝氨酸的—OH 基）之间，偶极与偶极的相互吸引（取向力）。

（2）极性基团的偶极与非极性基团诱导偶极之间的相互吸引（诱导力）。

（3）非极性基团瞬时偶极之间的相互吸引（色散力）。

总的趋势是：互相吸引，但不相碰。因为当上述二基团靠得很近时，电子云之间的斥力就增大，使二者不能相碰。

范德华力对维持蛋白质分子三、四级结构有一定作用。在一定意义上，氢键可以视为一种特殊的范德华力。

（三）蛋白质分子的二级结构

1. 二级结构的涵义

蛋白质分子的二级结构是指蛋白质分子的肽链的螺旋卷曲或折叠所成的空间结构。氢键可以用以维持 α-螺旋圈之间及肽链 β-折叠成片状结构的稳定性。

2. α-螺旋结构

α-螺旋是蛋白质分子中常见的很稳定的一种构象。它是由多肽主链环绕一个中心轴有规则地一圈一圈盘旋前进形成的螺旋状构象。

　　α-螺旋模型是 Pauling 和 Corey 等研究羊毛、马鬃、猪毛、鸟毛等 α-角蛋白时于 1951 年提出来的。α-角蛋白属于纤维状蛋白质，这种蛋白质几乎全是 α-螺旋结构。α-螺旋结构是蛋白质主链的一种典型结构方式，它除了在羊毛等纤维状蛋白质中存在外，在球状蛋白质分子中也普遍存在，由于蛋白质多肽链的一级结构不同，α-螺旋的多寡程度也就不同。

　　肽链盘旋方向不同可形成右手螺旋和左手螺旋两种。天然蛋白质分子的 α-螺旋绝大多数都是右手螺旋，左手螺旋只在少数几种蛋白质中被发现，如高温菌蛋白质。

　　α-螺旋结构的特征是：肽链围绕中心轴以螺旋方式上升，每个氨基酸残基在螺旋轴的前进方向各占 0.15nm，每圈内有 3.6 个氨基酸残基，故每绕一圈约有 0.54nm 多肽链上所有羧基上的氧原子于下一层螺旋圈中所有亚氨基的氢原子都以氢键（C＝O…H—N）相结合，氢键的方向与螺旋中心轴相平行，氢键螺旋圈之间的形成，赋予 α-螺旋特殊稳定性。见图 3-10。

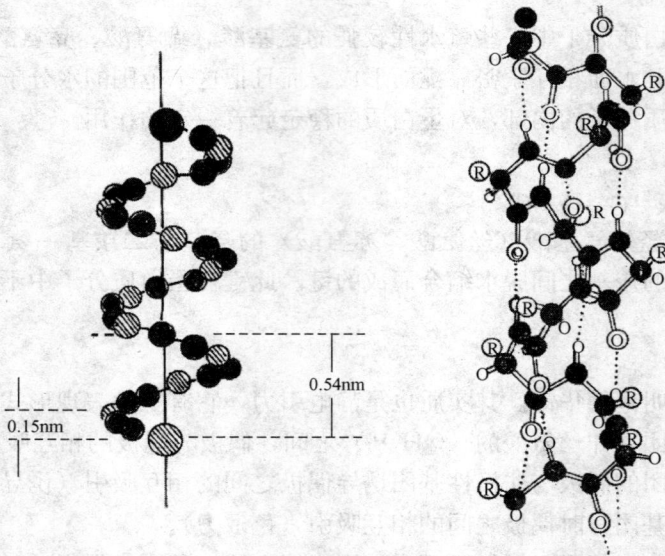

图 3-10　蛋白质结构的 α-螺旋模型

　　3. β-折叠结构

　　这种蛋白质的结构模型也是 Pauling 等人提出的，存在于天然 β-角蛋白，如蚕丝丝心蛋白中。此外，当 α-角蛋白用热水或稀碱等方法处理，或用外力拉直，也可以转变成 β-角蛋白，此时 α-螺旋被拉伸，形成 β-折叠结构。β-折叠结构也存在于球蛋白中。

　　β-折叠片状结构，特征是两条或若干条肽链或者一条肽链的不同链段相互平行或反平行排列，每条肽链都处于高度的伸展状态，而每个肽键所在的平面有规则的折叠起来，相邻的肽连借助于氢键又连成一个大的折叠平面，氢键与链的伸展方向近于垂直，相邻氨基酸残基上的侧链则上下交替分布（图 3-11）。

　　α-螺旋和 β-折叠都是描述了蛋白质多肽链本身的折叠和盘绕方式，它们都是蛋白质二级结构的内容。

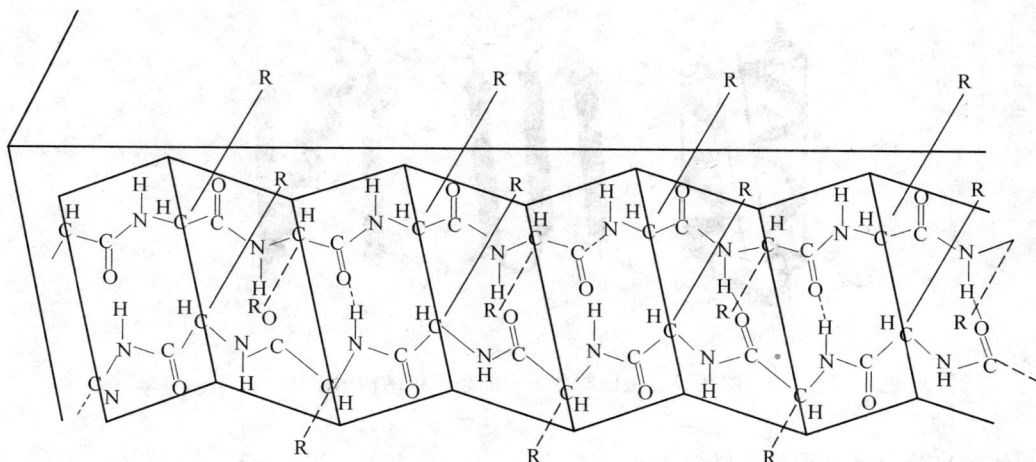

图 3-11 逆平行的 β-折叠结构

4. β-转角

蛋白质分子中，肽链经常会出现 180° 的回折，在这种回折角处的构象就是 β-转角（β-turn 或 β-bend）。β-转角中，第一个氨基酸残基的 C＝O 与第四个残基的 N 形成氢键，从而使结构稳定（图 3-12）。

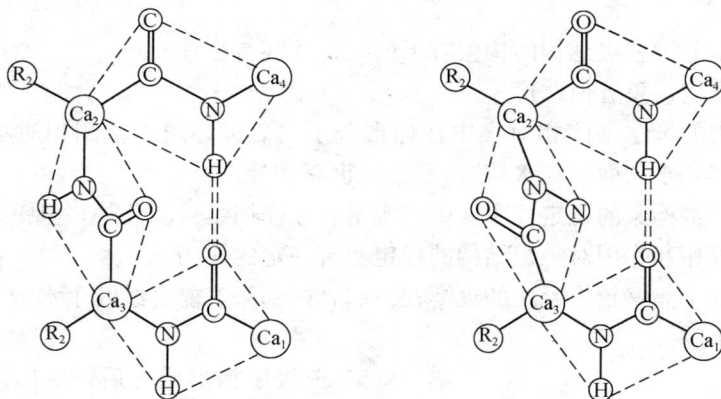

图 3-12 蛋白质分子中的 β-转角

5. 无规卷曲

没有确定规律性的部分肽链构象，肽链中肽键平面不规则排列，属于松散的无规卷曲（random coil）。

6. 蛋白质超二级结构

蛋白质超二级结构又称为蛋白质的"标准折叠单位"或"折叠花式"，是介于蛋白质二级结构与蛋白质三级结构之间的蛋白质结构层次（图 3-13a～c）。

蛋白质超二级结构是指由蛋白质分子中若干个相邻的二级结构元件（主要为 α 螺旋与 β 折叠）组合在一起，彼此相互作用，形成种类不多的、有规则、在空间中可于辨认的二级结构组合或二级结构串，在多种蛋白质（主要为球蛋白）中充当三级结构的构件。

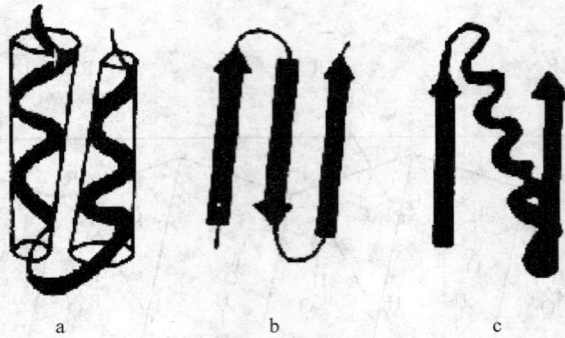

a　　　　　　　　b　　　　　　　c

图 3-13　　蛋白质分子中的超二级结构示意

（四）蛋白质分子的三级结构

1. 三级结构的涵义

蛋白质的三级结构是指多肽链在形成二级结构的基础上，再进行三维空间的多向性盘曲折叠，形成特定的近似球状的构象。球状蛋白质分子具有三维结构，它的空间结构比纤维状蛋白质复杂得多。不同蛋白质的三级结构不同。在球状蛋白质分子中，有的 α-螺旋体含量很少，有的则含量很多，有的则含有 β-折叠结构，有的则没有。

2. 构象特点

球状蛋白质分子三级结构的构象有下面一些共同特征：

（1）三级结构构象近似球形。

（2）分子中的亲水基团相对集中在球形分子的表面，疏水基团相对集中在分子内部，形成所谓"亲水表面，疏水核"。不过，也有例外。

（3）三级结构构象的稳定性主要由疏水键相互作用维持。此外，氢键、二硫键、盐键和范德华力等相互作用对三级结构的稳定也有一定的作用。

（4）整个分子能够较为紧凑的束缚在一起，内部只有能容纳几个水分子的小空腔或完全缺乏这种小腔。

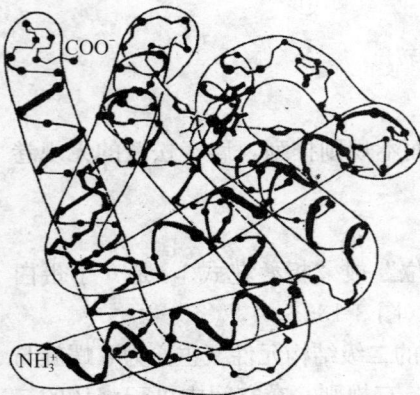

图 3-14　肌红蛋白的三级结构

（5）三级结构形成之后，蛋白质分子的生物活性部位就形成了。

例如，肌红蛋白分子是三级结构研究最早的。肌红蛋白是哺乳动物肌肉运输氧的蛋白质，由一条多肽链构成，含 153 个氨基酸残基和一个血红素辅基，相对分子质量为 17800。图 3-14 为肌红蛋白分子在 α-螺旋的基础折叠、盘绕形成球状的三级结构。

肌红蛋白整个分子是由一条多肽链盘绕成一个外圆中空的不对称结构。全链共折叠成八段长度为 7～24 个氨基酸残基的 α-螺旋体，在拐角处，α-螺旋体受到破坏。段间拐角处都有一段

1～8 个氨基酸残基的松散肽链，在 C 端也有 5 个氨基酸残基组成的松散肽链。分子内部只有 1 个适于包含 4 个水分子的空间。具有极性基团侧链的氨基酸残基几乎全部分布在分子的表面，而非极性的残基则被埋在分子内部，不与水接触。分子表面的极性基团正好与水分子结合，从而使肌红蛋白成为可溶性，血红素垂直地伸出在分子表面，并通过肽链上的组氨酸残基与肌红蛋白分子内部相连。

3. 活性部位

球蛋白质分子的活性部位，又叫活性中心，是在三级结构构象中，由少数必需基团组成的负责完成分子生物功能的一个空间小区域。若三级结构遭到破坏，活性中心的构象不复存在，生物功能随之丧失。因此，三级结构是球状蛋白质分子生物活性所必须具备的结构形式。

（五）蛋白质分子的四级结构

1. 四级结构的涵义

许多球蛋白是由两条或多条肽链构成的，这些肽链间并无共价键连接，每条肽链都有各自的一、二、三级结构，这些肽链为蛋白质的亚基或原体。含有亚基的蛋白质称为寡聚蛋白质。现在已有不少例子表明相对分子质量在 55000 以上的蛋白质几乎都有亚基。寡聚蛋白质具有四级结构。所谓四级结构就是各个亚基在寡聚蛋白质天然构象中空间上的排列方式。

2. 结构特点

（1）必须有亚基（或亚单位）。

（2）稳定性主要靠亚基间的疏水键相互作用维持，盐键、氢键、范德华力等次级键也有不同程度的作用。

（3）亚基单独存在，无生物活性或活性很小，只有通过亚基相互聚合成四级结构时，蛋白质才具有完整的生物活性。

（4）构成更大分子的聚合体。

3. 寡聚蛋白质分子的亚基组成

寡聚蛋白分子的亚基数目差别很大，少则几个，多则十几个，数十个。大多数寡聚蛋白是由偶数亚基组成的。基中 2 个或 4 个亚基者最多。奇数亚基的分子很少见。

亚基类别组成有两种类型。一种是由相同亚基组成的均一寡聚蛋白，如过氧化氢酶，是由四个相同亚基组成的四聚体，每个亚基的一、二、三级结构都相同，功能也相同，如 3-磷酸甘油醛脱氢酶、醛缩酶都属这种类型。另一种是由结构不同的亚基组成的非均一寡聚蛋白，如血红蛋白（$\alpha_2\beta_2$）、大肠杆菌的天冬氨转氨甲酰基酶（R_6C_6）等。

实例分析：血红蛋白相对分子质量为 65000。它是由两条 α-链和两条 β-链组成，是一个含有两种不同亚基的四聚体。每一个亚基含有一个血红素辅基，α-链由 141 个氨基酸组成，β-链由 146 个氨基酸组成，各自都有一定的排列次序。α-链和 β-链的一级结构差别较大，但它们的三级结构却大致相同，并和肌红蛋白极相似，如 β-链的主链经几次弯曲和转动也是形成 8 段的 α-螺旋体，在 N 端和 C 端以及各个 α-螺旋肽段之间，都有长短不一的非螺旋松散链。β-链自身转折后，疏水侧链在分子内部，极性基团暴露在分子表面。血红蛋白分子中 4 条链（α、α、β、β）各自折叠卷曲形成三级结构，再通过分子表面的一些次级键（主要的是盐键和氢键）的结合而联系在一起，互相凹凸相嵌排列，形成一个四聚体的功能单位。如图 3-15 所示。

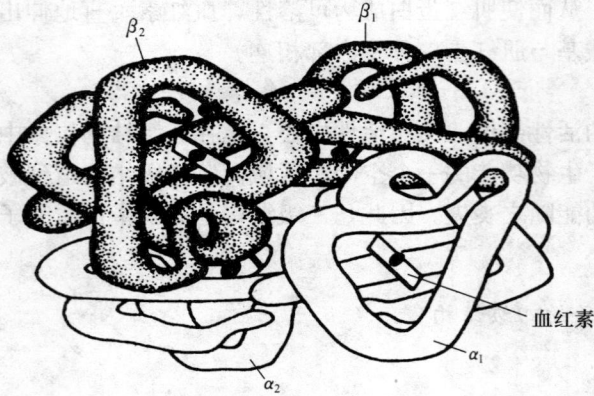

图 3-15　血红蛋白四级结构

（六）胶原蛋白的构象

胶原蛋白的空间结构与前面介绍的结构相比，有其特殊之处，现简单介绍下。

图 3-16　三股原胶原分子
（右手螺旋）

胶原蛋白（可简称胶原）是动物体内最丰富的蛋白质占有机体蛋白质总的 1/3，是皮肤、肌腱、韧带、软骨、角膜中主要组成成分。它是由许多分子原胶原蛋白分子组成，而每一个原胶原蛋白分子又是由 3 条多肽链组成缆状结构的三股螺旋，其直径为 1.4nm，长为 280nm，相对分子质量约为 300000。每一股多肽链为左手螺旋，与常见的 α-右手螺旋显然不同，三股具有左手螺旋结构的多肽链相互绞和成右手螺旋即三股螺旋，如图 3-16 所示。

不同的蛋白质分子中氨基酸的种类和数量不同，以及排列的顺序、空间结构不同。这就使得蛋白质的种类非常繁多并具有多种多样的功能及许多特殊的性质。研究蛋白质的空间构象与生物功能的关系，已成为当前分子生物学的一个重要方面。但是蛋白质的空间构象归根到底还是决定于其一级结构和周围环境的影响，因此研究一级结构和功能的关系是十分重要的。

第四节　蛋白质分子结构与功能的关系

一、蛋白质分子一级结构与功能的关系

研究蛋白质分子一级结构与功能的关系，主要是研究多肽链中不同部位的残基与生物功能的关系。许多研究结果表明，一级结构中，有的部位即不能缺失，也不能更换，

否则就会丧失活性；有的部位则可以改变，切除或更换别的残基都不影响生物活性；还有的部位必须切除之后，蛋白质分子才显活性。不同部位的残基对功能的影响，实质是影响了蛋白质分子特定的空间构象的形成。下面举例说明一级结构与功能的关系。

【实例分析 3-1】 在非洲流行一种镰刀形贫血病，患者血红细胞合成了一种不正常得血红蛋白（Hb-S），它与正常血红蛋白（Hb-A）的差别仅仅在于 β-链的 N-末端第六位残基发生了变化，Hb-A 第六位残基是极性的谷氨酸残基，Hb-S 中换成了非极性的缬氨酸残基：

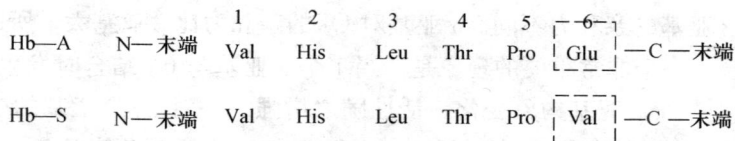

		1	2	3	4	5	6	
Hb—A	N—末端	Val	His	Leu	Thr	Pro	Glu	—C—末端
Hb—S	N—末端	Val	His	Leu	Thr	Pro	Val	—C—末端

因为 Glu 与 Val 性质差别较大，在生理 pH 条件下，Glu 的 R 基团带负电荷，而 Val 的 R 基团显电中性，使得 Hb-S 分子表面电荷减少，等电点升高，分子发生不正常聚集，溶解度下降。致使血红细胞收缩成镰刀形，输氧功能下降，细胞变得很脆弱，易发生溶血，引起头晕，胸闷等贫血症状。四条肽链中仅仅在两条 β-链上各更换了一个残基，生理功能就发生了如此大的变化。

【实例分析 3-2】 肽链结构局部断裂与蛋白质的激活。生物体内的某些蛋白质分子初合成时，常带有抑制肽，呈无活性状态，称为蛋白质原。当这些蛋白质分子前体以特定的方式被蛋白酶或其他因子作用而切去抑制肽后，才变为活性分子。

胰岛素在胰岛的 β-细胞内质网的核糖体上初合成时，是一个比成熟胰岛素分子大一倍多的单链多肽，称为前胰岛素原。其 N-末端带有一段 20 个残基组成的一段肽，称为信号肽，信号肽中疏水性残基很多，它引导新生肽进入内质网腔。在内质网腔内，信号肽被酶促切掉，剩下的多肽称胰岛素原，仍比胰岛素分子多一段 C 肽，C 肽称为连接肽，其长短因物种而异，由 26～31 个残基组成。C 肽将 B 链的 C 末端与 A 链的 N 末端连接在一起。C 肽被切除之后才成为有 51 个残基，分 A、B 两条链的胰岛素分子单体。如图 3-17 所示。

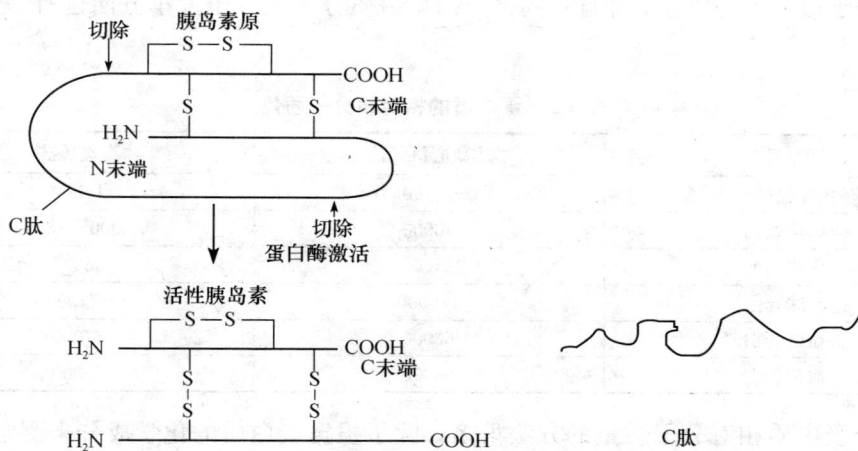

图 3-17　牛胰岛素分子的激活

上述这些实例分析说明，每种蛋白质分子都是有其特定的结构来完成它特定的功能，甚至只有个别氨基酸的变化就能引起功能的改变或丧失，说明蛋白质分子结构与功能关系的高度统一性。

二、蛋白质分子构象与功能的关系

血红蛋白是由 2 个 α 亚基和 2 个 β 亚基组合而成的四聚体，具有稳定的高级结构，和氧的亲和力很弱，虽然血红蛋白质分子各个亚基功能相同，都是运输 O_2 和 CO_2。但是，α 亚基与 β 亚基的亲和力不同。α 亚基对 O_2 的亲和力比 β 亚基大，所以，总是 α 亚基先于 O_2 结合。一个非常重要的现象是，当 1 个 α 亚基与 O_2 结合时发生构象的变化，这种变化影响到一个 β 亚基构象变化，活性随之增强。一对 α、β 亚基的变化又影响到另一对 α、β 亚基构象的变化，活性改变，对 O_2 的亲和力增加 5 倍以上。

蛋白质分子的构象并不是固定不变的，当有些蛋白质表现其生物功能时，其构象发生改变，从而改变了整个分子的性质，这种现象就称为别构现象，是蛋白质表现其生物功能中的一种相当普遍而又十分重要的现象。

第五节　蛋白质的性质

前面我们已经讲过，蛋白质是由氨基酸组成的，但各种不同的氨基酸在蛋白质分子中，按一定数目、一定比例、一定顺序、一定方式连接时，总会遗留一些自由羧基和自由氨基，这就使得蛋白质具有与氨基酸相同的性质，如两性解离、等电点等。但蛋白质分子是由许多个氨基酸分子组成的高分子化合物，相对分子质量大，所以它还具有氨基酸所没有的性质，如胶体性质，沉淀、变性作用等。

一、蛋白质的相对分子质量

蛋白质是高分子化合物，相对分子质量一般在 1 万～100 万，甚至更大一些。这是蛋白质分子最突出的特性，并且不同种类的蛋白质分子在分子大小方面也有一定差别，见（表 3-5）。

表 3-5　蛋白质的相对质分子质量

名　称	超离心沉降法	渗透压法
核糖核酸酶	14000	15000
卵清蛋白	40000	40000～46000
胃蛋白酶	35000	36000
γ-球蛋白	180000	177000
血红蛋白	68000	67000
血清蛋白	69000	69000

测定蛋白质相对分子质量的方法很多，除了根据蛋白质的化学成分来测定外，主要还是利用蛋白质的物理化学性质来测定。这些方法是渗透压法、超离心法、凝胶过

滤法、聚丙烯酰胺凝胶电泳等，其中渗透压法较简单，对仪器设备要求不高，但灵敏度较差。

而用凝胶过滤法和聚丙烯酰胺凝胶电泳所测定的蛋白质相对分子质量也是近似值，因此最准确而可靠的方法是超离心法，但需要超速离心机。此法基本原理是将蛋白质溶液放在超速离心机以 $60000\sim80000$r/min 的速度旋转，产生强大的离心力。由于蛋白质分子的密度大于溶液的密度，使蛋白质颗粒从溶液中沉降下来。又可应用光学方法观察旋离过程中蛋白质颗粒的沉降行为，从而判断出蛋白质的沉降速度，根据沉降速度再计算出蛋白质的相对分子质量。

超速离心机最初是 Svedberg 于 1940 年设计制造的。一般把单位（厘米）离心场力的沉降速度称为沉降系数，用 S 表示。其量度单位以秒计。一个 S 单位，为 1×10^{-13}S，因此，8×10^{-13}S 的沉降系数用 8S 表示。可用 S 值表示蛋白质分子的大小，S 越大，蛋白质的相对分子质量越大；S 越小，相对分子质量越小。蛋白质的相对分子质量可直接用沉降系数表示，也同样可用 S 值表示其他生物高分子的大小。

二、蛋白质的两性解离及等电点

1. 两性解离

蛋白质是由氨基酸构成的，分子中也同时存在酸性的羧基和碱性的氨基。因此，与氨基酸相似，蛋白质也是两性化合物，也可以在酸性环境中与酸中和成盐，而游离成正离子，即蛋白质分子带正电，在电场中向负极移动，在碱性环境中与碱中和成盐而游离成负离子，即蛋白质分子带负电，在电场中向正极移动，以"P"代表蛋白质分子，以—NH_2 和—COOH 分别代表其碱性和酸性解离基团，随 pH 变化，蛋白质的解离反应可表示为

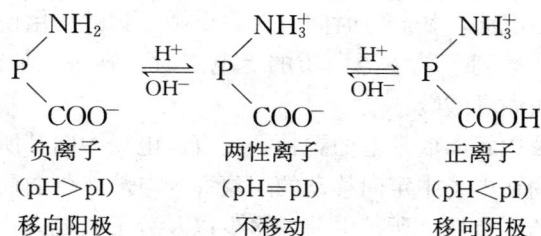

$$
\begin{array}{ccc}
\overset{NH_2}{\underset{COO^-}{P}} & \underset{OH^-}{\overset{H^+}{\rightleftharpoons}} & \overset{NH_3^+}{\underset{COO^-}{P}} & \underset{OH^-}{\overset{H^+}{\rightleftharpoons}} & \overset{NH_3^+}{\underset{COOH}{P}} \\
\text{负离子} & & \text{两性离子} & & \text{正离子} \\
(\text{pH}>\text{pI}) & & (\text{pH}=\text{pI}) & & (\text{pH}<\text{pI}) \\
\text{移向阳极} & & \text{不移动} & & \text{移向阴极}
\end{array}
$$

2. 等电点

当溶液在某一定 pH 的环境中，使蛋白质所带的正电荷与负电荷恰好相等，即蛋白质分子呈电中性，在电场中，蛋白质分子既不向阳极移动，也向不阴极移动，这时溶液的 pH 称为该蛋白质的等电点（pI）。与氨基酸相似，蛋白质在水溶液中的等电点与水的中性点（pH＝7）不同，水的中性点（pH＝7）决定于其游离 H^+ 及 OH^- 的情况，而蛋白质的等电点，决定于其所含碱性基和酸性基的数量及解离的程度，由于蛋白质本身的酸碱度不同（某些蛋白分子中酸性基占优势，另一些蛋白质分子中则碱性基占优势）。因此不同的蛋白质，各有不同的等电点，表 3-6 举例了几种蛋白质的等电点。

表 3-6　几种蛋白质的等电点

蛋白质	等电点	蛋白质	等电点
卵清蛋白	4.6	麦麸蛋白	7.1
胰岛素	5.3	丝蛋白	2.0-2.4
玉米醇溶蛋白	6.2	胃蛋白酶	1.0-2.5
血红蛋白	6.7	鱼精蛋白	12.0-12.4
胸腺组蛋白	10.8	溶菌酶	11.0-11.2
大豆球蛋白	5.0	细胞色素 C	9.8-10.3

蛋白质分子中所含的碱性基（如—NH_2）与酸性基（如—$COOH$）的数目不相等，决定了各种蛋白质的等电点各异。当蛋白质分子中碱性基与酸性基数量相等时，则其等电点似乎应该相当于中性的 pH，但是实际上，大多数的蛋白质等电偏酸性（pH<7），这是因为大多数具有两性性质的蛋白质，其中酸性的羧基解离程度大于碱性氨基酸的解离度，所以其等电点低于 7（即 pH<7）。如果蛋白质分子中含碱性氨基酸较多，其等电点偏碱性。例如从雄性鱼类成熟精子中提取的鱼精蛋白含精氨酸特多，其等电点为12.0～12.4。如果蛋白质分子中含酸性氨基酸较多，则其等电点偏酸性。例如胃蛋白酶含酸性氨基酸残基为 37 个，而碱性氨基酸残基仅为 6 个，其等电点为 1 左右。

3. 等电点沉淀和蛋白质电泳

蛋白质在等电点时，以两性离子的形式存在，其总的净电荷为零，这样的蛋白质颗粒在溶液中因为没有相同电荷而相互排斥的影响，所以最不稳定，溶解度最小，极易借静电引力迅速结合成较大的聚集体，因而易发生沉淀析出。这一性质常在蛋白质分离、提纯时应用。同时在等电点时蛋白质的导电性、黏度、渗透压以及膨胀性均为最小。

【实例分析 3-3】对各种动物的乳汁中的蛋白质来说，新鲜的牛乳、羊乳加热煮沸时，其中的蛋白质并不沉淀，如放置时间过久，受微生物的作用使乳中的糖变成了有机酸，使乳汁酸度增加，达到了乳中蛋白质的等电点时，则一经加热就很快形成块状沉淀，人们把这种现象叫做乳酸败。

蛋白质颗粒在溶液中解离成带电的颗粒，在直流电场中向其所带点荷相反的电极移动。这种大分子化合物在电场中定向移动的现象称为电泳。蛋白质电泳的方向、速度主要决定于它所带电荷的正负性，所带电荷的多少以及分子颗粒大小。

蛋白质混合液中，各种蛋白质的相对分子质量不同，因而在电场中移动的方向和速度也各不相同。根据这一原理，就可以从混合液将各种蛋白质分离开来。因此电泳法通常用于实验室、生产或临床诊断来分析分离蛋白质混合物或作为蛋白质纯度鉴定的手段。

如将蛋白质溶液点在浸了缓冲液的支持物上进行电泳，不同组分形成带状区域，称为区带电泳。其中用滤纸作支持物的称纸上电泳。这两种方法比较简便，为一般实验室所采用。近年来，用醋酸纤维薄膜作支持物进行电泳，速度快，分析效果好，定量比较准确，已逐渐取代纸上电泳。

【实例分析 3-4】目前临床化验上分析人血清蛋白质组分，就常采用纸电泳法。人血清中含有清蛋白、α_1-、α_2-、β和 γ-球蛋白等多种蛋白质。它们的等电点各不相同，再 pH8.6 的缓冲液中都以阴离子状态存在，通电后都向阳极移动，由于它们所带点荷数目和相对分子质量不同，在电场中泳动的速度不同，通电一定时间后，这几种蛋白质就可分开，停止通电，经染色可以区分出明显的区带。见图 3-18。

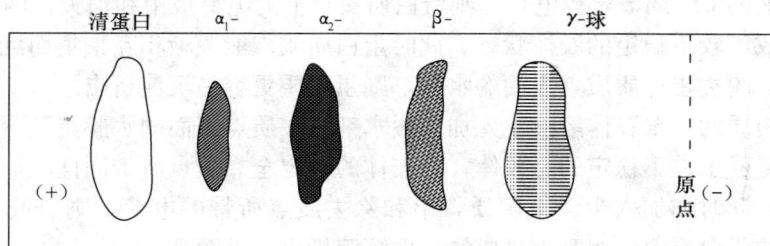

图 3-18 我国正常人血清蛋白质纸上电泳图

三、蛋白质的胶体性质

（一）蛋白质胶体溶液的稳定性

蛋白质分子颗粒直径在 $1\sim100nm$，恰好在胶体粒子的直径范围。又由于蛋白质分子表面有许多极性基团亲水性极强，易溶于水成为稳定的亲水胶体溶液。

蛋白质亲水胶体的稳定性，主要决定于两个因素：第一是水化膜，因为蛋白质分子颗粒表面带有很多亲水基，如—NH_2、—$COOH$、—OH、—SH、—$CONH_2$ 等。对水有较强的吸引力，水又是一种极性分子，当水于蛋白质相遇时，就很容易被蛋白质吸住，在蛋白质外面形成一层水膜。第二是表面电荷，蛋白质是两性离子，颗粒表面带有电荷，在酸性溶液带正电荷，在碱性溶液中带负电荷，同性电荷互相排斥。

由于水膜和电荷的存在，就把蛋白质颗粒相互隔开，使颗粒之间不会因碰撞而聚成大颗粒，这样蛋白质的溶液就比较稳定，不易沉淀。但当调节 pH 到等电点，并加脱水剂时，使蛋白质颗粒表面失去电荷和水膜的保护，蛋白质就脱水而沉淀，盐类可使溶液中蛋白质脱水，应用盐类使蛋白质脱水沉淀的方法，称为盐析法，盐析法是蛋白质分离及精制过程中应用广泛而有效的方法。

（二）蛋白质的膜过滤分离纯化

蛋白质在水中形成的胶体溶液，由于颗粒大，不能通过半透膜可用羊皮纸、火棉胶、玻璃纸等来分离纯化蛋白质，这个方法称透析法。具体的操作是将含有小分子杂质的蛋白质放入一个透析袋中，然后将此袋放入流动的清水中进行透析，此时小分子化合物不断地从透析袋中渗出，而大分子蛋白质留在袋内，经过一定时间后，就可达到纯化目的，这是实验室或工业生产上提纯蛋白质时广泛应用的方法。

四、蛋白质的沉淀作用

（一）概念

蛋白质胶体溶液的稳定性决定于其颗粒表面的水化膜和电荷，当这两个因素遭到破坏后，蛋白质溶液就失去稳定性，并发生凝聚作用，沉淀析出，这种作用称为蛋白质的沉淀作用。

如将溶液的 pH 调节至等电点，则蛋白质质点上的电荷被中和消失，因而从稳定的亲水胶体变成了较不稳定的胶体状态。此时蛋白质质点能逐渐相互聚集而沉淀析出。如加入脱水剂，脱去蛋白质质点表面的水膜，则蛋白质更容易沉淀析出。

若于蛋白质的亲水胶体溶液中先加入脱水剂脱去质点表面的水膜，则蛋白质由稳定的亲水胶体变成了较不稳定的悬胶体，悬胶体的稳定全靠质点所带同性电荷的互相排斥作用来维持。此时如加入少量电解质，中和除去质点所带的电荷，则悬胶体系即被破坏，溶液中的蛋白质，就相互聚集成块，而沉淀析出。见图 3-19。

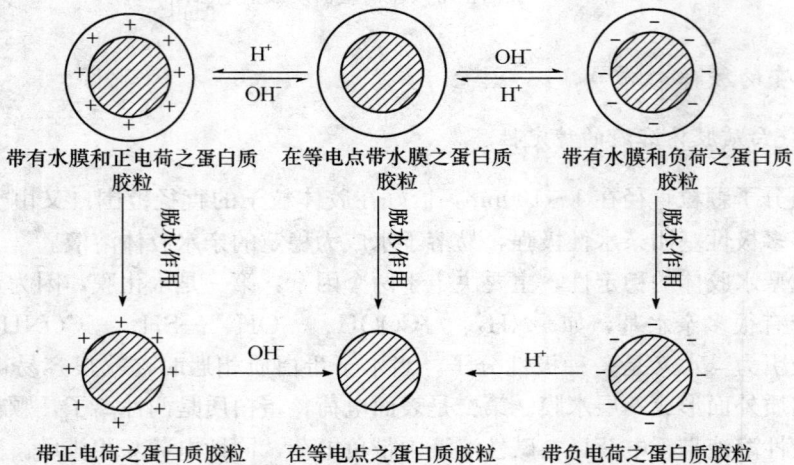

图 3-19　蛋白质胶体溶液沉淀作用示意图

蛋白质的沉淀作用，在理论上和实际应用均有一定的意义，一般为达到两种不同的目的：第一，为了分离制备有活性的天然蛋白制品。第二，为了从制品中除去杂蛋白，或者制备失去活性的蛋白质制品。

（二）沉淀方法

生产上常用下面几种方法沉淀蛋白质：

1. 用中性盐沉淀蛋白质

分离提取蛋白质常用硫酸铵〔$(NH_4)_2SO_4$〕、硫酸钠（Na_2SO_4）、氯化钠（$NaCl$）、硫酸镁（$MgSO_4$）等中性盐来沉淀蛋白质，这种沉淀蛋白质的方法叫盐析法，即用盐使蛋白质从溶液中沉淀析出的方法。盐析不同的蛋白质，所用盐量有所不同，有的蛋白质溶液需要加入大量中性盐才能从溶液中沉淀析出，有的蛋白质只需加适量的中性盐就可以沉淀出来。中性盐能使蛋白质产生沉淀原因，在于中性盐电解质离子的水化能力比蛋白质强，当加入中性盐时，即可使蛋白质质点脱去水膜，同时盐类作为电解质，其离子也能中和蛋白质质点所带的电荷。由于蛋白质胶体稳定的两个因素被中性盐消除，蛋白质的颗粒便聚集成块沉降出来。

有的蛋白质溶液中同时含有几类不同的蛋白质，由于不同类的蛋白质产生沉淀所需要的盐的浓度不一样，因而可以用不同的盐浓度把几类混合在一起的蛋白质分段沉淀析出而加以分离，这种方法称为分段盐析。

【实例分析 3-5】血清中加硫酸铵至 50％饱和度，则球蛋白先沉淀析出；继续再加硫酸铵至饱和，则清蛋白（白蛋白）沉淀析出。盐析法在实践中得到广泛应用，微生物发酵生产酶制剂就是采用盐析法的作用原理，从发酵液中把目的酶分离提取出来的。

2. 用水溶性有机溶剂沉淀蛋白质

甲醇（CH_3OH）、乙醇（CH_3CH_2OH）、丙酮（CH_3COCH_3）等有机溶剂是良好的蛋白质沉淀剂。因其与水的亲和力比蛋白质强，故能迅速而有效地破坏蛋白质的胶体的水膜，从而使蛋白质溶液的稳定性大大降低。但一般都要与等电点法配合，即 pH 调至等电点，然后再加有机溶剂破坏水膜，则蛋白质沉淀效果更好。

在对蛋白质的影响方面，与盐析法不同。有机溶剂长时间作用于蛋白质会引起变性。因此，用这种方法进行操作时需要注意：

（1）低温操作。提取液和有机溶剂都需要事先冷却。向提取液中加入有机溶剂时，要边加边搅拌，防止局部过热，引起变性。

（2）有机溶剂与蛋白质接触时间不能过长，在沉淀完全的前提下，时间越短越好，要及时分离沉淀，除去有机溶剂。

【实例分析 3-6】有机溶剂沉淀蛋白质在生产实践中科学实验中应用很广，例如食品级的酶制剂的生产，中草药注射液，胰岛素的制备大都用有机溶剂分离沉淀蛋白质。有机溶剂的添加量最好不超过沉淀目的酶所必要的数量，多加有机溶剂会使更多的色素、糊精及其他杂质沉淀。有机溶剂的添加量受很多因素所支配。如对过滤澄清的枯草杆菌淀粉酶或蛋白酶发酵液，每容积添加 0.2～0.8 容积的有机溶剂所得到的分部沉淀中含大量淀粉酶；添加 0.8～1.1 容积，分部沉淀物中含大量中性蛋白酶；添加 1.1～1.4 容积，分部沉淀物中含大量碱性蛋白酶。

由于上述中性盐和水溶性有机溶剂沉淀蛋白质时，蛋白质的整体结构并没有改变，因此如果迅速除去使蛋白质沉淀的因素。（如将沉淀剂除去或用大量水稀释），将析出的蛋白质沉淀重新溶于水中时，则又可形成胶体溶液。所以这种沉淀作用称为可逆沉淀反应，但除中性盐外，有机溶剂如果与蛋白质接触过久，则被沉淀的蛋白质的性质会发生改变，除去有机溶剂，也不会再溶解。

下面讨论的几种方法，在发生沉淀的同时，蛋白质随之变性失活。因此，它们的使用场合与前述两种不同。

3. 用重金属盐沉淀蛋白质

重金属盐中的硝酸银（$AgNO_3$）、氯化汞（$HgCl_2$）、醋酸铅［$P_b(CH_3COO^-)_2$］、三氯化铁（$FeCl_3$）是蛋白质的沉淀剂。其作用机制是这些沉淀剂的金属离子（Ag^+、Hg^{2+}、Pb^{2+}、Fe^{3+}）在碱性溶液中同蛋白质的羧基结合而形成不溶性的盐，这种作用相当于中和电荷作用，其沉淀作用的反应式为

$$\underset{NH_3^+}{\overset{COO^-}{R}} \xrightarrow[-H_2O]{OH^-} \underset{NH_2}{\overset{COO^-}{P}} \xrightarrow{Ag^+} \underset{NH_2}{\overset{COO^-Ag}{R}} \downarrow$$

金属-蛋白复合物

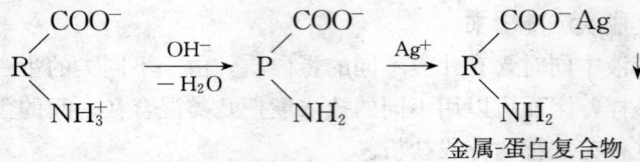

医疗工作中常用汞试剂的稀水溶液消毒灭菌，这是因为汞离子进入微生物细胞内后，能使微生物细胞内的各种生命蛋白质（如酶）产生沉淀而起到杀灭微生物的作用，抢救误服重金属盐（如升汞）的患者时，可迅速服用大量富含蛋白质的牛乳或鸡蛋清达到解毒的作用，因为服入的蛋白质与重金属盐在胃中形成不溶的变性蛋白质，这样可以停止有毒的金属盐离子被机体吸收而中毒。

4. 用生物碱试剂沉淀蛋白质

单宁酸、苦味酸、磷钨酸、磷钼酸、鞣酸、三氯醋酸及水杨磺酸等，亦是蛋白质的沉淀剂。在酸性溶液中，它们之所以能使蛋白质沉淀，是因为这些酸的带负电荷基团与蛋白质带正电荷基团结合而发生不可逆沉淀反应的缘故。

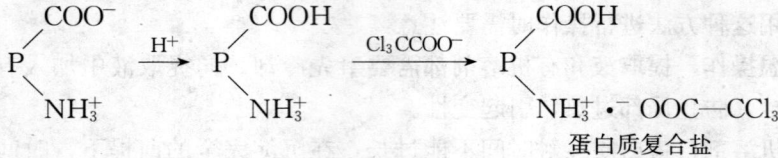

$$\underset{NH_3^+}{\overset{COO^-}{P}} \xrightarrow{H^+} \underset{NH_3^+}{\overset{COOH}{P}} \xrightarrow{Cl_3CCOO^-} \underset{NH_3^+ \cdot OOC-CCl_3}{\overset{COOH}{P}}$$

蛋白质复合盐

生化检验工作中。常用此类试剂沉淀蛋白质。

【实例分析 3-7】在啤酒生产工艺中有麦芽汁加啤酒花煮沸的工序，其目的之一就是借酒花中的单宁类物质与变性蛋白质或盐沉淀，使麦汁得以澄清，防止成品啤酒产生蛋白质混浊。

5. 热凝固沉淀蛋白质

蛋白质受热变性后，在有少量盐类存在或将 pH 调至等电点，则很容易发生凝固沉淀。

原因可能由于变性蛋白质的空间结构解体，疏水基团外露，水膜破坏，同时由于等电点破坏了带电状态等而发生絮结沉淀。

【实例分析 3-8】我国传统的做豆腐工艺是将豆浆煮沸，点入少量的盐卤（含 $MgCl_2$）或石膏（含 $CaSO_4$），或者点入酸浆或葡萄糖酸内酯将 pH 调至等电点，热变性的大豆蛋白便很快絮结凝固，经过滤成型成豆腐等。

以上 3、4、5 三种方法沉淀的蛋白质即已变性，蛋白质分子本体结构发生了变化，从而失去了带电荷和亲水的能力，这时即使除去沉淀因素，蛋白质沉淀也不能重新溶解形成胶体溶液，称此类沉淀现象为不可逆沉淀作用。

五、蛋白质的变性作用

（一）概念

天然蛋白质分子由于受各种物理和化学因素的影响，有序的空间结构被破坏，致使蛋白质的理化性质和生物学性质都有所改变，但并不导致蛋白质一级结构的破坏。

这种现象称为蛋白质的变性作用。变性的蛋白质叫做变性蛋白质，变性蛋白质的分子质量不变。

（二）变性因素

（1）物理因素，如加热、紫外线照射、X 射线照射、超声波、高压、剧烈摇荡、搅拌、表面起泡等。

（2）化学因素，如强酸、强碱、脲素、重金属盐、三氯醋酸、乙醇、胍、表面活性剂、生物碱试剂等，都可引起蛋白质的变性。

（三）变性的原因

变性原因可概括如下：

（1）蛋白质分子的副键破坏，致使其空间结构发生变化。

（2）蛋白质的结构发生扭转，使疏水基团暴露在分子表面。

（3）活泼基团，如—COOH、—OH、—NH$_2$ 等与某些化学试剂发生反应。

（四）变性蛋白质的性质

变性蛋白质与天然蛋白质有明显的不同，主要表现在：

（1）理化性质发生了变化，旋光性改变，溶解度降低，黏度增加，光吸收性质增强，结晶性破坏，渗透压降低，易发生凝集、沉淀。由于侧链基团外露，颜色反应增强了。

（2）生化性质发生了变化，变性蛋白质比天然蛋白质易被蛋白酶水解。因此，蛋白质煮熟食用比生吃好消化。

（3）生物活性丧失，这是蛋白质变性的最重要的明显标志之一。例如酶变性失去催化作用。血红蛋白失去运输氧的功能，胰岛素失去调节血糖的生理功能，抗原失去免疫功能等。

（五）变性的可逆性

蛋白变性随其性质和程度的不同，有可逆的，有不可逆的，如胰蛋白酶加热及血红蛋白加酸等变性作用，在轻度时为可逆变性。

一般变性后的蛋白质即凝固而沉淀，在凝固之前，常呈絮状而悬浮，称为絮结作用，只絮结而未凝固的蛋白质一般都有可逆性，但已凝固的蛋白质，则不易恢复其原来的性质，即发生不可逆变性。

（六）蛋白质变性作用的实践意义

蛋白质变性作用不仅广泛应用于生产实践，而且在理论上对阐明蛋白质结构与功能的关系等问题具有重要意义。蛋白质变性作用有有利的一面，也有不利的一面。有利的方面可充分利用，不利的方面则需竭力阻止。

【实例分析 3-9】

（1）有利的一面：豆腐就是大豆蛋白质的浓溶液加热加盐而成的变性蛋白质的凝固

体。临床分析化验血清中非蛋白质成分，常常用加三氯醋酸或钨酸使血液中蛋白质变性沉淀而去掉。为鉴定尿中是否含有蛋白质常用加热法来检验。采用高温消毒的方法，其本质也使杂菌的菌体蛋白质变性失活，致死杂菌以达到灭菌的目的。

（2）不利的一面：在生物体的生命活动中，还有不少现象是与蛋白质的变性作用有关的，如人体衰老、皮肤变粗糙、干燥，是因为蛋白质逐渐变性，亲水性相应减弱的结果。紫外照射，引起眼睛白内障，主要是由于眼球晶体蛋白质的变性凝固。植物种子放久后蛋白质的亲水性降低而失去发芽能力。在发酵生产酶制剂过程中，为了保持其天然性质，就必须防止发生变性作用，在提取、干燥、保藏等工艺条件下必须尽力保持其催化活性，因此在操作过程中必须注意保持低温、避免强酸、强碱、重金属、盐类，以及防止振荡等条件。

六、蛋白质的颜色反应

蛋白质的颜色反应用来鉴别蛋白质的存在。蛋白质与试剂作用出现不同颜色，这些颜色是由于蛋白质分子中各种不同的氨基酸或氨基酸中的基团，以及氨基酸残基之间肽键与试剂作用的结果。蛋白质的显色反应很多，下面介绍常用于定性定量的几个反应。

（一）双缩脲反应

蛋白质溶液加入 NaOH 或 KOH 及少量的硫酸铜溶液，会显现从浅红色到蓝紫色的一系列颜色反应。这是由于蛋白质分子中肽键结构的反应，肽键越多产生的颜色越红。所谓双缩脲是指 2 分子尿素加热到 180℃ 脱氨缩合的产生物，此化合物也具有同样的颜色反应，蛋白质分子中含有许多和双缩脲结构相似的肽键，所以称蛋白质的反应为双缩脲反应。其反应为

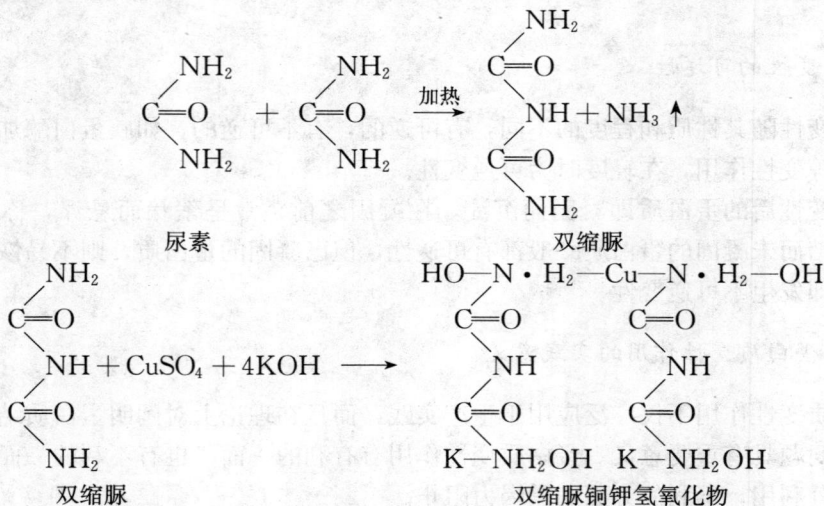

尿素　　　　　　　　　　　　　　　双缩脲

双缩脲　　　　　　　　　　双缩脲铜钾氢氧化物

通常可用此反应来定性鉴定蛋白质，也可根据反应产生的颜色在 540nm 处进行比色分析，定量测定蛋白质的含量。

（二）黄色反应

加浓硝酸于蛋白质溶液即有白色沉淀生成，再加热则变黄，遇碱则使颜色加深而呈橙黄，这是由于蛋白质中含有酪氨酸、苯丙氨酸及色氨酸，这些氨基酸具有苯基，而苯基与浓硝酸起硝化作用，产生黄色的硝基取代物，遇到碱又形成盐，后者呈橙黄色的缘故。皮肤接触到硝酸变成黄色，也是这个道理。

（三）乙醛酸反应

蛋白质溶液中加入乙醛酸，混合后，缓慢地加入浓硫酸，硫酸沉在底部，液体分为两层，在两层界面处出现紫色环，这是蛋白质中的色氨酸与乙醛酸反应引起的颜色反应，故此法可用于检查蛋白质中是否含有色氨酸。

（四）米伦反映

含有酪氨酸的蛋白质溶液，加入米伦试剂（硝酸汞、亚硝酸汞、硝酸及亚硝酸的混合液）后加热即显砖红色反应，此系米伦试剂与蛋白质的酪氨酸的酚基发生反应之故。

现将蛋白质上述的几种重要颜色反应归纳如表 3-7 所示。

表 3-7　蛋白质的重要颜色反应

反映名称	试　剂	颜　色	反应基团	有关蛋白质
双缩脲反应	稀碱、稀 $CuSO_4$	粉红→蓝紫色	2 个以上肽键	各种蛋白质
黄色反应	浓硝酸	黄→橙黄色	苯基	含苯基的蛋白质
乙醛酸反应	乙醛酸、浓 H_2SO_4	紫色	吲哚基	含色氨酸的蛋白质
米伦反应	米伦试剂	砖红色	酚基	含酪氨酸的蛋白质

上述的颜色反应都是由蛋白质中氨基酸的某种特殊基团所引起，故可用来检查蛋白质的氨基酸组成，有些非蛋白质物质也含这些特殊基团，也会出现那些颜色反应为区别非蛋白质物质，可在作颜色反应后，再利用蛋白质的胶体性质，用沉淀反应加以证明，非蛋白质物质无蛋白质的沉淀反应。

第六节　蛋白质的制备与测定

目前，蛋白质多是从生物组织中提取。由于生物组织中含有除目的蛋白之外的多种蛋白质，因此，在制备蛋白质的过程中，需要经过多步的分离、纯化，方可获得符合要求的纯品。

一、蛋白质分离纯化的步骤

由于蛋白质种类繁多，性质各异，由处于不同的体制中，因此，不可能有固定的方法适用于各类蛋白质的分离纯化工作。尽管如此，这类大分子化合物在性质上的共性，决定了其制备程序也存在不少共同之处。下面仅对蛋白质制备的过程做一简要介绍。

（一）原材料的选择

由于进化的原因，同一种物质通常在不同生物体中都可能存在，如低等生物到高等生物都含有细胞色素 C，但同一种物质在各种生物组织中含量不一，因此，在制备某种蛋白质之前，首先应有目的的选取目的蛋白含量丰富的原材料。

（二）有效成分的抽提

分离提纯某一特殊蛋白质，首先要使蛋白质从原来的组织或细胞中以溶解状态释放出来，并保持物质的生物活性。为此，需要选用适当方法将原材料细胞破碎。一般来说，动物组织可采取搅碎、匀浆法把细胞破碎；植物组织可以用石英砂和适当的提取液混合磨碎；微生物的细胞壁非常坚韧，破碎比较困难，常采用超声波、高压挤压、酶解等方法加以破碎。

细胞破碎后，再根据目的蛋白的溶解性，用适当溶剂进行提取。如清蛋白可用水来提取；球蛋白可以用中性盐溶液提取；谷蛋白可用稀酸或稀碱提取；醇溶液谷蛋白则用适当浓度的乙醇来提取等。

在提取过程中，通常要保持低温（0～4℃）。这是因为细胞内有蛋白水解酶，这种酶在组织匀化以后是活化的，能降解要分离的蛋白质。低温可以降低蛋白水解酶的作用。

（三）粗品的纯化

获得蛋白质溶液后，再选用合适的分离方法将目的蛋白与其他蛋白分开。一般先采用盐析、有机试剂分级分离、等电点沉淀等方法进行初步分离，然后再用离子交换、凝胶过滤等层析方法进行纯化。如果有必要，还可采用亲和层析、等电聚焦等方法进行高度纯化，具体操作见下面蛋白质分离纯化的方法。

蛋白质对温度、pH 等多种因素都较敏感，因此，在制备蛋白质时，应防止蛋白质的变性、蛋白酶的水解及微生物的污染等多种因素。

（四）纯品的鉴定

对于已分离纯化的蛋白质样品，必须知道它的纯度和含量，即蛋白质的定性定量测定。

1. 蛋白质含量的测定

常用的测定生物样品中蛋白质含量的方法有：凯氏定氮法、双缩脲法、苯酚试剂法、紫外光谱吸收法以及双缩脲-苯酚试剂联合法。其中，凯氏（Kjeldbal）定氮法是测定蛋白质含量的经典方法：将样品与浓硫酸共热，含氮有机物即分解产生氨，氨又与硫酸作用，生成硫酸铵，此过程称作"消化"。然后经强碱碱化使硫酸铵分解放出氨，借蒸汽将氨蒸馏出来，用硼酸吸收，根据此酸液被中和的程度，即可计算出样品的含氮量。从总氮量换算成粗蛋白质含量。一般按蛋白质含氮量 16% 计算，粗蛋白质% ＝N%×6.25。

如果已知某种生物材料蛋白质的确切含氮量，则蛋白质换算系数就不用 6.25。某些生物材料蛋白质换算系数（表 3-8）。

表 3-8　不同生物材料的蛋白质换算系数

生物材料	系　数	生物材料	系　数
小麦（整粒）	5.83	核桃	5.30
大麦	5.83	榛子	5.30
燕麦	5.83	花生	5.46
大米	5.95	大豆	5.71
玉米	6.25	蓖麻	5.30
棉籽	5.30	乳	6.30
向日葵籽	5.30	蛋	6.25
芝麻籽	5.30	肉	6.25
椰子	5.30	明胶	5.55

2. 蛋白质纯度的测定

当我们分离纯化得到某种蛋白质样品后，常常需要测定它的纯度，以了解是否还含有其他蛋白质。测定蛋白质纯度的方法有很多：薄层层析法、薄膜层析法、溶解度法、免疫分析法、电泳法等。其中，最常用的方法是利用聚丙烯酰胺凝胶电泳法鉴别蛋白质纯度。

聚丙烯酰胺凝胶是由单体丙烯酰胺和少量交联剂甲叉双丙烯酰胺在催化剂下，聚合交联而成的网状结构。通过改变单体浓度或单体与交联剂的比例，可以获得不同孔径的凝胶，从而将不同分子质量范围的蛋白质分离。

由于聚丙烯酰胺凝胶的浓度可以按要求配制，因此可以形成"连续系统"和"不连续系统"两种电泳系统。不连续聚丙烯酰胺凝胶电泳（SDS 电泳盘状电泳）包含了两种以上的缓冲液成分、pH 和凝胶孔径，而且在电泳过程中形成的电位梯度亦不均匀，由此产生了浓缩效应、电荷效应和分子筛效应。为了提高分离的灵敏性，常在样品中加入一种蛋白质去污剂十二烷基硫酸钠（SDS），由于 SDS 带有负电荷，可使 SDS-蛋白质复合物带上相同的负电荷，以此除去电荷效应。这样以来，不同蛋白质的移动速度（迁移率）主要取决于蛋白质的分子质量。借以将样品中各蛋白质组分按其分子大小不同进行分离。

用于蛋白质纯度鉴定时，将纯化的蛋白质样品在高 pH 缓冲液及低 pH 缓冲液中进行 SDS-不连续聚丙烯酰胺凝胶电泳。如果在两种体系中电泳都得到均一的一条区带，一般来说，样品即达到电泳纯；若得到多条区带，说明样品中还有其他蛋白质（或蛋白质具有几个亚基）。

二、蛋白质分离纯化的方法

蛋白质提取液，经离心或过滤将细胞碎片和杂质除去后，应根据拟提取蛋白质的不同性质（分子大小、溶解度、电荷等），选择适当方法使蛋白质分离出来。

（一）根据分子大小不同的分离方法

1. 透析和超滤

蛋白质是大分子化合物，因此，其溶液是胶体溶液，不能透过半透膜。透析和超滤就是根据蛋白质分子这一性质，将蛋白质与无机盐等小分子化合物分开的。

透析是将待提纯的蛋白质溶液装在透析袋里，然后将透析袋放在蒸馏水或低离子浓度缓冲液中，使蛋白质溶液中的无机盐等小分子通过透析袋扩散到纯水或低离子浓度缓冲液中，从而达到去除无机盐等小分子的目的。

超滤则是利用外加压力或离心力使水或其他小分子通过半透膜，将蛋白质与水或其他小分子分开。

这两种方法只能将蛋白质与小分子物质分开，而不能将不同的蛋白质分开。

2. 凝胶过滤

凝胶过滤又称为凝胶排阻层析、分子筛层析等，是一种根据分子大小不同分离蛋白质混合物的有效方法之一。常用于蛋白质（包括酶）、核酸、多糖等生物分子的分离纯化，同时还应用于蛋白质分子质量的测定、脱盐、样品浓缩等。

凝胶层析是一种柱层析，层析介质是惰性的珠状凝胶颗粒，如葡聚糖凝胶和琼脂糖凝胶。该凝胶颗粒的内部具有立体网状结构，形成很多孔穴。当含有不同分子大小的组分的样品进入凝胶层析柱后，各个组分就向固定相的孔穴内扩散，组分的扩散程度取决于孔穴的大小和组分分子大小。比孔穴孔径大的分子不能扩散到孔穴内部，完全被排阻在孔外，只能在凝胶颗粒外的空间随流动相向下流动，它们经历的流程短，流动速度快，所以首先流出；而较小的分子则可以完全渗透进入凝胶颗粒内部，经历的流程长，流动速度慢，所以最后流出；而分子大小介于二者之间的分子在流动中部分渗透，渗透的程度取决于它们分子的大小，所以它们流出的时间介于二者之间，分子越大的组分越先流出，分子越小的组分越后流出。这样样品经过凝胶层析后，各个组分便按分子从大到小的顺序依次流出，从而达到了分离的目的。

（二）利用溶解度不同的分离方法

1. 等电点法

蛋白质在等电点时，以两性离子的形式存在，其总的净电荷为零，这样的蛋白质颗粒在溶液中因为没有相同电荷而相互排斥的影响，所以最不稳定，溶解度最小，极易借静电引力迅速结合成较大的聚集体，因而易发生沉淀析出。为此，可利用蛋白质这一性质，通过调节蛋白质提取液的 pH，使目的蛋白质以沉淀形式析出，从而使目的蛋白质与其他蛋白质得以分开。

2. 盐析法

中性盐对蛋白质的溶解度有显著影响：在蛋白质水溶液中，加入少量的中性盐，如硫酸铵、硫酸钠、氯化钠等，会增加蛋白质分子表面的电荷，增强蛋白质分子与水分子的作用，从而使蛋白质在水溶液中的溶解度增大。这种现象称为盐溶。但是当向蛋白质溶液中加入高浓度的中性盐时，则会破坏蛋白质的胶体性质，使蛋白质的溶解度降低而从溶液中析出的现象，叫做盐析。

由于各种蛋白质分子颗粒大小、亲水程度不同，故盐析所需的盐浓度也不一样，因此调节混合蛋白质溶液中的中性盐浓度可使各种蛋白质分段沉淀。若同时调节 pH 到蛋白质的等电点则蛋白质沉淀效果更好。

3. 有机溶剂沉淀法

用酒精或丙酮沉淀蛋白质，因酒精丙酮能吸水，破坏蛋白质胶粒的水膜而使蛋白质沉淀。但在此法中，蛋白质变性的危险性要比盐沉淀法大得多。此法中整个过程必须维持在接近于冰冻的温度。

制备蛋白质时，应注意避免蛋白质变性的任何因素的影响。

（三）利用电荷不同的分离方法

1. 离子交换层析法

离子交换层析是一种常用的分离纯化的方法。该方法是利用不同的氨基酸或蛋白质在不同的 pH 及离子强度溶液中的所带电荷各不相同，从而与结合了阳离子或阴离子的离子交换树脂的亲和力也各不相同的特性，使各种氨基酸或蛋白质可以在洗脱过程中按先后顺序洗出，达到分离提纯的目的。例如，可以将蛋白质混合物的 pH 调到某一点，在此 pH 下，所要的那个蛋白质在溶液中带正电荷，这时，如果混合物在阳离子交换剂上层析，则很多阳离子蛋白质就可除去。此后，提高 pH，将所要蛋白质溶液中变成负电荷，再在阴离子交换剂上层析，这样又可除去好多阴离子成分。应当指出，即使混合物的 pH 不能改变，连续在阴、阳离子交换剂上层析，也能得到很大程度的纯化。

2. 电泳法

电泳的方法很多，已经为鉴定生物大分子并分析它们的纯度的基本工具。此法是根据蛋白质分子具有可电离的基团，在溶液中能够形成带电荷的离子，因而，它们在电场的作用下就会发生移动。由于各种蛋白质分子所带静电荷的多少不同，使蛋白质达到纯化。

（四）利用配体特异性的分离方法——亲和层析

亲和层析是一种高效、快速、简便的蛋白质分离方法。这种方法是利用某些蛋白质与其他物质可发生特异性可逆结合的特性，如抗原和抗体、酶和底物及辅酶、激素和受体、RNA 和其互补的 DNA 等，先将其中一方（如抗原）固相化，然后使存在液相中的另一方（如抗体）选择性地结合在固相载体上，借以与液相中的其他蛋白质分开，达到分离提纯的目的。

关于这些方法本节只介绍了其概况，具体操作方法需参考有关书籍。

本章小结

蛋白质是结构复杂的高分子含氮有机物，它的生物学功能多种多样，除作为细胞的构成成分及体内蛋白质自我更新所需氨基酸的来源外，还具有催化、调节、运动、运输、免疫和组成生物膜等功能。

根据蛋白质分子的组成与溶解性可将蛋白质分为单纯蛋白质与结合蛋白质两大类。各类蛋白质分别存在于不同生物，不同组织中。

蛋白质分子组成的基本元素是 C、H、O、N，基本单位是各种氨基酸。从蛋白质水解产物中分离出来的 20 种主要氨基酸，都是 α-氨基酸，除甘氨基酸外，其他氨基酸的 α-碳原子均为不对称碳原子，故有 L-型与 D-型之分，天然蛋白质中的氨基酸均为 L-型。根据氨基酸在水溶液中的酸碱性或所含氨基和羧基的数目差异，常见的 20 种氨基酸可分为：中性氨基酸、酸性氨基酸和碱性氨基酸。

氨基酸是两性电解质，其在溶液中随 pH 的不同可有正、中、负三种带电状态，在适当的 pH 条件下，氨基酸的氨基和羧基解离度相等，[正离子]＝[负离子]，净电荷为零，在电场中既不向正极，也不向负极移动，成为电中性的两性离子状态，此 pH 即为该氨基酸的等电点（pI）。

氨基酸与亚硝酸反应生成羟基酸，并放出氮气；氨基酸与甲醛反应，其氨基酸与甲醛结合使碱基减少，而羧基即可显示最大的酸性；氨基酸均能与水合茚三酮发生颜色反应，并放出 CO_2。这几个反应在氨基酸和蛋白质的分析测定中占有重要地位。另外，氨基酸可与某些金属离子反应成络合物，还可与单糖及糖的某衍生物在高温条件下缩合形成黑色素。

氨基酸制备方法可分为三类，即水解蛋白质，人工合成和微生物发酵。氨基酸在科学试验、食品加工、医药卫生、工农业上有广阔的应用前途。

蛋白质分子是由 20 种氨基酸通过肽键链结成的多肽链进一步构成结构复杂的生物大分子。为了表示蛋白质的不同结构水平，常用一级结构、二级结构、三级结构和四级结构这样一些专门术语。一级结构亦称蛋白质的基本化学结构，二、三、四级结构亦称蛋白质的空间结构。不同的蛋白质其分子中多肽链的氨基酸的种类、数量、排列顺序和空间结构不同，从而蛋白质的种类繁多，功能各异。

蛋白质也是两性电解质。各种蛋白质都有自己特定的等电点。高于等电点的 pH，蛋白质带负电荷，低于等电点的 pH，则带正电荷。蛋白处于等电点时，溶解度最小。改变溶液 pH 即可改变溶液中蛋白质的带电状况，可使电泳等方法分离不同的蛋白质。

蛋白质是一种亲水胶体。在水溶液中蛋白质分子由于水膜和电荷的两种因素存在，使其分子相互隔开，不会因碰撞而聚合成大的颗粒，因此蛋白质胶体溶液比较稳定，不易沉淀。但当调节溶液 pH 到等电点，并加脱水剂时，因蛋白质分子失去电荷和水膜两种稳定因素，产生沉淀现象。蛋白质沉淀方法主要有：中性盐沉淀法、有机溶剂沉淀法、有重金属盐沉淀法及用生物碱试剂沉淀法等。

蛋白质可受各种理化因素影响，其结构改变而原有性质改变。很多因素，如加热、紫外线照射、超声波、剧烈震荡等物理因素，强酸、强碱、重金属盐、三氯乙酸等化学因素均能引起蛋白质变性。变性后蛋白质溶解度降低、黏度增大、结晶性破坏，渗透压下降，易被蛋白酶水解。

蛋白质具有多种颜色反应，如双缩脲反应、黄色反应、乙醛酸反应、米伦反应等。这些颜色反应广泛用作蛋白质的分析测定。

蛋白质的制备方法有提取、分离和纯化等三步。蛋白质在加工和储藏过程中受到热处理、碱处理、脱水和干燥冷冻与冷藏、氧化和机械加工等的影响。

习题

（1）组成蛋白质的基本元素有哪些？有何特点？有何实际应用？

（2）蛋白质的分类方法有哪些？

（3）构成蛋白质的基本结构单位是什么？都有哪些？他们的分类情况如何？又是如何连接而构成各种蛋白质的？

（4）氨基酸的 L-型 D-型结构是依据什么来决定的？

（5）何谓必需氨基酸，人的必需氨基酸有哪些？

（6）氨基酸是如何分类的？

（7）在 pH＝4 的溶液中，Glu、Ile、Arg 的带电情况如何？它们在直流电场中电泳时，各支持物向阳极还是阴极方向移动。

（8）向 1L 1mol/L 的处于等电点的甘氨酸溶液加入 0.3mol HCl，问所得溶液的 pH 是多少？如果加入 0.3mol 的 NaOH 来代替 HCl，pH 又是多少？

（9）将丙氨酸溶液 400mL 调节 pH8.0，然后向该溶液加入过量的甲醛。当所得溶液用碱反滴定至 pH8.0 时，消耗 0.2mol/L NaOH 溶液 250mL。问起始溶液中丙氨酸含量为多少克？

（10）氨基酸的制备方法有哪些？

（11）试述蛋白质一、二、三、四级结构的涵义？各级结构主要靠何种键来维持？

（12）举例说明蛋白质分子结构与功能的关系？

（13）试述蛋白质的胶体性质及其与实践的关系？

（14）蛋白质为何具有两性解离性质？同一 pH 条件下，等电点不同的蛋白质带电状况如何？

（15）何谓蛋白质变性作用？变性后蛋白质有何变化？

（16）哪些因素可引起蛋白质变性？蛋白质变性后有哪些实际应用？

（17）何谓蛋白质的沉淀作用？沉淀蛋白质的方法有哪些？

（18）夏天鲜奶如果不煮沸，放置在室温下，会变酸，同时还会出现沉淀，是何缘故？

（19）何谓双缩脲反应？有何用途？

（20）热加工和碱处理对蛋白质有何影响？

扩展阅读

储藏和加工对蛋白质性质的影响

一、加热处理

在加工中，热处理对蛋白的影响存在有利和有害两个方面。有利的影响在于加热改变蛋白质分子结构引起变性，降低了蛋白质的溶解度，使蛋白酶易于对蛋白质发生水解作用；加热也可以破坏降低毒性蛋白质的生物活性，如大豆蛋白质营养价值提高的原因之一是由于加热可使大豆中本质为蛋白质的胰蛋白酶抑制因子钝化或破坏，从而解除其对大豆的消化的影响，生鱼中含有一种硫胺素酶，可催化维生素 B_1 的破坏，而加热可使此酶失去活性而防止鱼肉食品维生素 B_1 的破坏，生蛋清中含有一种抗生物素蛋白，可与生物素（一种水溶性维生素）发生强烈地专一性结合，使生物素失去生物学功能，而加热可使抗生物素蛋白变性失活。有害的影响在于过度加热会造成蛋白质分解、氨基酸氧化，还会使氨基酸的键发生交换或形成新键，既不利于酶作用，又使食品风味变劣，特别是当有糖存在时的褐变。一旦糖与蛋白质分子中的氨基酸残基结合，则蛋白质分子的肽键难于被蛋白酶水解断裂，从而降低了蛋白质的营养价值。

二、储藏

储藏不当，可引起蛋白质的有害变化。例如，大豆蛋白储藏条件不当或储藏时间过长则精氨酸、组氨酸和赖氨酸常常减少；奶和蛋的制品中的蛋白质在储藏过程中变化更为明显，如干乳（奶粉）和干蛋（蛋粉）储藏过程中必需氨基酸含量下降；食物中同时含有蛋白质及糖类物质时，蛋白质的成分，尤其是赖氨酸、精氨酸、色氨酸、组氨酸、胱氨酸、天冬酰胺和谷氨酰胺等易与糖类发生结合，即美拉德反应而形成腐黑类化合物。从而使食物发生褐变影响感官质量，同时还降低了对蛋白质的吸收消化率。

三、脱水和干燥

食物经过脱水干燥，有利于储藏和运输，但是过度脱水会使蛋白质失去结合水而变性，使食品的复水性降低，品质变劣。冷冻干燥能使蛋白质分子外层的水膜和蛋白质分子间的自由水先降温到冰点以下，使之冻结成固体，然后在低温下抽真空，使冰直接升华为气体，而使蛋白质干燥。这样，蛋白质变性少，但成本较高。

四、冷藏与冷冻

冷藏和冷冻加工能抑制微生物和酶的作用，防止蛋白质腐败，有利于食物的保存。但在冷冻时，由于水变成冰导致体积膨胀，冰晶的挤压使蛋白质互相靠近，凝聚沉淀，发生变性。因此冷冻会引起蛋白质变性，造成食物形状的改变。例如豆腐经过冰冻会变成一种具有黏弹性结构的冻豆腐；牛乳经过冰冻会造成乳质分离，即使解冻也不能恢复原状。采用快捷冷冻因形成的细小冰晶多，可以减小蛋白质的变性程度。

五、碱处理

碱处理蛋白质时，在碱度不高的情况下能改善溶解度和口味，有的还能破坏毒性。但如果 pH 过高则更多的是不利方面，如会形成新的氨基酸，像赖氨基丙氨酸；还会导致氨基酸构型的改变（由 L-型变成 D-型）等，赖氨基丙氨酸人体很难吸收，D-型氨基酸不利于人体内酶的作用，人体也难吸收。这些都将导致食品营养价值降低。

六、氧化

在高温下，氧化剂和过氧化脂质（指产生于脂类自动氧化过程中的氧化性物质）能和蛋白质的氨基酸残基反应，其中色氨酸、蛋氨酸、组氨酸和赖氨酸等比较容易受到破坏，降低蛋白质的营养作用，甚至失去食用价值。

在日光的长期照射下，与色素同存的蛋白质也会发生变化，这称为蛋白质的光氧化反应。据试验测定，易被光氧化反应改变的氨基酸侧链有巯基等。与其相反，天冬氨酸和缬氨酸对光氧化很稳定。

七、机械加工

食品加工过程中，如果受到机械的挤压，例如油料种子在进行轧胚时，因受到扎辊的挤压会引起原料中蛋白质的立体结构遭到破坏，也会发生变性，这种变性对油脂制取是有利的。

八、化学试剂

化学试剂对蛋白质也有不利的影响，例如，用二氧化氯漂白面粉是会破坏面筋（蛋白质），肉类腌制时，加入亚硝酸盐会破坏赖氨酸等。

总之，储藏加工中蛋白质的变化是一个非常复杂的问题，在储藏加工中必须设法对蛋白质的营养价值进行切实的保护和实行有利的转化措施，降低有害物质的影响。

第四章　酶

☞　**课前导读**

　　酶是生物体内重要的活性物质之一。生物体内的新陈代谢过程是由无数复杂的化学反应组成的，而这些化学反应几乎全是在酶的催化下，以很高的速度和明显的方向有条不紊地进行着，从而维持生物的生长、发育、运动等正常的生命活动。近年来，采用微生物发酵生产酶制剂发展迅速，已形成酶制剂工业。随着酶工业化生产的发展，酶已广泛地应用于工业、农业、医药、环保及科研等领域。

☞　**教学目标**

　　(1) 了解酶的化学本质和重要性，以及酶具有高效催化效率的机理。
　　(2) 从酶的催化能力和蛋白质的本质上去理解酶与一般催化剂相比所具有的共性与特性。
　　(3) 掌握酶分子组成、结构和分类，以及酶活性中心、酶原的激活。
　　(4) 从酶的活性中心概念出发去理解中间产物学说，酶的专一性和催化机制。
　　(5) 掌握各种影响酶反应速度的因素以及有关的基本概念。
　　(6) 掌握酶活力、酶单位和比活力的概念及酶活力的测定方法。
　　(7) 了解常见酶类的作用特点、作用条件以及实际用途。

第一节　概　　述

一、酶的概念

　　生物体的基本特征之一是它不断地进行新陈代谢，而新陈代谢是由为数众多的各式各样的化学反应所组成。生物体内的这些反应在能够得以有条不紊地进行，与许许多多酶组合成的酶系统有着密切的联系。可以说，没有酶的催化作用，新陈代谢就不能进行，生命也就不存在。

　　一般来说，生物体内的这些反应通常不需要在实验室中所要求的高温、高压或强烈的酸碱等条件，而是在生物体温和的条件下就可很快地进行。例如，在体外条件下，用纯化学的方法使淀粉水解成葡萄糖或使蛋白质水解成氨基酸时，需加 25% 的 H_2SO_4，温度在 100℃ 以上，经过 20 多个小时才能完成。但在生物体内，极其温和的条件下

（体温 37℃，接近中性 pH）进行物质水解，则是很容易的事。因此，我们可以得出这样一个概念，酶是由生物活细胞分泌产生的，具有特殊催化能力的蛋白质。由于酶是生物体产生出来的具有催化作用的物质，所以也称之为生物催化剂。

二、酶的特性

（一）酶具有催化剂一般的特性

酶作为生物催化剂，因而它具有与一般催化剂相同的特性：

（1）能增加化学反应速度，本身在反应前后的质和量都不改变，只需微量就可大大加速化学反应的进行。

（2）只能催化在热力学上能够进行的化学反应，而不能触发热力学上不可能进行的化学反应。

（3）不影响化学反应的平衡点，只能加能反应达到平衡点的速度。

（4）催化可逆反应的酶对可逆反应的正反应和逆反应都有催化作用。

但是，酶作为一种生物催化剂，它又与一般催化剂不同，具有自身独特的特点：

（二）酶作为生物催化剂的特点

1. 酶催化效率极高

酶的催化效率相对其他无机或有机催化剂要高 $10^7 \sim 10^{13}$ 倍。例如，过氧化氢分解

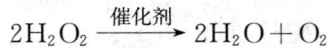

$$2H_2O_2 \xrightarrow{\text{催化剂}} 2H_2O + O_2$$

用 Fe^{2+} 催化，效率为 $6 \times 10^{-4} \, mol/(mol \cdot s)$。

用过氧化氢酶催化，效率为 $6 \times 10^6 \, mol/(mol \cdot s)$。

某些反应的活化能如表 4-1 所示。

表 4-1　某些反应的活化能

反　应	催化剂	活化能/(kJ/mol)
H_2O_2 分解	无	75.2
	Fe^{2+}	41
	过氧化氢酶	<8.4
尿素水解	H^+	103
	脲酶	28
蔗糖水解	H^+	104.5
	蔗糖酶	33.4
乙酸丁酯水解	H^+	66.9
	OH^-	42.6
	胰脂酶	18.8

可见，酶比 Fe^{2+} 催化效率要高出 10^{10} 倍。又如 1g 结晶的 α-淀粉酶，在 65℃ 时，15min 可使 2t 淀粉水解为糊精。

2. 具有高度的专一性

酶对其所作用的物质（称为底物）有着严格的选择性。一种酶只能作用于一些结构近似的化合物，甚至只能作用一种化合物而发生一定的反应。酶对底物的这种严格的选择性称为酶的专一性。专一性又可分为以下几种。

1）绝对专一性

一种酶只能催化一种底物使之发生特定的反应。如淀粉酶只能催化淀粉水解，不能催化淀粉以外的任何物质发生水解。

2）相对专一性

催化具有相同化学键或基团的底物进行某种类型的反应。如脂酶催化脂键的水解，对底物 $R\text{—}\overset{\overset{\displaystyle O}{\|}}{C}\text{—}OR'$ 中的 R 及 R′ 基团却没有严格的要求。

3）立体化学专一性

有些酶对底物的构象有特殊要求，往往只能催化底物的一种立体化学结构。例如：蛋白水解酶通常只对 L-型氨基酸构成的肽起作用；而乳酸脱氢酶只能催化 L-乳酸氧化，对 D-乳酸则不起作用。

3. 反应条件温和

酶由生物细胞产生，其本身是蛋白质，只能在常温、常压、接近中性的 pH 条件下发挥作用。高温、高压、强酸、强碱、有机溶剂、重金属盐及紫外光等因素，却能使酶变性失活。因此，酶催化反应一般都是在比较温和的条件下进行的。

4. 酶的催化活性是受到调节和控制

酶的活力在体内是受到多方面因素的调节和控制的。生物体内酶和酶之间，酶和其他蛋白质之间都存在着相互作用，机体通过调节酶的活性和酶量，控制代谢速度，以满足生命的各种需要和适应环境的变化。调控方式很多，包括抑制剂调节、反馈调节、酶原激活及激素控制等。

三、酶学的重要性

酶学是生物技术学科的重要组成部分，酶在医药、化工、轻工、食品、能源和环境工程方面的应用具有重要意义。例如，DNA 限制性内切酶的发现和应用成了分子生物学和基因工程研究中的重要工具，促进了 DNA 重组技术的建立和发展。又如：酶的高效催化性使酶在发酵工业具有举足轻重的作用。发酵生产，归根结底是利用活细胞产生的酶将原料转化为人们所需的种种产物。酶在发酵工业上的应用，可以增加产量，提高质量，降低原材料和能量的消耗，改善劳动条件，降低成本，甚至可以生产出用其他方法难以得到的产品，促进新产品，新技术，新工艺的兴起和发展。

21 世纪化学工业过程中的头等事件应是绿色化学的进一步发展。酶学能在有效地产生有用产品的同时，减少或不产生废弃物。因此，可以这样说，酶学将在生物技术的发展中，将逐步融合或取代某些领域，起到越来越重要的作用。

第二节 酶的分类和命名

一、酶的分类及编号

国际酶学委员会制定了一套完整的酶的分类系统。主要根据酶所催化的反应类型将酶分为六大类。

1. 氧化还原酶

催化氧化还原反应的酶称为氧化还原酶。

反应通式：$AR_2 + B \Longleftrightarrow A + BR_2$。如琥珀酸脱氢酶、醇脱氢酶、多酚氧化酶等。

2. 转移酶

催化分子间基团转移的酶称为转移酶。

反应通式：$AR + B \Longleftrightarrow A + BR$。如谷丙转氨酶、胆碱转乙酰酶等。

3. 水解酶

催化水解反应的酶称为水解酶。

反应通式：$AB + H_2O \Longleftrightarrow AOH + BH$。如蛋白酶、淀粉酶、脂肪酶、蔗糖酶等。

4. 裂解酶

催化非水解地除去底物分子中的基团及其逆反应的酶。

反应通式：$AB \Longleftrightarrow A + B$。如草酰乙酸脱羧酶、碳酸酐酶等。

5. 异构酶

催化分子异构反应的酶称为异构酶。

反应通式：$A \Longleftrightarrow B$。如葡糖磷酸异构酶、磷酸甘油酸磷酸变位酶等。

6. 合成酶

与ATP（或相应的核苷三磷酸）的一个焦磷酸键断裂相偶联，催化2个分子合成1个分子的反应。

反应通式：$A + B + ATP \Longleftrightarrow AB + ADP + Pi$。如天冬酰胺合成酶、丙酮酸羧化酶等。

以上六大类酶各包括若干种酶分别催化不同反应。

一些常见酶的类别与有关催化反应见表 4-2。

表 4-2　一些常见酶的类别与催化反应

类　别	酶	催化反应
氧化还原酶类	谷氨酸脱氧氢酶	L-谷氨酸 $+ NAD \Longleftrightarrow \alpha$-酮戊二酸 $+ NH_3 + NADH_2$
	乳酸氧化酶	L-乳酸 $+ O_2 \longrightarrow$ 乙酸 $+ CO_2 + H_2O_2$
	过氧化氢酶	$2H_2O_2 \longrightarrow 2H_2O + O_2$
	过氧化物酶	$AH_2 + H_2O_2 \longrightarrow A + 2H_2O$
转移酶类	谷丙转氨酶	L-谷氨酸 $+$ 丙酮酸 $\Longleftrightarrow \alpha$-酮戊二酸 $+ L -$ 丙酮酸
	葡萄糖激酶	D-葡萄糖 $+ ATP \longrightarrow$ 6-磷酸葡萄糖 $+ ADP$
	磷酸转乙酰基酶	乙酰-CoA $+ H_3PO_4 \Longleftrightarrow CoA +$ 乙酰磷酸
	丙酸转 CoA 酶	乙酰-CoA $+$ 丙酸 $\Longleftrightarrow$ 丙酸-CoA $+$ 乙酸

续表

类　别	酶	催化反应
水解酶类	α-淀粉酶	淀粉糊精 ——→ 麦芽糖（水解 α-1,4-糖苷键）
	β-淀粉酶	淀粉和糊精 ——→ 麦芽糖（从非还原性链端分解）
	葡萄糖淀粉酶	淀粉和糊精 ——→ 葡萄糖（从非还原性链端分解）
	1,6-淀粉酶	支链淀粉 ——→ 葡萄糖（水解 α-1,6-糖苷键）
	纤维素酶	纤维素 ——→ 纤维二糖（水解 β-1,4-糖苷键）
	α-葡萄糖苷酶	α-葡萄糖苷（麦芽糖、蔗糖）——→ 单糖
	β-葡萄糖苷酶	β-葡萄糖苷（纤维二糖）——→ 单糖
	脂酶	脂肪 ——→ 甘油＋脂肪酸
	果胶脂酶	果胶 ——→ 甲醇＋果胶酸
	蛋白酶	蛋白质 ——→ ——→ 胨
	氨肽酶	多肽（末端含有游离氨基者）——→ 氨基酸
	羧肽酶	多肽（末端含有游离羧基者）——→ 氨基酸
裂解酶类	α-丙酮酸脱羧	α-丙酮酸 ——→ 乙醛＋CO_2
	醛缩酶	1,6-二磷酸果糖 ——→ 磷酸二羟丙酮
	延胡索酸酶	延胡索酸＋H_2O ——→ L-苹果酸
	半胱氨酸脱疏酶	L-半胱氨酸＋H_2O ⇌ L-丝氨酸＋H_2S
异构酶	磷酸葡萄糖异构酶	6-磷酸葡萄糖 ⇌ 6-磷酸果糖
	酸甘油酸变位酶	3-磷酸甘油酸 ⇌ β-磷酸甘油酸
	乳酸变旋酶	L-乳酸 ⇌ D-乳酸
合成酶类	乙酰-COA 羧化酶	乙酰-COA＋CO_2＋ATP 丙二酰-COA＋Pi＋ADP
	谷氨酰胺合成酶	L-谷氨酸＋NH_3＋ATP ⇌ L-谷氨酰胺＋Pi＋ADP
	乙酰-COA 合成酶	乙酸＋COA＋ATP ⇌ 乙酰-COA＋AMP＋PPi

在每一大类酶中，又可根据不同的原则，分为几个亚类。每一个亚类再分为几个亚亚类。然后再把属于这一亚亚类的酶按着顺序排好，这样就把已知的酶分门别类地排成一个表，称为酶表。每一种酶在这个表中的位置可用一个统一的编号来表示。这种编号包括四个数字。第一个数字表示此酶所属的大类，第二个数字表示此大类中的某一亚类，第三个数字表示亚类中的某一亚亚类，第四个数字表示此酶在此亚亚类中的顺序号。用 EC 代表酶学委员会。

例如乳酸脱氢酶（EC1.1.1.27）催化下列反应：

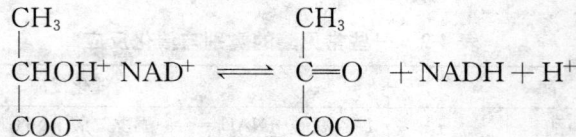

$$
\begin{array}{l}
\text{CH}_3 \\
| \\
\text{CHOH}^+ \text{NAD}^+ \\
| \\
\text{COO}^-
\end{array}
\rightleftharpoons
\begin{array}{l}
\text{CH}_3 \\
| \\
\text{C}{=}\text{O} \quad +\text{NADH}+\text{H}^+ \\
| \\
\text{COO}^-
\end{array}
$$

其编号可如下解释：

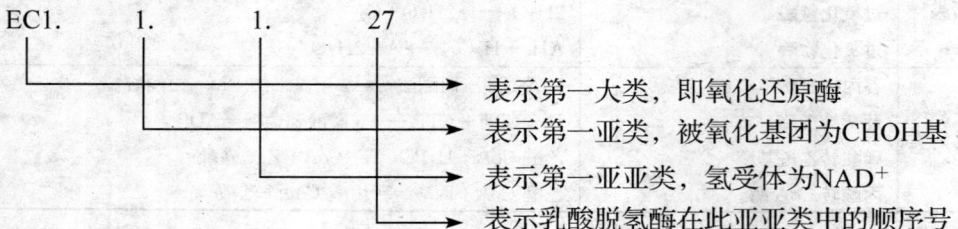

EC1.　　1.　　1.　　27

→ 表示第一大类，即氧化还原酶

→ 表示第一亚类，被氧化基团为CHOH基

→ 表示第一亚亚类，氢受体为NAD^+

→ 表示乳酸脱氢酶在此亚亚类中的顺序号

　　这个分类方法的一大优点，就是一切新发现的酶都能按照这个系统得到适当的编号，而不破坏原来已有的系统。这就为不断发现的新酶编号留下了无限的余地。

二、酶的命名

（一）习惯命名法

　　现在普遍使用的酶的习惯名称是根据以下原则确定的。

　　（1）根据被作用的底物命名。

　　例如，水解淀粉的酶称为淀粉酶，水解尿素的酶称为脲酶，水解蛋白质的酶称为蛋白酶，等等。

　　（2）根据催化反应的性质命名。

　　例如，催化氧化还原反应的酶称为氧化酶或还原酶；催化转移氨基反应的转氨酶，等等。

　　（3）将酶的作用底物与催化反应的性质结合起来命名。

　　例如，催化葡萄糖进行氧化反应的酶称为葡萄糖氧化酶；催化乳酸脱氢反应的酶称为乳酸脱氢酶。

　　（4）将酶的来源与作用底物结合起来命名。

　　例如，酶作用底物分别为淀粉和蛋白质，来源于细菌时，分别称为细菌淀粉酶和细菌蛋白酶。

　　（5）将酶作用的最适 pH 和作用底物结合起来命名。

　　例如，酶作用底物为蛋白质，作用最适 pH 为中性的称为中性蛋白酶；最适 pH 为碱性的称为碱性蛋白酶。

　　酶的习惯名称使用起来比较方便，但也比较混乱，往往出现一酶数名的现象，例如，α-淀粉酶，又名为液化型淀粉酶或糊精淀粉酶或淀粉 α-1,4-糊精酶。也常有数酶一名的现象，例如，肠激酶和肌激酶似为来源不同的一种酶，其实两者作用截然不同，前者是将胰蛋白酶原激活为胰蛋白的酶，后者则是催化 ADP $\longrightarrow$ ATP 的酶，这就是习惯命名的缺点所在。

（二）系统命名法

　　国际生化协会酶学委员会拟定并推荐出的系统命名法，是以酶所催化的整体反应为基础，每种酶的名称均应明确写出酶的作用底物和催化的反应性质，若一种酶催化两种作用底物起反应，两种作用底物名称均需写出，并在其间用"："分开。例如，醇脱氢酶（习惯名）写成系统名时，则需将供氢体与受氢体同时列出，中间用"："号分开，再写上催化性质为氧化还原反应，故应写成：醇：NAD 氧化还原酶。若其中一种底物是水，则可省略。如乙酰辅酶 A 水解酶（习惯名），写成系统名时应为：乙酰辅酶 A：水解酶。

　　另外，国际系统命名规定了每种酶均有四个数字的编号。系统命名很严格，科学性强，可以清除习惯名称中的一些混乱现象。但名称很长，使用不便，尚未广泛采用，通常仍采用习惯名称。

第三节　酶的化学本质与组成

一、酶的化学本质

关于酶的化学本质，历史上曾有过激烈的争论。现代蛋白质化学已经肯定酶的化学本质是蛋白质，这可以从以下几个方面来证明：

（1）所有提纯结晶的酶，经分析证明，它们是蛋白质。酶蛋白彻底水解全部生成 α-氨基酸；并且组成酶蛋白的氨基酸也都是组成蛋白质的 20 种氨基酸。

（2）酶蛋白具有一级结构，也有空间结构，从组成来看，也有简单蛋白质和结合蛋白质两类。

（3）酶的分子质量很大，一般从 1 万到几十万道尔顿，其水溶液具有亲水胶体的性质，不能透过半透膜，在超速离心机中，它的沉降速度与蛋白质大体相同。

（4）酶是两性电解质，在等电点时易沉淀，在电场中和蛋白质一样向某一电极移动（电泳）。

（5）一切使蛋白质变性的物理或化学因素都可以使酶变性而失去催化能力。如酸、碱、重金属盐、生物碱沉淀剂、加热、振荡及紫外线照射等都能使酶失活。

（6）酶能被蛋白酶水解而丧失活性。

因此，对于酶是蛋白质，已不再有任何疑问了。

二、酶的组成

酶和其他蛋白质一样，根据其组成成分可分为简单蛋白质和结合蛋白质两类。

有些酶，其活性仅仅决定于它的蛋白质结构，这类酶属于简单蛋白质。如木瓜蛋白酶、胃蛋白酶、胰蛋白酶及脲酶等；有些酶则必须在结合一些非蛋白成分后，才表现出酶的活性，这类酶属于结合蛋白质。例如，氧化还原酶、过氧化氢酶、过氧化物酶、多种脱氢酶、羧化酶和氨基转移酶等。此类酶中，蛋白质部分称为酶蛋白，非蛋白质部分称为辅基或辅酶，酶蛋白必须与特异的辅酶（或辅基）互相结合才具有活性，若酶蛋白或辅酶（或辅基），单独存在则无催化活性。

$$酶蛋白＋辅酶（或辅基）＝ 全酶（双成分酶）$$

辅酶和辅基并没有什么本质上的差别，只不过它们与蛋白质部分结合的牢固程度不同而已。通常把与酶蛋白的结合比较松的，用透析法可以除去的小分子有机物称为辅酶。而把那些与酶蛋白结合比较紧的，用透析法不易除去的小分子有机物称为辅基。

通常同一种辅酶往往能与多种不同的酶蛋白结合，组成催化功能不同的多种全酶。例如，辅酶Ⅰ（NAD^+：烟酰胺腺嘌呤二核苷酸，见第四章）可与不同的酶蛋白结合，组成乳酸脱氢酶、苹果酸脱氢酶和 3-磷酸甘油醛脱氢酶，等等。反之，一种酶蛋白只能与某一特定的辅酶（或辅基）结合形成一种全酶。如果此辅酶为另一种辅酶所替换，此时酶即不表现活力。可见决定酶反应专一性的是酶蛋白部分，酶反应的作用不同，在于酶蛋白不同。辅酶（或辅基）在酶促反应中通常作为电子、原子或某些化学基团的传递体，决定反应的性质。例如，3-磷酸甘油醛脱氢酶只有当酶蛋白与辅酶Ⅰ结合时，才能催化 3-磷酸甘油醛脱氢，其中辅酶Ⅰ起着传递氢原子的作用。

根据酶蛋白的特点又可以将酶分为三类：

（1）单体酶。单体酶只有一条多肽链。属于这类的酶大多是催化水解反应的酶，分子质量较小，为 13000～35000Du。如核糖核酸酶、胰蛋白酶、溶菌酶等。

（2）寡聚酶。这类酶由数个相同的亚基或不同的多肽链亚基组成，多肽链之间不是共价结合，彼此很容易分开。如己糖激酶、3-磷酸甘油醛脱氢酶等。

这类酶在四级结构完整时，酶的催化功能充分发挥出来。当四级结构被破坏时，亚基便分离。若采用的分离方法适当，被分离的亚基各自具有催化活性；否则各亚基失去催化活性。例如：天冬氨酸转氨酶的亚基是具有催化活性的。当用温和的琥珀酸使四级结构解体时，分离的亚基仍各自保持催化功能；而用酸、碱、表面活性剂等破坏其四级结构时，所得到的亚基没有催化功能，这是由于所使用的化学药剂抑制了酶活性所造成的。

（3）多酶体系。是由几种酶彼此嵌合形成的复合体。它有利于一系列反应的连续进行。如：脂肪酸合成中的脂肪酸合成复合体。

第四节　酶的结构与功能的关系

酶分子都具有球状蛋白质分子所共有的一、二、三级结构，许多酶还具有四级结构或更高级的结构形式。问题是为什么构成酶的蛋白质有催化活性而非酶蛋白质就没有呢？大量事实说明酶之所以具有催化活性是和它的结构分不开的。

一、必需基团和活性部位

酶作为蛋白质，其分子要比大多数底物大得多，因此可见，在反应过程中，酶与底物的接触只限于酶分子的少数基团或较小部位。许多研究表明，当这有限的部分一旦被毒化或与酶体分开而除去后，则酶即丧失其催化作用，同时研究发现不少酶经水解后丧失其催化作用，同时研究发现不少酶经水解后的分子片断仍然保存其原有的催化活性。可见，并非酶分子的全部结构均为催化活性所必需，而仅是酶分子结构中某些基团或部分表现其催化活性。

1. 酶的必需基团

酶分子上具有各种基团，如—NH_2、—OH、—COOH、—SH 等，这些基团分布在酶蛋白的各个部位，可以进行氧化、还原、水解、乙酰化等反应。在进行反应时，如用人工方法将这些基团改变后，就会导致其催化活性的丧失，则这类基团是酶的"必需基团"。例如，胰蛋白酶分子中某一丝氨酸的羟基与二异丙基氟磷酸作用后就会丧失其催化蛋白质水解的活性。又如，脲酶分子中的一部分半胱氨基酸的—SH 与对氯苯甲酸作用后，则失去其催化尿素水解的能力。因此，上述丝氨酸的—OH 与半胱氨酸的—SH 分别是胰蛋白酶与脲酶的必需基团。

组成酶的相同氨基酸所含的相同基团数目很多，但是其中只有少数为该酶的必需基团。例如，胰凝乳蛋白酶分子的 20 个丝氨酸的—OH 基中，只有一个是它的必需基团。因此，酶的"必需基团"是酶蛋白的分子结构中一定部位的某些氨基酸含有的基团，而这些基团是酶行使催化作用不可缺少的基团。

　　2. 酶的活性部位

　　酶是很大的分子，但是酶的特殊催化能力只局限在它的大分子的某一定的部位，酶分子中直接与底物结合并与酶催化作用直接有关的部位称为酶的活性中心（图 4-1）。

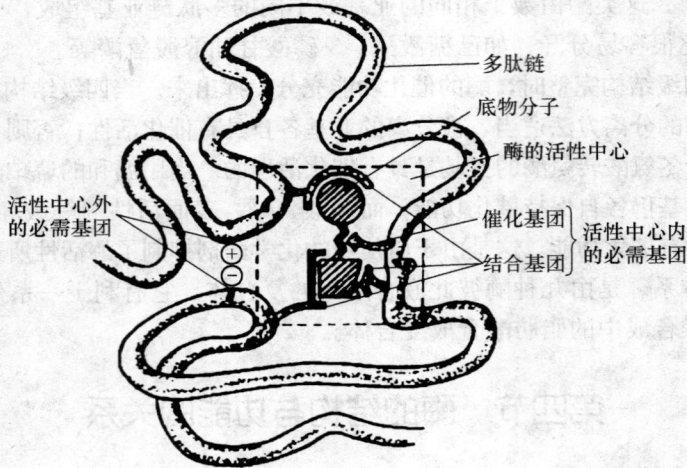

图 4-1　酶的活性中心

二、酶原的激活

　　某些酶，特别是一些与消化作用有关的酶，在最初合成分泌时，没有催化活性。这种没有活性的酶的前体称为"酶原"。酶原在一定条件下经适当的物质作用可转变成有活性的酶。酶原转变为具有活性的酶的作用称为酶原激活或活化作用。酶原激活过程的实质是酶活性部位形成或暴露的过程。

　　【实例分析 4-1】胰脏蛋白酶刚从胰细胞分泌出来时，是没有催化活性的胰蛋白酶原。当它随胰液进入小肠时，可被肠液中的肠激酶激活。在肠激酶的作用下，水解下一个六肽，因而促使酶的构象发生某些变化，使组氨酸、丝氨酸、异亮氨酸等残基互相靠近，构成了活性中心，于是无活性的酶原就变成了有活性的胰蛋白酶（图 4-2）。

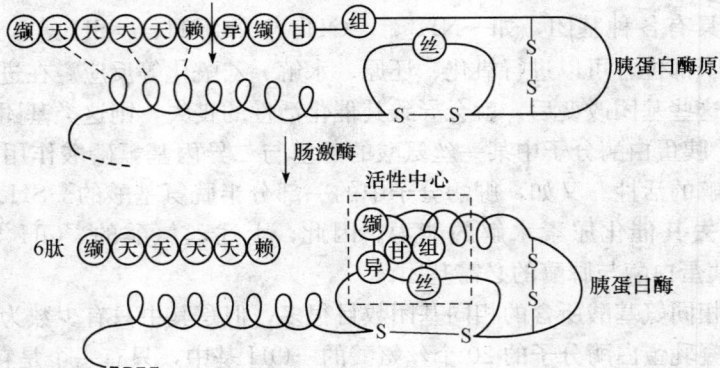

图 4-2　胰蛋白酶原激活示意图

在组织细胞中，某些酶以酶原的形式存在，具有重要的生物学意义。因为分泌酶原的组织细胞含有蛋白质，而酶原无催化活性，故可保护组织细胞不被水解破坏。

第五节　酶的作用机制

酶作为一种蛋白质，为什么能够催化化学反应？酶催化作用的高效性、专一性又是如何决定的？这就是酶作用的机制问题。

一、酶催化化学反应的中间产物学说

一个化学反应的发生并不是所有的反应物分子都能参加反应。一般来说，在一个反应体系中，一种化学反应的发生，其反应分子必先具备足够的能量，即越过该反应所特需的能障或能阈，使分子激活成为活化分子，反应才能发生。活化分子比一般分子所多含的能量称为活化能，换言之，分子进行反应所必须取得的最低限度的能量就称为活化能。

使活化分子增多有两种可行的途径：一是向反应物体系提供一定的能量（如光、热等），使其活化；另一种是加入适当的催化剂，降低反应活化能。酶催化作用的实质就在于它能降低化学反应的活化能，使反应在较低能量水平上进行，从而加速化学反应，如图 4-3 所示。

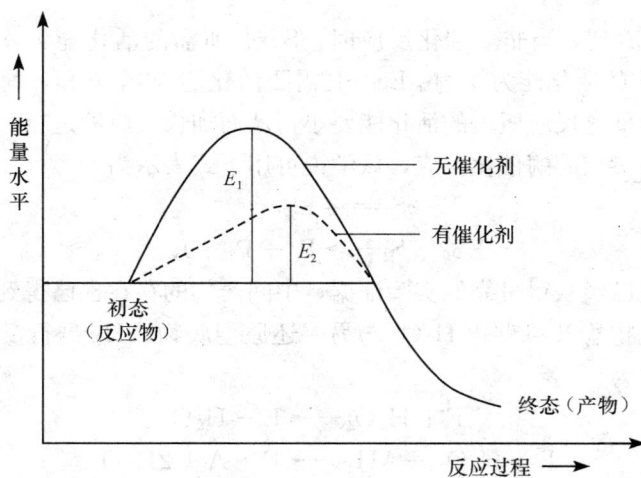

图 4-3　催化剂的作用 E_1、E_2 表示活化能

酶是一种高效催化剂，与一般催化剂比较，可使反应的活化能降低得更多，因此，同样初态的分子所需要的活化能就更低，活化分子数也就更多，反应更容易进行。

中间产物学说：酶的作用，在于它能降低化学反应所需的活化能，使化学反应在活化能较低的水平上进行，从而加速化学反应。那么，酶是如何来降低反应的活化能呢？

目前比较圆满的解释是中间产物学说。这种理论认为酶催化某一化学反应时，酶总是先与作用物结合，形成不稳定的中间产物，此中间产物极为活泼，很容易转变分解成反应产物，同时使酶重新游离出来。以便继续起催化作用。

现以 E 代表酶，S 代表反应物，ES 代表中间产物，P 代表反应产物，按照中间产物学说写出酶所催化的反应，并与无酶催化的反应加以比较：

无酶时：$S \longrightarrow P$（缓慢）

有酶时：$E+S \underset{K_2}{\overset{K_1}{\rightleftharpoons}} ES \overset{K_3}{\longrightarrow} E+P$（快）

中间产物学说的关键，在于中间产物的形成。酶和底物可以通过共价键、离子键和配位键等而结合成中间产物。根据中间产物学说，酶促反应分两步进行，而每一步反应的能阈较低，所需活化能较少，如图 4-4 所示。

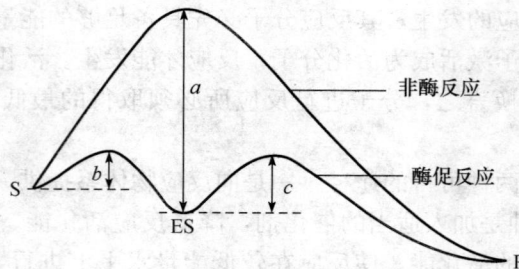

图 4-4　酶促反应减少所需的活化能

从图 4-4 可以看到，当非酶催化反应时，S→P 所需的活化能为 a，而在酶的催化下，由 S→ES 所需的活化能为 b，由 ES→P 需要活化能为 c，b 和 c 均比 a 小得多，所以酶促反应比非酶催化反应所需的活化能要小，从而加快反应的进行。

对有两种底物参加的酶催化反应，该学说可用下式表示为

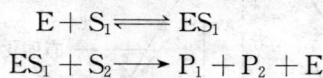

$$E + S_1 \rightleftharpoons ES_1$$
$$ES_1 + S_2 \longrightarrow P_1 + P_2 + E$$

中间产物学说已经获得可靠的实验证据，中间产物的存在也已得到确证。

例如，过氧化物酶 E 可催化 H_2O_2 与另一还原型底物 AH_2 进行反应。按中间产物学说，其反应历程为

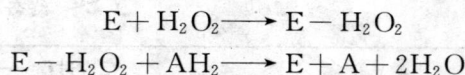

$$E + H_2O_2 \longrightarrow E-H_2O_2$$
$$E-H_2O_2 + AH_2 \longrightarrow E + A + 2H_2O$$

在此过程中，可用光谱分析法证明中间产物 $E-H_2O_2$ 的存在。首先对酶液进行光谱分析，发现过氧化物酶在 645、587、548、498nm 处有 4 条吸收光带，接着向酶液中加进 H_2O_2，此时发现酶的 4 条光带消失，而在 561、530nm 处出现 2 条吸收光带，而且溶液颜色由褐变红，这说明酶已与过氧化氢结合而生成了一种新的中间物。然后加进另一还原型底物 AH_2（如焦性浸食子酸），则过氧化氢酶立即恢复其原来的 4 条吸收光带，这说明中间产物易分解成产物和游离的酶。

除了间接证据之外，还有直接证据证明中间产物的存在。比如，用电子显微镜可以

直接看到核酸和它的聚合酶形成的中间产物，甚至在某些情况下可以和底物的中间产物分离出来。

二、决定酶专一性的机制——诱导契合学说

酶和底物如何结合成中间产物？又如何完成其催化作用？历史上曾经提出过几种不同的假说。如"锁钥学说"，该学说认为酶和底物结合时，底物的结构必须和酶活性部位的结构非常吻合，就像锁和钥匙一样，这样才能紧密结合形成中间产物，如图 4-5 所示。

但是后来发现，当底物与酶结合时，酶分子上的某些基团常发生明显的变化。另外对于可逆反应，酶常常能够催化正逆两个方向的反应，很难解释酶活性部位的结构与底物和产物的结构都非常吻合。因此"锁钥学说"把酶的结构看成固定不变是不切实际的。

于是，有的学者认为酶分子活性部位的结构原来并非和底物的结构互相吻合，但酶的活性部位不是僵硬的结构，它具有一定的柔性。

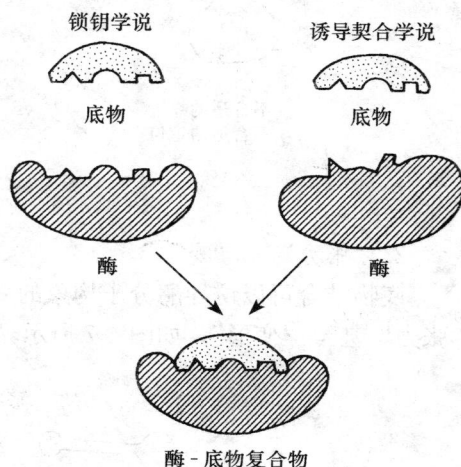

图 4-5　酶和底物的结合示意图

当底物与酶相遇时，可诱导酶蛋白的构象发生相应的变化，使活性部位上有关的各个基团达到正确的排列和定向，因而使酶和底物契合而结合成中间产物，并引起底物发生反应。这就又提出了"诱导契合学说"（图 4-5）。后来，对羧肽酶等进行 X 射线衍射研究的结果也有力地支持了这个学说。可以说，"诱导契合"学说比较好地解释了酶作用的专一性。

诱导契合学说的机理可比喻为"手套"与"手"的关系，将酶比作手套，底物比作手，在戴手套前，手套的形状与手是不相吻合的，但在戴的过程中，手与手套不断相互诱导、契合、适应，最后手套可以很贴切地戴在手上。

三、决定酶催化高效性的机制

目前关于酶为什么比一般催化剂具有更高催化效率的看法介绍如下。

1. 邻近效应和定向效应

邻近效应是指底物和酶活性中心的邻近，即增大酶活性中心区域的底物有效浓度，从而反应速度大大的增大的一种效应。曾有人测试过，在体内生理条件下，底物浓度一般约 $0.001mol/L$，而在酶的活性中心部位底物浓度约 $100mol/L$，这样就比溶液中高 10^5 倍，因此，在活性中心区域反应速度必然大为提高。

要使反应进行，还需要使底物的反应基团与酶活性中心的催化基团相互严格地定向。当专一性底物与活性中心结合时，酶蛋白发生一定的构象变化，可使两者正确地排列并定向。这种定向效应也是反应速度加快的一种重要原因。酶活性基团的主要作用就是产生轨道控制，使底物与酶催化基团相互间精确定位，如图 4-6 所示。

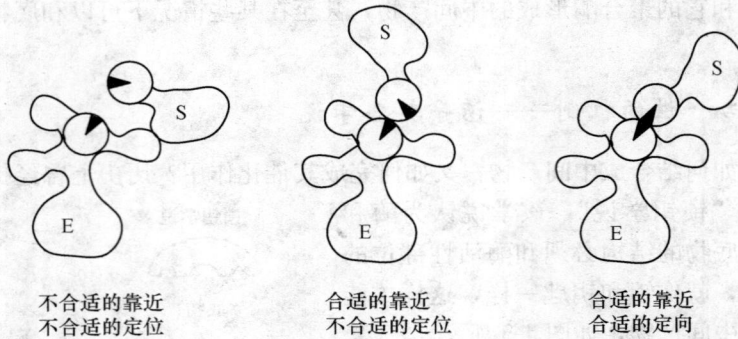

不合适的靠近　　　　　合适的靠近　　　　　合适的靠近
不合适的定位　　　　　不合适的定位　　　　　合适的定向

图 4-6　轨道控制学说示意图

2."张力"和"变形"

底物结合可以诱导酶分子构象的变化，而变化的酶分子又使底物分子的敏感键产生"张力"甚至"变形"，如图 4-7 所示，这样就更容易形成酶-底物复合物。

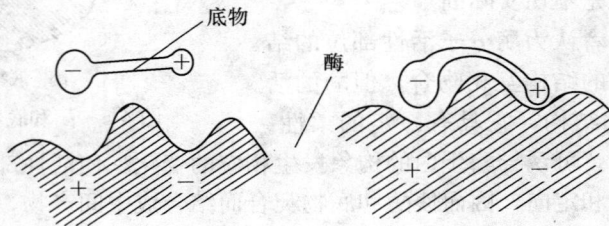

图 4-7　酶的张力效应示意图

3.共价催化

某些酶可以和底物生成不稳定的共价中间产物，这种共价中间产物进一步生成产物要比非催化反应容易得多。从而提高了反应速度。

4.酸碱催化

酸碱催化剂是催化有机反应的最普通、最有效的催化剂。酸碱催化有两类：狭义的酸碱催化和广义的酸碱催化。狭义的酸碱催化剂是指反应速度的增加仅仅与 H^+ 或 OH^- 离子浓度成比例。由于酶反应的最适 pH 一般接近中性，因此 H^+ 或 OH^- 的催化在酶反应中的重要意义是比较有限的；广义的酸碱催化剂与质子供体或质子受体的浓度成比例。重要的是广义酸碱催化。发生在细胞内的许多生化反应都受广义的酸碱催化作用，如将水加到羰基上、羧酸酯和磷酸酯水解、从双键上脱水、各种分子重排以及许多取代反应。酶蛋白中起酸碱催化的功能基有：氨基、巯基、酚羟基、羧基和咪唑基等。因此酶的酸碱催化效率比一般酸碱催化剂高得多。例如肽键在无酶存在下进行水解时需要高浓度的 H^+ 或 OH^-，长的作用时间（10～24h）和高温（100～120℃），而以胰凝乳蛋白酶作为酸碱催化剂时，在常温、中性下很快就可以使肽键水解。

以上这些因素确实使酶具有高催化效率，但是，它们并不是在所有的酶中同时都一样的起作用，更可能的情况是对不同的酶起主要作用的因素不完全相同。有人认为：邻近和定向这两个因素联合作用可使酶反应速度加快的作用更大。不过在许多体内酶催化反应中，常常不是单一机制起作用，而是各种因素的配合使反应大大加速。

第六节　酶促反应的速度和影响反应速度的因素

一、酶促反应速度及影响因素研究的意义

对酶促反应速度及影响因素的研究有助于阐明酶的结构与功能的关系，也可为酶作用机理的研究提供数据；有助于寻找最有利的反应条件，以最大限度地发挥酶催化反应的高效率；有助于了解酶在代谢中的作用或某些对酶的活性有影响的试剂作用的机理等，因此对它的研究具有重要的理论意义和实践意义。

为了研究酶反应的过程和规律，首先要了解酶促反应速度的测定。测定酶促反应速度有两种方法：一是测量单位时间内底物的消耗量。二是测量单位时间内产物的生成量。

酶促反应受许多因素的影响，如底物浓度、酶浓度、温度、pH、激活剂和抑制剂等等。

二、底物浓度对酶促反应速度的影响

若酶浓度 $[E]$、pH、温度等条件固定不变时，底物浓度 $[S]$ 和反应速度的关系可由图 4-8 表示。从图中可以看出，开始时，随底物浓度的增加反应速度几乎直线加快，随后反应速度加快的程度逐渐变小，最后，当底物浓度增加至一定浓度时，反应速度不再加快，即此时反应速度已达到最大值 v_{max}。

开始反应时的速度（底物浓度低时）与底物浓度的关系可用 $v = K[S]$ 表示。v 为反应速度，K 为反应速率常数，$[S]$ 为底物浓度，此式只表示开始反应速度与底物的浓度关系，不能代表整个反应中底物浓度和反应速度的关系，为此 Michaelis 与 Menten 根据中间产物理论提出了能表示整个反应中底物浓度与反应速度关系的公式，称为米氏方程：

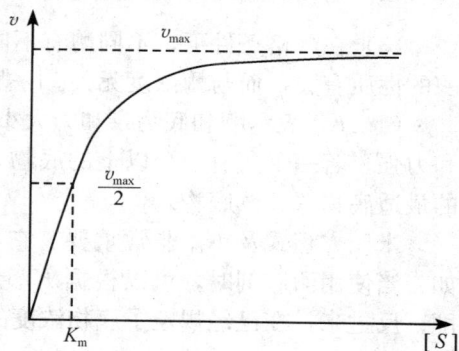

图 4-8　底物浓度 $[S]$ 和反应速度的关系

$$v = \frac{v_{max}[S]}{K_m + [S]}$$

式中　v_{max}——最大反应速度；

　　　　K_m——米氏常数。

当 $v = \dfrac{v_{max}}{2}$ 时，则米氏方程可以写成：

$$v = \frac{v_{max}}{2} = \frac{v_{max}[S]}{K_m + [S]}$$

简化上式：$K_m = [S]$

由此可知，米氏常数的涵义是反应速度为最大反应速度一半时的底物浓度。米氏常数的单位为浓度单位。一般用 mol/L 或 mmol/L 表示。一些酶的米氏常数见表 4-3。

表 4-3 某些酶的米氏常数

酶	底 物	$K_m/(mol/L)$
过氧化氢酶	H_2O_2	2.5×10^{-2}
β-半乳糖苷酶	乳糖	4×10^{-3}
麦芽糖酶	麦芽糖	2.1×10^{-1}
谷氨酸脱氢酶	α-酮戊二酸	2×10^{-3}
己糖激酶	葡萄糖	1.5×10^{-4}
	果糖	1.5×10^{-3}
琥珀酸脱氢酶	琥珀酸盐	5×10^{-7}
乳酸脱氢酶	丙酮酸	3.5×10^{-5}
尿素酶	尿素	2.5×10^{-2}
α-淀粉酶	淀粉	6×10^{-4}
蔗糖酶	蔗糖	2.8×10^{-2}

从米氏方程和图 4-8 可以得出如下几点结论：

（1）当底物浓度增加时，酶促反应速度趋近一个极限值，即最大的反应速度 v_{max}。

（2）当反应速度为最大反应速度的一半，即 $v = \dfrac{v_{max}}{2}$ 时 $K_m = [S]$

（3）在严格条件下，不同酶有不同的 K_m，因而 K_m 是酶的特征性物理常数，只与酶的性质有关，而与酶浓度无关。一些酶的米氏常数见表 4-3。

（4）K_m 表示酶和底物亲和力大小，K_m 大表示酶和底物亲和力弱，K_m 小则表示亲和力强。若一个酶有一个以上的底物，则对每种底物各有一个 K_m，K_m 最小者为该酶的最适底物（天然底物）。

米氏方程式及 K_m 非常重要。它不仅是酶性质的表现，而且在实践中很有用。例如，当使用酶制剂时，可以根据 K_m 判断使酶发挥一定反应速度时需要多大的底物浓度；反过来，在已经规定了底物浓度的条件下，也可根据 K_m 估算出酶能够获得多大的反应速度。

三、酶浓度对反应速度的影响

在有足够量底物的情况下，而又不改变其他因素的影响，则酶的反应速度（v）与酶浓度成正比。

由于特定的条件下，酶促反应速度随着酶浓度的增加而直线增加，实际生产上应用酶制剂时，应按照生产工艺需要来确定酶的用量。如酶法生产葡萄糖时，为缩短液化和糖化时间，可适当增加淀粉酶用量，而白酒生产因常采用边糖化边发酵的方式，糖化作用不需迅速完成，所以用曲量可适当少些。

四、温度对酶反应速度的影响

温度对酶反应速度有两种不同的影响。一是和一般化学反应相同，酶反应在一定的温

度范围（0～40℃）内，其反应速度随温度升
高而加快。根据一般经验，温度每升高 10℃，
反应速度约增加 1 倍。二是随着温度升高，
酶蛋白逐渐变性失去活性，绝大多数酶在
60℃以上即失去活性，反应速度随之降低。

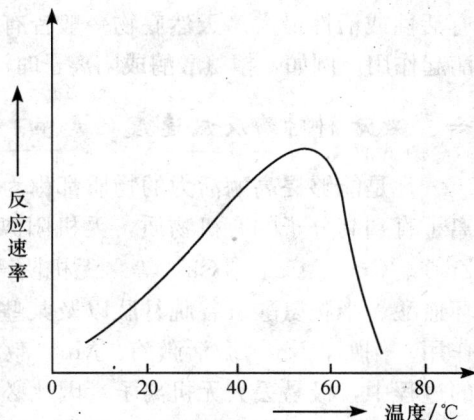

图 4-9　温度对小麦胚脱氢酶作用的影响

　　在低温范围内，前一种作用占主要地位，
因此随着温度升高，反应速度也加快。但当
温度升到一定限度时，后一种作用产生影响。
尽管温度升高能使酶反应速度加快，但更主
要的是它又使活性酶的浓度大为降低。因而
总的结果是随着温度的升高而反应速度下降。
在一定条件下，使酶表现出最大活力的温度
称为酶的最适温度。温度对酶作用的影响，如图 4-9 所示。

　　各种酶在一定条件下都有一定的最适温度。动物体内存在的酶，作用最适温度在
37～50℃。一般植物及微生物体内存在的酶，作用的最适温度在 50～60℃。

　　酶在低温条件下，酶的活性是微弱的，但并不消失，当把温度提高后，酶活性仍可
恢复，此种性能对于食品或酶制剂的储藏有很重要的意义。

五、pH 对酶反应速度的影响

　　酶对于环境中酸碱度的改变极为敏感，它的活性随溶液的 pH 而改变，一种酶只在
一定的 pH 范围内，活性最强，在此范围外，
无论稍酸或稍碱，酶的活性都将逐渐下降以至
于零，酶的活力和环境 pH 的关系如图 4-10
所示。

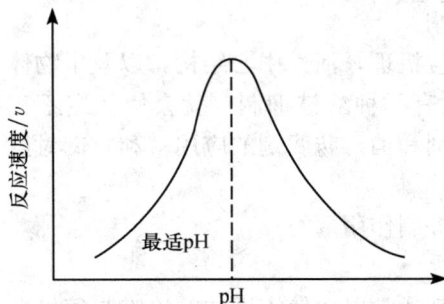

图 4-10　pH 对酶反应速度的影响

　　使酶表现出最大活力的 pH 称为酶的最适
pH。这是酶作用的一个重要特征。偏离最适
pH 越远，酶的活力就越低。各种酶最适 pH 各
不相同，彼此出入甚大，一般在 4.0～8.0 之
间。其中植物和微生物来源的酶 pH 常在 4.5～
6.5 之间；而动物来源的酶 pH 常在 6.5～8.0 之间。但也有例外，如胃蛋白酶最适 pH
为 1.9，胰蛋白酶的最适 pH 为 8.1，肝精氨酸酶的最适 pH 为 9.0。

　　酶的最适 pH 不是固定的常数，受很多因素的影响，如缓冲溶液的种类、底物的种
类、酶的纯度、作用时间、温度以及酶的来源等的影响。因此酶的最适 pH 只在一定
条件下才有意义。

　　pH 对酶的作用的影响很复杂。主要由于 pH 对酶本身及底物均有影响。过酸或过
碱可以破坏酶，而在不破坏酶的 pH 范围内，酸或碱都影响酶的活性，因为酶是蛋白
质，在不同的 pH 中的电离情况不同，即形成阳离子，阴离子或两性离子。

　　特别是酶分子起催化作用的基团的电离情况更为重要。常常只有一种电离情况才具

有活性或活性最大。天然底物一般皆有解离基团，底物的解离，也只有一种状态可以使酶起作用。例如，精氨酸酶成阴离子时活性最大，蔗糖酶解离成两性离子时才具有活性。

六、激活剂对酶反应速度的影响

凡是能够提高酶活力的物质都称为酶的激活剂。激活剂的种类很多，从简单的无机离子直到高分子的有机物质，无机阳离子如 Na^+、K^+、NH_4^+、Mg^{2+}、Mn^{2+}、Fe^{2+}、Zn^{2+}、Cr^{2+}、Ca^{2+}、Cu^{2+} 等。无机阴离子如 Cl^-、Br^-、I^-、PO_4^- 等，有机物质如抗坏血酸、半胱氨酸、谷胱甘肽以及某些 B 族维生素的磷酸酯等都可以作为激活剂而起作用。例如，Mg^{2+} 激活激酶、Mn^{2+} 激活醛缩酶、Cl^- 激活唾液淀粉酶。在制备这些酶的过程中，极易丢失无机离子，因此必须注意及时补充。

低分子有机化合物如半胱氨酸、谷胱甘肽等激活剂，能使酶中二硫键（—S—S—）还原为—SH 基，这样就使得原来因氧化作用将巯基变为二硫键的酶的活性恢复。蛋白质、阿拉伯胶、H_2S 等可使被金属离子抑制的脲酶的活性恢复。

所谓激活剂是相对的，一种激活剂对某种酶能起激活作用，而对另一种酶可能起抑制作用。甚至对于同一种酶，在不同浓度下它可以作为一个激活剂，也可以作为一个抑制剂。

七、抑制剂对酶反应速度的影响

凡是由于酶分子上某些必需基团或酶活性部位中的基团发生化学反应而引起酶活力下降甚至完全丧失的作用称为抑制作用。造成抑制作用的物质叫抑制剂。抑制作用不同于失活作用，使酶蛋白变性而酶活性丧失称失活作用。

抑制剂能调控酶的催化作用，对于了解酶的反应机理，活性中心结构，以及生物体中新陈代谢的途径都是非常重要的。有机体往往只有一种酶被抑制，就会使代谢不正常，以至表现病态，严重的甚至使机体死亡。杀虫剂和消毒防腐剂的应用就和它们对昆虫及微生物酶的抑制作用有关。

抑制作用一般分为不可逆的抑制作用和可逆的抑制作用两类。

1. 不可逆抑制作用

抑制剂与酶的结合是一不可逆反应。这类抑制剂通常以比较牢固的共价键与酶蛋白中的基团结合，而使酶失去活力。不能用透析等物理方法除去抑制剂而使酶活力恢复，这种抑制称为不可逆抑制作用。这种抑制作用随抑制剂浓度的增加而逐渐增加，抑制剂量达到足以和所有的酶结合时，则酶的活性完全被抑制。例如碘乙酸与磷酸丙糖脱氢酶必需基团的巯基反应：

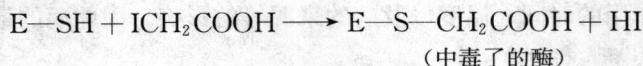

$$E—SH + ICH_2COOH \longrightarrow E—S—CH_2COOH + HI$$
（中毒了的酶）

2. 可逆抑制作用

抑制剂与酶的结合为一可逆反应，用透析等方法能除去抑制剂，使酶恢复活力，抑制剂与酶的结合一般是非共价键的。可逆的抑制作用又可分为竞争性抑制和非竞争性抑制两种主要的类型。

1) 竞争性抑制作用

有些抑制剂能和底物竞争与酶结合，当抑制剂与酶结合后，就妨碍了底物与酶的结合，减少了酶的作用机会，因而降低了酶的活力。这种作用称为竞争性抑制作用。

通常情况下：$E+S \rightleftharpoons ES \rightarrow P+E$

当有竞争性抑制剂存在时，酶与抑制剂（I）可以形成 EI 复合物，$E+I \rightleftharpoons EI$，EI 不能分解成 P 和 E，降低了与底物结合的酶浓度，从而使反应速度下降。

竞争性抑制作用的特点：

（1）抑制性的分子结构与酶所作用的底物相似，和底物一样也能和酶的活性中心的结合基团相互结合，从而影响了酶的活性。

例如：丙二酸对丁二酸（琥珀酸）脱氢酶的抑制作用。丙二酸像丁二酸一样有 2 个可与定位点结合的羧基，但却没有 2 个可失去 H 而形成双键的亚甲基，因此，不能进行下去，只有丁二酸才能进行脱氢反应。

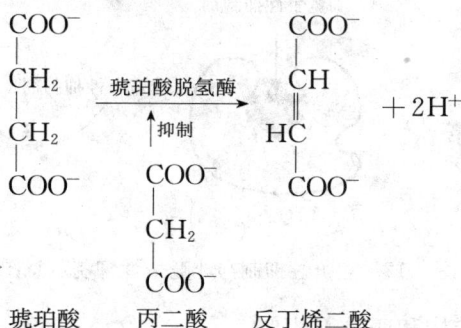

$$\begin{array}{ccc} \text{COO}^- & & \text{COO}^- \\ | & & | \\ \text{CH}_2 & \xrightarrow{\text{琥珀酸脱氢酶}} & \text{CH} \\ | & \xleftarrow{\text{抑制}} & \| \\ \text{CH}_2 & & \text{HC} \\ | & & | \\ \text{COO}^- & & \text{COO}^- \end{array} \quad +2\text{H}^+$$

$$\begin{array}{c} \text{COO}^- \\ | \\ \text{CH}_2 \\ | \\ \text{COO}^- \end{array}$$

琥珀酸　　丙二酸　　反丁烯二酸

此酶的竞争性抑制剂还有：

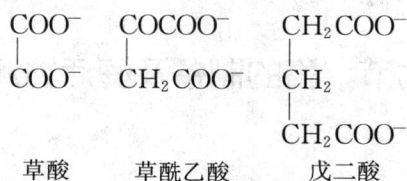

$$\begin{array}{ccc} \text{COO}^- & \text{COCOO}^- & \text{CH}_2\text{COO}^- \\ | & | & | \\ \text{COO}^- & \text{CH}_2\text{COO}^- & \text{CH}_2 \\ & & | \\ & & \text{CH}_2\text{COO}^- \end{array}$$

草酸　　　草酰乙酸　　戊二酸

（2）增加底物浓度来减轻或解除竞争性抑制作用。如丙二酸与琥珀酸的浓度比为 1：50 时，酶活力被抑制 50%。若增大琥珀酸浓度或减少丙二酸浓度，都能使酶活性逐渐恢复。

（3）酶的作用受到竞争性抑制时，K_m 值增大，v_{max} 不变，如图 4-11 所示。

2) 非竞争性抑制作用

有些抑制剂与酶结合后，并不妨碍再与底物结合，但所形成的酶-底物-抑制剂三元复合物（ESI）不能进一步转变为产物，这种抑制叫非竞争性抑制。

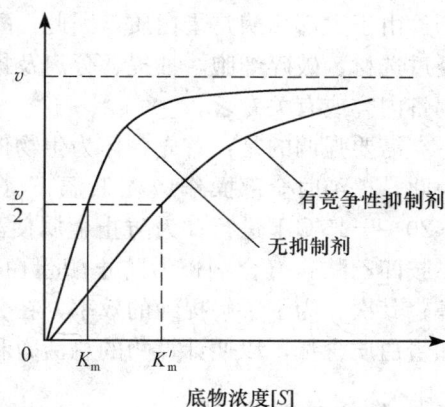

图 4-11　有竞争性抑制剂时反应速度与底物浓度的关系

非竞争性抑制作用可用下式表示：

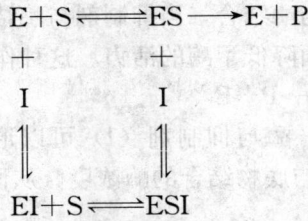

$$E+S \Longleftrightarrow ES \longrightarrow E+P$$

$$EI+S \Longleftrightarrow ESI$$

复合物 EIS 不能分解成 P 和 E，因此，酶反应速度降低。

非竞争性抑制作用的特点：

（1）抑制剂可与酶活性中心以外的基团相结合，不能用增加底物浓度的方法解除抑制。如图 4-12 所示。

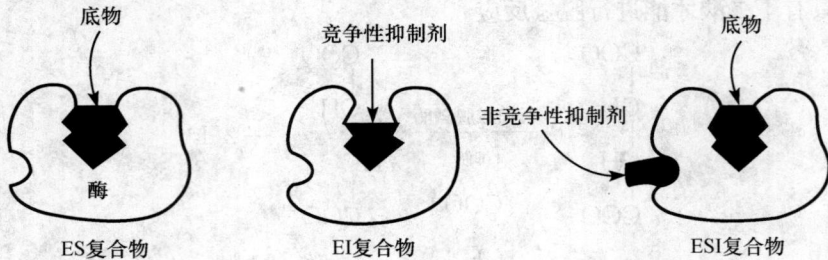

图 4-12　竞争性抑制与非竞争性抑制示意图

（2）抑制剂的分子结构和底物不相似。

（3）K_m 不受影响，但 v_{max} 降低了。

第七节　酶的制备及酶活力测定

一、酶的制备

由于大部分酶是蛋白质，因此，酶制备的制备过程与蛋白质的制备过程相同，也需经过选材、破碎细胞、抽提、分离及提纯几个步骤，有关这方面内容可参看本书蛋白质制备内容或有关专著。

需要强调的是：首先，作为生物催化剂，酶对外界因素很敏感，很容易变性失活。为此，提纯时全部操作应在低温下（0～5℃）进行；用有机溶剂分级分离时必须在−20～−15℃下进行；为防止金属使酶失活，有时需在抽提液中加少量的 EDTA（乙二胺四乙酸）螯合剂；为防止酶蛋白—SH 氧化而失活，可在抽提液中加少量疏基乙醇；其次，为了了解提纯的效率，在分离提纯过程中，每一步骤中都必须测定酶的活力和蛋白质含量，以便计算酶的总活力和比活力，以指导提纯工作的正常进行。

二、酶活力测定

酶活力测定对指导生产实践具有极大的重要性。在酒精、白酒生产中，通过测定曲子的酶活力来测定曲子的质量和使用量。在啤酒生产中，测定麦芽的酶活力来判断麦芽的好坏。在酶制剂生产中，发酵成效的好坏，也是以酶活力测定为依据。在其他发酵工业的生产过程中，也都无一不涉及酶活力的测定。但至今还没有专门的试剂可以直接对酶进行定量测定，而是用单位时间内酶促反应中底物的消失量或产物增加量即它所催化某一化学反应的速率表示酶活力。

（一）酶活力、酶单位、比活力

1. 酶活力

酶活力是指酶催化一定反应的能力。酶活力的大小，规定用单位数表示。对液体酶制剂，用每毫升酶液中的酶活单位数表示；对酶的粉剂，用每克酶制剂中的酶活单位数表示。在一定条件下，酶的活力大小表现在反应速度上。酶促反应速度越大，表明酶活力越高；反之，反应速度越小，酶的活力就越弱。所以，通过测定酶促反应速度，可以了解酶活力大小。测定酶活力时，实质上是在测定酶促反应速度的基础上进行计算的。

2. 酶单位（U）

酶单位是人为规定的一个对酶进行定量描述的基本度量单位，其含义是在一定反应条件下，单位时间内完成一个规定的反应量所需的酶量。这里的反应条件是酶反应的最适条件。单位时间用 1min，有时用 1h 等。反应量可用底物减少的量，也可用产物的增加的量。由于人为的规定不同，各种酶单位表示方法不同，例如，蛋白酶以 1min 内能水解酪蛋白产生 1μg 酪氨酸的酶量为 1 个蛋白酶单位；液化型淀粉酶以 1h 内能催化 1g 淀粉为 1g 液化型淀粉的酶量为 1 个酶单位等。因此在测定酶活力时，必须对反应的温度、pH、底物浓度、作用时间有个严格规定，以便同类酶的比较。由于人为的原因不仅不同酶有不同酶单位，即使同一酶往往也有几种不同的酶单位。为此，1961 年国际生化学会酶学委员会对酶单位做了统一的规定：1 个酶单位，是指在酶作用的最适条件下（最适 pH、最适底物浓度），25℃，1min 内能催化 1μmol 底物转化为产物的酶量。这个统一规定，使用起来不如习惯用法方便，因此这个规定未被普遍采纳。

3. 比活力

在酶学研究和工业生产中，常常用酶的比活来表示酶的活力。酶的比活力是指在固定条件下，每毫克酶蛋白所具有的酶活力，一般用 U/mg 酶蛋白表示。它可以用来比较单位重量酶蛋白的催化能力。比活力越高，表明酶越纯。

（二）酶活力测定方法

测定酶活力的方法很多，可根据实际情况选用。常用化学分析法、分光光度法、荧光法、测压法、旋光法、电极法等，总的要求是快速、简便、准确的测定方法。由于分光光度法和荧光法非常方便而且灵敏，又便于实现自动化，因此这两种方法在酶活性测定中使用得越来越普遍了。

在酶促反应速度的测定已述及，酶反应速度可用单位时间内产物或底物的变化量来表示。为确定酶促反应的最大速度，就必须在反应的初速度范围内进行检测。假如不是测定的初速度，则酶活力实质上是被低估了。

　　酶活力测定包括两个阶段。首先要在一定条件下，将酶与作用底物混合均匀，反应一段时间，然后再测定反应液中底物或产物量的变化。常规测定酶活力的步骤如下：

　　1）酶液的稀释

　　在酶活力测定中，酶粉剂要溶解和稀释；液体酶也要稀释。至于究竟稀释多少倍，要看样品的酶活力大小。初测时，最佳稀释倍数只能通过实验来确定。

　　2）选择底物

　　根据酶的专一性，选择适宜的底物，并配置成一定浓度的底物溶液。要求所用的底物均匀一致，达到一定的纯度。有的底物溶液要求新鲜配制，有的则可预先配置后置于冰箱中保存备用。

　　3）确定酶促反应的最适条件

　　根据资料或试验结果，确定酶促反应的最适条件，最适条件包括底物浓度、适宜的离子强度、适当稀释的酶液及严格的反应时间，抑制剂不可有，辅助因子不可缺。

　　温度可选择在室温（25℃）、常温（30℃）、体温（37℃）、酶反应最适温度或其他选用温度。pH 应是酶促反应的最适 pH。反应条件一经确定，在反应过程中应尽量保持恒定不变。故此，酶促反应却应在恒温槽中进行，pH 采用一定浓度和一定 pH 的缓冲溶液维持。有些酶促反应，要求有激活剂等其他条件，应根据需要适量添加。

　　4）反应计时必须准确

　　反应体系必须预热至规定温度后，加入酶液并立即计时，达到反应时间后，要立即灭酶活性，终止反应，并记录终了时间。

　　5）反应量的测定

　　测底物减少量或产物生成量均可。只是因为酶促反应所用底物的浓度一般都很高，少量底物的消失不易测准，而产物则是从无到有，变化明显，测定较为灵敏准确，所以大都测定产物的生成量。为了准确地反映酶促反应的结果，应当尽量采用快速、简便的检测方法，立即测出结果。若不能立即测出结果，则要及时终止酶反应，然后再进行测定。

　　终止酶反应的方法很多，常用的有：

　　（1）加热使酶失活。

　　（2）加入酶变性剂，如三氯醋酸等。

　　（3）加入酸或碱溶液，使 pH 远离最适 pH。

　　（4）降低温度（10℃以下）等。采用何种方法终止反应，要根据酶的特性，反应底物或产物的性质以及检测方法等加以选择。

　　（三）酶活力测定举例

　　1. 福林-酚法测定蛋白酶活力

　　基本原理：以酪蛋白为底物进行反应，然后用福林-酚试剂显色，并用光度法测定酶促反应产物酪氨酸的生成量。

　　实验操作：

　　（1）酶液制备：准确称取蛋白酶制剂 0.5g，用规定的缓冲液配制成 1000mL 酶溶液。酶制剂活性高时采用二次稀释法进行高倍稀释，直至测定时吸光度 A_{680} 在 0.2～

0.4 之间为宜。

（2）测定：

① 测定：取三只 10mL 离心管做平行实验。管中分别加入 1mL 酶液，在 40℃恒温状态下，与 1mL 酪蛋白准确反应 10min。加 2mL0.4mol/L 三氯醋酸终止反应，并沉淀过量的底物。继续保温 10min，是参与蛋白沉淀完全使残余蛋白沉淀完全。离心或过滤，取滤液 1mL 加 5mL0.4mol/L 碳酸钠溶液，最后加入 1mL 福林酚试剂，摇匀。在 40℃下显色 20min。在 680nm 处测定吸光度，得样品 A_{680}。

② 另取一空白管，先加入 2mL0.4mol/L 三氯醋酸，再加 1mL2% 酪蛋白溶液，再加 40℃沉淀完全后加 1mL 酶液。其余操作同上。得空白 A_{680}。

③ 酶活单位定义：在给定条件下，以每分钟产生 $1\mu g$ 酪氨酸的酶量为一个单位。

④ 计算：

$$酶活力 = K \times A_{680} \times \frac{4}{10} \times N \times \frac{1}{m}$$

式中　K——在标准曲线上求得的 1ABS（吸光度）所相当的酪氨酸的量，μg；

　　　A_{680}＝样品 A_{680}－空白 A_{680}

　　　4——反应液总体积，mL；

　　　10——反应时间，min；

　　　N——酶液稀释倍数；

　　　m——酶制剂的重量，g。

例如：若测得 $K=110$，$A_{680}=0.400$，$N=1000$，$m=0.5$，则：

$$酶活力 = 110 \times 0.400 \times \frac{4}{10} \times 1000 \times \frac{1}{0.5} = 3.52 \times 10^4 (\mu g)$$

2. 碘-淀粉显色法测定 α-淀粉酶活力测定

原理：液化型淀粉酶能催化水解淀粉生成分子较小的糊精和少量的麦芽糖。本实验以碘的呈色反应来测定液化型淀粉酶水解淀粉作用的速度，从而衡量此酶活力的大小。

实验操作：

（1）待测酶液。精确称取酶粉 0.5g，用规定的缓冲液（pH6 的磷酸氢二钠-柠檬酸液）溶解，定容至一定体积（使其测定时酶解反映控制在 2～2.5min），过滤，滤液供测定用。

（2）测定。取 0.5mL 酶液与 20mL2% 淀粉溶液和 5mLpH6 的缓冲液 60℃的条件下反应，定时取出反应液少许，滴在预先充满比色稀碘液的白瓷盘穴中，当穴内淀粉与碘的蓝色反应消失即为终点，记下秒表指示的时间 t（t 控制在 2～2.5min）

（3）酶活单位定义：在上述反应条件下，1h 内液化 1g 可溶性淀粉所需的酶量定义为一个单位。

（4）计算：

$$酶活力 = 20 \times 0.02 \times \frac{60}{t} \times \frac{1}{0.5} \times N \times \frac{1}{m}$$

式中　20——可溶性淀粉毫升数，mL；

　　　0.02——淀粉液的浓度，%；

t——反应时间，min；

0.5——所取稀释酶液体积毫升数，mL；

N——稀释倍数；

m——酶制剂称样量，g。

例如：当 $N=500$，$t=2min$ 时，酶的活力单位$=20\times0.02\times\dfrac{60}{2}\times\dfrac{1}{0.5}\times500\times\dfrac{1}{0.5}=$ $2.40\times10^{4}(\mu g)$。

三、酶的保存

酶是不大稳定的物质，因此，在制备后要长期保存而不失活，一般来说是比较困难的，在湿热情况下更是如此。对工业酶制剂，在规定条件下要求半年酶活损失不超过10%，一年不超过20%。至于液体酶，在储存过程中酶活损失更大。

酶在储存过程中，必须注意环境条件，特别是其中低温、干燥和避光三条。

在较低的温度下，将酶制剂保存在较暗的地方是适宜的。酶在低温下比较稳定，酶制剂的水分越高，越需要低温保存。酶溶液在冰冻状态下保存，有时可经久不失其活性。让酶溶液先行冰冻，继以融化，其活性反而增加，这可能由于颗粒发生了散解，表面体积因而加大之故。但是，反复冰冻和融化会导致酶蛋白的变性。

酶在干燥状态下稳定性好。保存固体酶制剂的最好方法是小心地把它们制成干的状态，这样也可增加它的抗热性能，大多数酶，只要在干燥状态且不含脂肪的条件下，能在室温下保存数月或数年之久，如干态葡萄糖氧化酶在 0℃可保存 2 年。酶可以在室温下干燥器内进行干燥，或将其水溶液先进行冰冻，然后在冰冻状态下抽真空，使冰直接升华为气体，而使酶干燥。

光对酶蛋白有破坏作用，所以，避光保存也是必要的。

容易在空气中氧化而失效的酶，在真空中或惰性气体中保存时可以维持较长的时间。

胰脂酶在甘油内是比较稳定的，因此有时采用甘油来保存酶制剂，有些酶在浓的硫酸铵溶液中保存在较低的温度下，活性无大损失。

第八节　酶 的 应 用

酶的重要性在于它在机体物质代谢中所起的作用，酶不仅在维持生命活动中有着极为的最重要的意义，而且在工业、农业、医药、环保及科研等领域中也日益发挥它的巨大作用。

在大多数情况下，酶的应用一直偏重于活细胞的利用（如发酵工业），而在现代工业中，由于生产上的需要和酶学发展，纯酶制剂的应用越来越占有重要的地位，使酶的应用显示出更加广阔美好的前景。

一、酶在工业应用上的优点

（1）酶的催化效率高，专一性强。在工业生产上应用酶制剂，副产品少，产率高，质量好，是一般化学方法所不能比拟的，而且可使生产周期显著缩短，提高劳动生产率。

（2）酶作用条件温和。不需要高温、高压、强酸、强碱等条件，而且生产设备简单，能源损耗少。

（3）酶反应中不会产生有害物。适于在食品工业上应用，酶促反应中不仅无有害物质生成，而且酶本身容易变性失活，对人没有不良影响。

（4）使用酶制剂可以缩短产品生产时间。如食品生产往往需要较长时间的天然后熟过程，使用酶制剂就可达到加快后熟缩短生产时间的目的。另外，酶制剂的应用为实现产品工业生产的连续化、自动化提供了先决条件。

（5）酶的来源广泛。丰富的动植物资源为酶制剂工业发展提供了有利条件，微生物酶制剂不受季节和地理条件的限制来制备生产。

由于酶具有以上这些优点，因此，酶的应用十分广泛，由于篇幅所限，不可能也没有必要对每一种酶的每一项应用都做详细介绍。这里仅以几个大的方面对酶的应用做简单的介绍。

二、酶的应用

（一）淀粉酶的应用

淀粉酶可以水解淀粉为糊精、麦芽糖或葡萄糖，广泛存在于动植物和微生物中。淀粉酶不是指一种酶，而是包括几种作用不同的一组酶，即 α-淀粉酶、β-淀粉酶、葡萄糖淀粉酶、异淀粉酶等。

1. α-淀粉酶

此酶又常称它为液化淀粉酶，可由枯草杆菌和某些霉菌生产此酶，动物的唾液和胰脏也含有此酶。α-淀粉酶的用途很广泛，如在酿造工业中水解淀粉，为酵母提供可发酵的糖；改进面包的体积和结构；除去啤酒中的淀粉混浊；把较低糖度的淀粉转变成为高度可发酵的糖浆；缩短婴儿食品的干燥时间；改进小麦风味等。

α-淀粉酶水解淀粉特点：

（1）把长分子链淀粉水解为分子链较短的糊精。

（2）只水解淀粉的 α-1,4-糖苷键，对支链淀粉的 α-1,6-糖苷键无水解作用。

（3）由淀粉水解产生的糊精中一小部分（10%～20%）可以进一步被水解成麦芽糖。

（4）由淀粉水解产生的糊精分子链是长短不一的，因而与碘作用的颜色反应有紫糊精（13～30 个葡萄糖），红糊精（8～12 个葡萄糖），无色糊精（6 个葡萄糖以下）。

2. β-淀粉酶

此酶过去主要从大麦、小麦、大豆等高等植物中提取，现在也可从多黏芽孢杆菌、蜡状芽孢杆菌等微生物制取。β-淀粉酶主要用于酿造工业中，提供给可发酵的麦芽糖以产生 CO_2 和乙醇，也常用于制造麦芽糖等。

β-淀粉酶水解作用特点：

可从淀粉的 α-1,4-糖苷键的非还原性末端顺次水解下麦芽糖单位，遇到 α-1,6-糖苷键的分支点，则停滞不前。因此，当从 β-淀粉酶分解支链淀粉时，支链部分则生成麦芽糖，而分支点附近及内侧不能被分解而残留下来,其分解产物为麦芽糖及大分子 β-界限糊精。

3. 葡萄糖淀粉酶 (糖化酶)

此酶主要由黑曲霉、米曲霉、米根霉生产。糖化酶被广泛应用于酿酒、制糖等工业,可增加出酒率,节约粮食,降低成本。

葡萄糖淀粉酶水解作用特点:

对底物专一性很低,既能水解 α-1,4-糖苷键,又能水解分支的 α-1,6-糖苷键,几乎 100% 的淀粉或糊精转变为葡萄糖,俗称糖化酶。

4. 异淀粉酶

此酶能够专一水解支链淀粉和糖原等分支点的 α-1,6-糖苷键,使支链淀粉形成长短不一的直链淀粉。因此,将该酶与其他淀粉酶配合使用时,可使淀粉糖化完全。

工业生产中,上述各种淀粉酶可以单独使用,也可配合使用。配合使用得当,可以提高淀粉的水解效率,使原料淀粉得到充分利用,同时提高产量和产品的质量。例如用双酶法 (液化型淀粉酶和糖化型淀粉酶) 水解粗质淀粉原料进行谷氨酸发酵,即先用液化型淀粉酶 (α-淀粉酶) 使淀粉浆迅速水解成分子质量小的糊精,然后在糖化型淀粉酶 (葡萄糖淀粉酶) 作用下使糊精全部水解为葡萄糖。淀粉或糊精经液化酶处理,变为更多的小片断,暴露出更多的非还原端,有利于糖化酶的作用。酶法水解比酸法水解的出糖率大大提高,一般提高收率 10%。此外还可节省酸、碱、汽,使生产周期缩短,残糖含量低,转化率高,并容易提取精制,故发酵工业中淀粉酶得到广泛的应用。

目前淀粉酶广泛用于食品、发酵、谷物加工、纺织、造纸、医药、轻化工业以至石油开采等许多方面,如表 4-4 所示。

表 4-4　淀粉酶的应用

用　途		说　明
淀粉		制造麦芽糖、糊精、葡萄糖、饴糖等甜味剂 织物上浆、糨糊、造纸胶黏剂
面包工业		增加面包体形,改善质量风味,缩短发酵时间,节约用糖
酿造发酵工业	啤酒	原料糖化,促进未分解淀粉分解,增加收率
	清酒、白酒	糖化
	酒精	淀粉原料的液化与糖化
	酱油、醋	原料处理
果汁加工		将不可溶淀粉引起的浑浊物水解
饲料制造		将其他酶一起添加,促进消化
纺织品		浆纱与退浆
医药		消化剂
其他		干洗、香料加工、石油压裂胶黏剂、餐具洗涤剂

(二) 蛋白酶的应用

蛋白酶是水解蛋白质为胨、肽类,最后成为氨基酸的一类酶。蛋白酶广泛存在于动物的内脏、植物茎叶果实和微生物中。蛋白酶的种类很多,按酶来源可分为动物蛋白酶、植物蛋白酶和微生物蛋白酶。按蛋白酶作用的最适 pH,可分为中性蛋白酶、酸性蛋白酶和碱性蛋白酶。

不同来源的蛋白酶在工业上有不同的用途。蛋白酶已广泛使用在食品、酿造、医药、皮革毛纺、丝绸、日化等许多行业中，现择要简介于下：

1. 食品工业

蛋白酶在食品加工中应用广泛，如在肉制品加工中用蛋白酶制造成嫩肉粉，使肉食嫩滑可口；在乳制品加工中用凝乳蛋白酶制造奶酪，用蛋白酶生产乳蛋白（酪蛋白）水解物；在鱼制品加工中用蛋白酶生产可溶性的鱼蛋白粉、鱼露；在酱制品制造中用以处理大豆或豆饼粉，提高蛋白质利用率或缩短酱油、豆瓣酱发酵时间；在酒类生产中用于啤酒、清酒澄清、防止浑浊；在面包、糕点加工中可缩短揉面时间，增加面团伸延性，改进风味和保藏质量等。

2. 医疗工业

蛋白酶在医药上使用较早、用途较广的药用酶之一。

蛋白酶和淀粉酶做成的多酶片，可作为消化剂，用于治疗消化不良和食欲不振。蛋白酶可作为消炎剂，治疗各种炎症有很好的疗效。蛋白酶之所以有消炎作用，是由于它能分解一些蛋白质和多肽，使部位的坏死组织溶解，增加组织的通透性，抑制浮肿，促进病灶附近组织液的排泄。

此外蛋白酶经静脉注射，可治疗高血压。这是由于蛋白酶催化运动迟缓素原及继胰血管舒张素原水解部分肽段而生成运动迟缓素和胰血管舒张素，使血压下降。还可治疗动脉硬化（弹性蛋白酶）、驱蛔（木瓜蛋白酶）、止血（凝血酶）、治疗痢疾（细菌蛋白酶）及蛇毒伤（蛋白酶）等。医药工业上用蛋白酶水解酶蛋白或鱼粉，制造水解蛋白和蛋白胨。目前国内蛋白酶制剂主要由微生物发酵生产获得。

3. 制革工业

利用蛋白酶使原料皮脱毛，效果很好，也可提高皮革产品质量，改善劳动环境，是目前蛋白酶用量最大的工业。酶法脱毛是由于酶水解了毛根部的毛囊蛋白而使毛松动脱落。

毛皮软化也使用蛋白酶，其作用在于分解纤维间的可溶性蛋白质，是皮纤维进一步松散软化和透气，提高皮革质量。

4. 生丝的脱胶处理

天然蚕丝的主要成分是不溶于水的有光泽的丝蛋白。丝蛋白的表面有一层丝胶包裹着，丝胶是一种蛋白质，在生产过程中，必须进行脱胶处理，即将表面的丝胶除去，以提高丝的质量。采用胰蛋白酶、木瓜蛋白酶或微生物蛋白酶处理，可在较稳和的条件下进行生丝脱胶。

5. 羊毛的除垢

羊毛在染色之前需经预处理，以除去羊毛表面的鳞垢。利用蛋白酶除垢，可提高羊毛的着色率，并保持羊毛的特点，提高羊毛制品的质量。

6. 加酶洗涤剂

织物上的汗液、血迹、食迹中相当部分是蛋白质。蛋白质陈化后很难洗除。在洗涤剂中添加蛋白酶则可加速蛋白质的分解而大大缩短洗涤时间，提高洗涤效果，延长织物寿命。根据洗涤对象的不同，所加的酶也不完全一样。其中最广泛最大使用的是碱性蛋白酶。目前全世界所生产的酶中，总产量的 1/3 左右是碱性蛋白酶。碱性蛋白酶的大部分用于加酶洗涤剂。

（三）其他酶的应用

除了淀粉酶与蛋白酶外，还有各种各样的其他酶类，它们正在食品、医药及生化工业中起着越来越重要的作用。许多新的酶应用领域正在开发。

1. 纤维素酶

植物细胞壁的主要成分是纤维素，纤维素酶能作用于植物细胞壁，使其所含纤维素发生水解，故它的应用已越来越广泛，已在食品、发酵、医药、废物处理等方面取得了一定的成效。

（1）果蔬生产中经纤维素酶适当处理可使细胞壁膨胀、软化，提高可消化性和改进口感。

（2）果汁生产中利用纤维素酶对纤维素类物质的降解，可促进果汁的提取与澄清，提高可溶性固形物含量，并可将果皮渣综合利用。

（3）香料生产用纤维素酶处理后在提取液中的扩散和分配，从而可增加收得率，提高芳香油的产量。

（4）可发酵糖的生产中，纤维素类物质经纤维素酶糖化处理，可生成供微生物发酵利用的碳源，以生产酒精、单细胞蛋白等食品原料和能源，在充分利用自然资源纤维素的丰富资源方面有较大的意义。

（5）在酱油酿造中用纤维素酶可以改善酱油质量，缩短生产周期，提高产量。

（6）制酒工业中用纤维素酶可提高酒精和白酒的出酒率，特别是对野生淀粉质原料进行发酵时需要纤维素酶和其他各种酶类，以提高淀粉利用率，并可降低醪液的黏度。

（7）纤维素废渣的转化，应用纤维素酶或微生物把农副产品和城市废料中的纤维素转化为葡萄糖、酒精和单细胞蛋白质等，这对于开辟食品工业原料来源，提供新能源和变废为宝具有十分重要的意义。

（8）在医药上，纤维素酶与蛋白酶、淀粉酶配合作助消化剂使用。纤维素酶的研究引起了各国的高度重视，其应用潜力是很大的。

2. 脂酶

脂酶是指能够水解脂键的酶类。最常见的脂酶是脂肪酶和果胶脂酶。

（1）脂肪酶。它能将脂肪水解成脂肪酸和甘油。脂肪酶在生物体内有相当重要的生理功能，外源脂肪同化是需经起消化作用的脂肪酶分解后才能透过细胞膜，而有机体内脂肪的储藏和动用也少不了脂肪酶。脂肪酶是一种糖蛋白，存在于动物胰腺、牛羊的前胃组织及米曲霉、黑曲霉中。脂肪酶在食品加工、食品保藏和轻化工产品加工以及医药上均有重要作用。如食品增香、皮毛脱脂、加酶洗涤剂、消化剂等，都用到脂肪酶。由脂肪水解产物中还可提取各种脂肪酸、甘油酯、甘油等化工产品。

（2）果胶脂酶。是使果胶物质降解的果胶酶中的一种。主要催化果胶物质水解，产生果胶酸与甲醇。它存在于高等植物及微生物中。果胶脂酶与蔬菜、水果的软化有关。工业上常利用它澄清果汁。

3. 葡萄糖异构酶

葡萄糖异构酶在食品工业上有较重要应用。主要依靠催化葡萄糖与果糖之间的异构化，这是一个吸热反应。反应达平衡时，温度升高有利果糖的生成。葡萄糖异构酶主要用于生产果葡糖浆。果葡糖浆甜度及营养价值高，全世界果葡糖浆消费已逾千万吨。我国为解决食糖供应不足，已开始利用粮食和野生淀粉资源生产果葡糖浆。

4. 葡萄糖氧化酶

葡萄糖氧化酶是一种需氧脱氢酶。采用葡萄糖氧化酶可以除去食品和容器中的氧，从而有效地防止食物的变质，因此可以应用于茶叶、冰淇淋、奶粉、啤酒、果酒及其他饮料制品的包装中。

（四）实例分析

【实例分析 4-2】 无锡星达生物工程有限公司生产的耐高温 α-淀粉酶，1989 年开始在全国推广应用，现全国大、中、小各类啤酒厂，绝大多数均采用国产耐高温 α-淀粉酶，普遍反应良好，为啤酒厂带来十分可观的经济效益。现将有关使用情况和效果，结合实例分析如下：

（1）改变传统工艺，实现无麦芽糊化新工艺。

某啤酒厂，用耐高温 α-淀粉酶加量 $8\mu g$ 大米，进行传统工艺和加酶液化试验结果对比，在麦芽、大米比例不变的情况，使用外加耐高温 α-淀粉酶进行液化，可提高原料利用率 2.6% 左右。11% 的啤酒 1000L 麦汁降低用粮 6.25kg，12% 的啤酒 1000L 麦汁降低用粮 3.51kg。

该厂在生产中应用耐高温 α-淀粉酶后：

① 简化了工艺操作。在糊化锅中添加 $6\sim 8\mu g$ 大米耐高温 α-淀粉酶完全代替麦芽粉在大米中的作用，实现了"无麦芽糊化"新工艺，避免了从糖化锅中两次倒醪的烦琐操作。

② 缩短了糖化时间，提高了设备利用率。糖化时间从原来每锅 210min 缩短至 180min，且糖化次数从原来 $7\sim 7.5$ 次提高到 8 次，提高了设备利用率。

③ 提高了产品质量。液化不用麦芽粉，避免了麦芽在糊化时多酚物质的大量浸出，麦芽在糖化锅浸泡时间缩短了，减少了有害物的浸出，有利于改善啤酒口味。并降低麦汁色度。

④ 产生了良好的经济效益。

（2）提高辅料比例，降低粮耗、电耗、降低生产成本。

西北某啤酒厂，原来使用 BF7658 枯草杆菌 α-淀粉酶液化，在糊化锅中加部分麦芽粉，其最大辅料只能到 30% 左右。在不影响啤酒质量的情况下，采用外加耐高温 α-淀粉酶后，达到了降低粮耗、能耗，提高企业效益之目的。试验结果：

① 生产 12°Bx 麦汁，在投料数量相同，辅料比不变的情况下，采用耐高温 α-淀粉酶的糊化工艺比原工艺粮耗降低 $0.79kg/（m^3$ 热麦汁)。

② 采用耐高温 α-淀粉酶的糊化工艺，辅料从 30.8% 提高到 37.5%，粮耗又降低 $3.94kg/（m^3$ 热麦汁)。

③ 一般来说，辅料价比原料（麦芽）价格低，提高辅料比，减少麦芽用量，可直

接降低生产成本。

④ 缩短糊化时间，提高糖化次数（原工艺每天投料 5 锅次，现新工艺每天可投 6 锅次）。每锅次电机运转时间减少了 30～60min，每天节电 18～36（kW/h）

⑤ 采用耐高温 α-淀粉酶新工艺，糊化锅中不使用麦芽（无麦芽糊化），加上糖化时间缩短，减少了有害物质的浸出，使麦汁色度降低。

以该厂具体情况，全年可节约原料 52030kg。按 1993 年价格统计，若麦芽按 1.60 元/kg 计，可节约成本 83248 元；提高辅料比后，因原辅料差价可节约 32340 元；节电 600～1200 元；总计年产万吨啤酒可节约成本 116188 元左右。

【实例分析 4-3】 在白酒生产中应用糖化酶缩短发酵周期和提高出酒率。

以原料计，$5 \times 10^4 \mu g$ 的固体糖化酶的使用量为 0.17%。试验应用效果：

（1）缩短发酵周期。采用糖化酶先行糖化的方式，即将糖化酶先于大曲加入摊晾至 55～60℃ 的粮醅中，翻拌均匀后，糖化 30min。目的是增加入窖还原糖含量，提高发酵起始速度。发酵周期从原来的 40d 缩短为 30d。

（2）发酵升温情况。入窖温度 20～22℃，入窖后，应用糖化酶的升温快，1 周后即已达到最高发酵温度为 35～36℃，比对照组提前 1 周左右。最高温度比对照组高出 3～4℃。所以，发酵起始速度的提高十分明显。2 周后，发酵速度缓慢下降，与对照组相似，这对后期产酯生香有利。

（3）丢糟淀粉和出酒率。丢糟淀粉对照组为 9.1%，加糖化酶丢糟淀粉为 6.5%，比对照组降低 28.5%，出酒率对照组为 39.8%，加糖化酶出酒率为 44.5%。比对照组出酒率提高 11.8%。

（4）酒质分析。总酸、总酯含量略低于对照组，但感官评价基本一致，特别是入口更为爽净。其不足还可以通过勾兑等办法克服，并可使酒度提高。

【实例分析 4-4】 添加蛋白酶提高啤酒稳定性。此措施国内外已普遍采用。它的原理是通过蛋白酶来降解啤酒中的高分子蛋白质。

当前我国主要采用广西菠萝蛋白酶和木瓜蛋白酶。其加入方式，多数是在成熟啤酒进入过滤之前，与酒液并流进过滤机，或者直接加入清酒罐中。这种植物蛋白酶在巴氏杀菌液阶段继续起作用，通常加量为 1mg/L。

我国固定化木瓜蛋白酶的开发研究已进入生产试用阶段。固定化木瓜蛋白酶每克表现活力达 150 单位以上，回收率 25.92%，每 1kg 固定化木瓜蛋白酶可处理 1t 以上啤酒，在连续化反应器中，可连续使用 3 个月以上。

过滤后的啤酒经固定化木瓜蛋白酶柱后，成品啤酒具有良好的稳定性，对泡沫影响不大，经浊度强化试验结果表明，保存期可达 180d 以上。

【实例分析 4-5】 在啤酒中添加葡萄糖氧化酶，以提高啤酒稳定性，延长保存期。近年来研究的结果表明，氧化作用是促进啤酒混浊的重要因素。多酚类物质的氧化不仅加速了混浊物质的形成，同时也加深了啤酒色泽，改变了啤酒风味。因此去除啤酒中的溶氧和成品酒中瓶颈氧，是阻止啤酒氧化变质，防止老化味产生，保持啤酒原有的风味，延长保质期的一项有效措施。

实践表明，在啤酒中添加葡萄糖氧化酶是去除啤酒中溶氧的有效措施之一。其主要作用机理是：

$$葡萄糖 + \frac{1}{2}O_2 \xrightarrow[\text{催化}]{\text{葡萄糖氧化酶}} 葡萄糖酸$$

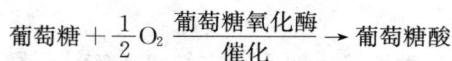

葡萄糖氧化酶能催化葡萄糖生成葡萄糖酸，由于在这个氧化反应中，消耗了氧，故起到了脱氧作用。

国产葡萄糖氧化酶是一种天然食品添加剂，使用后无副作用。该酶在 pH3.5～6.5，温度 20～70℃范围内可起稳定均匀作用，作用后不产生沉淀、混浊现象，现在多家啤酒厂已推广应用。

其添加方法是：将葡萄糖氧化酶加在清酒罐内，加量约 4u/L 酒即酶活 50u/mL 的上述酶，添加量 0.05mL/640mL 酒。

效果：经测定，啤酒溶氧量大幅度减少，口味明显好，老化味明显减轻，澄清度提高，可延长保质期 1～2 个月。

本章小结

酶是生物体活细胞产生的一类具有催化能力的特殊蛋白质。酶的种类很多，各种酶所催化的反应互相结合，使生物体内复杂的化学反应以有条不紊地进行，使生物体成为统一整体。酶不仅在机体细胞内也能在离体的条件下促进有关化学反应，据此，从生物组织中提取各种酶。

由于酶分子在元素组成，化学结构及理化性质等方面与蛋白质的一致性，完全证明酶的化学本质就是蛋白质，一些酶是简单蛋白质，另一些则是结合蛋白质，其由蛋白质和非蛋白质两部分组成构成全酶，全酶中的蛋白质部分称为酶蛋白，非蛋白质部分称为辅酶（或辅基）酶蛋白与辅酶（或辅基）分离，单独存在则无催化活性。

酶与一般催化剂比较其共同点：均能加速化学反应；不因参与催化反应而发生质与量的改变；仅能促使可能进行的化学反应加速进行，不能引起热力学上根本不能进行的反应。酶的本质是蛋白质。与一般催化剂不同之处：催化效率极高；具有高度的专一性；作用条件温和，催化活性受到调节和控制，但很不稳定。所谓专一性是指一种酶只能作用一种或一类结构相似的底物，发生一定的化学反应的性质。根据专一性的严格程度可分为绝对专一性与相对专一性（包括键专一性与基团专一性）两类情况。

酶的习惯名称的命名原则：

（1）依其催化反应的性质命名，如转氨酶。

（2）根据底物兼顾反应性质命名，如乳酸脱氢酶。

（3）结合以上情况、并依据酶的来源和特性命名，如胃蛋白酶，碱性磷酸酶等。

国际系统分类法的分类原则是根据催化反应的性质把酶分成六大类：

（1）氧化还原酶类。

（2）转移酶类。

（3）水解酶类。

（4）裂解酶类。

（5）异构酶类。

（6）合成酶类。

并对每一个酶进行了分类编号由四个数字组成，第一个数指该酶属六大酶类中的那一类；第二个数字指该酶属于大类中的哪一个亚类；第三的数字指该酶属于亚类中的哪一个次亚类；第四个数字则表示该酶在次亚类中的编号。编号前冠以 EC，为酶学委员之缩写。例如，乳酸脱氢酶编号是 EC1.1.1.27。

酶的作用机制，一般用中间络合物学说来解释。即酶与底物先形成不稳定的中间络合物，然后此络合物放出酶及反应产物。这样原来一步完成的反应被分为两步进行，但所需的活化能大大降低，故总的反应速度加快。

酶是通过活力中心实现与底物的结合与催化作用的。所谓活力中心是指酶分子中与底物直接结合并催化底物发生一定反应的特定部位。酶的活力中心对于不需要辅酶的酶来说，活力中心是由酶分子空间立体构型上比较靠近的少数几个氨基酸的残基所组成；对于需要辅酶的酶来说，辅酶往往也是活力中心的组成部分。酶的活力中心包括：与底物发生结合的结合部位及参与催化反应的转变部位两个部分。两部分协同作用，使酶与底物有效结合并催化底物发生变化形成产物。

有些酶刚刚分泌出来无活力，在适当条件的作用下，分子结构变化，才能表现催化活力，无活力的酶的前体称为酶原，酶原转变成有活力的酶的过程称为酶原的激活。酶原激活的基本原理是酶原在适当物质作用下，水解脱掉部分多肽，从而立体结构改变，形成了活力中心，因而具有了酶的催化能力。

影响酶反应速度的主要因素有如下几个方面：温度、pH、酶浓度、底物浓度、抑制剂及激活剂。根据中间络合物学说，Michaelis 等提出了米氏学说并推导出了米氏公式。米氏公式指出了 K_m（米氏常数）、$[S]$（底物浓度）及 v_{max}（最大反应速度）之间的数量关系。K_m 与米氏公式的实际用途在于可由所要求的反应速度，（应到达 v_{max} 的百分数），求出应当加入底物的合理浓度，反过来，也可以根据已知的底物浓度，求出该条件下的反应速度。

酶活力就是酶加速其所催化的化学反应速度的能力。测定酶活力实质上就是测定酶催化反应的速度。酶反应速度可用单位时间内底物的消耗量或产物的生成量（一般用后者）来表示。由于所用测定的方法不同，酶的单位混乱不统一。国际酶学委员会 1964 年规定：一定条件下，1min 内能转化 $1\mu mol$ 的底物为产物的酶量叫做一个酶单位（U）。但实际上尚未广泛采用。

酶的种类很多，重要的酶有：淀粉酶、蛋白酶、纤维素酶、脂酶、果胶酶、葡萄糖异构酶、葡萄糖氧化酶等。

水解淀粉使其分子中糖苷键断裂，形成糊精、寡糖、单糖等成糖作用的一类酶总称为淀粉酶。根据对淀粉的水解情况不同，淀粉酶分为四种：

（1）α-1-淀粉酶，此酶可将淀粉分子内的 α-1,4-糖苷键任意水解切断，但不能水解α-1,6-糖苷键，最终产物是糊精、麦芽糖、异麦芽糖和葡萄糖。

（2）β-淀粉酶，从淀粉非还原端的第二个 α-1,4-糖苷键开始，每次水解掉 2 个葡萄糖单位产物是麦芽糖，不能水解 α-1,6-糖苷键，也不能超越 α-1,6-键，去水解支点以内部分。故最终产物为麦芽糖和界限糊精。

(3) 葡萄糖淀粉酶，既能从淀粉非还原端逐个水解 α-1,4-键，也能水解 α-1,6-键，故最终产物为葡萄糖。

(4) 异淀粉酶，此酶只能水解支链淀粉的 α-1,6-糖苷键，故最终产物为长短不一的直链淀粉。

蛋白酶的种类也很多，从来源上可分为动物蛋白酶、植物蛋白酶和微生物蛋白酶。从蛋白酶作用的最适 pH，又可分为中性蛋白酶、酸性蛋白酶和碱性蛋白酶。蛋白质在食品工业、医药工业、制革等轻工业方面都有广泛的应用。

纤维素酶能作用于植物细胞壁，使其所含纤维素发生水解已在果蔬生产、果汁生产、香料生产、可发酵糖的生产，酱油酿造、制酒工业、纤维素废渣的转化、医药等方面应用取得的一定的成效。

脂酶是水解脂类物质脂键断裂的一类酶。人和动物体内脂酶对促进脂肪的消化吸收非常的重要。脂肪酶在食品加工、食品保藏和轻化工产品加工以及医药上均有重要的作用。

果胶脂酶是果胶酶中的一种。主要催化果胶物质水解，生成果胶酸及甲醇。工业上用来澄清果汁。

葡萄糖异构酶，主要催化葡萄糖与果糖之间的异构化，主要在制造果葡糖浆、果糖上应用。

习题

(1) 什么叫酶？何以证明酶的本质是蛋白质？

(2) 酶作为生物催化剂有何特点？

(3) 简述目前采用的酶的分类方法及其优点？

(4) 什么叫酶的专一性？试举例说明。

(5) 在结合酶中的辅酶、辅基以及酶蛋白各起什么作用？

(6) 何为全酶、辅酶、酶的活性中心、酶原及酶原激活、竞争性抑制、非竞争性抑制、固定化酶、最适温度、最适 pH？

(7) 活性中心有哪两类基团？各自有什么作用？它们与必需基团有什么联系？

(8) 简要说明"中间产物学说"和"诱导契合学说"各自的要点。

(9) 什么是寡聚酶、酶反应体系？

(10) 有哪些因素可影响酶的反应速度？

(11) 什么是酶活力、酶单位和比活力？测定酶活力应该注意什么？

(12) 试写出米氏方程并加以讨论。

(13) 当一类酶催化的反应以 80% 最大反应速度进行时，存在于 K_m 与 [S] 之间的关系如何？

(14) 过氧化氢酶的 K_m 值为 0.025mol/L，当底物过氧化氢浓度为 100mmol/L 时，求反应速度达到最大速度的百分数？

(15) 有一淀粉酶制剂，用水溶成 1000mL，从中取出 1mL 测定淀粉酶活力，测知每 5min 分解 0.25g 淀粉，计算每克酶制剂所含的淀粉酶活力单位数（淀粉酶活力单位规定为：在最适条件下，每分钟分解 1g 淀粉的酶量为一个活力单位）。

（16）酶的常用制备方法有哪些？

（17）说明淀粉酶在酿造发酵工业中的应用。

扩展阅读

固定化酶简介

酶作为生物催化剂具有催化专一性强，催化效率高以及作用条件温和等许多众所周知的优点，但在使用酶的过程中，人们也注意到酶的一些不足之处。例如，酶的稳定性较差，在温度、pH 和无机离子等外界因素的影响下，容易变性失活；酶一般都是在水溶液中与底物反应，这样酶在反应系统中，与底物和产物混在一起，反应结束后，难于回收利用，不仅成本较高，而且难于连续化生产；酶反应后成为杂质与产物混在一起，无疑给进一步的分离纯化带来一定的困难等缺点，使酶在工业上的应用受到了相当限制，针对酶在水溶液中催化方式的弱点，近十几年来发展了一项应用酶的新技术——固定化酶。

固定化酶是指水溶性酶用物理或化学方法处理后，使之成为不溶于水但仍具有酶活力的酶的衍生物。

固定化酶与水溶性酶相比，具有以下特点：

（1）稳定性大为提高，可长期的使用和储藏。

（2）可以反复或连续使用，有利于实现工艺连续化、自动化。

（3）易于和底物、产物分开，避免杂质带入产物。

（4）酶反应过程容易进行严格控制。

（5）提高了酶的利用率，降低了成本。

固定化酶也有其缺点，如只能用于水溶性底物，较适用于小分子底物，对大分子底物不适宜。与完整菌体细胞相比，它不适合于多酶反应，特别是需要辅助固定的反应等等。

制备固定化酶的方法很多，主要有：

1. 吸附法

利用各种固体吸附剂将酶吸附在其表面上而使酶固定化的方法称为物理吸附法，简称为吸附法。例如吸附于活性炭上、多孔玻璃上、硅藻土、氧化铝、离子交换纤维素或离子交换分子筛上（图 4-13）。

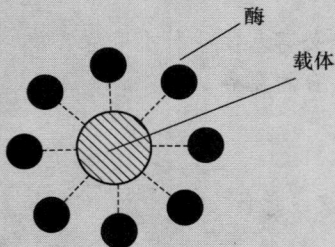

图 4-13　吸附法固定化酶

2. 结合法

选择适宜的载体，使之通过共价键或离子键与酶结合在一起的固定化方法称为结合法。

（1）共价键结合法。利用酶蛋白分子上的非必需基团与载体反应，形成共价结合法。这种方法又有重氮法、烷化法和载体交联法。进行载体偶联，载体可以是琼脂糖凝胶、葡聚糖凝胶、淀粉、纤维素或聚丙烯酰胺等（图4-14）。

（2）离子键结合法。通过离子键使酶与载体结合的固定化方法称为离子键结合法。所使用的载体是某些不溶于水的离子交换剂。例如 DEAE-纤维素、TEAE-纤维素、DEAE-葡聚糖凝胶等。

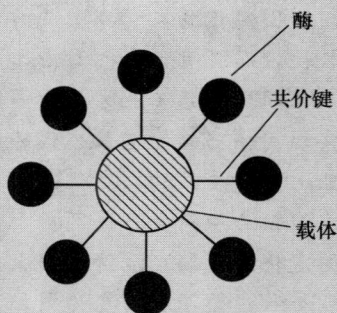

图4-14 共价结合法固定化酶

3. 交联法

借助双功能试剂的作用，使酶蛋白分子之间发生交联，制成网状结构的固定化酶的方法称为交联法（图4-15）。常用的双功能试剂有戊二醛、双偶氮苯、N,N-聚乙烯双碘醋酸胺、顺丁烯二酸酐和乙烯的共聚物。最常使用的是戊二醛。酶蛋白中的游离的氨基，酚基、咪唑基及巯基等均可参与交联反应。

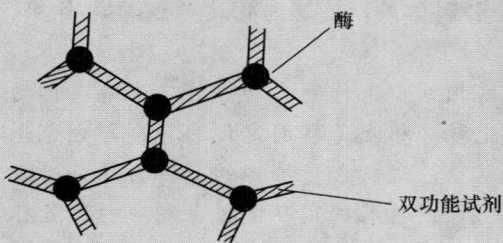

图4-15 交联法固定化酶

4. 包埋法

将酶包埋在各种多孔载体中，使酶固定化的方法称为包埋法。使用的多孔载体主要有：琼脂、琼脂糖、海藻酸钠、角叉菜胶、明胶、聚丙烯酰胺、光交联树脂、聚酰胺、火棉胶等。

包埋法制备固定化酶时，根据载体材料和方法的不同，可分为凝胶包埋法和半透膜包埋法两大类。

（1）凝胶包埋法。是将酶包埋在各种凝胶内部的微孔中，制成一定形状的固定化酶。大多数为球形或片状，也可按需要制成其他形状。以聚丙烯酰胺凝胶为最好（图4-16）。

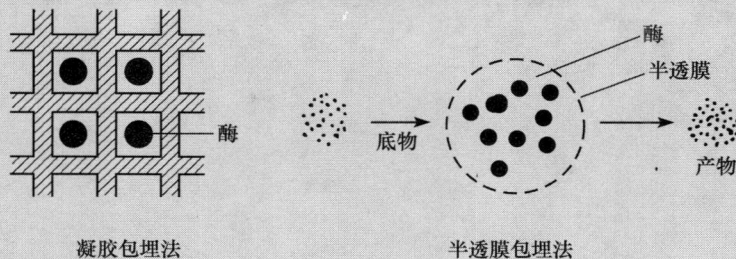

凝胶包埋法   半透膜包埋法

图4-16 包埋法固定化酶模式图

（2）半透膜包埋法。是将酶包埋在各种高分子聚合物制成的小球内，制成固定化酶。例如：制备固定化酶的半透膜有聚胺膜、火棉胶膜等。这些制备固定化酶的具体方法在专门著作中有详细介绍，在此不再赘述。

固定化酶在食品工业方面、医学方面、生化分析方面等领域中的实际应用发展较快，而且有巨大的潜力。

(1) 食品工业方面。固定化酶的成功使用必将带来食品工业的巨大变革。可以实现用精巧的管道系统代替庞大的反应罐，进行连续化、自动化的生产。在食品工业上首先应用的固定化酶有：L-谷氨酸的生产上应用固定化氨基酰化酶反应进行的；以淀粉为原料生产葡萄糖上应用固定化 α-淀粉酶和葡萄糖淀粉酶；澄清果汁上应用固定化果胶酶；澄清啤酒上应用固定化木瓜蛋白酶；水解乳清中乳糖上应用固定化乳糖酶；葡萄糖转变为果糖上应用固定化葡萄糖异构酶等。目前，固定化酶在食品工业应用上，规模最大的是葡萄糖异构酶制造果葡糖浆和高果糖浆。

(2) 医学方面。固定化酶在医学方面的应用，目前正在积极的研究和开发。其中用包埋法制备的固定化酶用以治疗酶缺乏症或代谢异常症；用固定化酶（微型胶囊脲酶）做人工脏器；临床上还试图把血液引到体外，使其与固定化酶直接作用，进行体外循环。

(3) 生物分析方面。固定化酶和测试仪器相结合进行的自动分析，为酶在自动化、高灵敏分析方面的应用开辟了新途径。定量分析上是将固定化酶分别与分光光度计、荧光光度计和微量热量计等仪器结合起来，进行含量检测的一种自动分析方法；制作酶电极上是将固定化酶覆盖在电极上，或将酶固定在电极上构成的装置称酶电极，也称酶传感器；分析物质的结构上，将分析蛋白质和核酸一级结构的蛋白水解酶、羧肽酶、亮氨酸氨肽酶、核酸酶、磷酸二酯酶和磷酸单酯酶等分别制成固定化酶，在应用时比游离酶操作简单分离方便；采用固定化酶可以研究酶的功能和反应机理。

随着固定化酶技术的发展，一旦大规模应用之后，必定更有效和更经济地生产出满足人们需要的高质量产品。

固定化酶技术固定的是单一的酶或作用有限的酶系，我们在生产实际中往往需要一些复杂的生物反应系统来完成某些任务。此时我们就可以考虑固定化细胞，把生物细胞用一定的方法固定起来，完成复杂的生物化学反应。

第五章　维生素和辅酶

☞ **课前导读**

维生素是人体正常生理活动必需的营养素。机体缺乏维生素将引起代谢过程发生障碍，导致某些疾病。维生素之所以有如此重要的作用，是因为大多数维生素（特别是 B 族）是辅酶或辅基的组成成分，或其本身就是辅酶或辅基，参与体内的代谢过程。

☞ **教学目标**

（1）了解维生素的概念和类别。

（2）了解维生素各自的结构和生理功能，主要性质、来源及缺乏病。

（3）掌握维生素参加组成的重要辅酶或辅基的名称、结构和功能。

第一节　概　　述

人体为了维持正常的生命活动，除了需要蛋白质、脂肪、糖、无机盐和水以外，尚需要某些数量甚微的有机物质，这类物质，总称维生素（vitamin）。我国远在唐代就已知道用猪肝治夜盲症，用米糠治脚气病（维生素 B_1 缺乏症）。现在已经清楚猪肝含有丰富的维生素 A，米糠中含有丰富的维生素 B_1。维生素在人体内不能自行合成，或含的种类和数量远远不能满足人体维持正常生理活动的需要，故必须从食物中摄取。维生素在生物体内既不是构成各种组织的主要原料，也不是体内能量的来源，它们的主要生理功能，是调节机体的新陈代谢维持机体正常生理功能。机体缺少某中维生素时，可使物质代谢过程发生障碍，因而使生物不能正常生长，以至发生不同的维生素缺乏病。

维生素对物质代谢过程如此重要是因为多数的维生素作为辅酶或辅基的组成成分，参与体内的代谢过程。已经查明，许多水溶性 B 族维生素是酶的组成部分，它们以辅酶的形式与酶蛋白质的部分结合，使酶具有催化活性。甚至有些维生素，如硫辛酸、抗坏血酸等其本身就是辅酶。脂溶性维生素则专一性地作用于机体的某些组织，例如维生素 A 对视觉起作用，维生素 D 对骨骼构成起作用，维生素 E 对维持正常生育起作用，维生素 K 对血液凝固起作用等。

综上所述，维生素可以定义为：它们是维持机体正常生理功能所必需的，虽然需要量很小，但又是不可缺乏的，人或动物体不能自身合成或合成量甚少，必须由食物供给的一类有机化合物。

维生素不仅人和动物需要，植物和微生物也需要。植物所需的各种维生素，自身都能合成。微生物一般也能合成自身需要的维生素，个别维生素不能自身合成，则成为其生长限制因子。因此，在微生物培养和发酵生产时，往往需要补充某些维生素作为生长因子。

　　维生素在化学上，并不是同一类化合物，有的是胺，有的是酸、有的是醇或醛，因此，不能按其化学结构进行分类，而按其溶解性质，将维生素分为水溶性维生素和脂溶性维生素两大类。水溶性维生素包括：硫胺素（VB_1）、核黄素（VB_2）、烟酸和烟酰胺（VB_5 或 VPP）、吡哆素（VB_6）、泛酸（VB_3）、生物素（VH）、叶酸（VB_{11}）、氰钴素（VB_{12}）及抗坏血酸（VC）等，除维生素 C 之外，它们的辅酶功能均已清楚。脂溶性维生素包括：维生素 A、维生素 D、维生素 E、维生素 K 等，均为油样物质，不溶与水，目前，虽然对它们一些重要生理功能和生化机理有所了解，但还不够透彻。

第二节　水溶性维生素和辅酶

一、维生素 B_1 和焦磷酸硫胺素

1. 结构

维生素 B_1，为抗神经炎维生素，化学结构是由一个带氨基的嘧啶环和一个含硫的噻唑环组成的，故又称硫胺素。一般使用维生素 B_1 都是化学合成的硫胺素盐酸盐。维生素 B_1 与焦磷酸结合生成焦磷酸硫胺素（TPP）后才具有生物活性。结构式如图 5-1 所示。

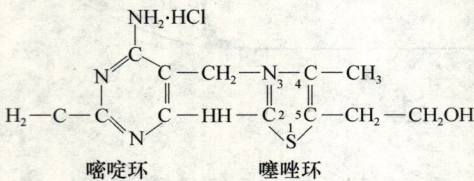

图 5-1　维生素 B_1

维生素 B_1 在体内经硫胺素激酶催化，与 ATP 作用生成焦磷酸硫胺素（图 5-2）。

$$硫氨酸 + ATP \xrightarrow[\text{硫胺素激酶}]{Mg^{2+}} 焦磷酸硫胺素 + AMP$$

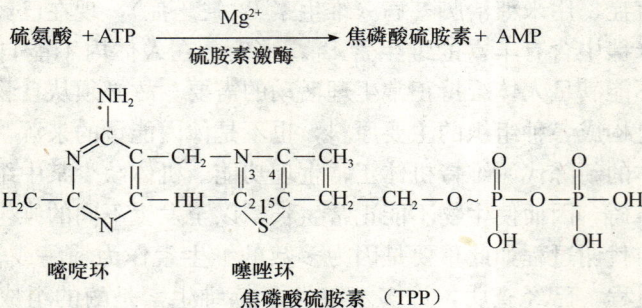

焦磷酸硫胺素　（TPP）

图 5-2　焦磷酸硫胺素

2. 功能

（1）作为脱羧酶的辅酶。参与一些 α-酮酸（丙酮酸或 α-酮戊二酸）氧化脱羧反应。

（2）作为转酮醇酶的辅酶。参加磷酸戊糖代谢途径的转酮醇反应。

TPP 作为辅酶参加各种代谢等反应的作用部位通常在噻唑环上的第二位碳原子上。

维生素 B_1 与糖代谢关系密切，所以当维生素 B_1 缺乏时，体内 TPP 含量减少，从而使丙酮酸氧化作用受到抑制，糖代谢发生障碍，大量的丙酮酸不能转化存在血液中。

在正常情况下，神经组织的能源主要由糖氧化供给，当缺乏维生素 B_1 时神经组织能量供应不足，导致多发性神经炎，表现出食欲不振，皮肤麻木，四肢乏力，肌肉萎缩，心力衰竭和神经系统损伤等症状，临床称为脚气病。由此维生素 B_1 对维持正常糖代谢起着非常重要的作用，能防止脚气病，还能促进幼畜及儿童发育和增进食欲等。

3. 性质

维生素 B_1 易溶与水，在酸性溶解液中稳定，中性或碱性易破坏。

4. 来源

维生素 B_1 在植物中分布广泛。主要存在于种子的外皮和胚芽中，例如在米糠和麦麸中维生素 B_1 的含量很丰富，酵母中的维生素 B_1 含量最多。此外，瘦肉、白菜和芹菜中含量亦较丰富。

二、维生素 B_2 和黄素辅酶

1. 结构

维生素 B_2 又称核黄素，其化学本质为核糖醇与 6,7-二甲基异咯嗪的缩合物。

在生物体内维生素 B_2 以黄素单核苷酸（FMN）和黄素腺嘌呤二核苷酸（FAD）的形式存在。它们是多种氧化还原酶（黄素蛋白）的辅基（表 5-1）一般与酶蛋白结合较紧，不易分开。维生素 B_2、FAD、FMN 结构图如图 5-3 和图 5-4 所示。

表 5-1　和 FMN 和 FAD 有关的酶

酶	底　物	产　物	辅　酶
D-氨基酸氧化酶	D-氨基酸	α-酮酸	FAD
NAD^+ 细胞色素还原酶	NADH	NAD	FAD
羟基乙酸氧化酶	羟基乙酸	乙醛酸	FMN
琥珀酸脱氢酶	琥珀酸	反丁烯二酸	FAD
甘油 α-磷酸脱氢酶	甘油 3-磷酸	磷酸二羟丙酮	FAD
酰基辅酶 A 脱氢酶（$C_6 \sim C_{12}$）	酰基辅酶 A	烯脂酰辅酶 A	FAD

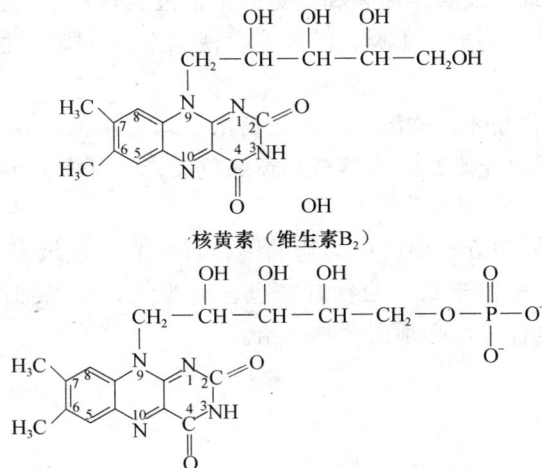

核黄素（维生素B_2）

图 5-3　黄素单核苷酸（FMN）

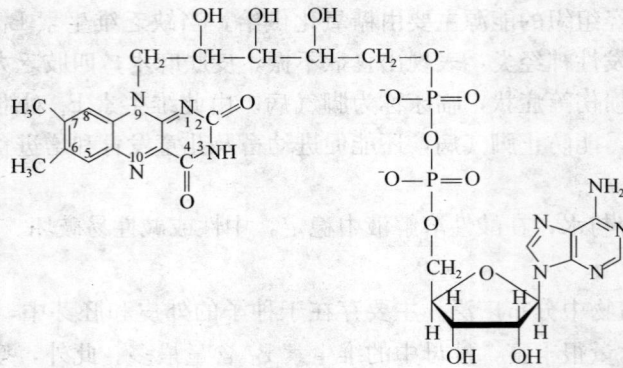

图 5-4　黄素腺嘌呤二核苷酸（FAD）

2. 功能

在异咯嗪环的 N_1 和 N_{10} 之间有一对活泼的共轭双键，很容易发生可逆的加氢或脱氢反应，因此，在生物氧化过程中，FMN 和 FAD 能把氢从底物传递给受体。

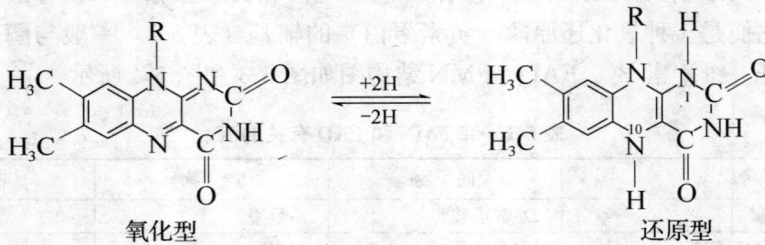

氧化型　　　　　　　　　　　　　还原型

FMN 和 FAD 的氧化还原反应

式中 R 表示 FMN 或 FAD 分子的其余部分。

维生素 B_2 作为辅酶，参与生物体内多种氧化还原反应，能促进糖、脂肪、蛋白质的代谢。维生素 B_2 对维持皮肤、黏膜和视觉的正常机能有一定的作用。缺乏维生素 B_2 时，主要症状是口角炎、唇炎、舌炎、结膜炎、视觉模糊、脂溢性皮炎等。

3. 性质

维生素 B_2 为橘黄色晶体，微溶于水，极易溶于碱性溶液。在酸性溶液中稳定，在碱性溶液中易被破坏，对光敏感。水溶液呈黄绿色荧光，可作为定量分析的依据。

4. 来源

维生素 B_2 在自然界中分布很广，动物的肝、肾、心含量最多；其次奶类蛋类和酵母；绿叶蔬菜水果含量也很丰富；粮食籽粒也含有少量；某些细菌和霉菌能合成核黄素，但在动物体内不能合成，必须由食物供给。

三、泛酸和辅酶 A

1. 结构

泛酸（维生素 B_3）（图 5-5）是自然界中分布十分广泛的维生素，故又称遍多酸。

它是 α,γ-二羟-β,β-二甲基丁酸与 β-丙氨酸通过肽键缩合而成的酸性物质。

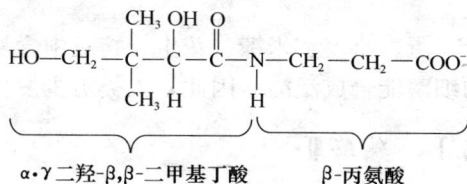

图 5-5　泛酸

辅酶 A 是泛酸的复合核苷酸。由泛酸、巯基乙胺、焦磷酸与腺嘌呤核苷酸组成，其结构如图 5-6 所示。

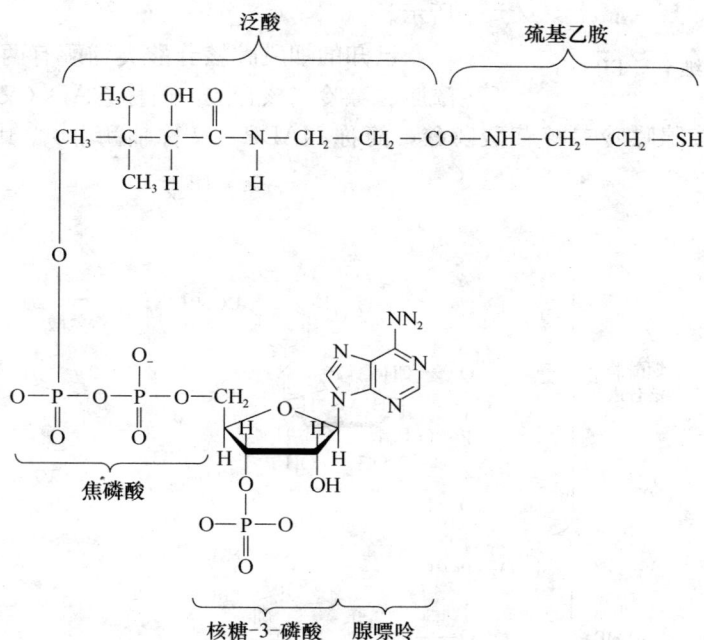

图 5-6　辅酶 A

2. 功能

在生物组织中，泛酸作为辅酶 A（CoA 或 CoASH）的组成成分而发挥其生理效应。

辅酶 A 的生理功能主要是在代谢中作为酰基的载体。可充当多种酶的辅酶参加酰化反应及氧化脱羧等反应。

辅酶 A 对厌食、乏力等症状有明显的疗效，故被广泛用作多种疾病的重要辅助药物，如白细胞减少症、原发性血小板减少性紫癜、功能性低热、脂肪肝、各种肝炎、冠心病等症。

3. 性质

泛酸为浅黄色，黏性的油状物，易溶于水及乙醇，钠、钾、钙盐易结晶，微苦，中性溶液中耐热，对氧化剂还原剂极稳定。

4. 来源

泛酸在酵母、肝、肾、蛋、小麦、米糠、花生、豌豆中含量丰富，在蜂皇浆中含量最多，同时人类肠道中的细菌能合成泛酸，因此，人类极少发生泛酸缺乏症。

四、维生素 PP 和辅酶 Ⅰ、辅酶 Ⅱ

1. 结构

维生素 PP 又称抗糙皮病因子或维生素 B_5。它包括烟酸（又称烟酸）与烟酰胺（又称烟酰胺）两种物质，它们都是吡啶的衍生物，在生物体内主要以烟酰胺形式存在。结构如图 5-7 所示。

图 5-7　维生素 PP

已知的烟酰胺核苷酸类辅酶有两种。一种是烟酰胺腺嘌呤二核苷酸，简称 NAD（又称为辅酶Ⅰ）。另一种是烟酰胺腺嘌呤二核苷酸磷酸，简称 NADP（又称辅酶Ⅱ）。其结构如图 5-8 所示。

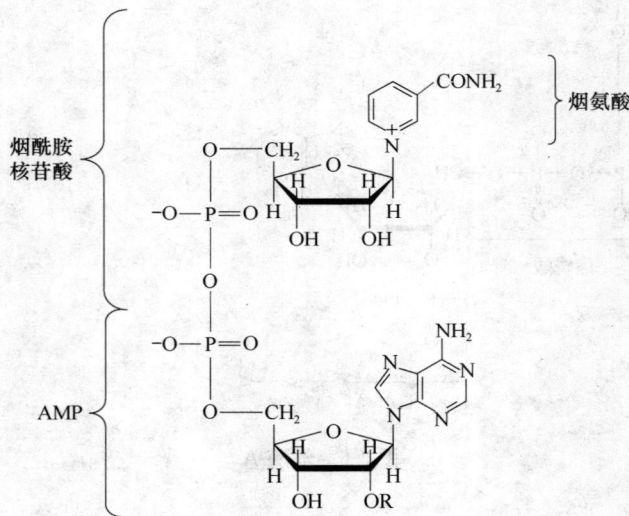

NAD和NADP的结构

NAD（或NAD$^+$）：R=—H

NADP（或NADP$^+$）：R=—PO$_3^{2-}$

图 5-8　辅酶Ⅱ

2. 功能

NAD 和 NADP 是多种脱氢酶的辅酶（表 5-2），它们与酶蛋白的结合非常松，容易脱离酶蛋白而单独存在。

从脱氢酶对辅酶的要求来看，有的酶需要 NAD 为其辅酶，有的酶需要 NADP 为其辅酶，但也有些酶，NAD 或 NADP 二者皆可。

表 5-2　以 NAD 或 NADP 为辅酶的酶

酶	底　物	产　物	辅　酶
醇脱氢酶	乙醇	乙醛	NAD^+
异柠檬酸脱氢酶	异柠檬酸	α-酮戊二酸、CO_2	NAD^+、$NADP^+$
甘油磷酸脱氢酶	甘油 α-磷酸	二羟丙酮磷酸	NAD^+
乳酸脱氢酶	乳酸	丙酮酸	NAD^+
甘油醛-3-磷酸脱氢酶	甘油醛-3-磷酸	甘油酸-1,3-二磷酸	NAD^+
葡糖-6-磷酸脱氢酶	葡糖-6-磷酸	葡糖酸-6-磷酸	NAD^+
谷胺酸脱氢酶	L-谷氨酸	α-酮戊二酸，NH_4^+	NAD^+、$NADP^+$
谷胱甘肽还原酶	氧化型谷胱苷肽	还原型谷胱甘肽	NADPH
苹果酸脱氢酶	苹果酸	草酰乙酸	NAD^+
硝酸还原酶	硝酸盐	亚硝酸盐	NADH

DNA 和 NADP 的分子结构中都含有烟酰胺的吡啶环，可通过它可逆的进行氧化还原，在代谢反应中起递氢作用。

有时可简写为

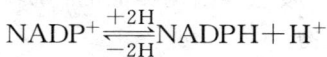

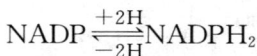

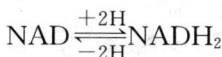

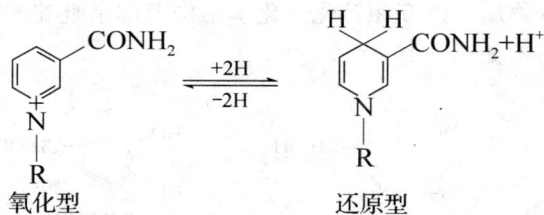

$$NADP^+ \underset{-2H}{\overset{+2H}{\rightleftharpoons}} NADPH+H^+$$

$$NAD^+ \underset{-2H}{\overset{+2H}{\rightleftharpoons}} NADPH+H^+$$

$$NADP \underset{-2H}{\overset{+2H}{\rightleftharpoons}} NADPH_2$$

$$NAD \underset{-2H}{\overset{+2H}{\rightleftharpoons}} NADH_2$$

NAD^+ 或 $NADP^+$ 的氧化还原反应 R 代表 NAD^+ 或 $NADP^+$ 分子的其余部分

【实例分析 5-1】　乙醇在醇脱氢酶的作用下脱氢变为乙醛，底物分子的 1 个 H^+ 和 2 个电子转给 NAD^+ 的烟酰胺环。使氮原子由五价变为三价，同时第 4 位碳原子上添加一个氢原子，变成还原型的 NADH。底物的另一个 H^+ 则释放到溶液中。其反应式为

$$CH_3CH_2OH+NAD^+ \underset{}{\overset{醇脱氢酶}{\rightleftharpoons}} CH_3CHO+NADH+H^+$$

有时反应生成的 NADH（或 NADPH）又可在其他的脱氢酶的作用下，把氢传递给另一底物，本身又恢复成氧化性的 NAD。

又如：甘油醛-3-磷酸脱氢酶可催化甘油醛-3-磷酸脱氢变成甘油酸-1,3-二磷酸。此时生成的 NADH，又可在乳酸脱氢酶的作用下，把氢转给丙酮酸，使之成为乳酸，而本身又恢复成氧化型（图 5-9）。

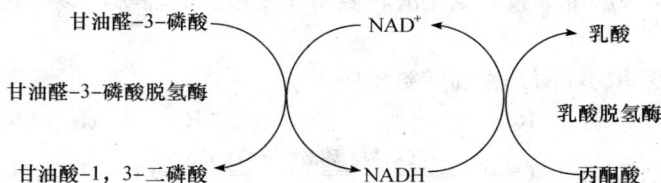

图 5-9　甘油醛-3-磷酸转化过程

缺乏维生素 PP 时，出现腹泻和痴呆。常在肢体裸露或易摩擦部位出现对称性皮炎，称为糙皮病（癫皮病）。服用烟酸后，一日之内即可见效。有人把维生素 PP 成为抗癫皮病维生素。

3. 性质

烟酸与烟酰胺都是无色晶体，对光、热、酸、碱及在空气中都较稳定，是维生素中性质最稳定的一种。与溴化氢作用产生黄绿色化合物，可作为定量分析的依据。

4. 来源

维生素 PP 在自然界分布很广，肉类、酵母、谷物及花生中含量丰富。此外，在体内色氨酸可转变成烟酰胺（成人男子 60mg 色氨酸合成 1mg 烟酰胺），故人类一般不会缺乏。但玉米中缺乏色氨酸和烟酸，故长期只食玉米，则有可能患癫皮病。故应将各种杂粮合理搭配食用。

五、维生素 B_6 和磷酸吡哆醛

1. 结构

维生素 B_6 又称吡哆素，包括吡哆醇、吡哆醛、吡哆胺三种结构类似的物质。在体内三种物质可以互相转化。化学结构上都是吡啶的衍生物。

结构如图 5-10 所示。

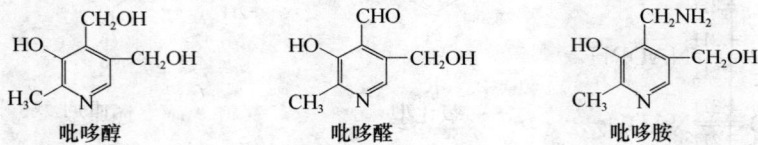

图 5-10 维生素 B_6

维生素 B_6 在体内经磷酸化作用转变为相应的磷酸酯，它们之间也可相互转变。参与代谢作用主要是磷酸吡哆醛和磷酸吡哆胺（图 5-11）。

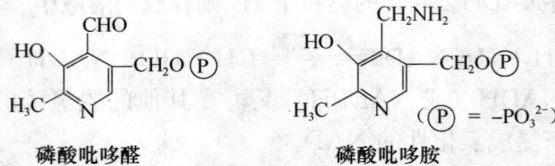

图 5-11 磷酸吡哆醛和磷酸吡哆胺

2. 功能

磷酸吡哆醛和磷酸吡哆胺是氨基酸转氨酶和脱羧酶的辅酶，参与氨基酸转氨和脱羧作用。

（1）作为转氨酶的辅酶，参加转氨反应。

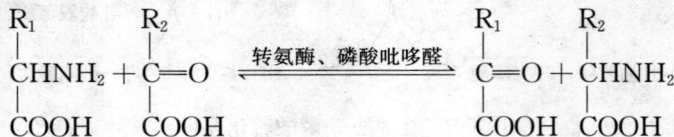

（2）作为脱羧酶的辅酶，参与催化氨基酸脱羧反应。

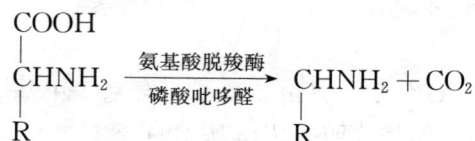

$$\begin{array}{c} COOH \\ | \\ CHNH_2 \\ | \\ R \end{array} \xrightarrow[\text{磷酸吡哆醛}]{\text{氨基酸脱羧酶}} \begin{array}{c} \\ CHNH_2 \\ | \\ R \end{array} + CO_2$$

此外，维生素 B_6 还可以作为辅酶参与脂类代谢，转一碳基团的反应。具有防治动脉粥样硬化发生、发展的作用。临床上治呕吐。

3. 性质

维生素 B_6 为无色晶体，易溶于水及酒精，对光和碱较敏感，不耐高温，但在酸性溶液中稳定。

4. 来源

维生素 B_6 广泛存在于动物植物中，酵母、蛋黄、肉类、肝、鱼类和谷类中含量均很丰富，尤其是粮粒中的种皮、果皮含有丰富的维生素 B_6。同时肠道细菌也可以合成维生素 B_6，一般人类很少缺乏。若长期缺乏会引起皮肤病。

六、生物素与羧化酶辅酶

1. 结构

生物素又叫维生素 H 或维生素 B_7，是由带有戊酸侧链的噻吩与尿素结合的骈环化合物。结构如图 5-12 所示。

2. 功能

生物素是多种羧化酶的辅酶，参与体内 CO_2 的固定以及羧化反应。生物素与糖、脂肪、蛋白质和核酸的代谢有密切关系，在代谢过程中起 CO_2 载体作用。

生物素对一些微生物如酵母菌、细菌的生长有强烈促进作用。

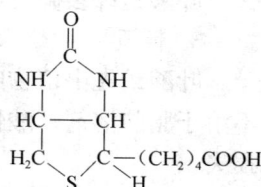

图 5-12　生物素

人和动物缺乏生物素时易引起毛发脱落、皮肤发炎等疾病。当长期口服抗生素药物或过多吃生鸡蛋清，会发生生物素缺乏症。因为生蛋清中有一种抗生物素的碱性蛋白能与生物素结合，成为一种不易被吸收的抗生素蛋白，所以不宜吃生鸡蛋。煮熟的鸡蛋由于抗生物素蛋白被破坏就不会发生上述现象。

3. 性质

生物素为无色针状晶体，微溶于水，不溶于乙醇、乙醚及氯仿，在酸性溶液中较稳定，在普通温度下相当稳定，但高温和氧化剂会使其失活。

4. 来源

生物素在动、植物界分布很广，如肝、肾、蛋黄、酵母、蔬菜、谷类中都有。一般利用玉米浆或酵母膏就可满足微生物对生物素的需要。肠道细菌也能合成生物素供人体需要，所以一般不易发生生物素缺乏病。

七、叶酸和叶酸辅酶

1. 结构

叶酸又称蝶酰谷氨酸（PGA），是由 2-氨基-4-羟基-6-甲基蝶呤啶、对氨基苯甲酸与 L-谷氨酸三部分组成的。其结构式如图 5-13 所示。

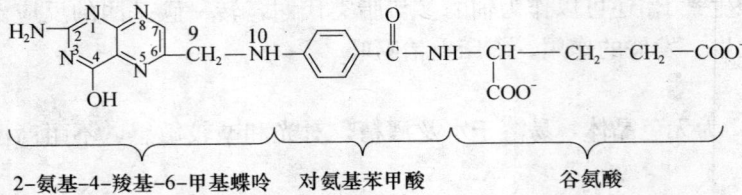

图 5-13　叶酸的结构

2. 功能

在生物体内作为辅酶的是叶酸加氢的还原产物——5,6,7,8-四氢叶酸（THFA 或 FH_4）。叶酸还原反应是由肠壁、肝、骨髓等组织中的叶酸还原酶所促进。

四氢叶酸以辅酶形式为一碳单位（如甲酸、甲醛、甲基、亚甲基、甲酰基和羟甲基等）等的载体，又可将共所载运的一碳单位转给其他适当的受体以后合成新的物质，发挥它在代谢中的作用。

叶酸是许多微生物所必需的生长因素。人缺乏这种维生素会引起营养性贫血症。

3. 性质

叶酸最先由植物叶子中分离得到，故称叶酸。是黄色结晶（图 5-14），微溶于水，不溶于脂肪溶剂。酸性介质中不耐热，易被光破坏，食物在室温中储存时，叶酸很易损失。

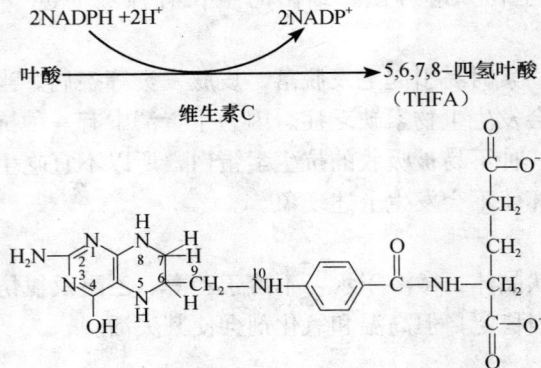

图 5-14　5,6,7,8-四氢叶酸

4. 来源

植物和大多数微生物都能合成叶酸。某些微生物不能自行合成。则需要用现成的叶酸作为生长因子。人体哺乳动物不能合成叶酸，但肠道细菌能利用对氨基苯甲酸合成叶酸。绿色蔬菜、肝、肾、酵母等食品含叶酸丰富，故人体一般不会发生叶酸缺乏症。但当消化道吸收障碍，或长期服用磺胺药物时，就可能引起肠道细菌的叶酸合成受阻而导致贫血症的发生。

八、维生素 B_{12} 和维生素 B_{12} 辅酶

1. 结构

维生素 B_{12} 分子中含有金属元素钴，故又称为钴胺素。其结构非常复杂。分子中除含钴原子外，还含有5,6-二甲基苯并咪唑、3′-磷酸核糖、氨基丙醇和类似卟啉环的咕啉环成分。是唯一的一种分子中含有金属元素的维生素。

维生素 B_{12} 作为辅酶的主要结构形式是5-脱氧腺苷钴胺素。它是维生素 B_{12} 的—CN基被5-脱氧腺苷取代的产物，称为维生素 B_{12} 辅酶。结构式如图5-15所示。

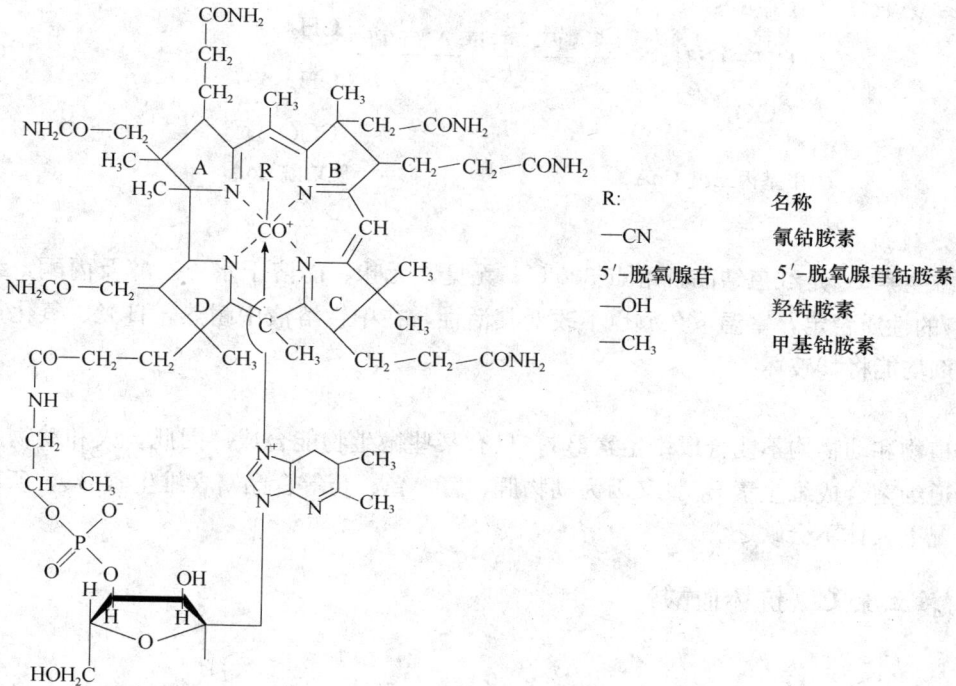

R:	名称
—CN	氰钴胺素
5′-脱氧腺苷	5′-脱氧腺苷钴胺素
—OH	羟钴胺素
—CH₃	甲基钴胺素

图 5-15　维生素 B_{12}

2. 功能

（1）在体内，维生素 B_{12} 辅酶作为变位酶的辅酶，参加一些异构反应。如甲基天冬氨酸变位酶催化谷氨酸分子中—COOH 的转移，转变为甲基天冬氨酸。同时它也是甲基丙二酰辅酶 A 变位酶的辅酶。

（2）维生素 B_{12} 的另一种辅酶形式为甲基钴胺素，它参与生物合成中的甲基化作用。

例如胆碱、甲硫氨酸等化合物的生物合成过程中起着传递甲基的作用。

维生素 B_{12} 参与体内一碳单位的代谢，因此维生素 B_{12} 与叶酸的作用常常互相关联。缺乏维生素 B_{12} 时，表现为恶性贫血并伴随着机体造血功能的障碍和神经系统的失常及其他疾病。

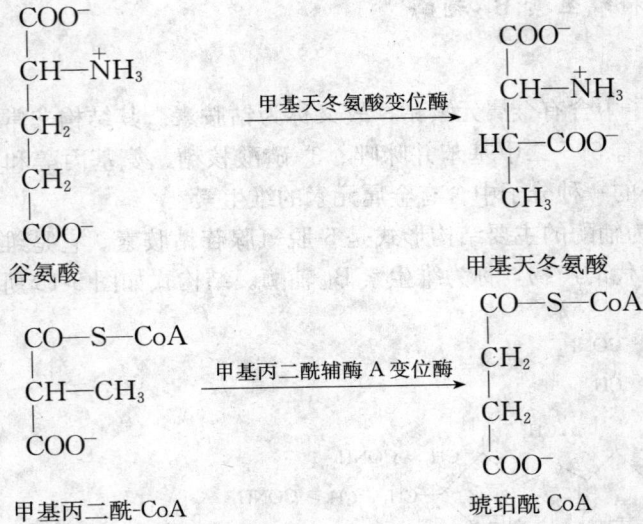

$$\begin{array}{c}
COO^- \\
| \\
CH-\overset{+}{N}H_3 \\
| \\
CH_2 \\
| \\
CH_2 \\
| \\
COO^-
\end{array}
\xrightarrow{\text{甲基天冬氨酸变位酶}}
\begin{array}{c}
COO^- \\
| \\
CH-\overset{+}{N}H_3 \\
| \\
HC-COO^- \\
| \\
CH_3
\end{array}$$

谷氨酸　　　　　　　　　　　　　　　　　甲基天冬氨酸

$$\begin{array}{c}
CO-S-CoA \\
| \\
CH-CH_3 \\
| \\
COO^-
\end{array}
\xrightarrow{\text{甲基丙二酰辅酶 A 变位酶}}
\begin{array}{c}
CO-S-CoA \\
| \\
CH_2 \\
| \\
CH_2 \\
| \\
COO^-
\end{array}$$

甲基丙二酰-CoA　　　　　　　　　　　　　　琥珀酰 CoA

3. 性质

维生素 B_{12} 是红色结晶，熔点 300℃、无臭、无味、能溶于水、乙醇及丙酮，结晶的 B_{12} 的性质稳定，室温下久放也不改变其活性，在中性溶液中耐热，日光、氧化剂及还原剂均能将其破坏。

4. 来源

植物和动物均不能合成维生素 B_{12}，只有某些微生物能合成。因此，人和动物主要靠肠道细菌合成维生素 B_{12}。又因为动物肝、肾、鱼、蛋等食品富含维生素 B_{12}，所以一般情况下人体不会缺乏。

九、维生素 C（抗坏血酸）

1. 结构

维生素 C 是一种酸性多羟基化合物，因能防治坏血病，故又称为抗坏血酸。抗坏血酸是 L-型己糖的衍生物故又称为 L-抗坏血酸。因其分子中 C_2 及 C_3 上 2 个相邻的烯醇式羟基上的氢可游离出 H^+，故虽不含自由羧基，而仍具有机酸的性质，这种特殊的烯醇式结构，也是它非常容易脱氢而变成脱氢抗坏血酸。在体内，维生素 C 以还原型和氧化型两种形式存在，两者能可逆转化，在生物氧化还原体系中起重要作用。氧化型和还原型维生素 C 同样具有生理功能。但氧化型维生素 C 易水解生成古洛酮酸而失去生理活性，而且水解作用不能逆转。维生素 C 的分子结构及有关变化为

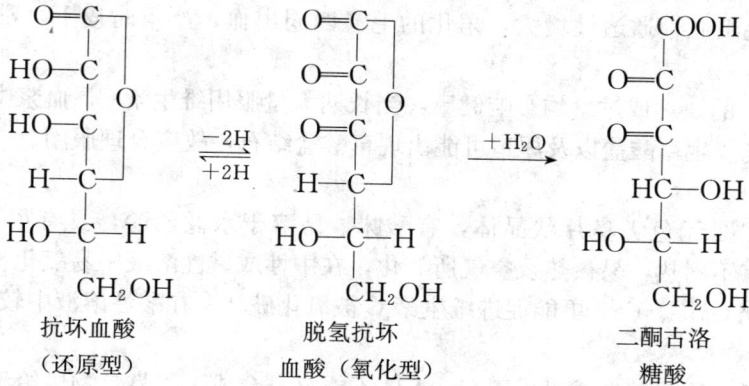

$$\text{抗坏血酸（还原型）} \xrightleftharpoons[+2H]{-2H} \text{脱氢抗坏血酸（氧化型）} \xrightarrow{+H_2O} \text{二酮古洛糖酸}$$

抗坏血酸
（还原型）　　　脱氢抗坏
血酸（氧化型）　　　二酮古洛
糖酸

2. 功能

维生素 C 具有许多重要的生理作用，作为多种疾病治疗的辅助药物广泛用于临床。主要生理功能：

（1）参与体内的氧化还原反应。由于维生素 C 能够可逆的脱氢和加氢，故它在许多重要的氧化还原反应中发挥作用。

已知许多含硫基的酶，在体内需要有自由的—SH 基才能发挥其催化活性，而维生素 C 能使这些酶分子中的—SH 基处于还原状态，从而维持其催化活性。

维生素 C 还与谷胱甘肽的氧化还原关系密切，在谷胱甘肽还原酶的催化下，维生素 C 可使氧化型谷胱甘肽变为还原型谷胱甘肽（G—SH），从而保证了 G—SH 的许多重要生理功能。

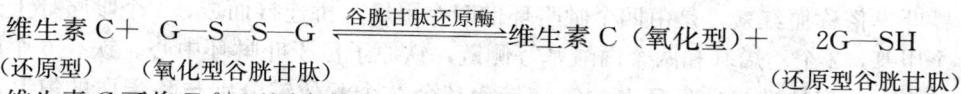

$$\underset{\text{（还原型）}}{\text{维生素C}} + \underset{\text{（氧化型谷胱甘肽）}}{\text{G—S—S—G}} \xrightleftharpoons{\text{谷胱甘肽还原酶}} \underset{\text{}}{\text{维生素C（氧化型）}} + \underset{\text{（还原型谷胱甘肽）}}{\text{2G—SH}}$$

维生素 C 可将 Fe^{3+} 还原为易于吸收的 Fe^{2+}，因而具有促进铁在肠道吸收的功效。此外，维生素 C 还能促进叶酸转变为有生理活性的四氢叶酸。

（2）促进细胞间质的合成。维生素 C 能促进细胞间质中胶原蛋白和氨基多糖的合成，从而维持结缔组织和细胞间质的完整性，促进骨基的生长，以维持骨骼和牙齿的正常生长。

胶原蛋白合成时，多肽链中的脯氨酸及赖氨酸等须在酶的催化下羟化为羟脯氨酸及羟赖氨酸，而维生素 C 与此羟化作用有关，故当维生素 C 缺乏时势必影响胶原蛋白的合成。此外体内的类固醇、胆酸、儿茶酚胺及 5-羟色氨等合成过程中均需羟化作用。

（3）维生素 C 的解毒作用。重金属化合物，苯及细菌病毒进入人体内时，若给予大量的维生素 C，可缓解其毒性。其作用机理可能是由于重金属离子，能于体内含硫基的酶类分子上的—SH 基结合，使其失活，以致代谢发生障碍而中毒，而维生素 C 可使氧化型谷胱甘肽（G—S—S—G）还原成还原型谷胱甘肽（G—SH）后者可与金属离子结合排出体外，达到解毒效果。

另外，由于维生素 C 具有极强的还原性，因此常作为抗氧化剂使用。

维生素 C 缺乏时，引起坏血病。其症状为创口溃疡不易愈合；骨骼和牙齿易于折断或脱落，毛细血管通透性增大，角化的毛囊四周出血，严重时皮下，黏膜、肌肉出血等。

维生素 C 的缺乏或过量均影响健康，当长期大量服用维生素 C，血浆中浓度特别高时，还有可能发生草酸盐以及尿道可能出现草酸盐结石，故应合理服用。

3. 性质

维生素 C 是无色无臭片状晶体，有酸味，易溶于水及乙醇，具有很强的还原性，故极不稳定，不耐热，易被热及空气所氧化，在中性或碱性溶液中易氧化被破坏，遇光或金属离子如 Ca^{2+}、Fe^{2+} 更能促进维生素 C 被氧化破坏，在酸性溶液中较稳定。

4. 来源

植物、微生物能够合成维生素 C，人体不能自身合成，需靠食物供给。维生素 C 广泛存在于新鲜水果和蔬菜中，柑橘、红枣、山楂、番茄、辣椒、松针和新生幼苗中含量丰富。干植物种子没有维生素 C，但一经发芽，才能在胚芽中合成维生素 C，因此，各种豆芽即是维生素 C 的极好来源。工业上，可利用青霉菌或细菌、以葡萄糖为原料进行发酵生产。

第三节　其他辅酶和辅基

一、铁卟啉

1. 结构

铁卟啉俗称血红素，是由四个吡咯环借四个甲烯基桥连接而成，4 个吡咯环上连接有 4 个甲基，2 个乙烯基和两个丙酸基等侧链，铁原子位于卟啉环中心。铁有 6 个配位键，其中 4 个配位键与吡咯环上的氮连接，其余 2 个配位键分别与酶蛋白的氨基酸结合。结构如图 5-16 所示。

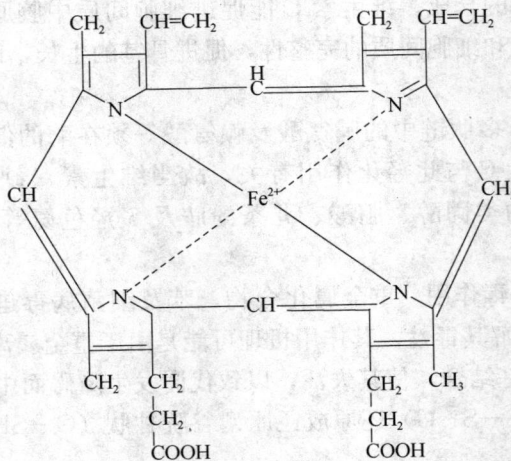

图 5-16　铁卟啉（还原型）

2. 功能

铁卟啉是细胞色素氧化酶、过氧化氢酶与过氧化物酶的辅基。有传递电子的功能。

在生物氧化中作为细胞色素的辅基的铁卟啉中的铁能够进行可逆的氧化还原反应，Fe^{3+} 接受电子还原成 Fe^{2+}，然后再将电子交给另一个细胞色素，最后将电子传给氧，生成离子氧。

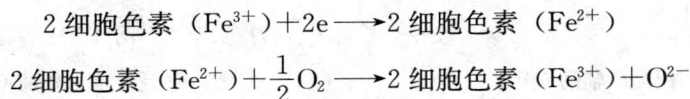

$$2 \text{ 细胞色素 } (Fe^{3+}) + 2e \longrightarrow 2 \text{ 细胞色素 } (Fe^{2+})$$

$$2 \text{ 细胞色素 } (Fe^{2+}) + \frac{1}{2} O_2 \longrightarrow 2 \text{ 细胞色素 } (Fe^{3+}) + O^{2-}$$

二、硫辛酸

1. 结构

硫辛酸是一个含硫的八碳酸，在 6 位碳上和 8 位碳上含有巯基，可脱氢氧化成二硫键，称 6,8-二硫辛酸在细胞中以氧化型和还原型两种形式存在结构如下：

2. 功能及来源

硫辛酸是 α-酮酸氧化脱氢酶系的一种辅酶，是一种酰基载体和氢载体，如在丙酮酸氧化成乙酰辅酶 A 的反应中，作为酰基载体和氢载体。硫辛酸也是氢的传递体，在生化反应中起了传递氢的作用。

硫辛酸存在于人体肝脏及酵母细胞中，是微生物和原生动物生长所必需的，人体能够合成，一般不发生硫辛酸缺乏症。

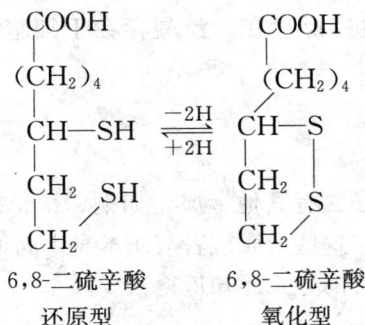

6,8-二硫辛酸　　　　6,8-二硫辛酸
　　还原型　　　　　　　氧化型

6,8-二硫辛酸还可简化表示为

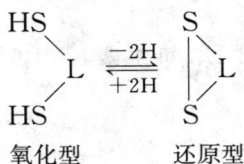

氧化型　　　　还原型

三、辅酶 Q（泛醌）

1. 结构

辅酶 Q 为生物体内广泛存在的一种醌类衍生物。辅酶 Q 的化学结构为 2,3-二甲

氧基-5-甲基-1,4-苯醌的衍生物，在 6 位碳原子上有多个异戊二烯单位的侧链。结构为

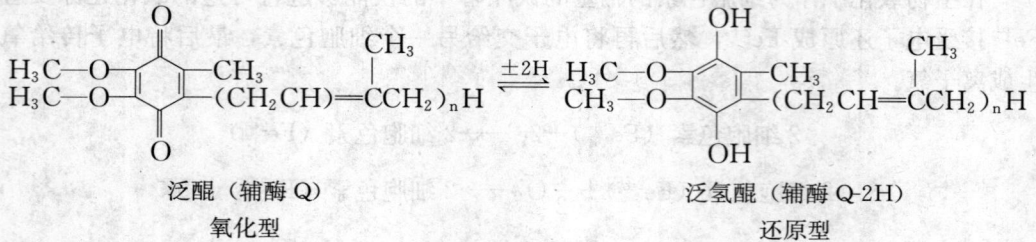

泛醌（辅酶 Q）　　　　　　　　　　　　　泛氢醌（辅酶 Q-2H）
氧化型　　　　　　　　　　　　　　　　　　还原型

泛醌简写为

$$CoQ \underset{-2H}{\overset{+2H}{\rightleftharpoons}} CoQ \cdot 2H$$

氧化型　　　　还原型

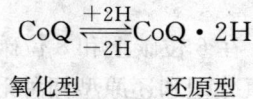

不同来源的泛醌，其侧链已戊烯单位数目 n 不同，可以为 6、7、8 或 9，微生物辅酶 Q 的侧链 $n=6$，动物组织中的辅酶 Q 的侧链 $n=10$。

2. 功能及来源

泛醌的生理功能是传递氢和电子，参与生物氧化呼吸链从底物脱氢 H^+ 与电子到 O_2 的传递过程。辅酶 Q 可被还原成氢醌，可自成氧化还原体系。

泛醌是生物体中广泛存在的黄色脂溶性化合物，动物的许多器官都含有泛醌，酵母、植物的叶和种子中也广泛存在，泛醌存在于细胞线粒体中，和细胞呼吸链有关。

四、金属

除铁卟啉酶外，许多酶还含有其他金属，如铜、镁、锌、钴等金属离子作为辅基，或在作用中必须有它们参加，这些金属或者与酶本身牢固地结合着，或者与酶可以解离地结合着，但是它们与酶结合的方式还知道得很少。

第四节　脂溶性维生素

维生素 A、维生素 D、维生素 E、维生素 K 均可溶于脂类溶剂而不溶于水，故总称为脂溶性维生素。

一、维生素 A

1. 结构

维生素 A 是不饱和的一元醇，有维生素 A_1 和维生素 A_2 两种，维生素 A_1 在哺乳动物及咸水鱼的肝脏中丰富，维生素 A_2 在淡水鱼的肝脏中丰富。维生素 A_1 即视黄醇，

维生素 A$_2$ 为 3-脱氢视黄醇。维生素 A$_2$ 比维生素 A$_1$ 在化学结构上多一个双键。结构如图 5-17 所示。

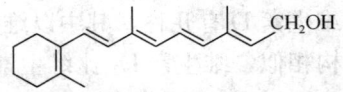

视黄醇（维生素A$_1$）

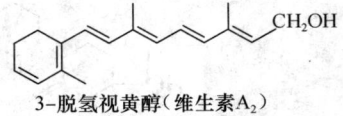

3-脱氢视黄醇（维生素A$_2$）

图 5-17 维生素 A$_1$、维生素 A$_2$

维生素 A$_1$ 的生理效力高于维生素 A$_2$ 2 倍多。

2. 功能

维生素 A 能维持机体上皮组织健康，正常视觉和感光，促进骨的形成和生长，提高机体免疫功能。维生素 A 又叫抗干眼病维生素。缺乏时，引起夜盲症，上皮组织干燥，抵抗病菌能力降低。

3. 性质

维生素 A 是一种淡黄色黏稠液体，纯净的维生素 A 为淡黄的结晶，溶于脂溶剂或脂肪内。因高度不饱和，化学性质活泼，易被空气、氧化剂氧化。特别在高温条件下，紫外线和金属均可促进其氧化破坏，当油脂酸败时，其中维生素 A 和 A 原将受到严重破坏。

4. 来源

维生素 A 主要存在于动物性食物中，动物的肝脏中含量最多，鱼肝油中含有丰富的维生素 A，其次乳制品及蛋黄中含量也丰富。植物性食物中一般不含维生素 A，只含有胡萝卜素，例如，胡萝卜、番茄、菠菜、枸杞子等都有丰富的胡萝卜素。

胡萝卜素的分子结构相当于 2 个维生素 A 分子的基本结构，在人和动物体内可转化为维生素 A，故把胡萝卜素称为维生素 A 原。胡萝卜素有 α、β、γ 三种，它们的基本结构相似，其中以 β-胡萝卜素生理活性最高。三种胡萝卜素的结构式如图 5-18 所示。

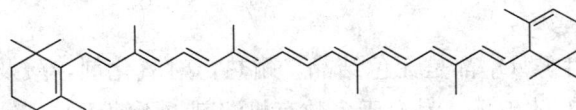

α-胡萝卜素

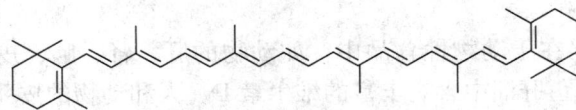

β-胡萝卜素

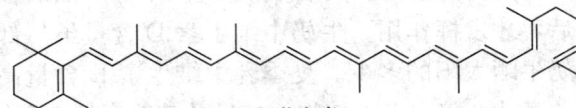

γ-胡萝卜素

图 5-18 胡萝卜素

1 分子 β-胡萝卜素可转化为 2 分子维生素 A，γ-胡萝卜素也可转化为维生素 A，但转化率比 β-胡萝卜素低。

二、维生素 D

1. 结构

维生素 D 是固醇类物质，因为具有抗佝偻病的作用，故又称为抗佝偻病维生素，维生素 D 有几种，其中以维生素 D_2 和维生素 D_3 较为重要，维生素 D_2 和维生素 D_3 结构相似，维生素 D_2 比维生素 D_3 仅多一个甲基和一个双键。结构为

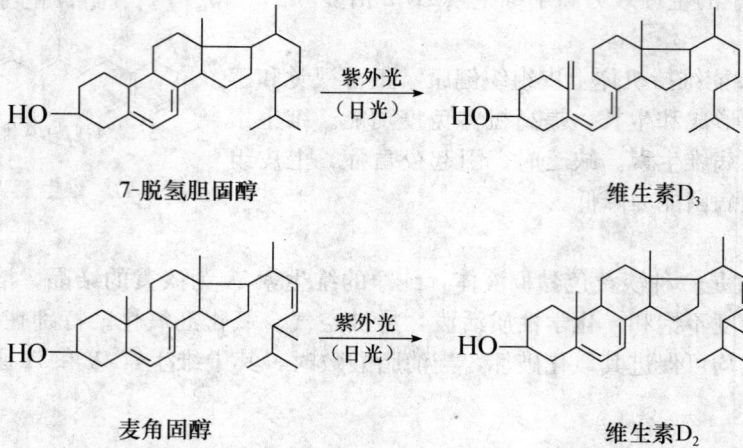

7-脱氢胆固醇　　　　　　　　　　　　　　　　　维生素D_3

麦角固醇　　　　　　　　　　　　　　　　　　维生素D_2

2. 功能

维生素 D 的主要功能是调节钙、磷代谢作用，维持血液钙、无机磷浓度正常，能促进小肠对钙和无机磷的吸收和运转；也能促进肾小管对无机磷的重吸收；促进骨组织中沉钙成骨的作用，使牙齿骨骼发育完全。所以小儿缺维生素 D 就会引起发育停顿，甚至产生佝偻病。过多摄入维生素 D 会产生副作用，造成骨化过度，严重者引起肾功能，肺功能损坏。

3. 性质

维生素 D_2 和维生素 D_3 都是无色结晶，耐热，对氧化剂，酸及碱均较稳定，不易被破坏，加热至 170℃ 才破坏，易溶于多数有机溶剂，不溶于水。

4. 来源

维生素 D 主要存在于动物性食品中，如动物的肝、肾、脑、皮肤和蛋黄、牛奶中含量都较高，尤其是鱼肝油中含有丰富的维生素 D。人和动物的皮肤下含有 7-脱氢胆固醇，当皮肤被紫外线（日光）照射后，可转变成维生素 D_3，然后被运往肝、肾转化为具有生理活性的形式后，才发挥作用。牛奶中维生素 D 含量虽然部分取决于饲料，但在很大程度上取决于奶牛晒太阳的多少。夏季乳中维生素 D 含量高于冬季乳，即因光照多少不同，两者相差高达 9 倍之多。植物、酵母及其他真菌中含的麦角固醇经紫外线（日光）照射后，即可转变为维生素 D_2。

三、维生素 E

1. 结构

维生素 E 又称生育酚。已知具有维生素 E 作用的物质有 8 种，其中 4 种（α、β、γ、δ）较为重要，α-生育酚活性最高。通常说的维生素 E 即 α-生育酚。结构如图 5-19 所示。

2. 功能

维生素 E 的生理功能较为广泛，具有抗氧化作用，可使细胞膜上不饱和脂肪酸不被氧化而被破坏。维生素 E 还可以保护巯基不被氧化，而保护某些酶的活性。维生素 E 有抗不育和预防流产的作用，还有延缓衰老、预防冠心病和癌症的作用。

图 5-19 α-生育酚

3. 性质

维生素 E 为黄色油状物，不溶于水而溶于有机溶剂。不易被酸、碱、高温破坏。维生素 E 对氧十分敏感，极易被氧化，故可保护其他同时存在的易被氧化的物质不被氧化破坏，因此作为一种有效的抗氧化剂，在食品加工中已有广泛的应用。

4. 来源

维生素 E 分布广泛，多存在于植物组织中。植物油中维生素 E 的含量丰富，尤其是麦胚油、玉米油、花生油中含量较多。此外豆类和绿叶蔬菜中的含量也较丰富。因为食物中维生素 E 来源充足，所以一般不易缺乏。

四、维生素 K

1. 结构

维生素 K 又称凝血维生素，自然界中发现的维生素 K 有维生素 K_1 和维生素 K_2 两种，从化学结构上看，维生素 K_1 和维生素 K_2 都是 2-甲基-1,4-萘醌的衍生物。结构式如图 5-20 所示。

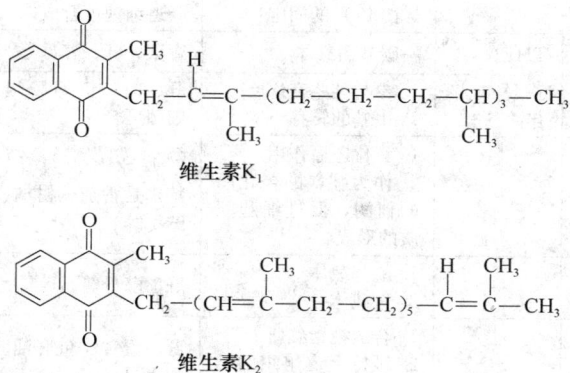

图 5-20 维生素 K_1、维生素 K_2

2. 功能

维生素 K 具有促进血凝固的生理功能。它可促进凝血酶原的生物合成。此外，维生素 K 还可能作为电子传递体系的一部分，参与氧化磷酸化过程。缺乏维生素 K 时，凝血时间延长，皮下肌肉及胃肠道内常常容易出血。

3. 性质

维生素 K_1 为黄色油状物，维生素 K_2 为淡黄色晶体，维生素 K_1 和维生素 K_2 对热

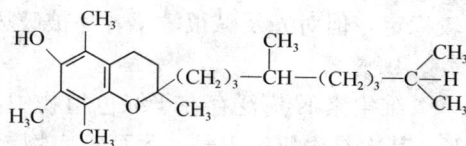

较稳定，但对光及碱很敏感，易被破坏，故应避光保存。

　　4. 来源

　　维生素 K 广泛存在于绿色植物中，绿色蔬菜、动物肝脏和鱼类含有丰富的维生素 K，其次是牛奶、麦麸、大豆等实物。人和动物肠道内的细菌能合成维生素 K，故人体一般不出现缺乏病，若食物中缺乏绿色蔬菜或长期服抗菌素影响肠道微生物生长，可造成维生素 K 缺乏，服用维生素 K 可以防治，但服用过量对身体有害。

　　维生素与辅酶的重要生理功能和机制、来源与缺乏病等例如表 5-3。

表 5-3　维生素与辅酶

名　称	别　名	辅　酶	主要生理功能	来　源	缺乏病
维生素 B_1	1. 硫胺素 2. 抗脚气病维生素	TPP	1. 参与 α-酮酸氧化脱羧作用 2. 抑制胆碱酯酶活性，保护神经正常传导	酵母、谷类种子的外皮和胚芽	脚气病（多发性神经炎）
维生素 B_2	核黄素	FMN FAD	氢载体	小麦、青菜、黄豆、蛋黄、肝等	口角炎、唇炎、舌炎等
泛酸	遍多酸	HSCoA	酰基载体	动植物细胞中均含有	人类未发现缺乏病
维生素 PP	1. 烟酸和烟酰胺 2. 抗癞皮病维生素	NAD NADP	氢载体	肉类、谷物、花生等，人体可自色氨酸转变一部分	癞皮病
维生素 B_6	吡哆醇 吡哆醛 吡哆胺	磷酸吡哆醛和磷酸吡哆胺	参与氨基酸转氨、脱羧和消旋作用	酵母、蛋黄、肝、谷类等，肠道细菌可合成	人类未发现典型缺乏病
生物素	维生素 H		羧化酶的辅酶，参与体内 CO_2 的固定	动植物组织均含有，肠道细菌可合成	人类未发现典型缺乏病
叶酸		THFA	一碳基团载体	青菜、肝、酵母等	恶性贫血
维生素 B_{12}	钴胺素	5′-脱氧腺苷钴胺素	1. 参与某些变位反应 2. 甲基的转移	肝、肉、鱼等肠道细菌可合成	恶性贫血
维生素 C	抗坏血病维生素	—	1. 氧化还原作用 2. 作为脯氨酸羟化酶的辅酶，促进细胞间质的形成	新鲜水果、蔬菜、特别是番茄、柑橘、鲜枣等	坏血病
硫辛酸		—	1. 酰基载体 2. 氢载体	肝、酵母等	人类未发现缺乏病
维生素 A	1. 视黄醇 2. 抗干眼病维生素	—	1. 合成视紫红质 2. 维持上皮组织的结构完整 3. 促进生长发育	肝、蛋黄、鱼肝油、胡萝卜、青菜、玉米等	1. 夜盲病 2. 上皮组织质化 3. 生长发育受阻
维生素 D	抗佝偻病维生素	—	促使骨骼正常发育	鱼肝油、肝、蛋黄、奶等	佝偻病、软骨病
维生素 E	生育酚	—	1. 维持生殖机能 2. 抗氧化作用	麦胚油及其他植物油	人类未发现缺乏病
维生素 K	凝血维生素	—	1. 促进合成凝血酶原 2. 与肝脏合成凝血因子有关	肝、菠菜等，肠道细菌可合成	成人一般不易缺乏，偶见于新生儿及胆管阻塞患者，表现于凝血时间延长

本章小结

维生素是维持人体正常生理功能必需的一类化合物。它们的种类很多理化性质不同，但却有下列共同特点：

维生素都在天然实物中存在，它们在体内不提供能量，也不是构成机体的主要成分，机体只需少量即可满足维持正常生理功能的需要，但绝对不可缺少；维生素一般在体内不能合成，必须由食物来供给。维生素为人体生命必需的营养素之一。

除少数维生素的储存状态存在于某些组织外，大多数维生素是构成酶的辅酶或辅基的主要部分，参与生物体内的代谢过程。维生素缺乏时能引起代谢失调及各种特有的缺乏症。

维生素的命名系根据发现的次序以拉丁字母表示，也常以其生理功能或抗某种缺乏病命名。分类上按溶解性分为水溶性和脂溶性两大类。重要的水溶性维生素有维生素 B_1、维生素 B_2、泛酸、维生素 PP、维生素 B_6、生物素、叶酸、维生素 B_{12} 和维生素 C 等，维生素组成的辅酶或辅基有羧化辅酶、黄素辅酶、辅酶 A、辅酶 I、辅酶 II、磷酸吡哆醛、叶酸辅酶、B_{12} 辅酶。其他辅酶和辅基有硫辛酸、辅酶 Q、铁卟啉、金属等。脂溶性维生素有维生素 A、维生素 D、维生素 K 和维生素 E 等。

习题

（1）什么是维生素？维生素包括几种类型？

（2）试总结维生素与辅酶的关系？

（3）TPP、NAD、NADP、FMN、FAD、COA-SH 中各含有哪些维生素？它们分别代表何种辅酶？

（4）写出各辅酶（或辅基）的代表符号，并说明作为辅酶（或辅基）的功能。

（5）试简要的总结维生素 A、维生素 D、维生素 K、维生素 E 的功能。

扩展阅读

防止维生素在食品储藏与加工过程中损失的措施

人们通常在计算食品中的维生素含量时，只注意到了食品在加工前原料中的含量或者强化食品时所添加的量，但是食品在加工、储藏过程中，由于光、热、酸、碱、氧等因素的影响，其含量往往有所降低，如鲜牛奶中每升含维生素 C 5.1mg，杀菌后只含 3.8mg，制成奶粉只含 2.2mg，已损失了 54%。强化脱脂奶粉在加工中损失维生素 A 6%，在室温中储藏 2 年又损失 65%。如何提高食品中维生素的稳定性呢？

（1）改变维生素的结构是一种有效的方法。

研究表明，某些维生素变为其衍生物后，可以提高稳定性。如天然食品中的维生素正在空气中不稳定，而生育酚的酯类（如醋酸酯）对空气的氧化作用有较强的抵抗力，在油脂烹调时的高温中也很稳定。维生素 A 的熔点为 $62 \sim 64℃$，而维生素 A 的衍生物熔点高，如维生素 A-苯腙熔点为 $181 \sim 182℃$，这样就提高了其稳定性。在常用的添加剂中，维生素 A 棕榈酸酯比维生素 A 醋酸酯更为稳定。

维生素 B_1 是一种很易损失的维生素，过去人们用维生素 B_1 的盐酸盐作强化剂，添加到食物中，但效果也不理想。后来试制合成了 10 多种各有特点的维生素 B_1 衍生物，它们的生理效果与维生素 B_1 的盐酸盐相同，但更加稳定适用。如用二苄基硫胺素强化面粉，储藏 11 个月后，面粉中仍保留维生素 B_1 97%，在烤制面包时，尚保存 80% 左右；而用维生素 B_1（即硫胺素）的盐酸盐，储藏 2 个月后其含量就减至 60% 以下。维生素 C 是最易分解的一种维生素，在金属离子铜、铁存在下煮沸 30min 就要损失 70%~80%，而维生素 C 的磷酸酯在同样情况下基本无损失，因而常用于饼干、面包等的加工过程。比如当强化压缩饼干时，将饼干置于马口铁罐内充氮，在 40℃、相对湿度 85% 的条件下储存 6 个月，维生素 C 磷酸酯镁或钙保存率为 80%~100%，而普通维生素 C 保存率仅为 4%。通过改变维生素结构的方法，其营养健康功效并无改变，又增强了维生素的稳定性，故很受人们欢迎。

（2）添加稳定剂也是保护维生素稳定性的一个重要方法。

维生素 A 和维生素 C 等对氧气极为敏感，遇氧很易破坏损失，加上抗氧剂、螯合剂等物质作为稳定剂后便可减少其损失。据报道，维生素 A 储藏 4 个月，未加稳定剂的损失为 30%~40%，而加上果糖、甘油、蔗糖或其他物质后，仅损失 5%~10%。有人在强化乳儿粉中加入螯合剂 EDTA（乙二胺四乙酸），一段时间后，维生素 C 保存率为 71.5%，而未加的对照乳儿粉中其维生素 C 只剩下 5.5%。维生素的稳定剂也可用天然食物，比如有研究表明，黄豆、豌豆、扁豆、荞麦、燕麦等粉末和牛肝都对维生素 C 有保护稳定作用。我国有关单位的研究发现，添加绿豆粉对小白菜维生素 C 的保存率比对照组提高 31.9%，对大白菜的保存率提高 26.9%，对白萝卜的保存率提高 32.3%，对卷心菜的保存率提高 19.2%。甚至连某些维生素本身也可成为另外一些维生素的稳定剂，最典型的例子是维生素 E 和维生素 C，这两种维生素可作为抗氧化剂使用。有人试验在以牛奶、大豆为基础的代乳粉强化食品中，加入维生素 E 和其他稳定剂，经半月快速氧化保温后，其维生素 A 含量仍可高达 67.63%，而对照组只剩 29.22%。维生素 E 还可保护胡萝卜素的稳定性。

（3）储藏条件的改善也有利于维生素稳定性的提高。

低温冷冻条件下储藏可使维生素的损失率大大降低。草莓在低于 $-18℃$ 的温度下储藏 1 年或更长的时间，其维生素 C 几乎不变，随着储藏温度的升高，维生素 C 迅速转化。大气中的含氧量为 21%，这种情况下易于引起某些维生素的损失，如果降低含氧量，则可延长维生素的保存时间，其中一种方法就是在罐中充入氮气。强化婴儿奶粉采用铁罐充氮，在 60℃ 中储藏 10d，其维生素 A、维生素 B、维生素 C 的损失比普通密封法减少 10% 以上。

（4）包装技术的改进也有利于维生素稳定性的提高。

食品加工以后的储藏、运输直到最后送到消费者手中，往往离不开包装。包装环节也就构成了维生素稳定与否的一个重要步骤，包装应该有益于食品，至少无害于食品的质量。包装技术的革命也为提高维生素的稳定性做出了贡献。放眼食品市场，各种类型的新式包装方法不断涌现。除前述充氮罐装外，也有真空法、充二氧化碳法等，均可减少维生素的损失。在包装材料上，有铝箔、塑料复合材料、软管、蜡纸等，好的包装材料和方法应防潮、防腐等，最大限度地控制食品同外界环境之间的交互作用，从而提高维生素的稳定性。

第六章 核 酸

☞ **课前导读**

本章介绍核酸的发现及发展，核酸的概念及重要性、核酸的分类和功能。重点叙述核酸的组成，DNA 和 RNA 的一级、二级结构及有关的物理化学性质。核酸的测定、核酸与生物技术的关系。

☞ **教学目标**

(1) 掌握 DNA 和 RNA 在组分、结构和功能上的差异。

(2) 了解核酸的结构和它们的性质、功能的关系。

(3) 认识核酸在生物科学上的重要性和实践意义。

(4) 了解核酸与生物技术的关系。

第一节 概 述

核酸与蛋白质一样，是生物体内极其重要的生物大分子，是生命的最基本的物质之一。

一、核酸的发现及发展

核酸是单核苷酸的多聚体，天然的核酸常常与蛋白质相结合，成为核蛋白。核酸对生物遗传和蛋白质的生物合成皆有重要的意义。

核酸发现的比较晚，1869 年瑞士青年科学家 Miescher 首次从包裹伤口绷带上的浓细胞中分离出细胞核，再从细胞核中分离出一种可溶于稀碱而不溶于稀酸并含磷很高的酸性化合物，称为核素 (nuclein)。1889 年 Altman 制备了不含蛋白质的核酸制品，正式命名为核酸 (nucleicacid)。现在知道，核酸存在于一切生物体中，甚至连最简单的生物病毒体中都有。

在很长一段时间里，人们对核酸的生物功能是没有认识的，人们并不十分重视核酸。对核酸的研究只停留在其化学成分上，直到大量的实验证实了核酸是遗传物质。

Kossel 和 Levene 等在确定核酸组分方面做了大量工作，逐步明确核酸可分为两大类，含脱氧核糖的称脱氧核糖核酸 (deoxyribonucleicacid, DNA)，含核糖的称核糖核酸 (libonucleicacid, RNA)。

1953 年 Watson 和 Crick 提出 DNA 的双螺旋结构模型，从此，核酸的研究成了生命科学中最活跃的领域之一。核酸的研究加快了揭示生命奥秘的进程。特别是随着一系列工具酶的使用，使人们有可能对 DNA 和 RNA 的结构进行详细分析，并有可能将不同来源的遗传物质重新组合在一起，赋予生物体新的性状，或按照拟定的蓝图设计出新的生物体。由此产生的基因工程在工业、农业、医学等领域的应用日益广泛。以核酸、蛋白质等大分子的结构功能研究及基因工程技术为主要内容的分子生物学正在创造着越来越大的社会财富。

二、核酸的分类和功能

核酸分为两大类，即核糖核酸（RNA）和脱氧核糖核酸（DNA）。RNA 中又分成 mRNA、tRNA、rRNA。

（一）脱氧核糖核酸（DNA）

DNA 主要存在于细胞核内，微量存在于细胞质。现已证明，除少数病毒以 RNA 为遗传物质外，多数生物体的遗传物质是 DNA。原核生物的"染色体"就是一个有复杂空间结构的 DNA 分子，真核生物的染色体则是由 DNA 和约等量的蛋白质构成的。此外，原核生物含有较小的质粒 DNA，真核生物的线粒体、叶绿体等细胞器也含有较小的 DNA，细胞器 DNA 约占真核生物 DNA 总量的 5%。不同生物体中 DNA 的结构差别（或 RNA 病毒中 RNA 的结构差别），决定了其所含蛋白质的种类和数量有所差别，因而表现出不同的形态结构和代谢类型。

DNA 的功能是多方面的。它是生物体遗传、变异、重组和性状表达的基础。

(1) DNA 是遗传物质。

DNA 所携带的遗传信息是记载于组成 DNA 的全部核苷酸排列顺序之中的。DNA 通过半保留复制将遗传信息准确的传递给下一代。DNA 的半保留复制保证了生物种的稳定性和延续性。

(2) DNA 的重组。

重组就是 DNA 分子之间的共价连接。重组是 DNA 功能活动的一个重要方面。通过重组，DNA 链上基因的排列顺序可以得到重新安排而使遗传特性发生变化。所以重组在生物的进化上、遗传上起着重要的作用。

(3) DNA 指导蛋白质的形成。

1958 年由 Crick 提出的分子生物学中心法则指出：DNA 可以指导自我复制，能转录（transcript）形成具有互补序列的 RNA，此 RNA 序列再翻译（translate）成相应氨基酸序列而形成蛋白质。

（二）核糖核酸（RNA）

RNA 主要存在于细胞质中，微量存在于细胞核内。核内 RNA 只占 RNA 总量的约 10%。RNA 的主要作用是从 DNA "转录"遗传信息，并指导蛋白质的生物合成。此外，近些年发现不少小分子 RNA 有重要的调节功能和催化功能。RNA 有以下三种：

(1) mRNA（信使 RNA）：约占总 RNA 的 5%，在细胞核中合成，"抄录了"

DNA 的遗传信息，然后到细胞质中与核蛋白结合。它的功能是将 DNA 的遗传信息传递到蛋白质的合成基地—核糖核蛋白体。

（2）tRNA（转移 RNA）：约占总 RNA 的 10％～15％，游离存在于细胞浆中。它在蛋白质的生物合成中，起着运送氨基酸的作用。每一种氨基酸都有一种或几种 tRNA 与它相对应。tRNA 携带相应的氨基酸到核糖体中参与蛋白质的合成。

（3）rRNA（核糖体 RNA）：约占总 RNA 的 80％，它与蛋白质结合在一起，构成核糖核蛋白体，形成核糖体。核糖体是蛋白质生物合成场所。

第二节　核酸的组成

核酸是分子质量很大的高分子化合物，它的基本单位是核苷酸。采用不同的水解方法，可将核酸降解为核苷酸，核苷酸还可以降解为核苷和磷酸，核苷进一步分解又生成碱基和戊糖。核酸的组成如图 6-1 所示。

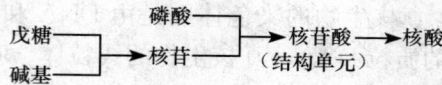

$$戊糖\ \brace 碱基 \to 核苷\ \left.\begin{array}{c}磷酸 \\ 核苷\end{array}\right\} \to \begin{array}{c}核苷酸 \\ （结构单元）\end{array} \to 核酸$$

图 6-1　核酸的组成

一、核酸的基本单位——核苷酸

每一个核苷酸分子由 1 分子戊糖（核糖或脱氧核糖）、1 分子磷酸和 1 分子含氮碱基组成。碱基分为两类：一类是嘌呤，为双环分子；另一类是嘧啶，为单环分子。嘌呤一般均有 A、G 两种，嘧啶一般有 C、U、T 3 种。这 5 种碱基的结构式如图 6-2 所示。

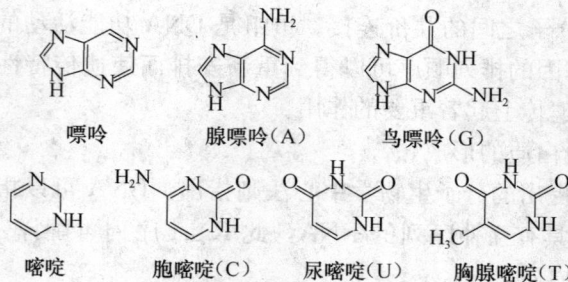

嘌呤　　腺嘌呤（A）　　鸟嘌呤（G）

嘧啶　　胞嘧啶（C）　　尿嘧啶（U）　　胸腺嘧啶（T）

图 6-2　嘌呤和嘧啶

由上述结构式可知：腺嘌呤是嘌呤的 6 位碳原子上的 H 被氨基取代。鸟嘌呤是嘌呤的 2 位碳原子上的 H 被氨基取代，6 位碳原子上的 H 被酮基取代。3 种嘧啶都是在嘧啶 2 位碳原子上由酮基取代 H，在 4 位碳原子上由氨基或酮基取代 H 而成，对于 T，嘧啶的 5 位碳原子上由甲基取代了 H。凡含有酮基的嘧啶或嘌呤在溶液中可以发生酮式

和烯醇式的互变异构现象。在生物体内则以酮式占优势，这对于核酸分子中氢键结构的形成非常重要。例如尿嘧啶的互变异构反应式为

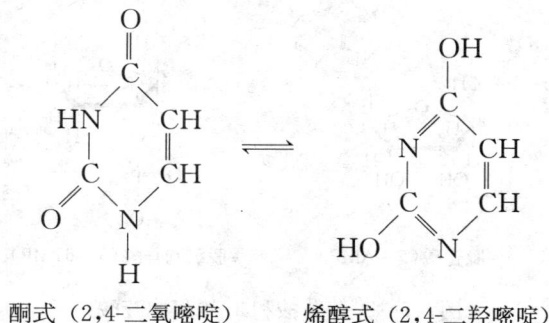

酮式（2,4-二氧嘧啶） 烯醇式（2,4-二羟嘧啶）

在一些核酸中还存在少量其他修饰碱基。由于含量很少，故又称微量碱基或稀有碱基。核酸中修饰碱基多是 4 种主要碱基的衍生物。tRNA 中的修饰碱基种类较多，如次黄嘌呤、二氢尿嘧啶、5-甲基尿嘧啶、4-硫尿嘧啶等，tRNA 中修饰碱基含量不一，某些 tRNA 中的修饰碱基可达碱基总量的 10% 或更多。

核苷是核糖或脱氧核糖与嘌呤或嘧啶生成的糖苷。戊糖的第 1 碳原子（C_1）通常与嘌呤的第 9 氮原子或嘧啶的第 1 氮原子相连。在 tRNA 中存在少量 5-核糖尿嘧啶，这是一种碳苷，其 C_1 是与尿嘧啶的第 5 位碳原子相连，因为这种戊糖与碱基的连接方式特殊（为 C—C 连接），故称为假尿苷。

核苷酸是核苷的磷酸酯，是核苷中的戊糖羟基被磷酸酯化形成的。根据核苷酸组成中戊糖的不同，将核苷酸分为两大类：核糖核苷酸和脱氧核糖核苷酸。核苷酸的核糖有 3 个自由的羟基，可以磷酸酯化分别生成 $2'-$，$3'-$和 $5'-$核苷酸。脱氧核苷酸的糖上只有 2 个自由羟基，只能生成 $3'-$和 $5'-$脱氧核苷酸，各种核苷酸的结构已经由有机合成法证实。生物体内的游离核苷酸多为 $5'-$核苷酸，所以通常将核苷-$5'-$磷酸简称为核苷-磷酸或核苷酸。各种核苷酸在文献中通常用英文缩写表示，如腺苷酸为 AMP，鸟苷酸为 GMP。脱氧核苷酸则在英文缩写前加小写小如 dAMP，dGMP 等。以 RNA 的腺苷酸为例：当磷酸与核糖 5 位碳原子上羟基缩合时为 $5'-$腺苷酸，用 $5'-$AMP 表示；当磷酸基连接在核糖 3 位或 2 位碳原子上时，分别为 $3'-$AMP 和 $2'-$AMP。$5'-$腺苷酸和 $3'-$脱氧胸苷酸的结构式如图 6-3 所示。

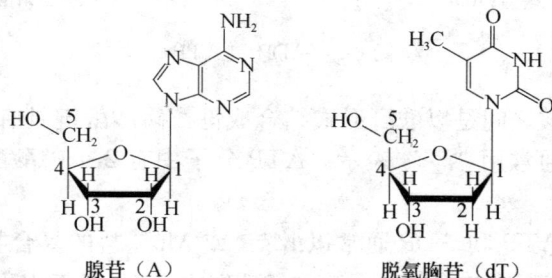

腺苷（A） 脱氧胸苷（dT）

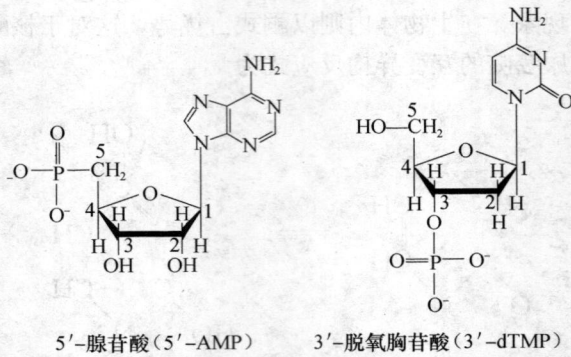

5′-腺苷酸（5′-AMP）　　　　　3′-脱氧胸苷酸（3′-dTMP）

图 6-3　5′-腺苷酸和 3′-脱氧胞苷酸

2′-核苷酸　　3′-核苷酸　　5′-核苷酸

图 6-4　核苷酸简式

核苷酸结构也可以用下面简式（图 6-4）表示。B 表示嘌呤或嘧啶碱基，直线表示戊糖，P 表示磷酸基。

3′-或 5′-核苷酸简式也可分别用 Np 和 pN 表示（N 代表核苷）。即当 p 在 N 右侧时为 3′-核苷核，p 在 N 左侧的为 5′-核苷酸，如 3′-腺嘌呤核苷酸和 5′-腺嘌呤核苷酸可分别用 Ap 和 pA 表示。

在生物体内，核苷酸除了作为核酸的基本组成单位外，还有一些核苷酸类物质自由存在于细胞内，具有各种重要的生理功能。

（1）含高能磷酸基的 ATP 类化合物：5′-腺苷酸进一步磷酸化，可以形成腺苷二磷酸和腺苷三磷酸，分别为 ADP 和 ATP 表示。ADP 是在 AMP 接上 1 分子磷酸而成，ATP 是由 AMP 接上 1 分子焦磷酸（PPi）而成，它们的结构式如图 6-5 所示。

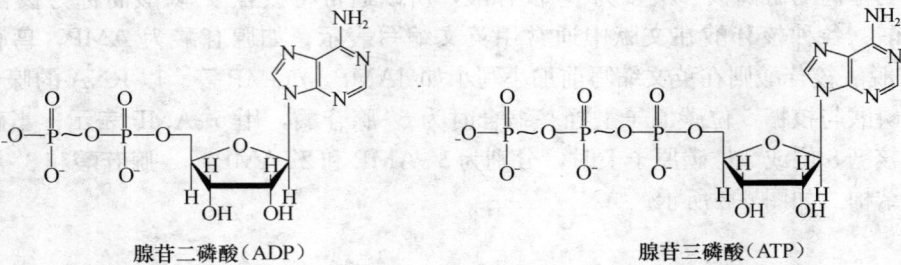

腺苷二磷酸（ADP）　　　　　　　　腺苷三磷酸（ATP）

图 6-5　ADP 和 ATP

这类化合物中磷酸之间是以酸酐形式结合成键，磷酸酐键具有很高的水解自由能，习惯上称为高能键，通常用"～"表示。ATP 分子中有 2 个磷酸酐键，ADP 中只含 1 个磷酸酐键。

在生活细胞中，ATP 和 ADP 通常以 Mg^{2+} 或 Mn^{2+} 盐的复合物形式存在。特别是 ATP 分子上的焦磷酸基对二价阳离子有高亲和力；加上细胞内常常有相当高浓度的 Mg^{2+}，使 ATP 对 Mg^{2+} 的亲和力远大于 ADP。在体内，凡是有 ATP 参与的酶反应中，大多数的 ATP 是以 Mg^{2+}-ATP 复合物的活性形式起作用的。当 ATP 被水解时，有两种结果：一是水解形成 ADP 和无机磷酸；另一种是水解生成 AMP 和焦磷酸。ATP 是大多数生物细胞中能量的直接供体，ATP-ADP 循环是生物体系中能量交换的基本方式。

在生物细胞内除了 ATP 和 ADP 外，还有其他的 5'-核苷二磷酸和三磷酸，如 GDP、CDP、UDP 和 GTP、CTP、UTP；5'-脱氧核苷二磷酸和三磷酸，如 dADP、dGDP、dTDP、dCDP 和 dATP、dCTP、dGTP、dTTP，它们都是通过 ATP 的磷酸基转移转化来的，因此 ATP 是各种高能磷酸基的主要来源。除 ATP 外，由其他有机碱构成的核苷酸也有重要的生物学功能，如鸟苷三磷酸（GTP）是蛋白质合成过程中所需要的，鸟苷三磷酸（UTP）参与糖原的合成，胞苷三磷酸（CTP）是脂肪和磷脂的合成所必需的。还有 4 种脱氧核糖核苷的三磷酸酯。即 dATP、dCTP、dGTP、dTTP 则是 DNA 合成所必需的原材料。

（2）环状核苷酸：核苷酸可在环化酶的催化下生成环式的一磷酸核苷。其中以 3',5'-环状腺苷酸（以 cAMP）研究最多，它是由腺苷酸上磷酸与核糖 3',5' 碳原子酯化而形成的，它的结构式如图 6-6 所示。

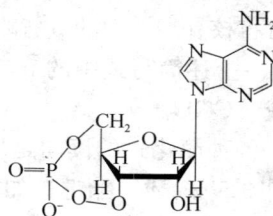

正常细胞中 cAMP 的浓度很低。在细胞膜上的腺苷酸环化酶和 Mg^{2+} 存在下，可催化细胞中 ATP 分子脱去一个焦磷酸而环化成 cAMP，使 cAMP 的浓度升高，但 cAMP 又可被细胞内特异性的磷酸二酯酶水解成 5'-AMP，故 cAMP 的浓度受这两种酶活力的控制，使其维持一定的浓度。该过程可简单表示为

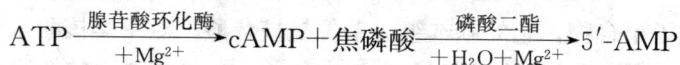

图 6-6　3',5'-环腺苷酸（cAMP）

$$ATP \xrightarrow[+Mg^{2+}]{\text{腺苷酸环化酶}} cAMP + \text{焦磷酸} \xrightarrow[+H_2O+Mg^{2+}]{\text{磷酸二酯}} 5'\text{-AMP}$$

现认为 cAMP 是生物体内的基本调节物质。它传递细胞外的信号，起着某些激素的"第二信使"作用。不少激素的作用是通过 cAMP 进行的，当激素与膜上受体结合后，活化了腺苷酸环化酶，使细胞内的 cAMP 含量增加。再通过 cAMP 去激活特异性的蛋白激酶，由激酶再进一步起作用。近年来发现 3'、5'-环鸟苷酸（cGMP）也有调节作用，但其作用与 cAMP 正好相拮抗。它们共同调节着细胞的生长和发育等过程。此外，在大肠杆菌中 cAMP 也参与 DNA 转录的调控作用。

二、核酸的化学结构（或一级结构）

核酸分子是由核苷酸单体通过 3',5'-磷酸二酯键聚合而成的多核苷酸长链。核苷酸单体之间是通过脱水缩合而成为聚合物的，这点与蛋白质的肽链形成很相似。在脱水缩合过程中，一个核苷酸中的磷酸给出一个氢原子；另一个相邻核苷酸中的戊糖给出一个羟基，产生 1 分子水，每个单体便以磷酸二酯键的形式连接起来。由许多个核苷酸缩合而形成多核苷酸链。如果用脾磷酸二酯酶来水解多核苷酸链，得到的是 3'-核苷酸，而用蛇毒磷酸二酯酶来水解得到的却是 5'-核苷酸。这证明多核苷酸链是有方向的，一端叫 3'-末端，一端叫 5'-末端。所谓 3'-末端是指多核苷酸链的戊糖上具有 3'-磷酸基（或

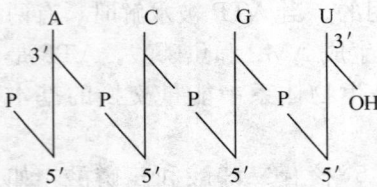

图 6-7　核苷酸链简式

羟基）的末端，而具有 5′-磷酸基（或羟基）的末端则称为 5′-末端。多核苷酸链两端的核苷酸为末端核苷酸，末端磷酸基与核苷相连的键称为磷酸单酯键。书写多核苷酸链时，通常将 5′端写在左边，3′端写在右边。但在书写一条互补的双链 DNA 时，由于二条链是反向平行的，因此每条链的末端必须注明 5′或 3′。通常核苷酸链简式如图 6-7 所示。

　　各核苷酸残基沿多核苷酸链排列的顺序（序列）称为核酸的一级结构。核苷酸的种类虽不多，但可因核苷酸的数目、比例和序列的不同构成多种结构不同的核酸。由于戊糖和磷酸两种成分在核酸主链上不断重复，也可用碱基序列表示核酸的一级结构。用简写式表示核酸的一级结构时，用 p 表示磷酸基团，当它放在核苷符号的左侧时，表示磷酸与糖环的 5′-羟基结合，右侧表示与 3′-羟基结合，如 $pApCpGpU_{OH}$，若进一步简化，还可将核苷酸链中的 p 省略，或在核苷酸之前加小点，则变为 $pACGU_{OH}$ 或 $pA·C·G·U_{OH}$。上述简写式中的 p 亦可省去，用连字符代替，如 A-C-G-U，或将连字符也省去，写成 ACGU。

　　各种简化式的读向是从左到右，所表示的碱基序列是从 5′到 3′核苷酸之间的连接键是 3′5′-磷酸二酯键；如欲表示他种结构，应注明，如双链核酸的两条链为反向平行，同时描述两条链的结构时必须注明每条链的走向。

第三节　核酸的结构

　　核酸是高分子聚合物，它的基本组成单位是核苷酸。对每类核酸来讲，它的核苷酸种类基本是四种，但由于 DNA、RNA 都是大分子，各种核酸中的核苷酸少到 70 多个，多到几千万个，而且多是按照一定的排列顺序相连而成，因此，核酸的种类很多，它和蛋白质一样，有一定的化学结构和空间结构。

一、DNA 的一级结构

　　DNA 的一级结构是指 4 种脱氧核苷酸在分子中的连接方式和排列顺序（序列），四种核苷酸或脱氧核苷酸按照一定的排列顺序以 3′,5′磷酸二酯键相连形成的多聚核苷酸链或脱氧核苷酸，称为核苷酸序列（也称为碱基序列）。脱氧核苷酸或核苷酸的连接具有严格的方向性，是前一核苷酸的 3′-OH 与下一位核苷酸的 5′-位磷酸间形成 3′,5′磷酸二酯键，构成一个没有分支的线性大分子。DNA 的书写应从 5′到 3′。DNA 是由数量庞大的 4 种脱氧核苷酸通过 3′5′-磷酸二酯键连接而成的。由于脱氧戊糖中 C-2′上不含羟基，C-1′与碱基相连，唯一可能形成的是 3′5′-磷酸二酯键。所以 DNA 没有侧链。图 6-8 左表示 DNA 多核苷酸链的一个小片断。

　　DNA 分子很大，最小的病毒 DNA 约含 5000b，因此，DNA 序列测定比较困难，开展也较晚。20 世纪 70 年代中期出现了快速测定 DNA 序列的新方法。

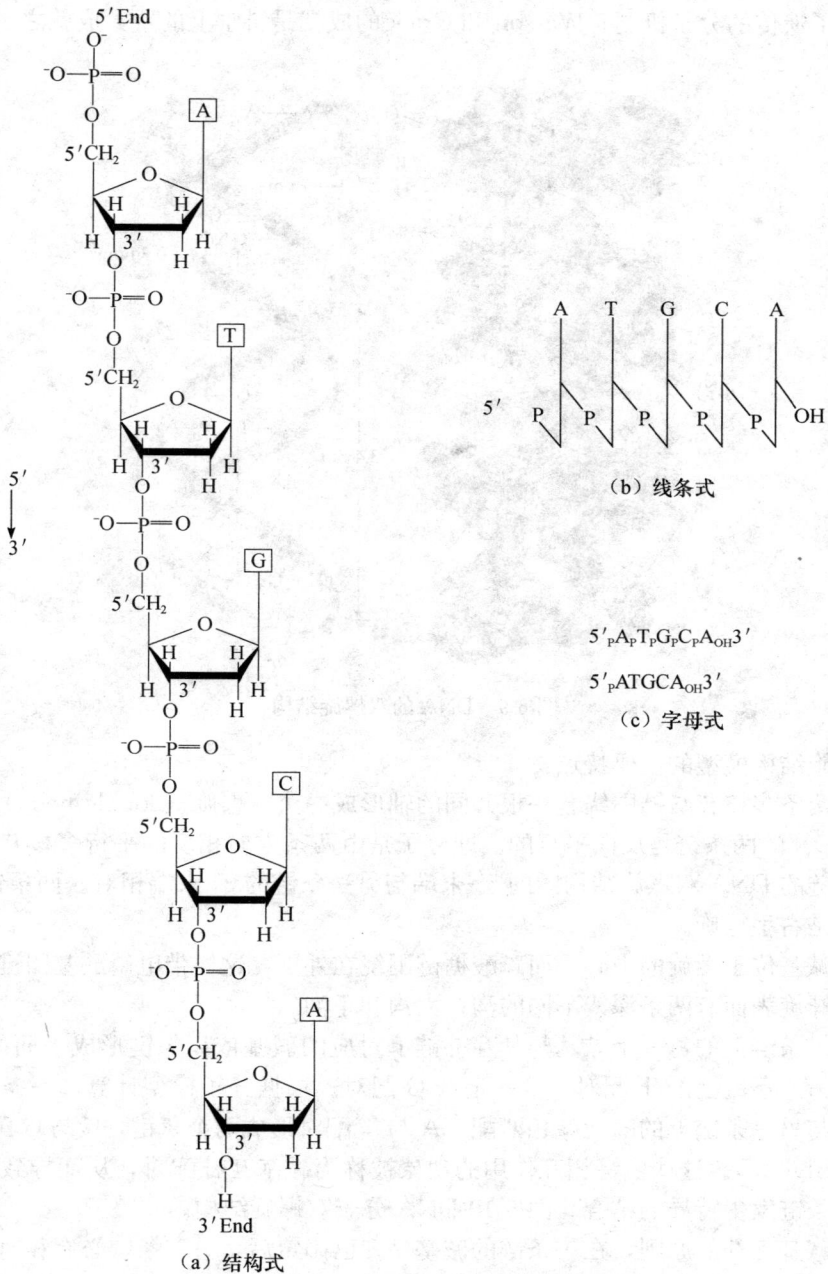

（b）线条式

$5'_PA_PT_PG_PC_PA_{OH}3'$

$5'_PATGCA_{OH}3'$

（c）字母式

（a）结构式

图 6-8　DNA 中多核苷酸链的一个小片断及缩写符号

（a）DNA 中多核苷酸链的一个小片断；（b）为线条式缩写；（c）为文字缩写

二、DNA 的双螺旋二级结构

1953 年 Watson 和 Crick 确定了 DNA 的双螺旋结构模型（图 6-9）。这是现代分子生物学诞生的标志。DNA 的双螺旋结构模型不仅解决了生命中有争议的中心分子模型，它也指出了遗传的分子机制。Watson 和 Crick 的成就是科学上的重大成就之一。

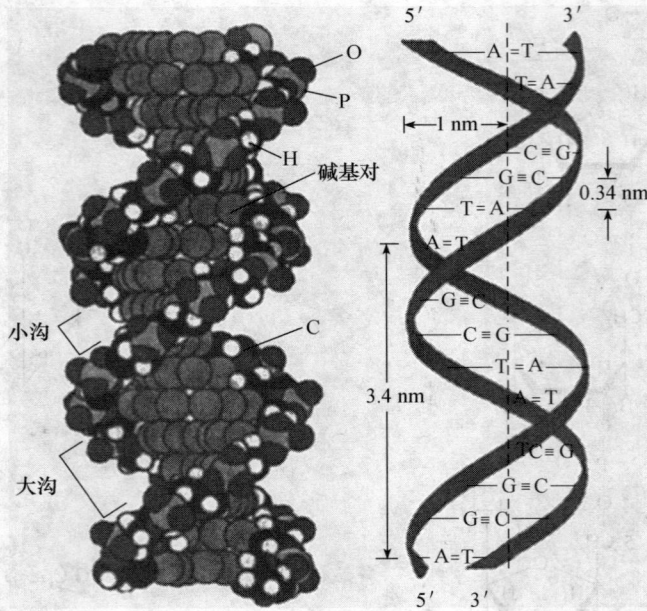

图 6-9　DNA 的双螺旋结构

双螺旋结构模型的主要特点：

（1）两条多核苷酸链围绕着一根共同的轴形成一个双螺旋（double helix）。

（2）DN 的两条链是反向平行的。即分子是由两条方向相反的平行多核苷酸链构成的，一条链的 DNA 双螺旋结构图的 $5'$-末端与另一条链的 $3'$-末端相对。两条链的糖-磷酸主链都是右手螺旋。

（3）碱基位于螺旋的中心，而磷酸糖链围绕在外围，这样带电磷酸基团键的斥力降到最小。螺旋表面有两条深浅不同的沟；大沟和小沟。

（4）一条链上的每一个碱基与其互补链上对应的碱基依靠氢键形成平面的碱基对。A 一定与另一条链上的 T 配对，C 一定与 G 配对。根据分子模型计算，一条链上的嘌呤碱必须与另一条链上的嘧啶碱相匹配，A 与 T 配对形成两个氢键，C 与 G 配对形成 3 个氢键（图 6-10）。这些氢键相互作用的现象被称为碱基互补配对，从而导致双螺旋结构中的两条链发生特异的结合。图 6-10 DNA 分子双螺旋结构。

根据碱基互补的原则，在一条链的碱基序列已确定后，另一条链必有相对应的碱基序列。更重要的是它指出每一条 DNA 链都可以作为模板来合成它的互补链，并且每条链都能编码遗传信息。即由一个亲代 DNA 分子合成两个与亲代 DNA 完全相同的分子。事实上，Watson 和 Crick 在提出双螺旋结构模型时，已经考虑到 DNA 复制问题，并很快提出了半保留复制假说。

大部分 DNA 分子是相当大的，这与它们作为细胞遗传信息的载体是一致的。除了少数例外以外，越复杂的有机体包含越多的 DNA。当然，每种生物体的基因组，即它唯一的 DNA 组成，可能被定位到几条染色体上，每条都包含一个独立的 DNA 分子。

注意许多有机体都是二倍体，也就是说，他们包括两套相同的染色体组，分别来自父母双方。单倍体 DNA 的含量是双倍体 DNA 总量的一半。

因为 DNA 分子很大，所以 DNA 分子的大小通常用 bp（碱基对）和 kb（千碱基对）的数目来表示。

（5）相邻碱基对平面间的距离为 0.34nm，该距离使碱基平面间的 π 电子云可在一定程度上互相交盖，形成碱基堆积力。双螺旋每转一周有 10 个碱基对，每转的高度（螺距）为 3.4nm。DNA 分子的大小常用碱基对数（base pair，bp）表示，而单链分子的大小则常用碱基数（base，b）来表示。

（6）大多数天然 DNA 属双链结构 DNA（dsDNA），某些病毒如 X174 和 M13 的 DNA 是单链分子 DNA（ssDNA）。

（7）双链 DNA 分子主链上的化学键受碱基配对等因素影响旋转受到限制，使 DNA 分子比较刚硬；呈比较伸展的结构。但一些化学键亦可在一定范围内旋转，使 DNA 分子有一定的韧性，双螺旋结构可以发生一定的变化而形成不同的类型，亦可进一步扭曲成三级结构。

三、RNA 结构的特点

1. RNA 的碱基组成

RNA 中所含的四种基本碱基是；腺嘌呤、鸟嘌呤、胞嘧啶、尿嘧啶。此外还有几十种稀有碱基。

2. RNA 的一级结构

RNA 的一级结构是直线形多聚核苷酸，分子质量差别极大，tRNA 的分子质量为 25000Da，rRNA 的分子质量可达到 10^6Da。形成 RNA 的各核苷酸之间的连键也是 3′，5′-磷酸二酯键。尽管 RNA 的核糖 C′ 上有一自由的羟基，但并不形成 2′,5′-磷酸二酯键。

3. RNA 的二级结构

RNA 的二级结构是由部分双螺旋结构和环状突起构成。有 40％～70％的核苷酸参加螺旋的形成。

大多数天然 RNA 分子是一条单链，它通过自身回折而使得可以彼此配对的碱基相遇，形成氢键，同时形成双螺旋结构。与 DNA 不同，RNA 的双螺旋结构是分子内的，即 RNA 单链本身卷起来。在分子内的双螺旋中形成的 Watson-Click 碱基配对，是由 A 与 u，G 与 c 之间的氢键连接起来，螺旋一侧的核苷酸序列必须是另一侧序列的反向重复。

所有 RNA 中，以 tRNA 的结构研究得最多，了解的最清楚。tRNA 的结构类似三叶草型。（图 6-10）在 tRNA 结构中，多核苷酸分子内形成氢键的碱基对都是 A 对 U，G 对 C 形成氢键的部位称臂，不能形成亲氢键的区段就形成环状突起，称突环。

tRNA 分子中有由两个重要的功能部位：

氨基酸臂：位于链的 3′-OH 端部分。由 3′ 末端和 5′ 末端附近的碱基配对而成，在 3′ 末端都是-CpCpAOH 是 tRNA 识别、结合和活化氨基酸的部位。在蛋白质合成时，

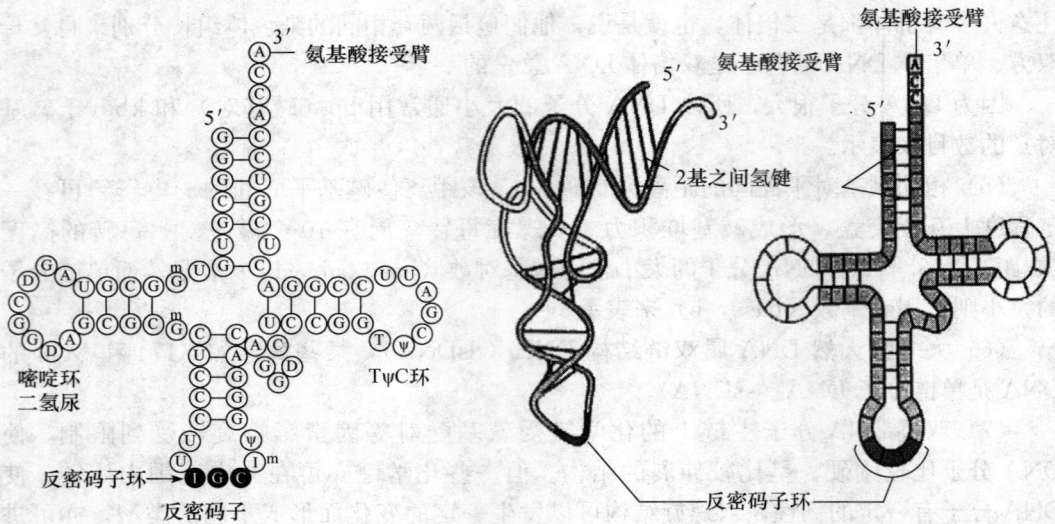

图 6-10　tRNA 三叶草形二、三级结构的通式

由酶作用，氨基酸与其特定的 tRNA 在 3′-OH 结合，由 tRNA 将氨基酸带到 mRNA 制定的位置上。

反密码臂：位于下端的凸环部分。由 7 个碱基组成，其中含有特殊顺序的三联体，称反密码子。它与 mRNA 上的三联体密码子互补对应，如苯丙氨酸的反密码子是 5′GAA3′，相对应的密码子是 UUC。不同的 tRNA 含有不同的反密码子。反密码臂是 tRNA 识别 mRNA 氨基酸信息的核心部分。

除此以外，在 tRNA 三叶草结构中还有 TψC 突环（与核糖体的结合有关）、D 突环，及一些稀有的修饰碱基如假尿核苷、双氢尿苷、胸腺核苷等。

第四节　核酸的性质

一、一般理化性质

核酸的分子很大，DNA 的相对分子质量一般为 $10^6 \sim 10^9$。RNA 的分子大小不同，一般 tRNA 分子链最小为 10^4 左右，mRNA 约为 0.5×10^6 或比这个大些，rRNA 则在 0.6×10^6。

核酸和核苷酸既有磷酸基，又有碱性基团，所以都是两性电解质，因磷酸的酸性强，通常表现为酸性。

DNA 为白色类似石棉样的纤维状固体，RNA、核苷酸、核苷、碱基的纯品都呈白色粉末或结晶。核酸是极性化合物，微溶于水，不溶于一般有机溶剂如乙醇和氯仿；常用乙醇从溶液中沉淀核酸。

大多数 DNA 为线形分子，分子极不对称，其长度可以达到几个 cm 而分子的直径只有 2nm。因此 DNA 溶液的黏度极高。RNA 溶液的黏度要小得多。核酸可被酸、碱或酶水解成为各种组分，用层析、电泳等方法分离，其水解程度因水解条件而异。

RNA 能在室温条件下被稀碱水解成核苷酸而 DNA 对碱较稳定，常利用此性质测定 RNA 的碱基组成或除去溶液中的 RNA 杂质。

二、核酸的紫外吸收性质

核酸中的嘌呤碱和嘧啶碱具有共轭双键，具有吸收紫外光的性能，能强烈吸收 260～290nm 波段紫外光，其最高的吸收峰接近 260nm。图 6-11 为 RNA 钠盐水溶液的吸收曲线，最大的吸收峰在 260nm，DNA 的吸收曲线与 RNA 无显著区别。核酸的紫外吸收通常要比蛋白质在 280nm 处的吸收强 30～60 倍。这是区别于蛋白质的主要特征之一。

在一定 pH 条件下，各种嘌呤、嘧啶衍生物都由它们特定的紫外吸收曲线。A、C、C、T、U 在 pH7 时的最大吸收峰分别是 260、267、275、265、260nm。

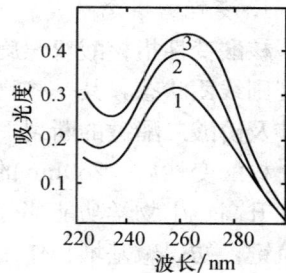
图 6-11 DNA 紫外吸收光谱
1. 天然 DNA；2. 变性 DNA；3. 核苷酸

核酸、核苷酸类物质的这一紫外吸收性质很重要。可以利用核酸的这一光学特性来定位测定它在细胞和组织中的分布。细胞的紫外光照相主要是利用核酸的强烈吸收紫外光作用，也可利用这种性质测定嘌呤或嘧啶衍生物在纯溶液中的含量（每摩尔这种物质在一定 pH 条件下的紫外吸收值为常数），以及它们在色谱和电泳谱上的位置．当暴露在 250～290nm 的紫外光下时，滤纸（或其他载体）发出浅蓝色荧光。由于嘌呤或嘧啶衍生物的存在吸收了入射的紫外光，从而"熄灭"了该处的荧光，所以当把滤纸放在这一波长下观察时所看到的嘌呤或嘧啶衍生物的斑点是一个暗区。

核酸的光吸收值常比其各核苷酸成分的光吸收值之和少 30%～40%。这是在有规律的双螺旋结构中碱基紧密地堆积在一起造成的。

紫外吸收性质是核酸、核苷酸类的重要性质，不仅可以用于定性鉴定，也是定量测定时最常用的方法。定量测定时，通常在 260nm 单色光下测其吸收值，一般配制成 10～20μg/mL 浓度为宜。

三、核酸和核苷酸的两性性质

核酸和核苷酸分子中既含有酸性的磷酸基团又含有碱性的碱基，它们既具有酸性又具有碱性，在一定条件下可以解离而带电荷，故它们都是两性电解质。都有一定的等电点，在电场中可以电泳。

核酸是个多元酸，其分子中的磷酸基团的酸性大于碱基的碱性，故核酸的等点电较低．如 DNA 的等电点为 4～4.5，RNA 的等电点为 2～2.5。RNA 的等点电比 DNA 低的原因是 RNA 分子中核糖基 2′-OH 通过氢键促进了磷酸基上质子的解离，DNA 没有这种作用。

由于核酸的带电性，在一定 pH 条件下使核酸带负电荷，在电场中向正极移动，故电泳已成为核酸分离、检测、制备、顺序测定的研究中最常用的技术之一，此法简便、快速、高效、微量。

核苷酸是由磷酸、碱基和核糖组成，故为两性电解质。在一定 pH 条件下可解离带电荷，这是电泳和离子交换法分离各种核苷酸的重要依据。各种核苷酸上可解离的基团有氨基、烯醇基和第一、第二磷酸基。

四、核酸的变性

1. 变性的概念

核酸变性指核酸双螺旋区的多聚核苷酸链间的氢键断裂，空间结构破坏，形成单链无规则线团状态，其一些物理和化学性质发生变化的过程。变性只涉及次级键的变化，不涉及磷酸二酯键的断裂，所以核酸的一级结构保持不变。

核酸变性后，260nm 的紫外吸收值明显增加，称增色效应。同时黏度下降，浮力密度升高，生物学功能部分或全部丧失，这些性质可用于判断核酸的变性程度。凡可破坏氢键，妨碍碱基堆积作用和增加磷酸基静电斥力的因素均可促成螺旋结构的破坏而导致核酸变性作用的发生。

引起核酸变性的因素很多，如加热引起热变性、pH 过低（pH<4）的酸变性、和 pH 过高（pH>11）的碱变性、纯水以及各种变性试剂如甲醇、尿素等都能使核酸变性。核酸的变性还与核酸本身的稳定性有关，如 G%＋C% 含量高的 DNA 分子就较稳定，因为 G—C 对中含有三对氢键而 A—T 对只含有两对氢键。

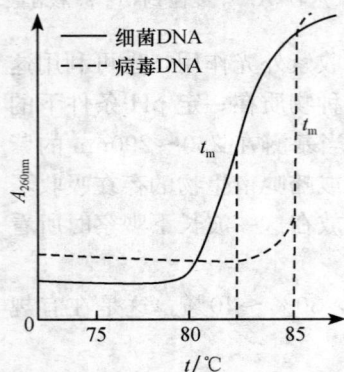

2. 热变性和 t_m

热变性是核酸的重要性质。加热 DNA 的稀盐溶液，达到一定温度（80～100℃）后，双螺旋结构即解体，两条链彼此分开，形成无规线团的过程为热变性（图 6-12）。对核酸加热，达到一定温度，260nm 的吸光度骤然增加，表明两链开始分开，吸光度增加约 40% 后，变化趋于平

图 6-12　DNA 的熔点

坦，说明两链已完全分开。这表明 DNA 变性是个突变过程，类似结晶的熔解，因此，将紫外吸收的增加量达最大增量一半时的温度值称熔解温度（t_m）。

3. 核酸的复性

变性核酸的互补链在适当条件下重新缔合成双螺旋的过程称复性。变性核酸复性时需缓慢冷却，故又称退火。复性时单链随机碰撞，不能形成碱基配对或只形成局部碱基配对时，在较高的温度下两链重又分离，经多次试探性碰撞才能形成正确的互补区。

4. 核酸变性在科学实践中的应用——聚合酶链式反应（PCR）技术与 DNA 扩增

聚合酶链式反应（polymerase chain reaction，PCR）是一种体外模拟自然 DNA 复制过程的核酸扩增技术，即无细胞分子克隆技术。PCR 技术由 Mullis 于 1985 年发明。它以待扩增的两条 DNA 链为模板，由一对人工合成的寡聚核苷酸引物介导，通过 DNA 聚合酶酶促反应，快速体外扩增特异的 DNA 序列。由图 6-13，PCR 技术中每轮循环包括变性、复性和延伸 3 个阶段，约经过 30 轮循环就可迅速将待扩增的 DNA 扩增数百万倍。由于 PCR 技术具有操作简单、快速、特异和灵敏的特点，被认为是 20 世

纪核酸分子生物学研究领域的最重要的发明之一。目前，PCR 技术已广泛应用于生物学的各个领域，如基因工程、DNA 测序、人遗传病的分类鉴别和诊断、肿瘤发生、诊断和治疗以及法医学等。

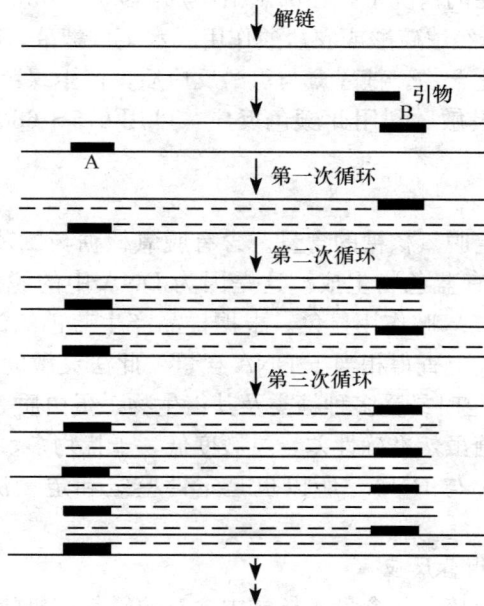

图 6-13　聚合酶链式反应

五、分子杂交

在退火条件下，不同来源的 DNA 互补区形成双链，或 DNA 单链和 RNA 链的互补区形成 DNA-RNA 杂合双链的过程称分子杂交。

分子杂交广泛用于测定基因拷贝数、基因定位、确定生物的遗传进化关系等。通常对天然或人工合成的 DNA 或 RNA 片段进行放射性同位素或荧光标记，做成探针，经杂交后，检测放射性同位素或荧光物质的位置，寻找与探针有互补关系的 DNA 或 RNA。直接用探针与菌落或组织细胞中的核酸杂交，因未改变核酸所在的位置，称原位杂交技术。将核酸直接点在膜上，再与探针杂交称点杂交，使用狭缝点样器时，亦称狭缝印迹杂交。

该技术主要用于分析基因拷贝数和转录水平的变化，亦可用于检测病源微生物和生物制品中的核酸污染状况。杂交技术较广泛的应用是将样品 DNA 切割成大小不等的片段，经凝胶电泳分离后，用杂交技术寻找与探针互补的 DNA 片段。杂交技术和 PCR 技术的结合，使检出含量极少的 DNA 成为可能，促进了杂交技术在分子生物学和医学等领域的广泛应用。

六、核酸的显色反应

核酸中含有核糖和磷酸，它们和一定的物质反应能产生一定的颜色，根据核酸的显色反应可以粗略的对核酸进行定量测定。

1. 核糖的测定

通常用苔黑酚（3,5-二羟甲苯）法测定核糖的含量。含有核糖的 RNA 与 3,5-二羟甲苯一起在有浓硫酸存在的情况下，在沸水浴中加热 20～40min 左右，产生绿色物质。这是因为 RNA 中的核糖经浓硫酸或农盐酸作用脱水生成糠醛，糠醛能与某些酚类化合物缩合而生成有颜色的化合物。糠醛愈与黑酚反应后，产生绿色化合物，在有高铁离子存在的情况下，反应更灵敏。利用此颜色反应，可用 675～680nm 的绿色片进行比色测定

2. 脱氧核糖的测定

通常用二苯胺法测定脱氧核糖的含量。含有脱氧核糖与二苯胺一起在酸性条件下，在沸水浴中加热 5min，有蓝色物生成。这是因为 DNA 中的脱氧核糖遇酸生成"ω-羟基-γ-酮基戊醛，它在和二苯胺作用显色。根据样品产生蓝色的深浅，在 595nm 比色测得吸光度，在从标准曲线上查得相当于 DNA 含量。此法灵敏度较低，鉴别的最低剂量是每毫升 50μg，但在测定时易受多种糖类及其衍生物、蛋白质等的干扰。

上述两种方法测定糖虽然准确性差，灵敏度低，干扰物多，但方法快速简便，不要特殊仪器就能鉴别 DNA 与 RNA，所以也是定性鉴定和定量测定核酸、核苷的常用方法。

3. 磷酸的反应——钼蓝反应

用钼酸胺法可以测定核酸的含量。核酸中含有的磷是有机磷，测定时先要用浓硫酸（如 $10mol/L\ H_2SO_4$）将核酸、核苷酸消化，将有机磷变为无机磷，进一步与钼酸与磷酸的含量成正比，根据蓝色的深浅，在 660nm 比色测定吸光度，由于核酸的含磷量一定，故可求出核酸的含量。

本章小结

一切生物体都含有核酸。核酸分为脱氧核糖核酸（DNA）和核糖核酸（RNA）两类。与生物体的遗传、蛋白质的合成有关。

核酸的基本结构单位是核苷酸。核苷酸是由磷酸和核苷组成。核苷是由戊糖和碱基组成。DNA 主要由四种脱氧核糖核酸组成，RNA 主要由四种核糖核酸组成。

DNA 及 RNA 中所含有的嘌呤碱都是腺嘌呤及鸟嘌呤。但嘧啶则不同了，DNA 含胞嘧啶和胸腺嘧啶，mA 则含胞嘧啶和尿嘧啶。除此之外，DNA 和 RNA 所含戊糖不同，前者含脱氧核糖，后者含核糖。

DNA 一级结构中，核苷酸之间是由 3′,5′-磷酸二酯键连接的。二级结构是由 Watson 及 Crick 阐明的，DNA 是由二条反向平行的多核苷酸链绕同一中心轴构成双螺旋结构。碱基之间的配合是 A＝T，G—C。

RNA 主要为三类：rRNA、tRNA、mRNA。RNA 的一级结构是直线形，核苷酸之间的链键是 3′,5′-磷酸二酯键。RNA 的二级结构只有局部的双螺旋结构区。tRNA 的结构研究的比较清楚。

核酸在外界因素的作用下，高级结构被破坏，发生变性作用。变性的核酸紫外吸收值升高，失去生物活性。苔黑酚、二苯胺分别与核糖、脱氧核糖有橙色反应。可用于定量测定核酸的含量。

习题

(1) 写出 A、G、C、T、U 的结构式。

(2) 画出核苷酸和脱氧核苷酸的结构简图。

(3) 比较 DNA、RNA 之间化学和生物学性质的异同。

(4) RNA 由哪些类型？有何功能？

(5) 比较蛋白质 α-螺旋结构中的氢键和 DNA 双螺旋结构中的氢键，并指出氢键在这两种结构中的作用。

(6) DNA 双螺旋结构基本要点是什么？

(7) 解释核酸的变性、复性、杂交的概念。

(8) 双螺旋 DNA 一条链的碱基顺序是 $5'$-GCCTTAAAGGCCTTACTACT-$3'$，写出它的互补链。

(9) 一段双链 DNA 包含 1000 个碱基对，其组成中 G+C 占 58%，那么，在 DNA 的该区域中腺嘧啶残基有多少？

(10) 核酸和核苷酸都具有紫外吸收性质，有何实用意义？

扩展阅读

核酸研究与生物技术的关系

核酸是遗传物质，是生命遗传信息的携带者和传递着，它不仅对于生命的延续、生物物种遗传特性的保持、生长发育、细胞分化等起着重要的作用，而且与生物变异，如肿瘤、遗传病、代谢病等也密切相关。对核酸进行研究，可以使人们揭示生命的奥秘，核酸是现代生物技术的重要基础。

生物技术是指人们以现代生命科学为基础，结合先进的工程技术手段和其他基础科学的科学原理，按照预先的设计改造生物体或加工生物原料，为人类生产出所需要的产品或达到某种目的。生物技术是一门新兴的、综合性的学科。

生物技术包括基因工程、细胞工程、酶工程、发酵工程、蛋白质工程。其中，基因工程技术是核心技术，它能带动其他技术的发展。比如通过基因工程对细菌或细胞改造后获得的"工程菌"或细胞，都必须分别通过发酵工程或细胞工程来生产有用的物质；又如，通过基因工程技术对酶进行改造以增加酶的产量、酶的稳定性以及提高酶的催化效率等。

　　基因工程是 20 世纪 70 年代以后兴起的一门新技术，其主要原理是应用人工方法把生物的遗传物质，通常是脱氧核糖核酸分离出来，在体外进行切割、拼接和重组，然后将重组了的脱氧核糖核酸导入某种宿主细胞或个体，从而改变它们的遗传性能。

　　基因工程的基本方法是，在生物体外将不同的 DNA 片段（目标基因与载体）连接起来，形成重组体，再把它导入特定的受体细胞，随着受体细胞的繁殖，重组体 DNA 得到扩增，目的基因得以表达，从而使受体细胞获得新的遗传特性（图 6-14）。

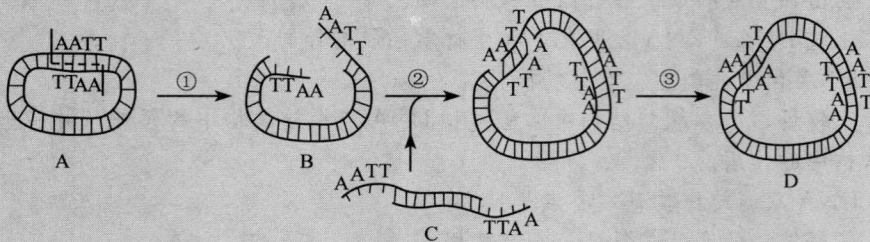

图 6-14　DNA 片断通过 DNA 重组技术插入质粒分子

一、目的基因的获取

　　目的基因即是人们需要的具有特定功能的基因。为了体外高效表达特定的生物活性蛋白，首先要分离和克隆相应的基因，这种基因常称为目的基因。因目的基因片段需插入载体，导入宿主细胞内进行复制或表达，所以对宿主细胞 DNA 而言，又称它为外源性基因或外源性 DNA。目前获得外源基因的途径有：

　　（1）通过化学合成法和生物化学的 PCR（聚合酶链式反应）扩增法（又称酶促合成法获得基因。

　　（2）通过构建 cDNA 文库或基因组文库，从中筛选目的基因。

二、载体

　　基因克隆的重要环节，是把一个外源基因导入生物细胞，并使它得到扩增。而大多数外源 DNA 片段很难进入受体细胞，不具备自我复制的能力。所以，为了能够在寄主细胞中进行繁殖，必须将 DNA 片段连接到一种特定的、具有自我复制能力的 DNA 分子上。这种 DNA 分子就是基因工程载体（vector）。

　　载体的本质是 DNA（少数为 RNA）。经过人工构建的载体，不但能与外源基因相连接，导入受体细胞，还能利用本身的调控系统，使外源基因在新细胞中复制以致功能的表达。目前有关将外源基因运送到原核生物细胞的载体研究较多，运送到植物和动物细胞中去的载体处于探索阶段。

三、载体的重组

　　载体的重组使载体和目的基因的结合。载体结合了目的基因以后，不再是原来的 DNA 分子了，而是一个被改造过了的 DNA 分子，被称为重组 DNA 分子。DNA 体外重组技术主要依赖于限制性内切酶的切割和 DNA 连接酶的连接。在目的基因与载体的连接反应中，需要考虑下列三个因素：

(1) 实验步骤要尽可能的简单易行。

(2) 连接形成的"接点"序列最好能被一定的限制性内切酶重新切开。以便回收插入的目的基因的外源性 DNA。

(3) 对转录和转译过程中编码取得读框不发生干扰。

四、导入与选择

目的基因的表达，也就是获得它的蛋白质产物，是在细胞内进行的。因此，下面的工作就是把重组 DNA 导入宿主细胞。随着重组 DNA 在宿主细胞内复制就连同结合在它上面的目的基因也一道复制出大量拷贝，最终得到大量产物。

图 6-15 上端左侧表示许多各含有不同 DNA 插入片段的质粒。用放射线条标记的质粒携带给定的 DNA 片段、右上端为细菌细胞。

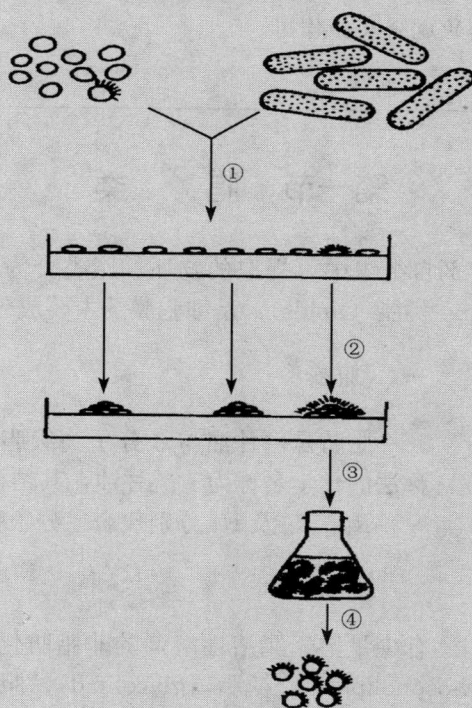

图 6-15 细菌中的 DNA 克隆纯化和扩增特定的 DNA 序列

(1) 将二者的 DNA 置入有抗菌素的介质。

(2) 只有带有抗药性质粒的细菌才能生长（右②）。

(3) 鉴定携有准备克隆的 DNA 片段的菌落（右①）并扩大培养。

(4) 质粒 DNA 纯化。也可通过类似的步骤在酵母中进行 DNA 克隆。

第七章 脂类和生物膜

☞ **课前导读**

    脂类可分脂肪和类脂两类，类脂有磷脂、糖脂、萜类和固醇等。脂类是细胞膜的重要成分，是构成生物膜（如细胞膜、线粒体膜）的主要成分。

    生物膜是由磷脂、蛋白质和糖类组成的脂双层的薄膜，生物膜中脂类成分随不同生物而不同。生物膜的厚度一般为 7~8nm，真核细胞的生物膜占细胞干重的 70%~80%。

☞ **教学目标**

    (1) 掌握脂类的定义、结构及其作用；
    (2) 掌握生物膜的成分及其作用。

第一节 脂 类

脂类是指用非极性溶剂自组织中可提取的物质。脂类分为两大类，脂肪（fat）和类脂（lipids），是细胞膜的主要成分。

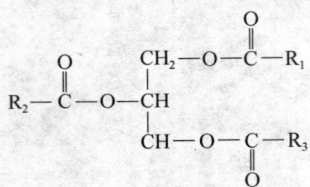

图 7-1 脂肪结构

一、脂肪

    脂肪是由甘油与 3 分子高级脂肪酸形成的酯，国际名称法的化学名称为三酰甘油，其结构如图 7-1 所示。

    R_1、R_2 及 R_3 分别代表三分子脂肪酸的主链。

二、类脂

    生物体内除脂肪外，还有少量溶于脂溶性溶剂的非脂肪化合物，称为类脂（质）。类脂（质）包括磷脂（phospholipids）、糖脂（glycolipid）、胆固醇及固醇酯（cholesterol and cholesterol ester）三大类，这三大类类脂是生物膜的主要组成成分，构成疏水性的"屏障"（barrier），分隔细胞水溶性成分和细胞器，维持细胞正常结构与功能。此外，胆固醇还是脂肪酸盐和维生素 D3 以及类固醇激素合成的原料，对于调节机体脂类物质的吸收，尤其是脂溶性维生素（A，D，E，K）的吸收以及钙磷代谢等均起着重要作用。

    1. 磷脂

    磷脂是含有磷酸的脂类，是生物膜主要成分（骨架）。常见的磷脂甘油磷脂（phosphoglycerides）和鞘磷脂（sphingomyelin）。

　　甘油磷脂由甘油和磷脂构成，甘油磷脂均含有甘油、脂肪酸、磷酸及含氮化合物或其他成分，常见的是卵磷脂和脑磷脂，它们分子组成中的含氮基团分别是胆碱和胆胺，其结构式如图 7-2 所示。

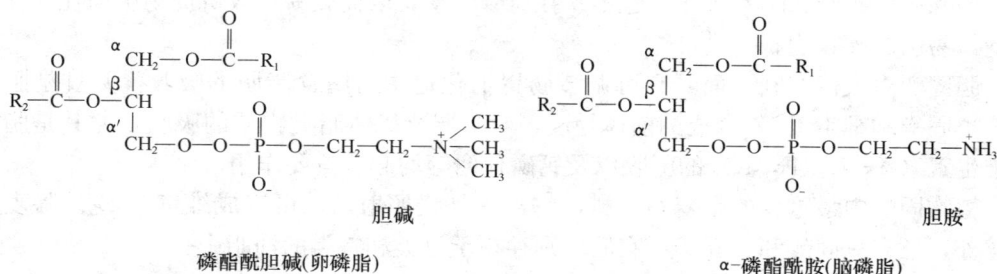

图 7-2　胆碱和胆胺

　　天然磷脂均为 L 型构型。从结构式中可以看出，磷脂分子都具有亲水基团（磷酸羟基、含氮氨基）和亲脂基团（脂肪酸链烃残基），即有一个亲水的头部两条亲脂的尾部。

　　鞘磷脂（sphngomydins，SM）在脑和神经细胞膜中特别丰富，亦称神经醇磷脂，它是以鞘胺醇（sphingoine）为骨架，与一条脂肪酸链组成疏水尾部，亲水头部也含胆碱与磷酸结合。原核细胞和植物中没有鞘磷脂。

　　磷脂中因含有甘油和磷酸，故可溶于水。它还含有脂肪酸，故又可溶于脂肪溶剂。

　　磷脂可与蛋白质结合形成脂蛋白，并以这种形式构成细胞的各种膜，如细胞膜、核膜、线粒体膜等，维持细胞和细胞器的正常形态和功能。由于磷脂内的不饱和脂肪酸分子中存有双键，使得生物膜具有良好的流动性与特殊的通透性。

　　2. 固醇

　　固醇是环戊烷多氢菲的衍生物（图 7-3），是脂类中不被皂化的化合物，因常温下呈固态，也称为类固醇。根据类固醇的来源，可将其分为动物固醇、植物固醇和酵母固醇。

　　胆固醇是人和动物体内重要的固醇类之一，大部分胆固醇与脂肪酸结合成为胆固醇脂的形式存在。胆固醇在 7,8 位上脱氢后的化合物是 7-脱氢胆固醇（图 7-4），它存在于皮肤和毛发，经阳光或紫外线照射后能转变为维生素 D_3。

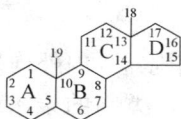

图 7-3　环戊烷多氢菲

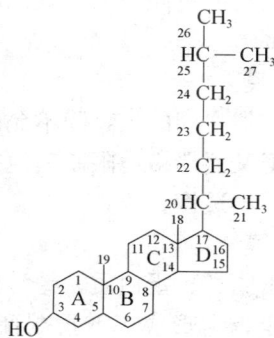

图 7-4　胆固醇

　　胆固醇是维持生命和正常身体功能所必需的一种营养成分，胆固醇熔点较高，在血清中主要以脂肪酸酯的形式存在，主要分布在脑和神经组织中。胆固醇与必需脂肪酸结合后，才能在体内转运与进行正常代谢。在膳食中当食用动物油（饱和脂肪酸含量为40%～70%）比例高或如果缺乏必需脂肪酸，胆固醇就与饱和脂肪酸结合，形成熔点较高的饱和胆固醇脂，不易乳化，也不易在血管流动，因而较易形成沉淀物沉积在动脉血管壁，易引起硬化症状。

　　胆固醇对人体有利一面，它可调节肠胃消化道中对膳食脂肪的吸收，并且是胆汁酸、类固醇和维生素 D_3 合成的前体物质，对于调节机体脂类物质的吸收，尤其是脂溶性维生素（A，D，E，K）的吸收以及钙磷代谢等均起着重要作用。

　　植物固醇中最重要的是麦角固醇，它经紫外线照射后，可变成维生素 D_2。除麦角固醇外，还有豆固醇和谷固醇，它们分别存在于豆类和谷类的油脂中。

第二节　生　物　膜

　　细胞是生物体基本结构与功能单位。细胞的三大结构指的是细胞膜、细胞质和细胞核。

　　一切动物细胞都被细胞膜（cell membrane）所包被，细胞膜又称质膜（plasma membrane），是包裹于细胞表面，将细胞与外界微环境隔离的界膜，细胞膜形成一层保护屏障，并参与细胞的生命活动。细胞膜把细胞内容物与细胞周围环境（主要是细胞外液）分隔开来，使细胞能相对地独立于环境而存在。细胞在排列时之所以可被区分也是因为细胞之间的细胞膜起分隔作用。

一、生物膜的化学成分和结构

1. 生物膜

　　所有细胞都含有细胞外膜。真核细胞有亚细胞器，在细胞内部的亚细胞器间（如线粒体、叶绿体）也有很多与细胞膜相类似的膜结构，称为细胞内膜，如细胞器膜与核膜。常把细胞内、外膜统称生物膜（biomembrane，biofilm，BF）。

2. 生物膜化学成分

　　生物膜是由脂类、蛋白质、糖类组成的一种薄膜结构，尽管不同来源的膜中各种物质的比例和组成有所不同，但一般是以蛋白质和脂质为主，糖类只占极少量。

3. 生物膜的结构

1）半透性膜

　　细胞、细胞器之间的生物膜不允许大分子或细胞通过，它允许某些小分子或离子有选择的通过，但又能严格地限制其他一些物质的进出，保持了细胞内物质成分的稳定。所以它应是一种半透性膜。

2）双脂层膜结构

　　生物膜是由脂类、蛋白质、糖类构成的，细胞（细胞器）内外均是水环境下，要维持生物膜的稳定，它形成了双层封闭的结构（图7-5），类脂的亲水端生物膜的外层，而疏水端在双层结构中间。

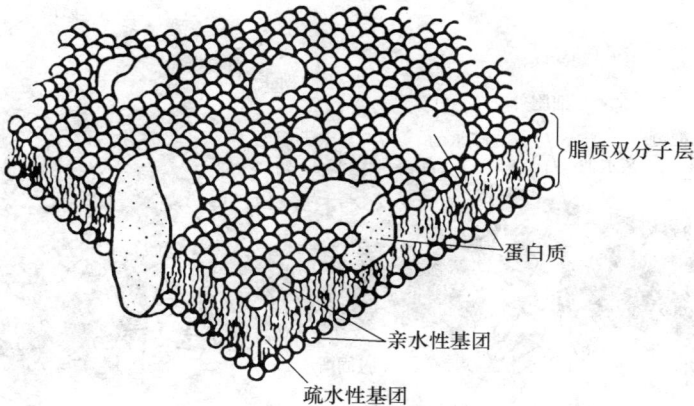

图 7-5　生物膜双脂层膜结构

J. D. Robertson 1959 用超薄切片技术获得了清晰的细胞膜照片，显示暗-明-暗三层结构（图 7-6），厚约 7.5nm。这就是所谓的"单位膜"模型。它由厚约 3.5nm 的双层脂分子和内外表面各厚约 2nm 的蛋白质构成。单位膜模型的不足之处在于把膜的动态结构描写成静止的不变的。单位膜不仅见于各种细胞的细胞膜，亦见于各种细胞器的膜性结构，如线粒体膜、内质网膜、溶酶体膜等，因而它被认为是一种细胞中普遍存在的基本结构形式。

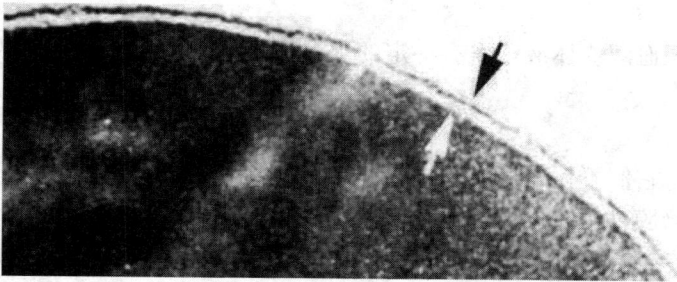

图 7-6　红细胞膜的结构

根据目前公认的生物膜液态镶嵌模型（fluid mosaic model）（图 7-7），脂类常排列成双分子层，蛋白质通过非共价键与其结合，构成膜的主体；糖类能过共价键与膜的某些脂类或蛋白质组成糖脂或脂蛋白。

二、生物膜的功能

生物膜与蛋白质、酶的定位、物质运输、能量代谢、信息传递，细胞识别与免疫功能有关。

1. 分区保护功能

生物膜主要作用是分区、为生化反应提供特定的场所、信号传递和参与物质传输。

生物膜使细胞、细胞器之间界面能维持相对稳定，划分功能区域，并起到保持和调节功能区域的内外环境，使各功能区域的生命活动得以正常进行，是进行物质代谢、能

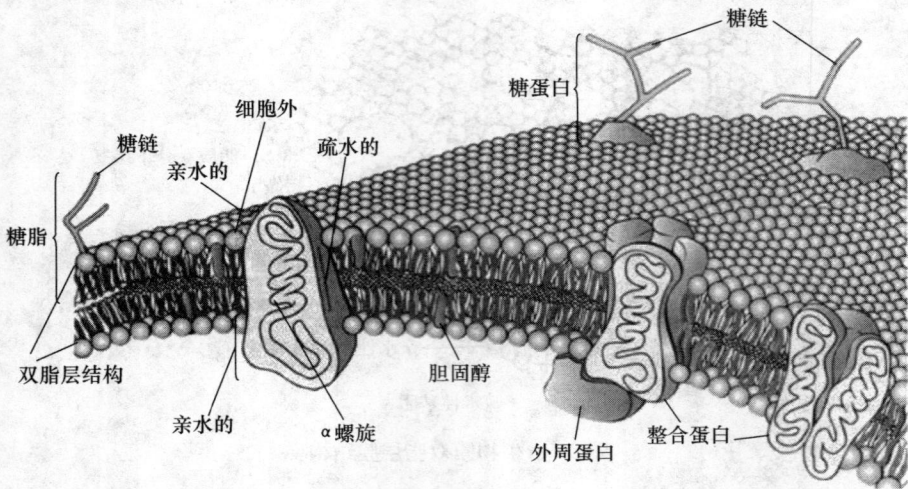

图 7-7 生物膜的液态镶嵌模型

量转换、神经传导、信息传递等生理活动的场所。如线粒体是细胞动力工厂,进行生物氧化反应的场所。

2. 运转作用

生物膜是物质运转通道。其中镶嵌的蛋白质在细胞内外生理活性物质运输、信号传导中起着关键作用。

药物转运扩散至血液或体液,需有一定的水溶性。通过脂质的生物膜转运,需有一定的脂溶性。

3. 调节功能

糖脂、糖蛋白,它们不仅是生物膜结构的骨架,其中有些成员还参与了信号转导的过程。膜蛋白是生物膜功能的主要体现者。线粒体和叶绿体是细胞内能量代谢的中心。生物氧化过程的在线粒体膜内进行,光合作用的能量转换是在叶绿素类囊体膜上进行的。

本章小结

脂类包括脂肪和类脂质(磷脂、糖脂、固醇、固醇酯)是构成生物膜的主要成分。

细胞是生物体结构和功能的基本单位,细胞只有保持完整性,才能够正常地完成各项生命活动。细胞内的生物膜在结构上具有一定的连续性。细胞之间和细胞内部结构,都需要有生物膜作为细胞和细胞器的分隔界面(生物膜的分区功能)。营养物质的进入、合成产物及代谢废物的排出都要通过生物膜。

习题

(1) 名词解释

必需脂肪酸,生物膜,酸价,碘价,磷脂。

（2）画图说明生物膜的典型结构。

（3）生物膜有哪些功能？

扩展阅读

食品加工中加热、油炸及辐照对脂类的影响

一、油脂的热解

油脂在高温下的反应十分复杂，在不同的条件下会发生聚合、缩合、氧化和分解反应，使其黏度、酸价增高，碘值下降，折光率改变，还会产生刺激性气味，同时营养价值也有所下降。表 7-1 列出了棉子油在 225℃ 加热时的质量参数的变化。

表 7-1 棉子油在 225℃ 加热时的质量变化比率

质量参数	加热时间/h		
	0	72	194
平均分子质量	850	1080	1510
黏度	0.6	2.1	18.1
碘值	110	91	73
过氧化值	2.5	1.5	0

在高温条件下，油脂中的饱和脂肪酸与不饱和脂肪酸反应情况不一样。

1. 饱和油脂在无氧条件下的热解

一般来说，饱和脂肪酸酯必须在高温条件下加热才产生显著的非氧化反应。通过对同酸三酰基甘油酯在真空条件下加热的情况分析发现，分解产物中主要为 n 个碳（与原有脂肪酸相同碳数）的脂肪酸、$2n-1$ 个碳的对称酮、n 个碳的脂肪酸羧基丙酯，另外还产生一些丙烯醛、CO 和 CO_2。由此可知无氧热解反应是从脱酸酐开始的，主要反应为

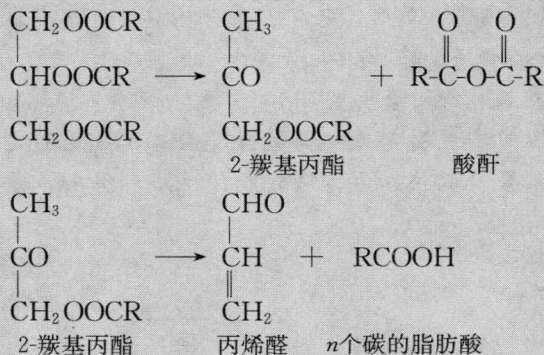

$$
\begin{array}{c}
CH_2OOCR \\
| \\
CHOOCR \\
| \\
CH_2OOCR
\end{array}
\longrightarrow
\begin{array}{c}
CH_3 \\
| \\
CO \\
| \\
CH_2OOCR
\end{array}
+
\begin{array}{c}
\;\;O\;\;\;\;\;O \\
\;\;\|\;\;\;\;\;\| \\
R\text{-}C\text{-}O\text{-}C\text{-}R
\end{array}
$$

2-羧基丙酯　　　　酸酐

$$
\begin{array}{c}
CH_3 \\
| \\
CO \\
| \\
CH_2OOCR
\end{array}
\longrightarrow
\begin{array}{c}
CHO \\
| \\
CH \\
\| \\
CH_2
\end{array}
+
RCOOH
$$

2-羧基丙酯　　　　丙烯醛　　n个碳的脂肪酸

$$R\text{-}\overset{O}{\underset{\|}{C}}\text{-O-}\overset{O}{\underset{\|}{C}}\text{-R} \longrightarrow R\text{-}\overset{O}{\underset{\|}{C}}\text{-R} \quad +CO_2$$

$$2n-1个碳的对称酮$$

2. 饱和油脂在有氧条件下的热氧化反应

饱和脂肪酸酯在空气中加热到 $150℃$ 以上时会发生氧化反应，通过收集其分解产物进行分析，发现绝大多数的产物为不同分子质量的醛和甲基酮，也有一定量的烷烃与脂肪酸，少量的醇与 γ-内酯。一般认为在这种条件下，氧优先进攻离羧基较近的 α、β、γ 碳原子，形成氢过氧化物，然后再进一步分解。例如，当氧进攻 β 位碳原子时，生成的产物为：

$$R_2O-\overset{O}{\underset{\|}{C}}-\overset{\alpha}{C}-\overset{\beta}{C}-\overset{\gamma}{C}-R_1 \longrightarrow R_2O-\overset{O}{\underset{\|}{C}}-C-\overset{OOH}{\underset{|}{C}}-C-R_1 \longrightarrow$$

$$R_2O-\overset{O}{\underset{\|}{C}}\wedge C\wedge\overset{O}{\underset{\|}{C}}\wedge C-R_1$$

　　　　　　　　　　$\longrightarrow C_{n-3}$烷烃

　　　　　　　　$\longrightarrow C_{n-2}$烷醛

　　　　　　$\longrightarrow C_{n-1}$甲基酮

3. 不饱和油脂在无氧条件下的热聚合

不饱和油酯在隔氧（如真空、二氧化碳或氮气的无氧）条件下加热至高温（低于 $220℃$），油脂在邻近烯键的亚甲基上脱氢，产生自由基，但是该自由基并不能形成氢过氧化物，它进一步与邻近的双键作用，断开一个双键又生成新的自由基，反应不断进行下去，最终产生环套环的二聚体，如不饱和单环、不饱和二环、饱和三环等化合物。热聚合可发生在 1 个酰基甘油分子中的 2 个酰基之间，形成分子内的环状聚合物，也可以发生在 2 个酰基甘油分子之间。类似于油脂在氧化反应中发生的聚合反应。

不饱和油脂在高于 $220℃$，无氧条件下加热时，除了有聚合反应外，还会在烯键附近断开 C—C 键，产生低分子质量的物质。

4. 不饱和油脂在有氧条件下的热氧化与聚合反应

不饱和油脂在空气中加热至高温时即能引起氧化与聚合反应。其氧化的主要途径与自氧化反应相同，根据双键的位置可以推知氢过氧化物的生成和分解，该条件下氧化速率非常高，反应速度更快。

二、油炸用油的化学变化

与其他食品加工或处理方法相比，油炸引起脂肪的化学变化是最大的，而且在油炸过程中，食品吸收了大量的脂肪，可达产品重的 5%～40%（如油炸马铃薯片的含油量为 35%）。油炸用油在油炸过程中发生了一系列变化，如：

（1）水连续地从食品中释放到热油中。这个过程相当于蒸汽蒸馏，并将油中挥发性氧化产物带走，释放的水分也起到搅拌油和加速水解的作用，并在油的表面形成蒸气层从而可以减少氧化作用所需的氧气量。

（2）在油炸过程中，由于食品自身或食品与油之间相互作用产生一些挥发性物质，例如，马铃薯油炸过程中产生硫化合物和吡嗪衍生物。

（3）食品自身也能释放一些内在的脂类（如鸡、鸭的脂肪）进入到油炸用油中，因此，新的混合物的氧化稳定性与原有的油炸用油就大不相同，食品的存在加速了油变暗的速度。

1. 油炸用油的性质

在油炸过程中，可产生下列各类化合物：

（1）挥发性物质。在油炸过程中，包括氢过氧化物的形成和分解的氧化反应，产生诸如饱和与不饱和醛类、酮类、内酯类、醇类、酸类以及酯类这样的化合物。油在 180℃并有空气存在情况下加热 30min，由气相色谱可检测到主要的挥发性氧化产物。虽然所产生的挥发性产物的量随油的类型、食品类型以及热处理方法不同会有很大的不同，但它们一般会达到一个平衡值，这可能是因为挥发性物的生成和由于蒸发或分解所造成的损失达到了平衡。

（2）中等挥发性的非聚合的极性化合物。例如羟基酸和环氧酸，这些化合物是由各种自由基的氧化途径产生的。

（3）二聚物和多聚酯以及二聚和多聚甘油酯。是由自由基的热氧化和聚合产生的，这些化合物造成了油炸用油的黏度显著提高。

（4）游离脂肪酸。这些化合物是在高温加热与水存在条件下由三酰基甘油水解生成的。

上述这些反应是在油炸过程中观察得到的各种物理变化和化学变化的原因。这些变化包括了黏度和游离脂肪酸的增加、颜色变暗、碘值降低、表面张力减小、折光率改变以及易形成泡沫。

2. 油炸用油质量的评价

前面讨论的测定脂肪氧化的一些方法通常也可用于监控油炸过程中油的热分解和氧化分解。此外，黏度、游离脂肪酸、感官质量、发烟点、聚合物生成以及特殊的降解产物等测定技术也不同程度地得到应用。另外，已研制了一些特别的方法评定使用过的油炸用油的化学性质，其中有些方法需要标准的实验仪器，而其他的方法需要进行专门测定。

（1）石油醚不溶物。德国研制了这个方法，后来由德国脂肪研究学会做了推荐。如果石油醚不溶物为 0.7%，发烟点＜170℃；或者石油醚不溶物为 1.0%，不管发烟点是多少，那么，可以认为油炸用油已变质了。由于氧化产物部分溶于石油醚，因此，这个方法既花时间又不太正确。

（2）极性化合物。经加热的脂肪在硅胶柱上进行分级分离，使用石油醚-二乙醚混合物洗脱非极性馏分，极性馏分的质量分数可从总量与非极性馏分的差值计算得到，可使用油的最大允许的极性组分量为27%。

（3）二聚酯。这个技术是将油完全转化成相应的甲酯后采用气相色谱短柱进行分离和检测。可采用二聚酯的增加作为热分解作用的量度。

（4）介电常数。采用食用油传感器仪器快速测定油的介电常数的变化。介电常数随着极性的增加而增加，极性增加意味着变质。介电常数的读数代表了油炸用油中产生的极性和非极性组分间的净平衡，一般以极性部分增加为主，但两种组分间的净差值取决于许多因素，其中有一些与油的质量无关（例如水分）。

3. 油炸条件下的安全性

事实上，油炸过程中有些变化是需要的，它赋予油炸食品期望的感官质量。但另一方面，由于对油炸条件未进行合适的控制，过度的分解作用将会破坏油炸食品的感官质量与营养价值。摄食经加热和氧化的脂肪而产生有害效应的可能性是一个极受关注的问题。经动物试验表明，喂食因加热而高度氧化的脂肪，在动物中也会产生各种有害效应。有报道氧化聚合产生的极性二聚物是有毒的，而无氧热聚合生成的环状酯也是有毒的。用长时间加热的油炸油喂养大白鼠，导致大白鼠食欲降低，生长缓慢和肝脏肿大。经检验，长时间高温油炸薯条和鱼片的油和反复使用的油炸用油，可产生显著的致癌活性。

尽管目前已确定脂肪经过高温加热和氧化能产生有毒物质，但是使用高质量的油和遵循推荐的加工方法，适度地食用油炸食品不会对健康造成明显的危险。

三、辐照

食品辐照作为一种灭菌手段，其目的是消灭微生物和延长食品的货价寿命。辐照能使肉和肉制品杀菌［高剂量，如 $10\sim50kGy$ ］；防止马铃薯和洋葱发芽；延迟水果成熟以及杀死调味料、谷物、豌豆和菜豆中的昆虫（低剂量，如低于 $3kGy$ ）。无论从食品的稳定性或经济观点考虑，食品的辐照保藏对工业界有着日益增加的吸引力。

但其负面影响是，辐照会引起脂溶性维生素的破坏，其中生育酚特别敏感。此外，如同热处理一样，食品辐照也会导致化学变化。辐照剂量越大，影响越严重。在辐照食物的过程中，油脂分子吸收辐照能，形成自由基和激化分子，激化分子可进一步降解，以饱和脂肪酸酯为例，辐解首先在羧基附近 α、β、γ 位置处断裂，生成的辐解产物有烃、醛、酸、酯等。激化分子分解时可产生自由基，自由基之间可结合生成非自由基化合物。在有氧时，辐照还可加速油脂的自动氧化，同时使抗氧化剂遭到破坏。辐照和加热造成油脂降解，这两种途径生成的降解产物有些相似，只是后者生成更多的分解产物。但经几十年深入研究表明，食品在合适的条件下辐照杀菌是安全和卫生的。

在1980年11月，由 FAO/WHO/IAEA 联合专家委员会对有关辐射食品的安全卫生做出决定："食品辐射的总平均剂量为 10kGy 时不会产生中毒危险，因此按此剂量处理的食品不需要毒理试验"。在 1986 年，美国食品和药物管理局批准：为了抑制生长和成熟，新鲜食品的最大辐射剂量为 1kGy，也批准了调味料杀菌的最大辐射剂量为 30kGy。1990 年，美国食品和药物管理局批准了生家畜的辐射以控制传染致病菌。1992 年，由美国农业部批准辐射生家畜以控制沙门氏菌。

第八章 代谢与生物氧化总论

☞ 课前导读

代谢也叫新陈代谢，是生命的基本特征。代谢可分为合成代谢与分解代谢，其中包括物质代谢和能量代谢，代谢是细胞内发生的严密有序的酶促反应过程。

生物体内进行的脱氢、加氧等氧化反应总称为生物氧化，主要是糖、脂肪和蛋白质等营养物质通过氧化反应进行分解，生成 H_2O 和 CO_2，同时伴有 ATP 的生成。有氧条件下细胞的有氧氧化产生较多的能量，无氧条件下，细胞的无氧氧化产能少，但可以生成一些特殊的代谢产物。

生物氧化是在一系列酶组成的氧化呼吸链中完成的。

☞ 教学目标

(1) 掌握新陈代谢的定义与分类。

(2) 掌握生物氧化的定义和特点。

(3) 了解高能化合物的结构特点。

(4) 了解呼吸链的结构特点。

第一节 新 陈 代 谢

一、定义

代谢（metabolism）又称新陈代谢，是生物体内所有化学变化的总称。广义的代谢泛指生物体与外界的物质交换过程，包括消化、吸收、中间代谢及排泄等过程。狭义代谢是指细胞内发生的严密有序的酶促反应过程，又称为中间代谢。生物的一切生理现象都是代谢反应的结果，代谢是生命的基本特征。

新陈代谢的内容包括物质代谢和能量代谢两个方面，物质代谢研究的是各种物质，如糖、脂、蛋白质及核酸等在细胞内发生酶促反应的途径及调控机理。能量代谢研究的是化学能或光能在细胞中向生物能转化的过程和原理，以及生命活动对能量的利用。能量代谢寓于物质代谢中，物质代谢必然伴随着能量代谢，或放能，或需能。

代谢包括合成代谢和分解代谢，前者又称同化作用，是指机体从环境中摄取营养物质，把它们转化为自身物质；后者又称异化作用，是指机体将自身物质转化为代谢产物，排出体外。二者是相辅相成的，它们的平衡使生物体既保持自身的稳定，又能不断更新，以适应环境。

二、代谢途径

代谢过程是通过一系列酶促反应完成的。完成某一代谢过程的一组相互衔接的酶促反应称为代谢途径。代谢途径有以下特点：

没有完全可逆的代谢途径。物质的合成与分解，有的是完全不同的两条代谢途径（如脂肪酸的代谢）；有的要部分地通过单向不可逆反应（如糖代谢）。

代谢途径的形式是多样的，有直线型的，有分支型的，也有循环的。

代谢途径有确定的细胞定位。酶在细胞内有确定的分布区域，所以每个代谢过程都是在确定的区域进行的。例如，糖酵解在细胞质中进行，三羧酸循环在线粒体基质中进行，氧化磷酸化在线粒体内膜进行。

代谢途径是相互沟通的。各个代谢途径之间，可通过共同的中间代谢物而相互交叉，也可通过过渡步骤相互衔接。这样各种代谢途径就联系起来，构成复杂的代谢网络。通过网络，各种物质的代谢可以协调进行，某些物质还可相互转化。

代谢途径之间有能量关联。通常合成代谢消耗能量，分解代谢释放能量，二者通过ATP 等高能化合物作为能量载体而连接起来。

代谢途径的流量可调控。机体在不同的情况下需要不同的代谢速度，以提供适量的能量或代谢物。这是通过控制物质代谢的流量来实现的。因为代谢是酶促过程，所以可通过控制酶的活力与数量来实现。每个代谢途径的流量，都受反应速度最慢的步骤的限制，这个步骤称为限速步骤，或关键步骤，这个酶称为限速酶或关键酶。限速步骤一般是代谢途径或分支的第一步，这样可避免有害中间产物的积累。限速步骤一般是不可逆反应，其逆过程往往由另一种酶催化。限速酶的活性甚至数量，往往受到多种机制的调节，最普遍的是反馈抑制，即代谢终产物的积累对限速酶产生抑制。

第二节 合 成 代 谢

一、阶段性和趋异性

生物分子结构的多层次性决定了合成代谢的阶段性。首先由简单的无机分子（CO_2、NH_3、H_2O 等）合成生物小分子（单糖、氨基酸、核苷酸等），再用这些构件合成生物大分子，进而组装成各种生物结构。

趋异性是指随着合成代谢阶段的上升，倾向于产生种类更多的产物。

二、营养依赖性

人类不能从无到有合成所有的生物分子。那些不能自己合成，只能从食物中摄取的物质，称为是必需的。如氨基酸中有 10 种是必需氨基酸，维生素和某些高不饱和脂肪酸也是必需的。严格说，糖是非必需的。

三、需要能量推动

合成代谢需要消耗能量。合成生物小分子的能量直接来自 ATP 和 NADPH，合成生物大分子直接来自核苷三磷酸。

合成代谢所需的能量主要用于活化前体或构件分子，以及用于还原步骤等。

四、信息来源

生物大分子是由前期合成的小分子组装成的，通常有两种组装模式：

模板指导组装。核酸和蛋白质的合成，都以先就存在的信息分子为模板。如 DNA 复制、转录以及反转录、翻译都是在模板指导下的聚合过程。所需的信息存在于模板分子的构件序列中，合成所需的能量来自活化的构件分子或 ATP 等。生物大分子形成高级结构并构成亚细胞结构是自我组装过程，其信息存在于一级结构中，其能量来自非共价作用力，即组装过程中释放的自由能。

酶促组装。有些构件序列简单均一的大分子通过酶促组装聚合而成。其信息指令来自酶分子，不需要模板。如糖原、肽聚糖、一些小肽等，都在专一的酶指导和催化下合成。

第三节　分 解 代 谢

一、阶段性和趋同性

生物大分子的分解有三个阶段：水解产生单元小分子（如蛋白质水解成氨基酸）、氧化分解产生乙酰辅酶 A、氧化成二氧化碳和水。在这个过程中，随着结构层次的降低，倾向产生少数共同的分解产物，即具有趋同性。如不同的蛋白质水解都产生氨基酸，多糖水解生成单糖。

二、意义

分解代谢的各个阶段都是释放能量的过程。第一阶段放能很少。第二阶段约占 $\frac{1}{3}$，可推动 ATP 和 NADPH 的合成，它们可作为能量载体向体内的耗能过程提供能量。第三阶段通过三羧酸循环和氧化磷酸化释放其余的能量，主要用于 ATP 的合成。三羧酸循环形成二氧化碳和还原辅酶，后者在氧化磷酸化过程中释放能量，形成 ATP 和水。

第四节　代谢中的能量物质

一、代谢中的能量物质

高能磷酸化合物：将高能量储存在磷酯键中的化合物，将磷酯键水解（抛出一个磷酸根）就能释放大量的能量，供生理活动之需，其磷酯键用"～"表示，区别于"—"。

1. NTP

ATP、GTP、CTP、TTP、UTP。其中以 ATP 最重要，是生物中的"可充电电池"，生化反应中的产能和耗能皆用 ATP 的个数来衡量，如图 8-1 所示。

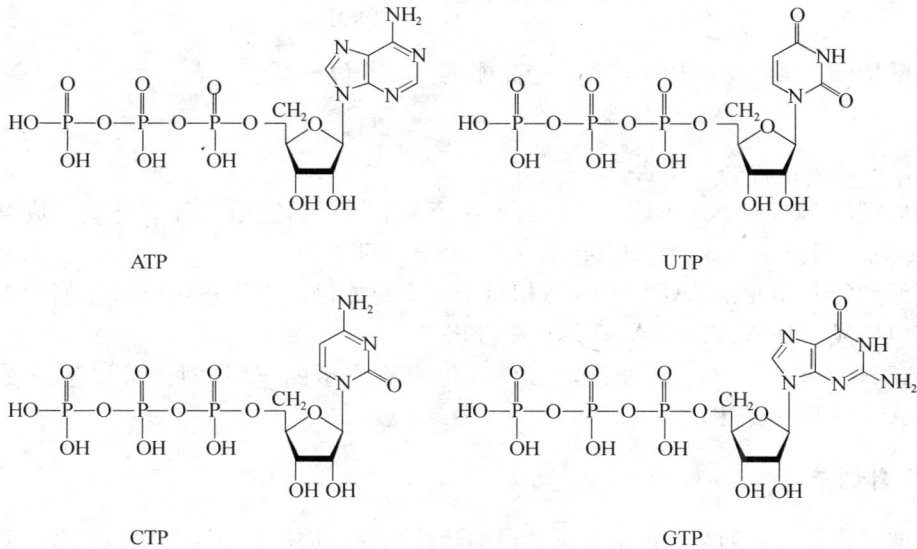

图 8-1　ATP、UTP、CTP、GTP

ATP 为一游离核苷酸，由腺嘌呤、核糖与三分子磷酸构成，磷酸与磷酸间借磷酸酐键相连，当这种高能磷酸化合物水解时（磷酸酐键断裂）自由能变化（G）为30.5kJ/mol，而一般的磷酸酯水解时（磷酸酯键断裂）自由能的变化只有 8～12kJ/mol，因此曾称此磷酸酐键为高能磷酸键，但实际上这样的名称是不够确切的，因为一种化合物水解时释放自由能的多少取决于该化合物整个分子的结构，以及反应的作用物自由能与产物自由能的差异，而不是由哪个特殊化学键的破坏所致，但为了叙述及解释问题方便，高能磷酸键的概念至今仍被生物化学界采用。

ATP 是一高能磷酸化合物，当 ATP 水解时首先将其分子的一部分，如磷酸（Pi）或腺苷酸（AMP）转移给作用物，或与催化反应的酶形成共价结合的中间产物，以提高作用物或酶的自由能，最终被转移的 AMP 或 Pi 将被取代而放出，ATP 多以这种通过磷酸基团等转移的方式，而非单独水解的方式，参加酶促反应提供能量，用以驱动需要加入自由能的吸能反应，ATP 水解反应为

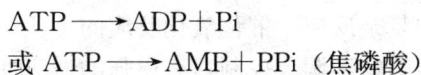

$$ATP \longrightarrow ADP+Pi$$
$$或\ ATP \longrightarrow AMP+PPi（焦磷酸）$$

UTP 参与多糖合成，CTP 参与脂类合成，GTP 参与蛋白质合成。

2. NDP

ADP、GDP、CDP、TDP、UDP，具有 1 个高能磷酸键。因此，它的水解供能方式只能是 ADP→AMP+Pi，释放一个高能键的能量。

3. 其他高能化合物

烯醇酯、硫酯等也是高能化合物，如磷酸烯醇式丙酮酸、乙酰辅酶 A 等。高能化合物根据键型可分为磷氧键型、氮磷键型、硫酯键型、甲硫键型等，绝大多数含磷酸基团。

磷酸烯醇式丙酮酸：PEP，含一个高能键。

$$\begin{array}{c} COOH \\ | \\ C—O \sim ⑫ \\ \| \\ CH_2 \end{array}$$

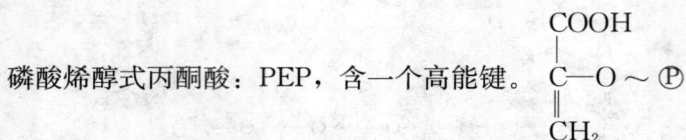

乙酰~CoA：含一个高能键。

还原型的 NAD：$NADH+H^+$ 相当于 3 个高能键，当它通过呼吸链氧化成氧化型的 NAD 时，可以生成 3 分子 ATP（$ADP+Pi \rightarrow ATP$）

还原型的 NADP：$NADPH+H^+$ 相当于 3 个高能键，当它氧化成氧化型的 NADP 时，可以生成 3 分子 ATP（$ADP+Pi \rightarrow ATP$）

$FADH_2$：相当于 2 个高能键，当它氧化成氧化型的 FAD 时，可以生成 2 分子 ATP（$ADP+Pi \rightarrow ATP$）

二、代谢调节

代谢过程是一系列酶促反应，可通过酶活性和数量进行调节。如别构调节、共价调节、同工酶、诱导酶、多酶体系等调节。此外，神经和激素的调节也起着重要作用。

代谢是动态的。生物体内总是同时进行着分解代谢与合成代谢，分解老化的生物分子并合成新的分子来代替。即使生物体重量保持不变，代谢也在不断地进行。

第五节　生 物 氧 化

生物体内大部分物质都可进行氧化反应，在生物体内进行的氧化反应与体外氧化反应有许多共同之处：它们都遵循氧化反应的一般规律，常见的氧化方式有脱电子、脱氢和加氧等类型；最终氧化分解产物是 CO_2 和 H_2O，同时释放能量。但是生物氧化反应又有其特点：

（1）体外氧化反应主要以热能形式释放能量；而生物氧化主要以生成 ATP 方式释放生物能量，能量主要在氢的氧化过程中逐步释放，为生物体所利用。

（2）其最大区别在于：体外氧化往往在高温、强酸、强碱或强氧化剂的催化下进行；而生物氧化是在细胞内的生理条件下的恒温（37℃）和中性 pH 环境下进行，生物氧化是一系列严密有序的复杂反应，催化氧化反应的催化剂是酶。

（3）生物氧化受细胞的精确调节控制，有很强的适应性，可随环境和生理条件变化而改变呼吸强度和代谢方向。

生物体内进行的脱氢，加氧等氧化反应总称为生物氧化，主要是糖、脂肪和蛋白质等营养物质通过氧化反应进行分解，生成 H_2O 和 CO_2，同时伴有 ATP 生物能的生成，这类反应进行过程中细胞要摄取 O_2，释放 CO_2 故又形象地称之为细胞呼吸（cellular respiration）。

生物氧化在有氧和无氧条件下都能进行。在有氧条件下，好气性微生物或兼性微生物吸收空气中的氧作为电子受体，将燃料分子（通常是糖）完全氧化分解，称为有氧氧化。有氧氧化由于氧化完全，产能多，所以只要有氧气存在，细胞都优先进行有氧氧化。

在无氧条件下，兼性微生物或厌气微生物能利用细胞中的氧化型物质作为电子受体，将燃料分子氧化分解，称为无氧氧化。无氧氧化氧化不完全，产能少，但可产生氧化不完全的一些产物，这些产物恰是我们需要的发酵产品。实际上无氧氧化是细胞对不利环境的一种适应，在无氧的不利条件下通过这种氧化方式，可获得有限的能量维持生命活动。

代谢物在体内的氧化可以分为三个阶段，首先是糖、脂肪和蛋白质经过分解代谢生成乙酰辅酶 A 中的乙酰基；接着乙酰辅酶 A 进入三羧酸循环脱氢，生成 CO_2 并使 $NAD+$ 和 FAD 还原成 $NADH+H^+$、$FADH_2$；第三阶段是 $NADH+H^+$ 和 $FADH_2$ 中的氢经呼吸链将电荷传递给氧生成水，氧化过程中释放出来的能量用于 ATP 合成。从广义来讲，上述三个阶段均为生物氧化，狭义地说只有第三个阶段才算是生物氧化，这是体内能量生成的主要阶段，下面我们只讨论第三个阶段，即代谢物脱下的氢是如何交给氧生成水的？细胞通过什么方式将氧化过程中释放的能量转变成 ATP 分子中的高能键的？

一、生物氧化酶类

体内催化氧化反应的酶有许多种，按照其催化氧化反应方式不同可分为：不需氧脱氢酶、需氧脱氢酶、氧化酶、过氧化氢酶和电子传递体。

(一) 不需氧脱氢酶类

这是人体内主要的脱氢酶类，它们直接作用于底物分子，使之脱氢氧化，但其直接受氢体不是 O_2，而是某些辅酶（NAD^+、$NADP^+$）或辅基（FAD、FMN），辅酶或辅基还原后又将氢原子传递至线粒体氧化呼吸链，最后将电子传给氧生成水，在此过程中释放出来的能量使 ADP 磷酸化生成 ATP，如 3-磷酸甘油醛脱氢酶、琥珀酸脱氢酶、细胞色素体系等（图 8-2）。

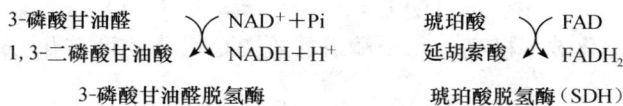

图 8-2　3-磷酸甘油醛脱氢酶、琥珀酸脱氢酶

(二) 需氧脱氢酶类

需氧脱氢酶以 FAD 或 FMN 为辅基，以氧为直接受氢体，产物为 H_2O_2 或超氧离子（O_2^-），如 D-氨基酸氧化酶（辅基 FAD）、L-氨基酸氧化酶（辅基 FMN）、黄嘌呤氧化酶（辅基 FAD）、醛脱氢酶（辅基 FAD）、单胺氧化酶（辅基 FAD）、二胺氧化酶等（图 8-3）。

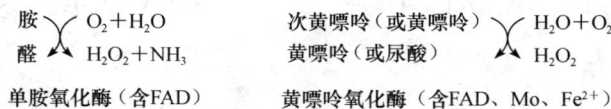

图 8-3　单胺氧化酶、黄嘌呤氧化酶

粒细胞中 NADH 氧化酶和 NADPH 氧化酶也是需氧脱氢酶，它们催化下述反应：

$$NAD(P)H + 2O_2 \xrightarrow{\text{NAD(P)H 氧化酶}} NAD(P)^+ + 2O_2^- + H^+$$

超氧离子在超氧化物歧化酶催化下生成 H_2O_2 与 O_2：

$$O_2^- + O_2^- + 2H^+ \xrightarrow{\text{SOD}} H_2O_2 + O_2$$

（三）氧化酶类

氧化酶直接作用于底物，以氧作为受氢体或受电子体，生成产物是水。氧化酶均为结合蛋白质，辅基常含有 Cu^{2+}，如细胞色素氧化酶、酚氧化酶、抗坏血酸氧化酶等。抗坏血酸氧化酶可催化下述反应：

$$抗坏血酸 \xrightarrow[+1/2O_2]{\text{抗坏血酸氧化酶}} 脱氢抗坏血酸 + H_2O$$

（四）过氧化氢酶和过氧化物酶

前已叙及需氧脱氢酶和超氧化物歧化酶催化的反应中有 H_2O_2 生成。过氧化氢具有一定的生理作用，粒细胞和吞噬细胞中的 H_2O_2 可杀死吞噬的细菌，甲状腺上皮细胞和粒细胞中的 H_2O_2 可使 I^- 氧化生成 I_2，进而使蛋白质碘化，这与甲状腺素的生成和消灭细菌有关。但是 H_2O_2 也可使巯基酶和蛋白质氧化失活，还能氧化生物膜磷脂分子中的多不饱和脂肪酸，损伤生物膜结构、影响生物膜的功能，此外 H_2O_2 还能破坏核酸和黏多糖。人体某些组织如肝、肾、中性粒细胞及小肠黏膜上皮细胞中的过氧化物酶体内含有过氧化氢酶（触酶）和过氧化物酶，可利用或消除细胞内的 H_2O_2 和过氧化物，防止其含量过高而起保护作用。

（1）过氧化氢酶此酶催化 2 个 H_2O_2 分子的氧化还原反应，生成 H_2O 并释放出 O_2。

$$H_2O_2 + H_2O_2 \xrightarrow{\text{过氧化氢酶}} 2H_2O + O_2$$

过氧化氢酶的催化效率极高，每个酶分子在 0℃每分钟可催化 264 万个 H_2O 分子分解。

（2）过氧化物酶此酶催化 H_2O_2 或过氧化物直接氧化酚类或胺类物质。

$$R + H_2O_2 \longrightarrow RO + H_2O \text{ 或 } RH_2 + H_2O_2 \longrightarrow R + 2H_2O$$

某些组织的细胞中还有一种含硒（Se）的谷胱甘肽过氧化物酶，可催化下述反应：

$$H_2O_2 + 2G\text{-}SH \longrightarrow 2H_2O + GSSG$$

$$ROOH + 2G\text{-}SH \longrightarrow ROH + GSSG + H_2O$$

生成的 GSSG 又可在谷胱甘肽还原酶催化下由 $NADPH + H^+$ 供氢还原生成 G-SH：

$$GSSG + NADPH + H^+ \xrightarrow{\text{谷胱甘肽还原酶}} NADP^+ + 2G\text{-}SH$$

（五）电子传递体

1. 定义

电子传递体又叫呼吸链、电子传递链，是由一系列电子载体构成的，从 NADH +

H^+ 或 $FADH_2$ 向氧传递电子的系统。

还原型辅酶通过呼吸链再氧化的过程称为电子传递过程。其中的氢以质子形式脱下，电子沿呼吸链转移到分子氧，形成粒子型氧，再与质子结合生成水。放出的能量则使 ADP 和磷酸生成 ATP。电子传递和 ATP 形成的偶联机制称为氧化磷酸化作用。整个过程称为氧化呼吸链或呼吸代谢。

在葡萄糖的分解代谢中，1 分子葡萄糖共生成 10 个 NADH 和 2 个 $FADH_2$，其标准生成自由能是 613kcal（1kcal＝4.184kJ），而在燃烧时可放出 686kcal 热量，即 90% 储存在还原型辅酶中。呼吸链使这些能量逐步释放，有利于形成 ATP 和维持跨膜电势。

原核细胞的呼吸链位于质膜上，真核细胞则位于线粒体内膜上。

2. 构成

呼吸链包含 15 种以上组分，主要由 4 种酶复合体和 2 种可移动电子载体构成。其中复合体Ⅰ、Ⅱ、Ⅲ、Ⅳ、辅酶 Q 和细胞色素 C 的数量比为 1∶2∶3∶7∶63∶9。

复合体Ⅰ：烟酰胺腺嘌呤二核苷酸（NAD^+）或称辅酶 I(CoI)（图 8-4）。辅酶 Q 氧化还原酶复合体，由 NADH 脱氢酶（一种以 FMN 为辅基的黄素蛋白）和一系列铁硫蛋白（铁-硫中心）组成。它从 NADH 得到 2 个电子，经铁硫蛋白传递给辅酶 Q。铁硫蛋白含有非血红素铁和酸不稳定硫，其铁与肽类半胱氨酸的硫原子配位结合。铁的价态变化使电子从 $FMNH_2$ 转移到辅酶 Q。

也有不少脱氢酶的辅酶为烟酰胺腺嘌呤二核苷酸磷酸（$NADP^+$），又称辅酶Ⅱ（CoⅡ）（图 8-5），它与 NAD^+ 不同之处是在腺苷酸部分中核糖的 2′ 位碳上羟基的氢被磷酸基取代而成。

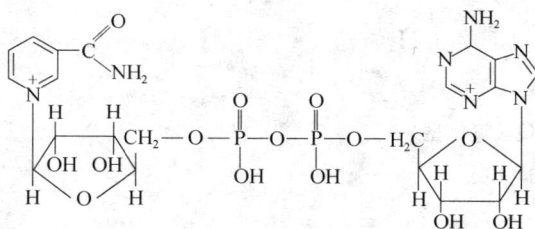

图 8-4 NAD^+（CoⅠ）结构

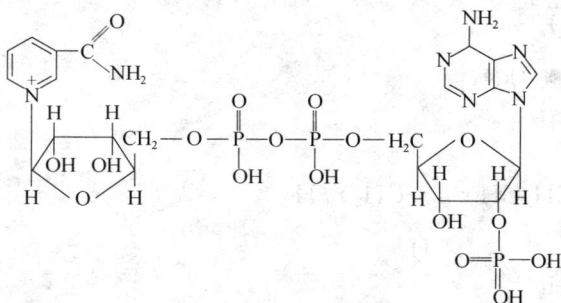

图 8-5 $NADP^+$（CoⅡ）结构

复合体Ⅱ：由琥珀酸脱氢酶（一种以 FAD 为辅基的黄素蛋白）和一种铁硫蛋白组成，将从琥珀酸得到的电子传递给辅酶 Q。其辅基有两种，一种为黄素单核苷酸（FMN），另一种为黄素腺嘌呤二核苷酸（FAD），两者均含核黄素（维生素 B_2），此外 FMN 尚含 1 分子磷酸，而 FAD 则比 FMN 多含 1 分子腺苷酸（AMP）（图 8-6）。

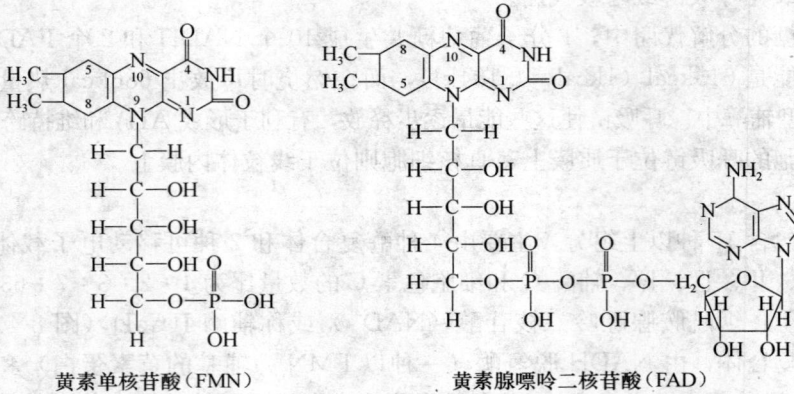

黄素单核苷酸（FMN）　　　　黄素腺嘌呤二核苷酸（FAD）

图 8-6　FMN 和 FAD

辅酶 Q：辅酶 Q（coenzyme Q）亦称泛醌（ubiquinone，UQ 或 Q），是呼吸链中唯一的非蛋白氧化还原载体，可在膜中迅速移动。它在电子传递链中处于中心地位，可接受各种黄素酶类脱下的氢。

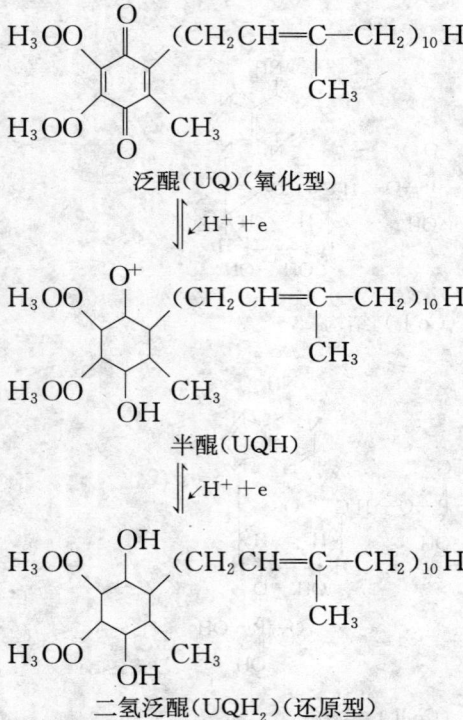

泛醌（UQ）（氧化型）

$\parallel \swarrow H^+ + e$

半醌（UQH）

$\parallel \swarrow H^+ + e$

二氢泛醌（UQH$_2$）（还原型）

复合体Ⅲ：细胞色素 C 氧化还原酶复合体，是细胞色素和铁硫蛋白的复合体，把来自辅酶 Q 的电子，依次传递给结合在线粒体内膜外表面的细胞色素 C（图 8-7）。

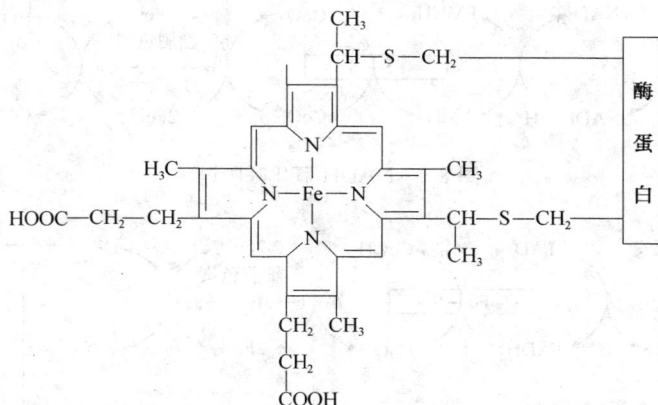

图 8-7　细胞色素 C 的辅基与酶蛋白的连接方式

细胞色素类　都以血红素为辅基，红色或褐色。将电子从辅酶 Q 传递到氧。根据吸收光谱，可分为三类：a、b、c。呼吸链中至少有 5 种：b、c1、c、a、a3（按电子传递顺序）。细胞色素 aa3 以复合物形式存在，又称细胞色素氧化酶，是最后一个载体，将电子直接传递给氧。从 a 传递到 a3 的是 2 个铜原子，有价态变化。

复合体Ⅳ：细胞色素 C 氧化酶复合体。将电子传递给氧。

3. 抑制剂

鱼藤酮、安密妥、杀粉蝶菌素：阻断电子从 NADH 到辅酶 Q 的传递。鱼藤酮是极毒的植物物质，可作杀虫剂。

抗霉素 A：从链霉素分离出的抗生素，抑制从细胞色素 b 到 c1 的传递。

氰化物、叠氮化物、CO、H_2S 等，阻断由细胞色素 aa3 到氧的传递。

二、氧化呼吸链

呼吸链中传递体的排列顺序是根据下列实验数据确定的：

根据呼吸链各组分的标准氧化还原电位，按氧化还原电位递增的顺序依次排列；

利用阻断呼吸链的特殊抑制剂，阻断链中某些特定的电子传递环节。若加入某种抑制剂后，则在阻断环节的负电子性侧的递电子体因不能再氧化而大多处于还原状态，但在阻断环节的正电子性侧递氢、送电子体不能被还原而大多处于氧化状态。现已基本确定的两条主要的呼吸链中各传递体的排列顺序如下：

（1）NADH 氧化呼吸链（图 8-8）。

（2）琥珀酸氢化呼吸链（图 8-9）。

（3）胞液中 NADH 及 NADPH 的氧化。NADH 必须通过线粒体内膜上的呼吸链，其中的氢才能被氧化成水，但是在胞液中形成的 NADH（见糖代谢）不能透过正常线粒体内膜，因此线粒体外的 NADH 尚需通过穿梭系统才能将氢带入线粒体内，而后进行氧化。现已证明，动物体内有下列两种主要的穿梭系统。

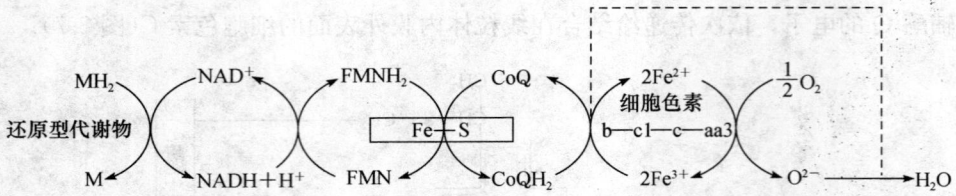

图 8-8　NADH 氧化呼吸链

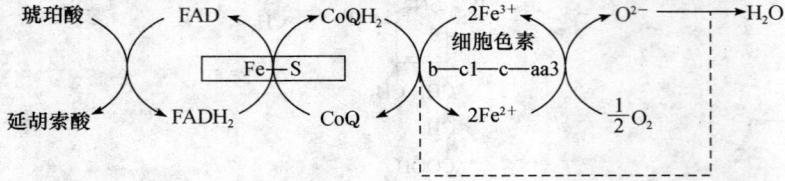

图 8-9　琥珀酸氧化呼吸链

苹果酸穿梭系统（图 8-10）。

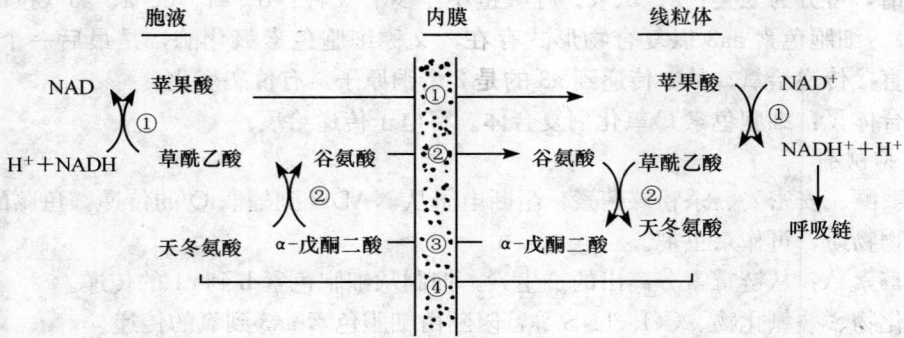

图 8-10　苹果酸穿梭系统

① 苹果酸脱氢酶；② 谷草转氨酶；①～④ 线粒体内膜上的不同转位酶

α - 磷酸甘油穿梭系统（图 8-11）。

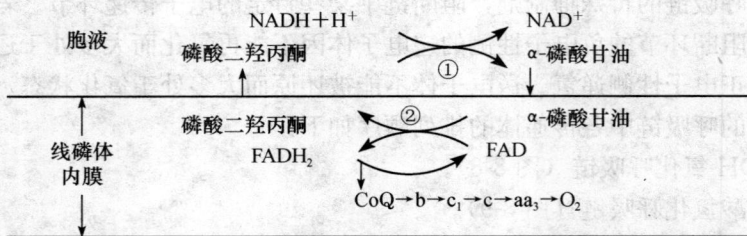

图 8-11　α - 磷酸甘油穿梭系统

① 胞液中 α - 磷酸甘油脱氢酶（辅酶为 NAD^+）；

② 线粒体内 α - 磷酸甘油脱氢酶（输基为 FAD）

三、ATP 的生成、储存和利用

ATP 几乎是生物组织细胞能够直接利用的唯一能源，在糖、脂类及蛋白质等物质氧化分解中释放出的能量，相当大的一部分能使 ADP 磷酸化成为 ATP，从而把能量保存在 ATP 分子内。

生物体内 ATP 生成有两种方式：

1. 底物水平磷酸化

底物分子中的能量直接以高能键形式转移给 ADP 生成 ATP，这个过程称为底物水平磷酸化，这一磷酸化过程在胞浆和线粒体中进行，包括有：

$$1,3\text{-二磷酸甘油酸} + ADP \xrightarrow{\text{3-磷酸甘油酸激酶}} 3\text{-磷酸甘油酸} + ATP$$

$$\text{磷酸烯醇式丙酮酸} + ADP \xrightarrow{\text{丙酮酸激酶}} \text{烯醇式丙酮酸} + ATP$$

$$\text{琥珀酰 CoA} + H_3PO_4 + GDP \xrightarrow{\text{琥珀酸硫激酶}} \text{琥珀酸} + CoASH + GTP$$

2. 氧化磷酸化

氧化和磷酸化是两个不同的概念。氧化是底物脱氢或失电子的过程，而磷酸化是指 ADP 与 Pi 合成 ATP 的过程。在结构完整的线粒体中氧化与磷酸化这两个过程是紧密地偶联在一起的，即氧化释放的能量用于 ATP 合成，这个过程就是氧化磷酸化，氧化是磷酸化的基础，而磷酸化是氧化的结果。

机体代谢过程中能量的主要来源是线粒体，既有氧化磷酸化，也有底物水平磷酸化，以前者为主要来源。胞液中底物水平磷酸化也能获得部分能量，实际上这是酵解过程的能量来源。

本章小结

新陈代谢是生命的基本特征。新陈代谢包括合成代谢与分解代谢，代谢中涉及物质转化和能量转化，新陈代谢是细胞内发生的一系列严密有序的酶促反应过程。

生物体内进行的脱氢，加氧等氧化反应总称为生物氧化，生物氧化是糖、脂肪和蛋白质等营养物质通过氧化反应进行分解，生成 H_2O 和 CO_2，同时伴有 ATP 的生成，为生物的生命活动提供生长发育和生命活动需要的能量。有氧条件下细胞的有氧氧化产生较多的能量，无氧条件下，细胞的无氧氧化产能少，但可以生成一些特殊的代谢产物。

生物氧化是在一系列酶组成的氧化呼吸链中完成的。氧化呼吸链是由一系列电子载体构成的，主要存在于生物细胞的线粒体中。

习题

(1) 什么叫新陈代谢？新陈代谢对生物体有何重要意义？

(2) 什么叫生物氧化？它与体外燃烧有什么不同点和相同点？

(3) 生物氧化中产生的高能化合物有哪些？

（4）真核细胞中生物氧化在什么细胞器中进行？

（5）解释下列名词

ATP，不需氧脱氢酶，氧化磷酸化，底物水平磷酸化，呼吸链。

扩展阅读

非线粒体氧化体系

除线粒体以外，细胞的微粒体和过氧化物酶体也是生物氧化的重要场所，其特点是在氧化过程中不伴有偶联磷酸化，不能生成 ATP。主要用于代谢物、药物和毒物的生物转化作用。其中某些酶的活性与消除代谢产生的自由基关系密切，它包括微粒体氧化体系和过氧化物酶体氧化体系。

一、微粒体氧化体系

存在于微粒体中的氧化体系为加单氧酶系，又称混合功能氧化酶、羟化酶。此酶系催化氧分子中的一个氧原子加到作用物分子上，另一个氧原子被 $NADPH+H^+$ 还原成水。

加单氧酶系催化的反应与体内许多重要活性物质的生成、灭活以及药物、毒物的生物转化有密切关系。

二、过氧化物酶体氧化体系

过氧化物酶体是一种特殊的细胞器，存在于动物的肝脏、肾脏、中性粒细胞和小肠黏膜细胞中。过氧化物酶体中含有多种催化生成 H_2O_2 的酶，同时含有分解 H_2O_2 的酶。

1. 过氧化氢的生成

生物氧化过程中，过氧化物酶体中含有多种氧化酶可催化过氧化氢和超氧负离子的生成，如单胺氧化酶、黄嘌呤氧化酶等可催化生成 H_2O_2。

2. 过氧化氢的作用和毒性

H_2O_2 在体内有一定的生理作用，如嗜中性粒细胞产生的 H_2O_2 可用于杀死吞噬进细胞的细菌，甲状腺中产生的 H_2O_2 可用于酪氨酸的碘化过程，为合成甲状腺素所必需。但对大多数组织来说，H_2O_2 若积累过多，会对细胞有毒性作用。因此必须及时将多余的 H_2O_2、自由基清除。

3. 过氧化氢的利用

过氧化物酶体中含有过氧化氢酶和过氧化物酶，可处理和利用过氧化氢。红细胞等组织细胞中含有一种含硒的谷胱甘肽过氧化物酶，可使过氧化脂质和 H_2O_2 与还原型谷胱甘肽（GSH）反应，从而将它们转变为无毒的水或醇。

所以，还原型谷胱甘肽（GSH）可保护红细胞膜蛋白、血红蛋白及酶的巯基等免受氧化剂的毒害，从而维持细胞的正常功能。GSSG（氧化型谷胱甘肽）在谷胱甘肽还原酶作用下，由 NADPH 作为供氢体，又可重新生成 GSH（还原型谷胱甘肽）。如 NADPH 生成障碍（如缺乏 6-磷酸葡萄糖脱氢酶）谷胱甘肽则不能维持于还原状态，可引起溶血。这种溶血现象可因服用蚕豆及某些药物如磺胺药、阿司匹林而引起，称为蚕豆病。

第九章　糖　代　谢

☞　课前导读

　　糖类是异养生物的主要能源和碳源。糖代谢分为合成代谢与分解代谢，糖的分解代谢从多糖的酶促水解开始，水解为单糖或双糖才能被细胞吸收，进入中间代谢。发酵工程产品的很多发酵机理都与糖的分解代谢有关，因此学好本章的内容对掌握发酵机理和发酵过程的调控是很有好处的。

☞　教学目标

　　(1) 掌握糖的分解代谢的基本过程和途径。
　　(2) 掌握糖酵解（EMP）途径、三羧酸（TCA）循环的生化过程和生理意义。
　　(3) 了解磷酸戊糖（HMP）途径的生化过程和生理意义。
　　(4) 了解柠檬酸、谷氨酸、酒精发酵生产的原理。

第一节　概　　述

　　糖代谢可分为分解代谢与合成代谢两方面，分解代谢包括糖酵解与三羧酸循环，合成代谢包括糖的异生、糖原与结构多糖的合成等，中间代谢还有磷酸戊糖途径、糖醛酸途径等。分解与合成之间是相互联系密不可分的。糖类代谢的中间产物可为氨基酸、核苷酸、脂肪、类固醇的合成提供碳原子或碳骨架。糖的分解代谢是生物体广泛存在的最基本代谢。在发酵工程中我们常用淀粉作为微生物的碳源，利用微生物的中间代谢发酵生产我们所需的产品。

　　多糖分子不能进入细胞，动物或微生物在利用多糖作为碳源或能源时，需要将多糖分子降解（消化）为单糖或双糖，才能被细胞吸收，进入中间代谢。多糖的酶促水解我们在第一章和第三章中已有详细的讨论。

　　糖的分解代谢可分为无氧分解和有氧分解两部分。

　　糖的无氧酵解就是生物细胞在无氧条件下，将葡萄糖转变为丙酮酸并产生 ATP 的过程，称为糖的无氧分解。这一过程与酵母菌使糖发酵过程相似，又称为糖酵解，在细胞质中进行。

　　糖的有氧氧化，糖的有氧降解实际上是丙酮酸在有氧条件下的彻底氧化分解，因此无氧酵解和有氧氧化是在丙酮酸生成以后才分歧的。大部分生物的糖降解代谢是在有氧条件下进行的，丙酮酸以后的氧化都是在线粒体中进行的，可分为两个阶段进行：丙酮酸氧化为乙酰 CoA 和乙酰 CoA 的乙酰基部分经过一个循环式系列反应—三羧酸循环被彻底氧化为 CO_2 和 H_2O，同时释放出大量能量。

糖的无氧酵解和有氧氧化过程是生物体内糖分解的主要途径，但非唯一途径，磷酸戊糖途径又称己糖磷酸支路是另一重要的中间代谢途径。磷酸戊糖途径可分为两个阶段：葡萄糖的直接氧化脱羧阶段和非氧化的分子重排阶段。磷酸戊糖途径有多种生物学意义，它可产生大量重要的生物活性物质。可为氨基酸、核苷酸、脂肪、类固醇的合成提供原料，可为生物体内一些重要物质的合成提供还原力和能量物质。可与光合作用联系起来，并实现某些单糖间的互变。

第二节 糖 酵 解

糖酵解是在细胞质中，酶将葡萄糖降解成丙酮酸并生成 ATP 的过程。它是动植物及微生物细胞中葡萄糖分解产生能量的共同代谢途径。有氧时丙酮酸进入线粒体，经三羧酸循环彻底氧化生成 CO_2 和水，酵解生成的 NADH 则经呼吸链氧化产生 ATP 和水。缺氧时 NADH 把丙酮酸还原生成乳酸。

发酵也是葡萄糖或有机物降解产生 ATP 的过程，其中有机物既是电子供体，又是电子受体。根据产物不同，可分为乙醇发酵、乳酸发酵、发酵可有的产物还有乙酸、丙酸、丙酮、丁醇、丁酸、琥珀酸、丁二醇等。

一、糖酵解的反应过程

糖酵解在细胞质中进行，可划分为三个阶段，即己糖的磷酸化、磷酸己糖的裂解及ATP 和丙酮酸的生成，在每一阶段中，又包含若干反应（图 9-1）。

1. 己糖的磷酸化

己糖通过两次磷酸化反应，将葡萄糖活化为 1,6-二磷酸果糖，为裂解成 2 分子磷酸丙糖作准备。这一阶段共消耗 2 分子 ATP，可称为耗能活化阶段，有三步反应：

（1）葡萄糖的磷酸化。首先，葡萄糖被 ATP 磷酸化，生成 6-磷酸葡萄糖，这个反应由己糖激酶催化。磷酸基团的转移在生物化学中是一个基本反应。从 ATP 转移磷酸基团到受体上的酶称为激酶。己糖激酶是从 ATP 转移磷酸基团到各种六碳糖上去的酶。激酶都需要 Mg^{2+} 作为激活因子。

（2）6-磷酸果糖的生成。这是磷酸己糖的异构化反应。磷酸己糖异构酶催化 6-磷酸葡萄糖异构化生成 6-磷酸果糖。

（3）1,6-二磷酸果糖的生成。由磷酸果糖激酶催化 6-磷酸果糖再次磷酸化，生成1,6-二磷酸果糖。

2. 磷酸己糖的裂解

这一阶段反应包括 1,6-二磷酸果糖裂解为 2 分子磷酸丙糖，以及磷酸丙糖的相互转化。

（1）1,6-二磷酸果糖的裂解由醛缩酶催化 1,6-二磷酸果糖裂解成 2 分子磷酸丙糖，即 3-磷酸甘油醛和磷酸二羟丙酮。

糖原+Pi   D-葡萄糖

磷酸化酶a   己糖激酶 — ATP → ADP

D-葡萄糖-1-磷酸 — 磷酸葡糖变位酶 → D-葡萄糖-6-磷酸

磷酸葡糖异构酶

D-果糖-6-磷酸 ← ADP ATP — 果糖

6-磷酸果糖激酶 — ATP → ADP

D-果糖-1,6-二磷酸

醛缩酶

二羟丙酮磷酸 — 磷酸丙糖异构酶 → 甘油醛-3-磷酸

D-甘油醛-3-磷酸脱氢酶 — NAD⁺+Pi → NADH+H⁺

1,3-二磷酸甘油酸

磷酸甘油酸激酶 — ADP → ATP

3-磷酸甘油酸

磷酸甘油酸变位酶

2-磷酸甘油酸

烯醇化酶 → H_2O

磷酸烯醇式丙酮酸

丙酮酸激酶 — ADP → ATP

丙酮酸

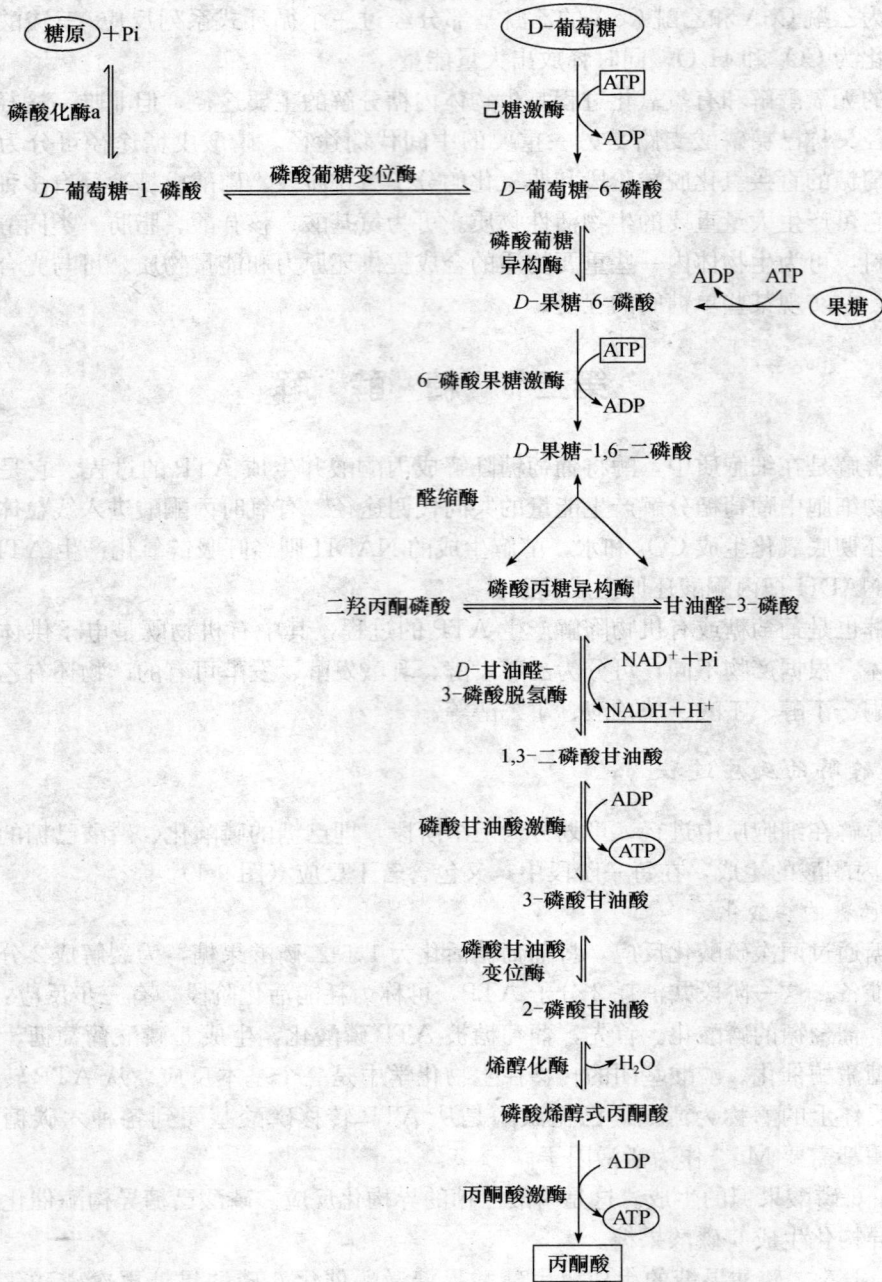

图 9-1　糖酵解（EMP）途径

（2）磷酸丙糖的同分异构化磷酸丙糖异构酶催化磷酸二羟丙酮异构化，生成 3-磷酸甘油醛。

3. 3-磷酸甘油醛生成丙酮酸

在此阶段有一步氧化反应和二步产能反应，3-磷酸甘油醛最终生成丙酮酸，释放的能量可由 ADP 转变成 ATP 储存。

（1）3-磷酸甘油醛氧化为 1,3-二磷酸甘油酸。3-磷酸甘油醛的氧化是酵解中首次遇到的氧化作用。催化此反应的酶为 3-磷酸甘油醛脱氢酶，反应中同时进行脱氢和磷酸化反应。

（2）3-磷酸甘油酸和 ATP 的生成。磷酸甘油酸激酶催化 1,3-二磷酸甘油酸分子中 C_1 上具高能键的磷酸基团转移到 ADP 上，生成 3-磷酸甘油酸和 ATP；这是糖酵解中首次通过底物氧化形成的高能磷酸化合物直接将磷酸基团转移给 ADP 偶联生成 ATP 的反应，这种 ATP 生成的方式称为底物水平磷酸化。

（3）3-磷酸甘油酸异构为 2-磷酸甘油酸。磷酸甘油酸变位酶催化 3-磷酸甘油酸 C3 上的磷酸基团转移到分子内的 C_2 原子上，生成 2-磷酸甘油酸。

（4）磷酸烯醇式丙酮酸（PEP）的生成。烯醇化酶催化 2-磷酸甘油酸脱去 1 分子水，生成磷酸烯醇式丙酮酸。

（5）丙酮酸和 ATP 的生成。丙酮酸激酶催化 PEP 上的磷酸基团转移至 ADP 生成 ATP，同时 PEP 形成烯醇式丙酮酸。后者极不稳定，很易自发地转变为丙酮酸，该反应为非酶促反应。丙酮酸激酶催化的反应又是一个底物水平磷酸化反应，反应基本上不可逆，需 K^+、Mg^{2+} 或 Mn^{2+} 参加。

4. 无氧条件下丙酮酸生成乳酸

在有氧条件下丙酮酸进入线粒体变成乙酰 CoA 参加三羧酸循环，被彻底氧化生成 CO_2 和 H_2O；无氧条件下丙酮酸生成乳酸。

二、糖酵解的特点和意义

糖酵解的特点是：不需氧，细胞在缺氧条件下，通过无氧酵解可以获得有限的能量维持生命活动，每 1 分子葡萄糖酵解可产生 2 分子 ATP，若糖原开始为 3 分子 ATP。但糖酵解的"燃烧"很不充分，仅有 6%～8% 的能量被释放出来。糖酵解在胞浆内进行，反应的最终产物是丙酮酸。

糖酵解的意义：

（1）糖酵解在生物体中普遍存在。

（2）它是葡萄糖进行有氧或无氧分解的共同代谢途径。

（3）机体供能的应急方式。通过糖酵解，生物体获得生命活动所需的部分能量。对于厌氧生物或供氧不足的组织来说，糖酵解是糖分解的主要形式，也是获得能量的主要方式。

（4）糖酵解途径中形成的许多中间产物，可作为合成其他物质的原料，如磷酸二羟丙酮可转变为甘油，丙酮酸可转变为丙氨酸或乙酰 CoA，后者是脂肪酸合成的原料，这样就使糖酵解与其他代谢途径联系起来，实现物质间的相互转化。

三、糖酵解的调控

糖酵解中有三步反应由于大量释放自由能而不可逆，它们分别由己糖激酶、磷酸果糖激酶（PFK）和丙酮酸激酶催化。因此这三种酶调节着糖酵解的速度，以满足细胞对

ATP 和合成原料的需要。

(1) 磷酸果糖激酶：是糖酵解过程中最重要的调节酶，酵解速度主要决定于该酶活性，因此它是一个限速酶。

(2) 己糖激酶：己糖激酶的别构抑制剂为其产物 6-磷酸葡萄糖。当磷酸果糖激酶活性被抑制时，该酶的底物 6-磷酸果糖积累，进而使 6-磷酸葡萄糖的浓度升高，从而引起己糖激酶活性下降。

(3) 丙酮酸激酶丙酮酸激酶活性也受高浓度 ATP、丙氨酸、乙酰 CoA 等代谢物的抑制，这是生成物对反应本身的反馈抑制。当 ATP 的生成量超过细胞自身需要时，通过丙酮酸激酶的别构抑制使糖酵解速度减低。

四、丙酮酸的去向

(1) 有氧条件下丙酮酸的去路——经三羧酸（TCA）循环完全氧化。

有氧条件下，糖酵解是单糖完全氧化分解成 CO_2 和 H_2O 的必要准备阶段，单糖经糖酵解途径初步分解成丙酮酸，有氧时丙酮酸进入线粒体，脱羧生成乙酰辅酶 A，通过三羧酸（TCA）循环彻底氧化成 CO_2 和 H_2O。

(2) 无氧条件下丙酮酸的去路。

① 生成乳酸：乳酸菌及肌肉供氧不足时，丙酮酸接受 3-磷酸甘油醛脱氢时产生的 NADH 上的 H，在乳酸脱氢酶（LDH）催化下还原生成乳酸。称为乳酸发酵。

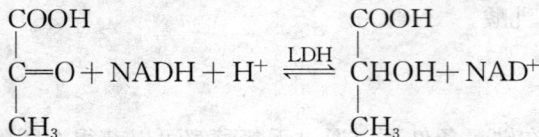

$$
\begin{array}{c}
COOH \\
| \\
C{=}O + NADH + H^+ \xrightarrow{LDH} \\
| \\
CH_3
\end{array}
\quad
\begin{array}{c}
COOH \\
| \\
CHOH + NAD^+ \\
| \\
CH_3
\end{array}
$$

② 生成乙醇：在酵母菌中，由丙酮酸脱羧酶催化生成乙醛，再由乙醇脱氢酶催化还原生成乙醇。

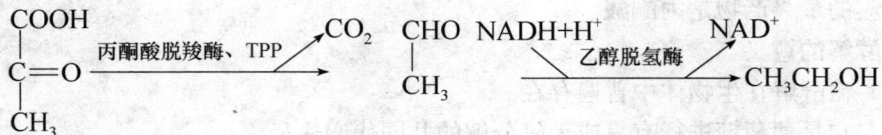

$$
\begin{array}{c}
COOH \\
| \\
C{=}O \\
| \\
CH_3
\end{array}
\xrightarrow{\text{丙酮酸脱羧酶、TPP}} CO_2 \quad
\begin{array}{c}
CHO \\
| \\
CH_3
\end{array}
\quad NADH+H^+ \xrightarrow[\text{乙醇脱氢酶}]{} NAD^+ \quad CH_3CH_2OH
$$

五、其他单糖

1. 果糖

可由己糖激酶催化形成 6-磷酸果糖而进入酵解。己糖激酶对葡萄糖的亲和力比果糖大 12 倍，只有在动物脂肪组织中，果糖含量比葡萄糖高，才由此途径进入酵解。动物肝脏中有果糖激酶，可生成 1-磷酸果糖，再被 1-磷酸果糖醛缩酶裂解生成甘油醛和磷酸二羟丙酮，甘油醛由三碳糖激酶磷酸化生成 3-磷酸甘油醛，进入酵解。

2. 半乳糖

在半乳糖激酶催化下生成 1-磷酸半乳糖（需镁离子），再在 1-磷酸半乳糖尿苷酰转移酶催化下与 UDP-葡萄糖生成 UDP-半乳糖和 1-磷酸葡萄糖，UDP-半乳糖被 UDP-半乳糖 4-差向酶催化生成 UDP-葡萄糖。反应是可逆的，可用于合成半乳糖。

3. 甘露糖

由己糖激酶催化生成 6-磷酸甘露糖，被磷酸甘露糖异构酶催化生成 6-磷酸果糖，进入酵解。

第三节 葡萄糖的有氧分解——三羧酸（TCA）循环

大部分生物的糖降解代谢是在有氧条件下进行的，糖的有氧降解实际上是丙酮酸在有氧条件下的彻底氧化分解，因此无氧酵解和有氧氧化是在丙酮酸生成以后才分歧的。丙酮酸以后的氧化都是在线粒体中进行的，可分为两个阶段进行：丙酮酸氧化为乙酰 CoA 和乙酰 CoA 的乙酰基部分经过一个循环式系列反应–三羧酸（TCA）循环被彻底氧化为 CO_2 和 H_2O，同时释放出大量能量。

一、丙酮酸氧化脱羧

1. 丙酮酸脱氢酶复合体

糖酵解生成的丙酮酸可穿过线粒体膜进入线粒体内室。在丙酮酸脱氢酶系的催化下脱氢脱羧，生成乙酰 CoA（图 9-2）。

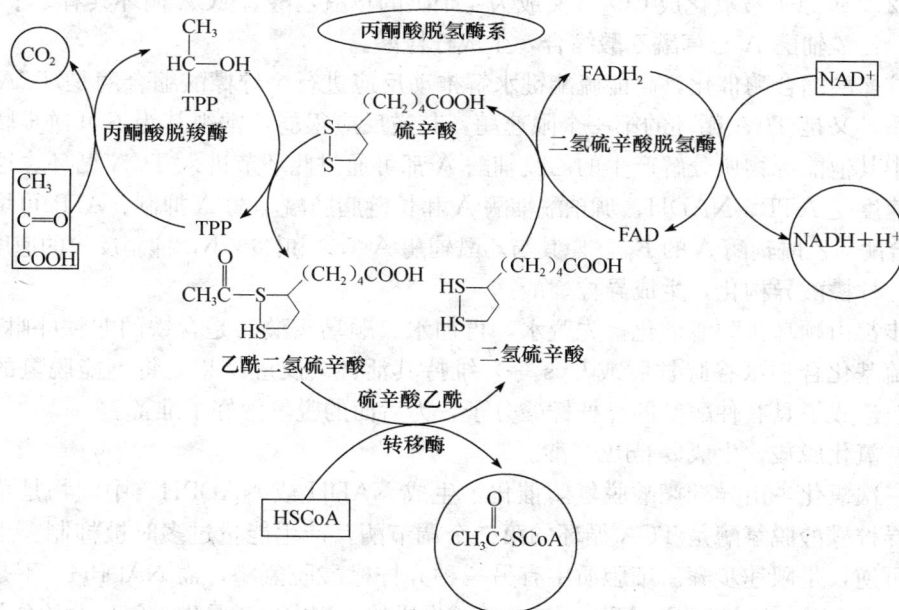

图 9-2 丙酮酸脱氢酶系催化过程

反应过程共有 5 步，第一步是不可逆的。

(1) 脱羧，生成羟乙基 TPP，由丙酮酸脱羧酶 E_1 催化。

(2) 羟乙基被氧化成乙酰基，转移给硫辛酰胺。由硫辛酸乙酰转移酶 E_2 催化。

(3) 形成乙酰辅酶 A。由 E_2 催化。

（4）氧化硫辛酸，生成 $FADH_2$。由二氢硫辛酸脱氢酶 E_3 催化。

（5）氧化 $FADH_2$，生成 $NADH+H^+$。

丙酮酸脱氢酶复合体有 60 条肽链组成，直径 30nm，E_1 和 E_2 各 24 个，E_3 有 12 个。其中硫辛酰胺构成转动长臂，在电荷的推动下携带中间产物移动。

2. 活性调控

此反应处于代谢途径的分支点，受到严密调控：

（1）产物抑制：乙酰辅酶 A 抑制 E_2，NADH 抑制 E_3。可被辅酶 A 和 NAD^+ 逆转。

（2）核苷酸反馈调节：E_1 受 GTP 抑制，被 AMP 活化。

（3）共价调节：E_1 上的特殊丝氨酸被磷酸化时无活性，水解后恢复活性。丙酮酸抑制磷酸化作用，钙和胰岛素增加去磷酸化作用，ATP、乙酰辅酶 A、NADH 增加磷酸化作用。

二、三羧酸循环的途径

三羧酸循环，也叫 Krebs 循环、柠檬酸循环，简称 TCA 循环（图 9-3）。是生物体内物质代谢和能量代谢中都很重要的一条途径。在能量代谢中是糖、脂肪、蛋白质氨基酸等有机物的不完全降解产物的最后氧化分解的共有途径。是生物氧化的重要组成部分，TCA 循环的起始点是乙酰 CoA 与草酰乙酸生成柠檬酸，经一个循环周期后乙酰 CoA 的 2 个碳原子被氧化成 CO_2，又成为 4 个碳的草酰乙酸。TCA 循环共有 8 个步骤。

（1）乙酰辅酶 A 与草酰乙酸缩合，生成柠檬酸。

由柠檬酸缩合酶催化，高能硫酯键水解推动反应进行。柠檬酸缩合酶是 TCA 循环特有的酶，又是 TCA 循环的第一个限速酶，其逆反应很弱，常视其为不可逆步骤。生物细胞中其他能源物质分解产生的乙酰辅酶 A 都可通过此环节进入 TCA 循环。这一步的反应速度受 ATP、NADH、琥珀酰辅酶 A 和长链脂肪酰辅酶 A 抑制。ATP 可增加柠檬酸缩合酶对乙酰辅酶 A 的 K_m，使其与乙酰辅酶 A 的亲和性减小，抑制反应的速度。

（2）柠檬酸异构化，生成异柠檬酸。

两步都由顺乌头酸酶催化，先脱水，再加水。顺乌头酸酶是含铁的非铁卟啉蛋白。需铁及巯基化合物（谷胱甘肽或 Cys 等）维持其活性。反应结果，将不能脱氢的柠檬酸分子改造成了具有仲醇基的异柠檬酸分子，为后面的脱氢做好了准备。

（3）氧化脱羧，生成 α-酮戊二酸。

第一次氧化，由异柠檬酸脱氢酶催化，生成 NADH 或 NADPH。中间物是草酰琥珀酸。异柠檬酸脱氢酶是 TCA 循环的第二个调节酶，产生能量过多时被抑制。生理条件下不可逆，是限速步骤。细胞质中有另一种异柠檬酸脱氢酶，需 NADPH，不是别构酶。其反应可逆，与 NADPH 还原当量有关。生成的 α-酮戊二酸是碳、氮代谢的公共中间产物，可以合成 L-谷氨酸，L-谷氨酸脱氨生成的 α-酮戊二酸也可在此进入 TCA 循环。

（4）氧化脱羧，生成琥珀酰辅酶 A。

第二次氧化脱羧，由 α-酮戊二酸脱氢酶体系催化，生成 NADH。其中 E1 为 α-酮戊二酸脱氢酶，E_2 为琥珀酰转移酶，E_3 与丙酮酸脱氢酶体系相同。机制类似，但无共价调节。α-酮戊二酸的脱氢脱羧是 TCA 循环的第三个限速步骤。反应生成的琥珀酰辅酶

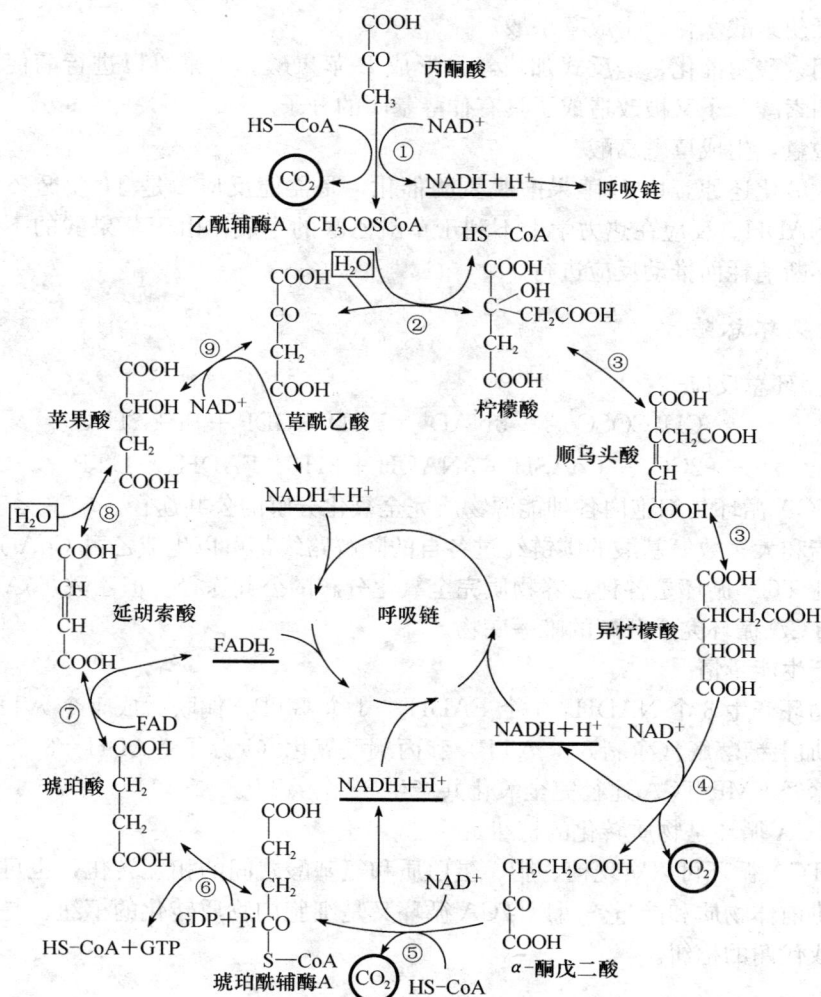

图 9-3 三羧酸循环的反应过程
①~⑨为反应过程

A 含高能硫酯键，性质活泼，可与甘氨酸合成卟啉环，进而合成血红素、叶绿素、细胞色素等生物分子。

（5）琥珀酰 CoA 分解，生成琥珀酸和 GTP。

这是 TCA 循环中唯一一个底物水平磷酸化的步骤，由琥珀酰辅酶 A 合成酶（琥珀酰硫激酶）催化。GTP 可用于蛋白质合成的供能，也可由二磷酸核苷酸激酶催化，将高能磷酸键转移给 ADP，生成 ATP。实际上这是前一步反应氧化脱羧生成的高能键的能量转移反应。需镁离子。

（6）琥珀酸脱氢，生成延胡索酸。

第三步氧化还原反应，由琥珀酸脱氢酶催化，生成 $FADH_2$。琥珀酸脱氢酶位于线粒体内膜，直接与呼吸链相连。$FADH_2$ 不与酶解离，电子直接转移到酶的铁原子上。

（7）延胡索酸水化，生成苹果酸。

由延胡索酸酶催化，是反式加成，只形成 L-苹果酸。本来难以进行酶促脱氢氧化反应的延胡索酸分子又被改造成了具有仲醇基团的分子。

（8）脱氢，生成草酰乙酸。

第四次氧化还原，由 L-苹果酸脱氢酶催化，是需能反应，是 TCA 循环的最后一步，生成 NADH。反应在热力学上不利于草酰乙酸的生成，由于苹果酸的不断生成草酰乙酸的不断消耗而推动反应进行。

三、TCA 循环总结

TCA 循环总反应式：

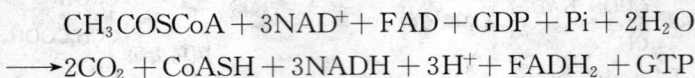

$$CH_3COSCoA + 3NAD^+ + FAD + GDP + Pi + 2H_2O$$
$$\longrightarrow 2CO_2 + CoASH + 3NADH + 3H^+ + FADH_2 + GTP$$

（1）TCA 循环是细胞内各种能源物质完全氧化分解的公共途径。

糖、脂和大多数氨基酸的碳链经过各自的降解路线都可以生成乙酰 CoA 进入 TCA 循环，因此 TCA 循环是各种营养物质完全氧化分解的公共途径。但乙酰 CoA 的乙酰基是能够被 TCA 循环完全分解的唯一底物。

（2）产生能量情况。

每个循环产生 3 个 NADH，1 个 $FADH_2$，1 个 GTP（偶联后成 1 个 ATP），共 12 个 ATP。加上糖酵解（净剩 8 个 ATP）和丙酮酸氧化（1 分子 NADH＝3 个 ATP），1 分子葡萄糖经 EMP-TCA 途径完全氧化共产生 38 个 ATP。

（3）TCA 循环是物质转化的枢纽。

通过 TCA 循环可以实现糖、脂、蛋白质和氨基酸之间的相互转化，也可为其他生物合成提供前体物质和能量，所以 TCA 循环又是细胞内物质转化的枢纽，是联系分解代谢和合成代谢的枢纽。

四、TCA 循环的回补途径

三羧酸循环的中间物是许多生物合成的前体，如草酰乙酸和 α-酮戊二酸可用于合成天冬氨酸和谷氨酸，卟啉的碳原子来自琥珀酰辅酶 A。这样会降低草酰乙酸浓度，抑制三羧酸循环。所以必需补充草酰乙酸。

用发酵法生产柠檬酸、L-谷氨酸时也要把 TCA 循环的途径切断或阻塞，这样微生物也会启用 TCA 循环的回补途径，以维持草酰乙酸的浓度。

（1）磷酸烯醇式丙酮酸（PEP）羧化。PEP ＋ CO_2 ＋ GDP→草酰乙酸＋GTP 由磷酸烯醇式丙酮酸羧化激酶催化，需 Mn^{2+}，在动物脑和心脏中有这个反应。

$$PEP \xrightarrow[\text{PEP羧化酶}]{\overset{CO_2}{\underset{}{H_2O}} \quad \overset{Pi}{}} \boxed{草酰乙酸} （植物、细菌中进行）$$

（2）丙酮酸羧化支路：丙酮酸与 ATP、水和 CO_2 在丙酮酸羧化酶作用下生成草酰乙酸。需要镁离子和生物素。丙酮酸羧化酶是可调节酶，平时活性低，乙酰辅酶 A 可促进其活性。

$$丙酮酸 \xrightarrow[\substack{CO_2 \\ \quad\; 丙酮酸羧化酶 \\ V_H、乙酰CoA、mg^{++}}]{\substack{H_2O \quad Pi \\ ATP \quad ADP}} \boxed{草酰乙酸} （动物、酵母中）$$

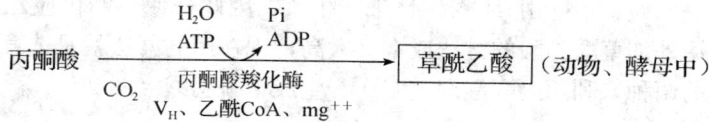

（3）丙酮酸还可与 NADPH、水和 CO_2 在苹果酸酶作用下生成苹果酸，再生成草酰乙酸。

$$丙酮酸 \xrightarrow[\substack{NADpH \quad NADP^+ \\ 苹果酸酶}]{CO_2} 苹果酸 \xrightarrow[\substack{NAD^+ \quad NADH+H^+ \\ 苹果酸脱氢酶}]{} \boxed{草酰乙酸} （动、植物、微生物中）$$

（4）由天冬氨酸转氨生成草酰乙酸，谷氨酸生成 α-酮戊二酸，异亮氨酸、缬氨酸、苏氨酸和甲硫氨酸生成琥珀酰辅酶 A。

$$Asp + α酮戊二酸 \underset{}{\overset{转氨酶}{\rightleftharpoons}} Glu + \boxed{草酰乙酸}$$

（5）乙醛酸循环。许多植物和微生物可将脂肪转化为糖，是通过一个类似三羧酸循环的乙醛酸循环，将 2 个乙酰辅酶 A 合成一个琥珀酸。此循环生成异柠檬酸后经异柠檬酸裂解酶催化，生成琥珀酸和乙醛酸，乙醛酸与另一个乙酰辅酶 A 缩合产生苹果酸，由苹果酸合成酶催化。然后与三羧酸循环相同（图 9-4）。

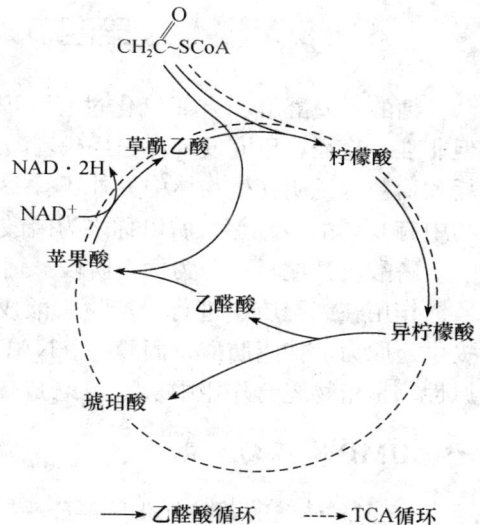

五、发酵生产柠檬酸的生化机理

人类很早就知道用发酵的方法生产一些产品，如酒、醋、乳酸等，但这些发酵产品都是利用微生物在特定条件下的固有代谢规律，自然积累某种产物的发酵，称为自然发酵或传统发酵。许多传统发酵的产品都是微生物自身不能再利用的代谢产物。柠檬酸发酵是不同于传统发酵的一种新型发酵，是人类对微生物的糖代谢机理及其调节都十分清楚之后，才有针对性的采取措施，改变微生物的原有的代谢平衡，大大提高了柠檬酸的产率。并且我们现在已经可以利用现代代谢调控理论指导发酵技术，生产许多新型发酵产品。

图 9-4 三羧酸循环与乙醛酸循环关系

柠檬酸是 TCA 循环的中间产物，正常情况下柠檬酸不会大量积累，要想利用 EMP-TCA 途径积累柠檬酸，关键之一就是阻断顺乌头酸酶催化的反应。针对顺乌头酸酶是含铁的非血红素蛋白，有铁-硫中心作为辅基，催化底物的脱水、加水反应。因此，在菌体生长繁殖到适当的时候，适量加入亚铁氰化钾（黄血盐），使之与铁硫中心的亚铁离子生成络合物，则顺乌头酸酶的活性大大降低，从而实现了柠檬酸的积累。或者通过诱变造成生产菌种顺乌头酸酶缺损或活力很低，也可以积累柠檬酸。但顺乌头酸酶的催化反应被阻断后，草酰乙酸就不能由 TCA 循环来产生了，因此即使不断供应乙酰 CoA，也无法合成柠檬酸。用外加草酰乙酸的方法成本又太高，现在用的办法就是选育丙酮酸羧化支路回补途径旺盛的菌种，利用丙酮酸固定 CO_2，生成草酰乙酸（图 9-5）。

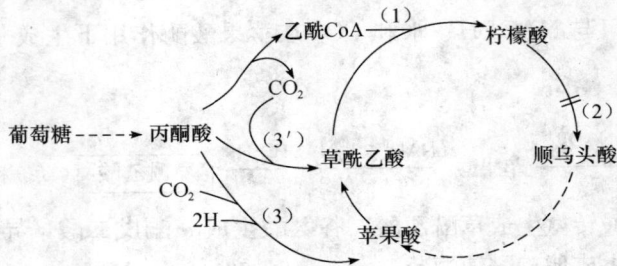

图 9-5　柠檬酸发酵的生化机理

（1）柠檬酸合成酶；（2）顺乌头酸酶；（3）苹果酸酶；（3′）丙酮酸羧化酶

第四节　磷酸戊糖途径

糖的无氧酵解和有氧氧化过程（EMP-TCA）是生物体内糖的主要分解产能途径，但非唯一途径，研究发现，当用碘乙酸或氟化钠抑制糖酵解途径时，呼吸作用仍然能消耗葡萄糖，说明在生物体中另外还有一条重要的葡萄糖分解的途径，这条途径的中间产物中有 5-磷酸核酮糖，所以称之为磷酸戊糖途径，又称己糖磷酸支路。

磷酸戊糖途径可分为两个阶段：葡萄糖的直接氧化脱羧阶段和非氧化的分子重排阶段。作用在细胞质中进行，产生磷酸戊糖，参加核酸代谢，产生 NADP，为生物合成提供还原力，如脂肪酸、固醇等。NADPH 还可使谷胱甘肽维持还原态，维持红细胞还原性。是植物光合作用中从 CO_2 合成葡萄糖的部分途径。

一、HMP 途径的生化过程

（一）6-磷酸葡萄糖氧化降解阶段

生成 5-磷酸核酮糖，并产生 NADPH。

（1）6-磷酸葡萄糖在 6-磷酸葡萄糖脱氢酶作用下，生成 6-磷酸葡萄糖酸-δ-内酯，并产生 NADPH。6-磷酸葡萄糖脱氢酶是此途径的调控酶，催化不可逆反应，受 NADPH 反馈抑制。

（2）6-磷酸葡萄糖酸-δ-内酯被 6-磷酸葡萄糖酸-δ-内酯酶水解，生成 6-磷酸葡萄糖酸。

（3）6-磷酸葡萄糖酸在 6-磷酸葡萄糖酸脱氢酶作用下脱氢、脱羧，生成 5-磷酸核酮糖，并产生 NADPH。

（二）磷酸戊糖分子重排阶段

磷酸戊糖循环途径如图 9-6 所示。

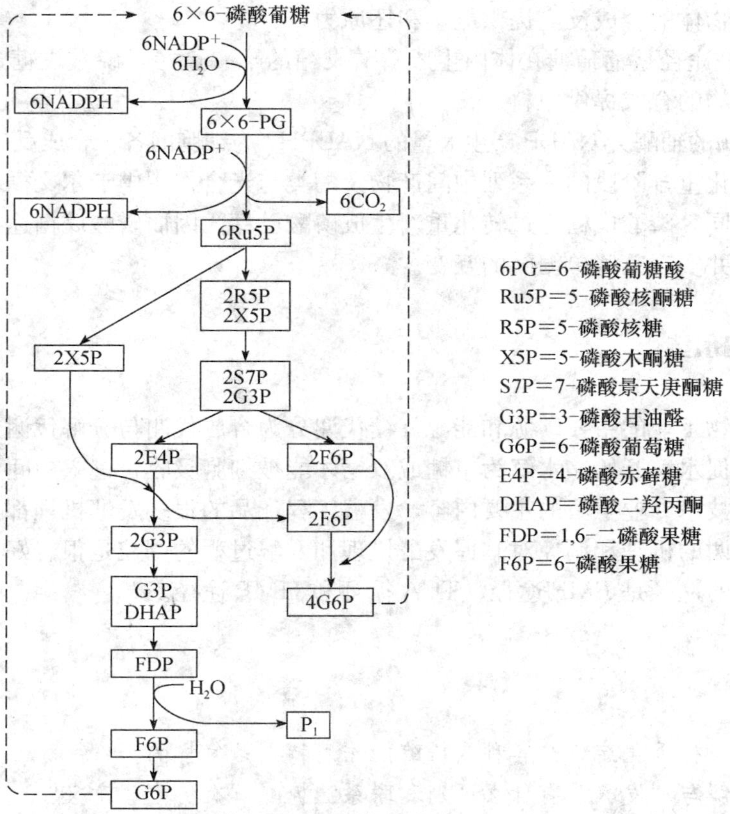

图 9-6 磷酸戊糖循环途径

（1）磷酸戊糖异构化反应，由磷酸戊糖异构酶催化 5-磷酸核酮糖异构化为 5-磷酸核糖，由磷酸戊糖差向酶催化为 5-磷酸木酮糖。

（2）转酮反应。5-磷酸木酮糖和 5-磷酸核糖在转酮酶催化下生成 3-磷酸甘油醛和 7-磷酸景天庚酮糖。此酶也叫转酮醇酶，需 TPP 和镁离子，生成羟乙醛基 TPP 负离子中间物。

（3）转醛反应。7-景天庚酮糖与 3-磷酸甘油醛在转醛酶催化下生成 4-磷酸赤藓糖和 6-磷酸果糖，反应中酶分子的赖氨酸氨基与酮糖底物生成西弗碱中间物。

（4）转酮反应。4-磷酸赤藓糖与 5-磷酸木酮糖在转酮酶催化下生成 6-磷酸果糖和 3-磷酸甘油醛。

（三）总反应式

如果 6 分子 6-磷酸葡萄糖同时经 HMP 途径降解，则有 1 分子彻底降解，产生 12 分子 $NADPH + H^+$ 和 6 分子 CO_2。

$$6 \times G\text{-}6\text{-}P + 12NADP^+ \xrightarrow{HMP} 5 \times G\text{-}6\text{-}P + 12(NADPH + H^+) + 6CO_2$$

二、磷酸戊糖途径的生理意义

磷酸戊糖途径有多种生物学意义，主要不是作为产能途径，而是作为为生物合成提供素材，为生物体的合成反应提供能量和还原力。

（1）HMP 途径是葡萄糖在体内生成磷酸戊糖的唯一途径，磷酸戊糖途径的中间产物为许多化合物的合成提供原料。

（2）脱氢酶的辅酶为 NADP 产生大量的 NADPH，为细胞的各种合成反应提供还原力。

（3）非氧化重排阶段的一系列中间产物及酶类与光合作用中卡尔文循环的大多数中间产物和酶相同，磷酸戊糖通过转化重新生成磷酸己糖。因而磷酸戊糖途径可与光合作用联系起来，并实现某些单糖间的互变。

本章小结

糖类是生物工业的主要碳源和能源。糖代谢分为合成代谢与分解代谢，糖的分解代谢从多糖的酶促水解开始，水解为单糖或双糖才能被细胞吸收，进入中间代谢。糖的分解代谢是生物技术专业学习的主要内容，发酵工程产品的很多发酵机理都与糖的分解代谢有关，糖代谢的机理和调控对掌握发酵机理和发酵过程的调控是很有好处的。糖的分解代谢最重要的途径是 EMP 途径、TCA 循环和 HMP 途径。

习题

（1）生物怎样消化淀粉？各种淀粉酶的作用特点是怎样的？

（2）糖酵解与"发酵"有什么区别和联系？糖酵解有何生理意义？

（3）TCA 循环有多少步骤？1 分子葡萄糖经 TCA 循环和呼吸链可产生多少分子 ATP？

（4）真核细胞中生物氧化在什么细胞器中进行？

（5）解释下列名词

ATP，不需氧脱氢酶，氧化磷酸化，底物水平磷酸化，呼吸链。

扩展阅读

糖 异 生

非糖物质转变为葡萄糖或糖原的过程称为糖异生。非糖物质主要有生糖氨基酸（甘、丙、苏、丝、天冬、谷、半胱、脯、精、组等）、有机酸（乳酸、丙酮酸及三羧酸循环中各种羧酸等）和甘油等。不同物质转变为糖的速度不同。

进行糖异生的器官，首推肝脏，长期饥饿和酸中毒时肾脏中的糖异生作用大大加强，相当于同重量的肝组织的作用。

一、糖异生的途径

糖异生的途径基本上是糖酵解或糖有氧氧化的逆过程，糖酵解通路中大多数的酶促反应是可逆的，但是糖酵解途径中己糖激酶、磷酸果糖激酶和丙酮酸激酶3个限速酶催化的3个反应过程，都有相当大的能量变化，因为己糖激酶（包括葡萄糖激酶）和磷酸果糖激酶所催化的反应都要消耗ATP而释放能量，丙酮酸激酶催化的反应使磷酸烯醇式丙酮酸转移其能量及磷酸基生成ATP，这些反应的逆过程就需要吸收相等量的能量，因而构成"能障"，为越过障碍，实现糖异生，可以由另外不同的酶来催化逆行过程，而绕过各自能障。

（1）由丙酮酸激酶催化的逆反应是由两步反应来完成的。

首先由丙酮酸羧化酶催化，将丙酮酸转变为草酰乙酸，然后再由磷酸烯醇式丙酮酸羧激酶催化，由草酰乙酸生成磷酸烯醇式丙酮酸。这个过程中消耗两个高能键（一个来自ATP，另一个来自GTP），而由磷酸烯醇式丙酮酸分解为丙酮酸只生成1个ATP。

由于丙酮酸羧化酶仅存在于线粒体内，胞液中的丙酮酸必须进入线粒体，才能羧化生成草酰乙酸，而磷酸烯醇式丙酮酸羧激酶在线粒体和胞液中都存在，因此草酰乙酸可在线粒体中直接转变为磷酸烯醇式丙酮酸再进入胞液中，也可在胞液中被转变为磷酸烯醇式丙酮酸。但是，草酰乙酸不能通过线粒体膜，其进入胞液可通过两种方式将其转运：一种是经苹果酸脱氢酶作用，将其还原成苹果酸，然后通过线粒体膜进入胞液，再由胞液中 NAD^+-苹果酸脱氢酶将苹果酸脱氢氧化为草酰乙酸而进入糖异生反应途径，由此可见，以苹果酸代替草酰乙酸透过线粒体膜不仅解决了糖异生所需要的碳单位，同时又从线粒体内带出一对氢，以 $NADH+H^+$ 形成使1,3-二磷酸甘油酸生成3-磷酸甘油醛，从而保证了糖异生顺利进行。另一种方式是经谷草转氨酶的作用，生成天冬氨酸后再逸出线粒体，进入胞液中的天冬氨酸再经胞液中谷草转氨酶催化而恢复生成草酰乙酰。有实验表明，以丙酮酸或能转变为丙酮酸的某些成糖氨基酸作为原料成糖时，以苹果酸通过线粒体方式进行糖异生，而乳糖进行糖异生反应时，它在胞液中变成丙酮酸时已脱氢生成 $NADH+H^+$，可供利用，故常在线粒体内生成草酰乙酸后，再变成天冬氨酸而出线粒体内膜进入胞浆（图9-7）。

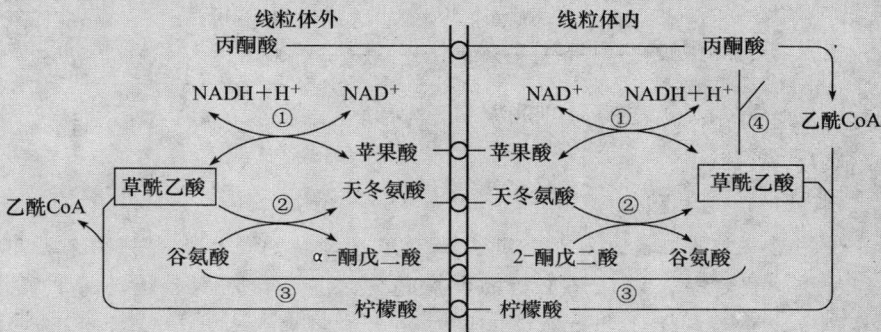

图9-7 草酰乙酸逸出线粒体方式

①苹果酸脱氢酶；②谷草转氨酶；③柠檬合成酶；④丙酮酸羧化酶；⑤ATP-柠檬裂酸酶合

（2）由己糖激酶和磷酸果糖激酶催化的两个反应的逆行过程

由两个特异的磷酸酶水解己糖磷酸酯键完成，催化 G-6-P 水解生成葡萄糖的酶为葡萄糖-6-磷酸酶；催化1,6-二磷酸果糖水解生成 F-6-P 的酶是果糖二磷酸酶。

　　除上述几步反应以外，糖异生反应就是糖酵解途径的逆反应过程。因此，糖异生可总结为

$$2 丙酮酸 + 4ATP + 2GTP + 2NADH + 2H^+ + 6H_2O$$
$$\rightarrow 葡萄糖 + 2NAD^+ + 4ADP + 2GDP. + 6Pi + 6H^+$$

　　现将肝脏和肾皮质中糖的氧化与糖异生作用过程总结如图9-8所示，糖异生作用的三种主要原料有乳酸、甘油和氨基酸等，乳酸在乳酸脱氢酶作用下转变为丙酮酸，经前述羧化支路成糖；甘油被磷酸化生成磷酸甘油后，氧化成磷酸二羟丙酮，再循糖酵解逆行过程合成糖；氨基酸则通过多种渠道成为糖酵解或糖有氧氧化过程中的中间产物，然后生成糖；三羧酸循环中的各种羧酸则可转变为草酰乙酸，然后生成糖。

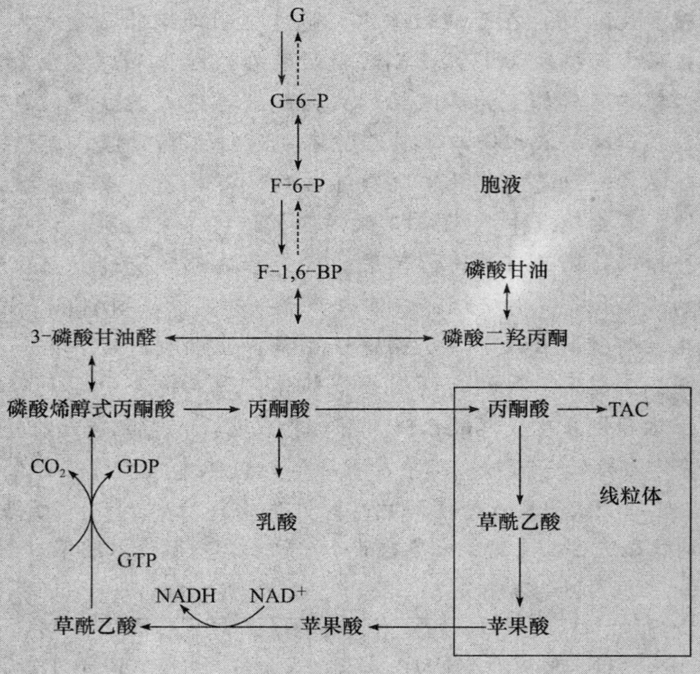

图 9-8　肝中糖氧化与糖异生的通路

二、糖异生的生理意义

　　糖异生的重要作用在于维持体内正常血糖浓度。特别是在体内糖的来源不足时，利用非糖物质转化成糖，以保证血糖的相对稳定。另外，在剧烈运动时，肌糖酵解产生大量乳酸，乳酸在肝脏中大部分可经糖异生途径转化成糖。这对防止由于乳酸过多引起的酸中毒及更新肝糖原都有一定意义。在反刍动物的消化道中，经细菌作用能将纤维素转变成丙酸，后者在体内也可转变成糖供机体使用。

第十章 脂类代谢

☞ **课前导读**

　　脂类是生物体的重要结构物质和营养物质之一。在生物体内，糖、脂、蛋白质可以互相转化，脂代谢与发酵产品的质量也有关。脂代谢最重要的是脂肪酸的 β-氧化，氧化的产物乙酰 CoA 和脂肪水解的甘油都可进入糖代谢途径。

☞ **教学目标**

　　(1) 掌握脂类化合物的分类、生理功能。
　　(2) 掌握甘油三酯的分解和脂肪酸 β-氧化降解途径的生化过程及生理意义。
　　(3) 了解甘油三酯的生物合成。了解生物素在脂肪酸合成中的作用及影响发酵产品质量的机理。

第一节　甘油三酯的分解代谢

　　脂类是甘油三酯和类脂的总称，是一类不溶于水易溶于有机的有机物，脂肪是三酰甘油（甘油三酯），类脂包括磷脂、固醇、固醇酯和糖脂等。脂类的生理功能是：储存能量，是生物细胞膜的重要结构成分，尤其是磷脂、胆固醇等。脂类是重要的生物活性物质，如激素、第二信使、维生素等。

一、脂肪酶和甘油三酯的酶促水解

　　当生物体动员体内的储备脂肪，或高等动物从食物中摄取脂肪时，大都需要将其进行酶促水解，生成甘油和脂肪酸，才能被细胞吸收利用。催化脂肪水解的酶叫脂肪酶，根据其对底物的专一性，可分为三酯酰甘油脂肪酶、二酯酰甘油脂肪酶、单酯酰甘油脂肪酶。它们逐步水解脂肪，生成甘油和游离脂肪酸。甘油和脂肪酸在细胞内分别经过不同的代谢途径进一步代谢。

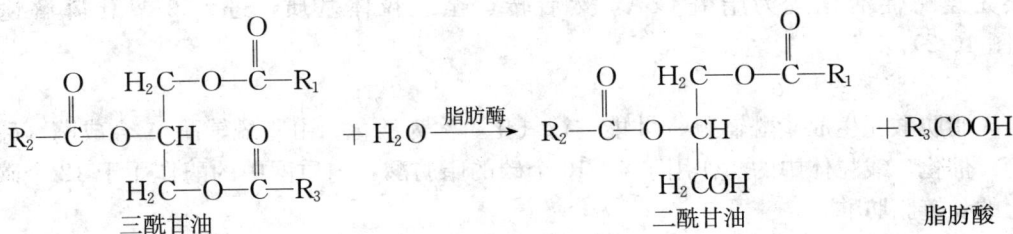

三酰甘油　　　　　　　　　　　　　　　二酰甘油　　　　　脂肪酸

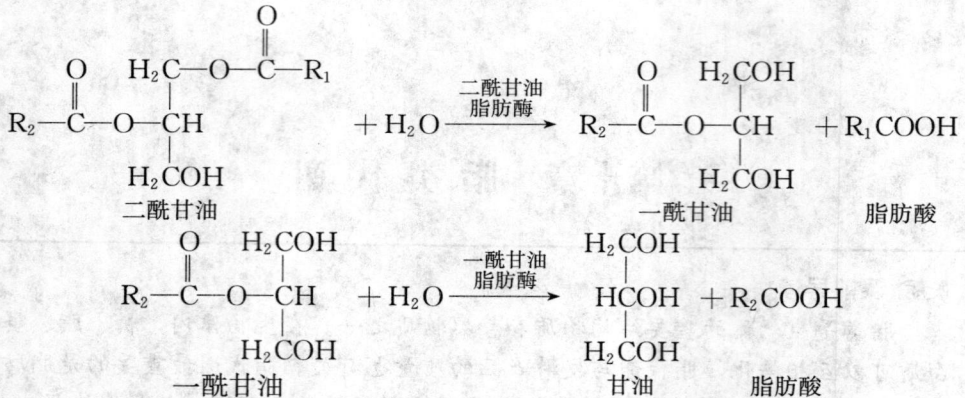

$$R_2-\overset{\overset{\displaystyle O}{\|}}{C}-O-\overset{\overset{\displaystyle H_2-O-\overset{\overset{\displaystyle O}{\|}}{C}-R_1}{|}}{\underset{\underset{\displaystyle H_2COH}{|}}{CH}} + H_2O \xrightarrow[\text{脂肪酶}]{\text{二酰甘油}} R_2-\overset{\overset{\displaystyle O}{\|}}{C}-O-\overset{\overset{\displaystyle H_2COH}{|}}{\underset{\underset{\displaystyle H_2COH}{|}}{CH}} + R_1COOH$$

二酰甘油 　　　　　　　　　　　　　　　　一酰甘油　　　脂肪酸

$$R_2-\overset{\overset{\displaystyle O}{\|}}{C}-O-\overset{\overset{\displaystyle H_2COH}{|}}{\underset{\underset{\displaystyle H_2COH}{|}}{CH}} + H_2O \xrightarrow[\text{脂肪酶}]{\text{一酰甘油}} \overset{\overset{\displaystyle H_2COH}{|}}{\underset{\underset{\displaystyle H_2COH}{|}}{HCOH}} + R_2COOH$$

一酰甘油 　　　　　　　　　　　　甘油　　　脂肪酸

二、甘油代谢

甘油在甘油激酶的作用下，被 ATP 磷酸化为 3-磷酸甘油，再由磷酸甘油脱氢酶催化为磷酸二羟丙酮，并生成 NADH，磷酸二羟丙酮进入糖酵解或糖异生途径（图 10-1）。

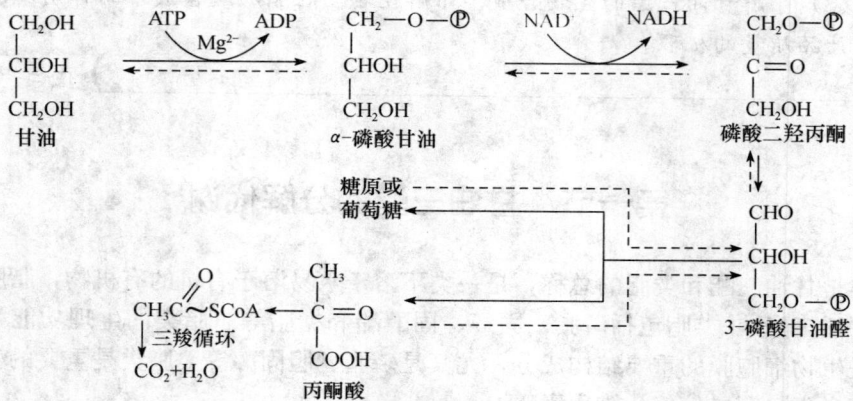

图 10-1　甘油氧化途径

三、脂肪酸的氧化分解

（一）饱和偶数碳脂肪酸的 β-氧化降解

β-氧化降解是脂肪酸分解的一条主要代谢途径。该途径的酶系在线粒体基质中。每次 β-氧化降解由脱氢、加水、脱氢、硫解四步反应组成。在细胞质中，脂肪酸需要先经酶促活化成为脂酰 CoA，然后转运至线粒体基质，进入 β-氧化降解途径（图 10-2）。

1. 脂肪酸的活化

脂肪酸先生成脂酰辅酶 A 才能进行氧化，称为活化。由脂酰辅酶 A 合成酶（硫激酶）催化，线粒体中的酶作用于 4～10 个碳的脂肪酸，内质网中的酶作用于 12 个碳以上的长链脂肪酸。

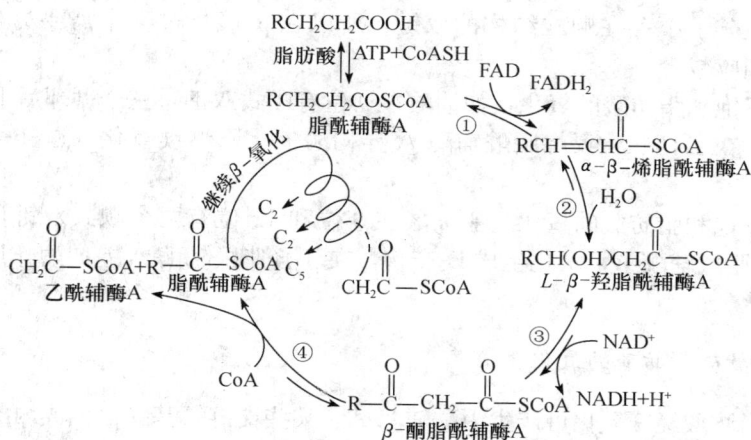

图 10-2　脂肪酸的 β-氧化
①脂酰 CoA 脱氢酶；②烯脂酰 CoA 水化酶；③L-β-羟脂酰 CoA 脱氢酶；④硫解酶

2. 转运

短链脂肪酸可直接进入线粒体，长链脂肪酸需先在肉毒碱脂酰转移酶 I 催化下与肉毒碱生成脂酰肉毒碱，再通过线粒体内膜的移位酶穿过内膜，由肉毒碱转移酶 II 催化重新生成脂酰辅酶 A。最后肉毒碱经移位酶回到细胞质。

3. β-氧化

在线粒体基质进行，每一个循环有 4 个步骤，生成 1 个乙酰辅酶 A。

（1）脱氢。在脂酰辅酶 A 脱氢酶作用下，α、β 位生成反式双键，即 Δ^2 反式烯脂酰辅酶 A。酶有 3 种，即丁酰 CoA 脱氢酶、辛酰 CoA 脱氢酶、十六酰 CoA 脱氢酶，它们分别催化 $C_4 \sim C_6$、$C_6 \sim C_{14}$、$C_{14} \sim C_{18}$ 的脂酰 CoA 的脱氢反应，底物链长不同，都以 FAD 为辅基。生成的 $FADH_2$ 上的氢不能直接进入呼吸链氧化，需经电子传递黄素蛋白（ETF）、铁硫蛋白和辅酶 Q 进入呼吸链。

（2）水化。由烯脂酰辅酶 A 水化酶催化，此酶只催化 Δ^2 反式双键，生成 L-β-羟脂酰辅酶 A。顺式双键则生成 D 型产物。

（3）再脱氢。L-β-羟脂酰辅酶 A 脱氢酶催化生成 β-酮脂酰辅酶 A 和 NADH，只作用于 L 型底物，不催化 D 构型底物。

（4）硫解。由 β-酮脂酰硫解酶催化，放出乙酰辅酶 A，产生少 2 个碳的脂酰辅酶 A。酶有 3 种，底物链长不同，有反应性强的巯基。此步放能较多，不易逆转。

4. 脂肪酸经 β-氧化和呼吸链完全氧化生成的 ATP 数目

活化消耗 2 个高能键，每个循环生成 1 个 NADH 和 1 个 $FADH_2$，放出一个乙酰辅酶 A。软脂酸（C_{16}）经 β-氧化、三羧酸循环和氧化磷酸化，共产生 $5 \times 7 + 12 \times 8 - 2 = 129$ 个 ATP，能量利用率为 40%。

（二）不饱和脂肪酸的氧化

不饱和脂肪酸的 β-氧化降解过程与饱和脂肪酸的 β-氧化降解过程基本相似，只是不饱和脂肪酸分子中存在顺式结构的双键，所以在 β-氧化过程中需要另外的酶参加，脱氢步骤也相应减少。

（1）单不饱和脂肪酸的氧化：如油酸在 9 位有顺式双键，三个循环后形成 Δ^3-顺-烯脂酰辅酶 A。在 Δ^3 顺 Δ^2 反烯脂酰辅酶 A 异构酶催化下继续氧化。这样一个双键少 2 个 ATP。

（2）多不饱和脂肪酸的氧化：亚油酸在 9 位和 12 位有两个顺式双键，4 个循环后生成 Δ^2 顺烯脂酰辅酶 A，水化生成 D-产物，在 β-羟脂酰辅酶 A 差向酶作用下转变为 L型，继续氧化。

（三）奇数碳脂肪酸的氧化

奇数碳脂肪酸经 β 氧化可产生丙酰辅酶 A，某些支链氨基酸也生成丙酸。丙酸有下列两条代谢途径：

（1）丙酰辅酶 A 在丙酰辅酶 A 羧化酶催化下生成 D-甲基丙二酸单酰辅酶 A，并消耗一个 ATP。在差向酶作用下生成 L-产物，再由变位酶催化生成琥珀酰辅酶 A，进入三羧酸循环。需腺苷钴胺素作辅酶。

（2）丙酰辅酶 A 经脱氢、水化生成 β-羟基丙酰辅酶 A，水解后在 β-羟基丙酸脱氢酶催化下生成丙二酸半醛，产生一个 NADH。丙二酸半醛脱氢酶催化脱羧，生成乙酰辅酶 A，产生一个 NADPH。

（四）脂肪酸的其他氧化降解方式

1. 脂肪酸的 α-氧化

存在于植物种子、叶子，动物脑和肝脏。以游离脂肪酸为底物，涉及分子氧或过氧化氢，对支链、奇数和过长链（C_{22} 以上）脂肪酸的降解有重要作用。哺乳动物叶绿素代谢时，经过水解、氧化，生成植烷酸，其 β 位有甲基，需通过 α-氧化脱羧才能继续 β 氧化。

α-氧化有以下途径：

脂肪酸在单加氧酶作用下 α-羟化，需 Fe^{2+} 和抗坏血酸，消耗一个 NADPH。经脱氢生成 α-酮脂肪酸，脱羧生成少一个碳的脂肪酸。

在过氧化氢存在下，经脂肪酸过氧化物酶催化生成 D-α-氢过氧脂肪酸，脱羧生成脂肪醛，再脱氢产生脂肪酸或还原。

2. 脂肪酸的 ω-氧化

12 个碳以下的脂肪酸可通过 ω-氧化降解，末端甲基羟化，形成一级醇，再氧化成醛和羧酸。一些细菌可通过 ω-氧化将烷烃转化为脂肪酸，从两端进行 ω-氧化降解，速度快。

第二节　甘油三酯的合成代谢

一、软脂酸的合成

（一）乙酰辅酶 A 的转运

合成脂肪酸的碳源来自乙酰辅酶 A，乙酰辅酶 A 是在线粒体形成的，而脂肪酸的合成场所在细胞质中，所以必须将乙酰辅酶 A 转运出来。乙酰辅酶 A 在线粒体中与草酰乙酸合成柠檬酸，通过载体转运出线粒体，在柠檬酸裂解酶催化下裂解为乙酰辅酶 A 和草酰乙酸，后者被苹果酸脱氢酶还原成苹果酸，再氧化脱羧生成丙酮酸和 NADPH，丙酮酸进入线粒体，可脱氢生成乙酰辅酶 A，也可羧化生成草酰乙酸（图 10-3）。

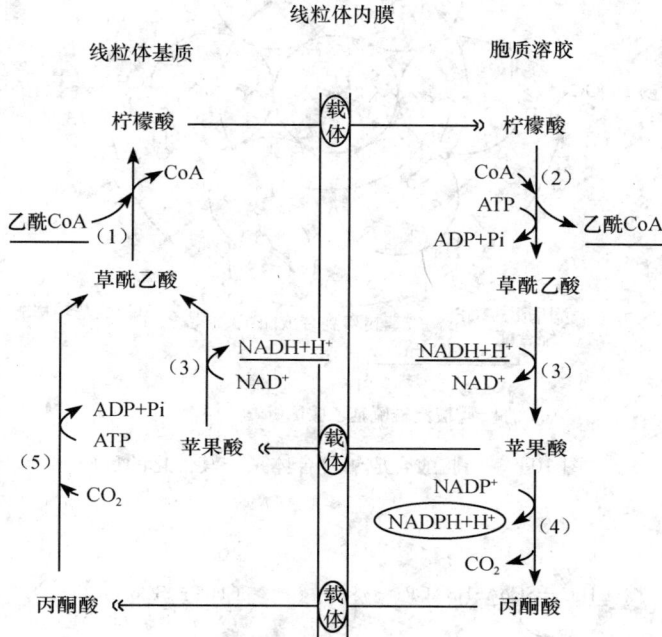

图 10-3　乙酰 CoA 从线粒体到胞质溶胶的转运

（1）柠檬酸合酶；（2）柠檬酸裂解酶；（3）苹果酸脱氢酶；（4）苹果酸酶；（5）丙酮酸羧化酶

（二）丙二酸单酰辅酶 A 的生成

乙酰辅酶 A 以丙二酸单酰辅酶 A 的形式参加合成。乙酰辅酶 A 与碳酸氢根、ATP 反应，羧化生成丙二酸单酰辅酶 A，由乙酰辅酶 A 羧化酶催化。此反应是脂肪酸合成的限速步骤，被柠檬酸别构激活，受软脂酰辅酶 A 抑制。此酶有三个亚基：生物素羧化酶（BC）、生物素羧基载体蛋白（BCCP）和羧基转移酶（CT）（图 10-4）。

（三）脂肪酸合成酶体系

有 7 种蛋白，以脂酰基载体蛋白为中心，中间产物以共价键与其相连。载体蛋白含巯基，与辅酶 A 类似，可由辅酶 A 合成。

（四）脂肪酸的合成（图 10-5）

（1）起始：乙酰辅酶 A 在 ACP-酰基转移酶催化下生成乙酰 ACP，然后转移到 β-酮酯酰-ACP 合成酶的巯基上。

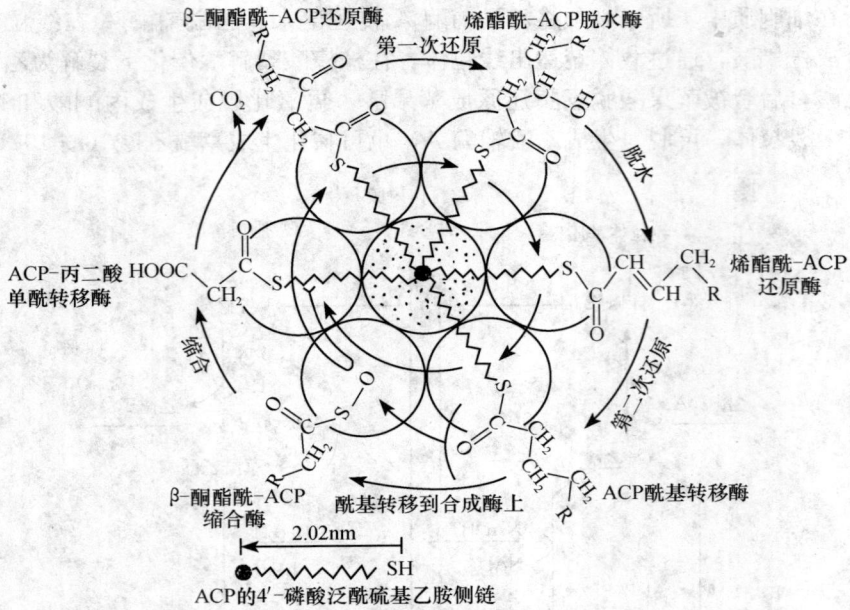

图 10-4　脂肪酸合成酶复合体系与其催化的反应

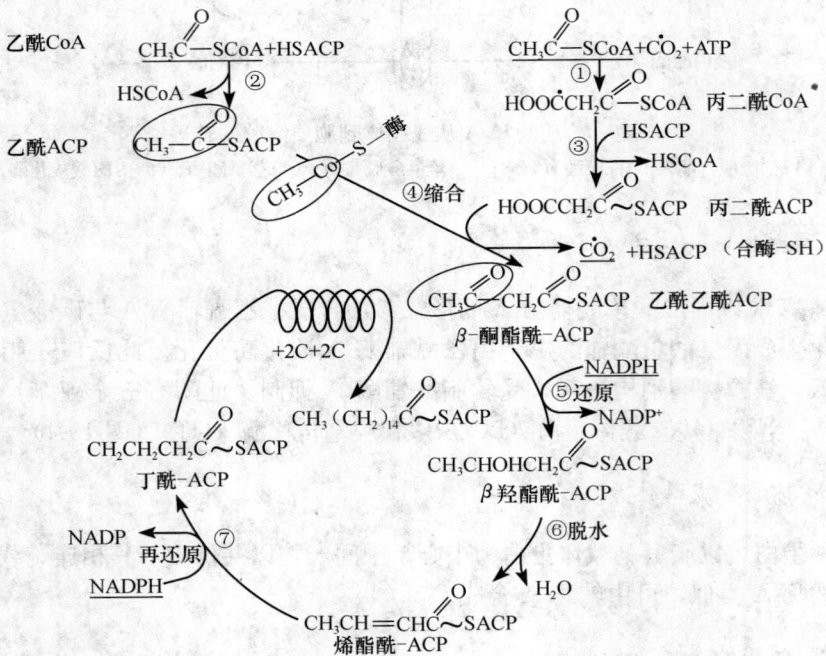

图 10-5　脂肪酸的生物合成过程

① 乙酰 CoA 羟化酶；② 乙酰 CoA-ACP 转酰酶；③ 丙二酸单酰-ACP 转酰酶；④ β-酮酯酰-ACP 合酶；

⑤ β-酮酯酰-ACP 还原酶；⑥ β-羟酯酰-ACP 脱水酶；⑦ 烯酯酰-ACP 还原酶

（2）ACP 与丙二酸单酰辅酶 A 生成丙二酸单酰 ACP，由 ACP：丙二酸单酰转移酶催化。

（3）缩合：β-酮酯酰 ACP 合成酶将乙酰基转移到丙二酸单酰基的 α-碳上，生成乙酰乙酰 ACP，并放出 CO_2。所以碳酸氢根只起催化作用，羧化时储存能量，缩合时放出，推动反应进行。

（4）还原：NADPH 在 β-酮酯酰 ACP 还原酶催化下将其还原为 D-β-羟丁酰 ACP。β-氧化的产物是 L-型。

（5）脱水：羟酯酰 ACP 脱水酶催化生成 Δ^2 反丁烯酰 ACP，即巴豆酰 ACP。

（6）再还原：烯酯酰 ACP 还原酶用 NADPH 还原为丁酰 ACP。β-氧化时生成 $FADH_2$，此时是为了加速反应。

（7）第二次循环从丁酰基转移到 β-酮酯酰 ACP 合成酶上开始。7 次循环后生成软酯酰 ACP，可被硫酯酶水解，或转移到辅酶 A 上，或直接形成磷脂酸。β-酮酯酰 ACP 合成酶只能接受 14 碳酰基，并受软脂酰辅酶 A 反馈抑制，所以只能合成软脂酸。

（五）软脂酸的合成与氧化的区别

软脂酸的合成与氧化的区别有 8 点：部位、酰基载体、二碳单位、辅酶、羟酯酰构型、对碳酸氢根和柠檬酸的需求、酶系、能量变化。

二、其他脂肪酸的合成

（一）脂肪酸的延长

1. 线粒体酶系

在基质中，可催化短链延长。基本是 β-氧化的逆转，但第四个酶是烯脂酰辅酶 A 还原酶，氢供体都是 NADPH。

2. 内质网酶系

粗糙内质网可延长饱和及不饱和脂肪酸，与脂肪酸合成相似，但以辅酶 A 代替 ACP。可形成 C_{24}。

（二）不饱和脂肪酸的形成

1. 单烯脂酸的合成

需氧生物可通过单加氧酶在软脂酸和硬脂酸的 9 位引入双键，生成棕榈油酸和油酸。消耗 NADPH。厌氧生物可通过 β-羟脂酰 ACP 脱水形成双键。

2. 多烯脂酸的合成

由软脂酸通过延长和去饱和作用形成多不饱和脂肪酸。哺乳动物由四种前体转化：棕榈油酸、油酸、亚油酸和亚麻酸，其中亚油酸和亚麻酸不能自己合成，必须从食物摄取，称为必需脂肪酸。其他脂肪酸可由这四种前体通过延长和去饱和作用形成。

三、甘油三酯的合成

甘油三酯的生物合成是用酯酰 CoA 和 L-α-磷酸甘油作为前体物质。

1. 前体合成

前体合成包括 L-α-磷酸甘油和酯酰辅酶 A。细胞质中的磷酸二羟丙酮经 α-磷酸甘油脱氢酶催化，以 NADH 还原生成磷酸甘油。也可由甘油经甘油激酶磷酸化生成 α-磷酸甘油。

酯酰 CoA 的生成：植物和微生物多酶复合体合成的脂肪酸是以酯酰 CoA 的形式释放到细胞液中的，可直接用于脂肪的合成，其他来源的脂肪酸需要由脂酰 CoA 合成酶催化合成酯酰 CoA。

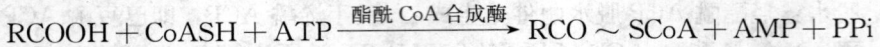

$$RCOOH + CoASH + ATP \xrightarrow{\text{酯酰 CoA 合成酶}} RCO \sim SCoA + AMP + PPi$$

2. 甘油三酯的合成

甘油三酯的合成分四步反应（图 10-6）。

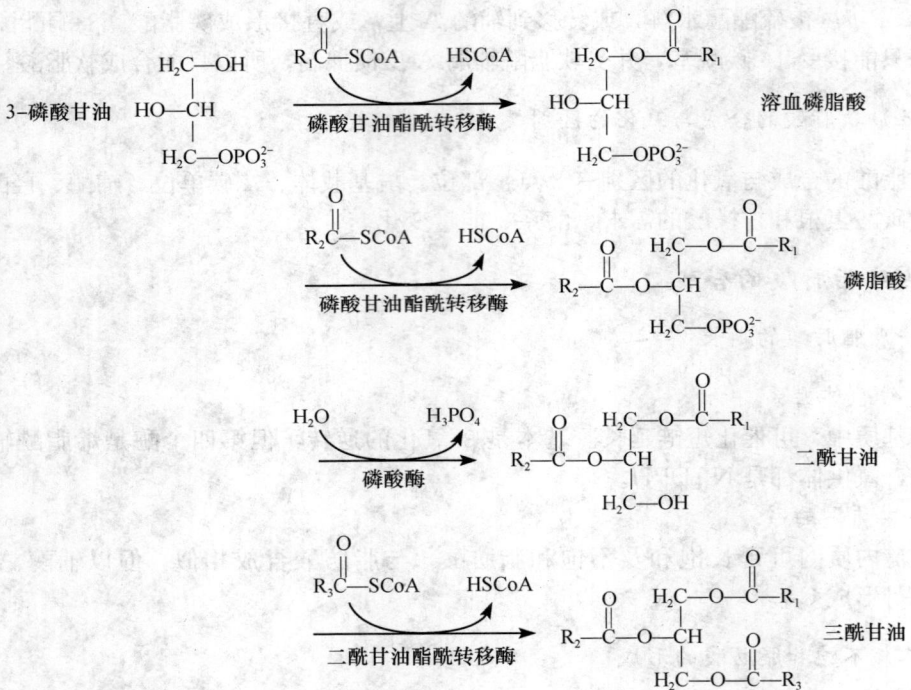

图 10-6　三酰甘油的生物合成

四、酒类中低级脂肪酸酯的生成

低级脂肪酸酯是酒和发酵食品中香气、香味的重要成分。比如低级脂肪酸酯在白酒中的含量并不高，但其种类和数量却决定了白酒的香型和风格。如浓香型白酒是以己酸乙酯为主体香，清香型白酒是以乙酸乙酯为主体香。名优白酒中各种醇、醛、酸、酯的搭配适当，形成了醇香浓厚的特殊风味，而一般白酒含酯低，酒体淡薄。

酒中的酯的形成有两种机理。

1. 醇和有机酸的酯化反应

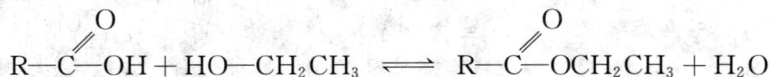

$$R-\overset{\overset{\displaystyle O}{\|}}{C}-OH + HO-CH_2CH_3 \rightleftharpoons R-\overset{\overset{\displaystyle O}{\|}}{C}-OCH_2CH_3 + H_2O$$

酯化反应的反应速度慢，常温下要几年时间才能达到平衡。并且需要在发酵过程中产生有机酸作为前提。

2. 酯的生物合成

酒类在发酵过程中可以由酵母细胞中的酯酶催化合成酯。我国传统的曲酒生产中，就发现有产酯的酵母（生香酵母）。酯酶催化酯酰 CoA 与醇生成酯。

$$R-\overset{\overset{\displaystyle O}{\|}}{C}\sim SCoA + HOCH_2CH_3 \xrightarrow{\text{酯酶}} R-\overset{\overset{\displaystyle O}{\|}}{C}-OCH_2CH_3$$

酵母细胞中酯酰 CoA 的来源有：

丙酮酸脱羧反应生成乙酰 CoA；酯酰 CoA 合成酶催化脂肪酸与 CoASH 合成酯酰 CoA；细胞中其他代谢途径生成酯酰 CoA，如氨基酸代谢、脂肪酸的分解代谢、糖的分解代谢等途径都可生成酯酰 CoA，可用做酯的合成。

本章小结

脂肪的代谢首先需要进行酶促水解，生成甘油和脂肪酸，才能被细胞吸收利用。甘油的代谢与糖代谢可直接联系起来。脂肪酸的代谢最重要的方式是 β-氧化，每一次氧化生成 1 分子乙酰辅酶 A 和 1 分子 NADH＋H＋1 分子 FADH₂。脂肪的合成与分解代谢的逆反应有相似的地方，但不完全相同。在酒类生产中酯的合成可形成酒类的特殊风味。

习题

(1) 脂类物质有哪些种类？脂类有什么生理功能？

(2) 脂肪酸的 β-氧化降解过程是怎样的？

(3) 计算 1 分子硬脂酸经 β-氧化和 TCA 循环氧化磷酸化可生成多少分子 ATP？

(4) 发酵产品中低级脂肪酸酯是怎样生成的？与发酵产品的质量有什么关系？

扩展阅读

磷 脂 代 谢

磷脂是一类含有磷酸的脂类，机体中主要含有两大类磷脂，由甘油构成的磷脂称为甘油磷脂；由神经鞘氨醇构成的磷脂，称为鞘磷脂。

　　磷脂代谢是指磷脂在生物体内可经各种磷脂酶作用水解为甘油、脂肪酸、磷酸和各种氨基醇（如胆碱、乙醇胺、丝氨酸等），这些物质在生物体内再进一步代谢；磷脂合成时，乙醇胺或胆碱与 ATP 在激酶的作用下生成磷酸乙醇胺或磷酸胆碱，然后再与 CTP 作用转变成胞二磷乙醇胺或胞二磷胆碱。胞二磷乙醇胺或胞二磷胆碱再与已生成的甘油二酯（见甘油三酯的生成）合成相应的磷脂。下面主要介绍甘油磷脂的代谢过程。

一、分类及生理功能

　　甘油磷脂是机体含量最多的一类磷脂，它除了构成生物膜外，还是胆汁和膜表面活性物质等的成分之一，并参与细胞膜对蛋白质的识别和信号传导。

　　甘油磷脂基本结构是磷脂酸和与磷酸相连的取代基团（X），如图 10-7 所示。

　　甘油磷脂由于取代基团不同又可以分为许多类，其中重要的有：

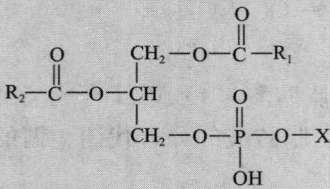

图 10-7　磷脂酶 A_1、A_2、B、C 和 D 作用部位图

　　胆碱＋磷脂酸→磷脂酰胆碱又称卵磷脂；乙醇胺＋磷脂酸→磷脂酰乙醇胺又称脑磷脂；丝氨酸＋磷脂酸→磷脂酰丝氨酸；甘油＋磷脂酸→磷脂酰甘油；肌醇＋磷脂酸→磷脂酰肌醇。此外，还有心磷脂是由甘油的 C_1 和 C_3 与 2 分子磷脂酸结合而成。心磷脂是线粒体内膜和细菌膜的重要成分，而且是唯一具有抗原性的磷脂分子。

　　除以上 6 种以外，在甘油磷脂分子中甘油第一位的脂酰基被长链醇取代形成醚，如缩醛磷脂及血小板活化因子（PAF），它们都属于甘油磷脂。结构式如图 10-8 所示。

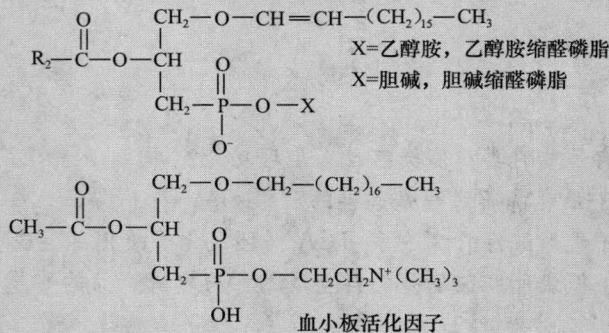

X=乙醇胺，乙醇胺缩醛磷脂
X=胆碱，胆碱缩醛磷脂

血小板活化因子

图 10-8　缩醛磷脂及血小板活化因子

二、甘油磷脂的合成

　　合成全过程可分为三个阶段，即原料来源、活化和甘油磷脂生成。甘油磷脂的合成在细胞质滑面内质网上进行，通过高尔基体加工，最后可被组织生物膜利用或成为脂蛋白分泌出细胞。机体各种组织（除成熟红细胞外）即可以进行磷脂合成。

1. 原料来源

合成甘油磷脂的原料为磷脂酸与取代基团。磷脂酸可由糖和脂转变生成的甘油和脂肪酸生成，（详见甘油三酯合成代谢），但其甘油 C_2 位上的脂肪酸多为必需脂肪酸，需食物供给。取代基团中胆碱和乙醇胺可由丝氨酸在体内转变生成或食物供给。

$$丝氨酸 \longrightarrow 乙醇胺 \longrightarrow 胆碱$$

2. 活化

磷脂酸和取代基团在合成之前，两者之一必须首先被 CTP 活化而被 CDP 携带，胆碱与乙醇胺可生成 CDP-胆碱和 CDP-乙醇胺，磷脂酸可生成 CDP-甘油二酯。

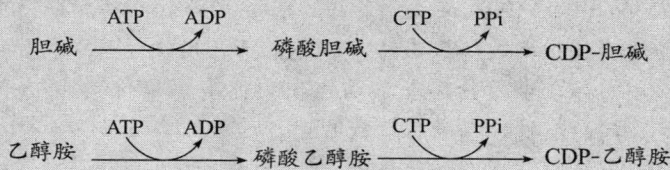

胆碱 —(ATP→ADP)→ 磷酸胆碱 —(CTP→PPi)→ CDP-胆碱

乙醇胺 —(ATP→ADP)→ 磷酸乙醇胺 —(CTP→PPi)→ CDP-乙醇胺

3. 甘油磷脂生成

（1）磷脂酰胆碱和磷脂酰乙醇胺。这两种磷脂生成是由活化的 CDP 胆碱与 CDP-乙醇胺和甘油二酯生成。此外磷脂酰乙醇胺在肝脏还可由与腺苷蛋氨酸提供甲基转变为磷脂酰胆碱。

（2）磷脂酰丝氨酸。体内磷脂酰丝氨酸合成是通过 Ca^{2+} 激活的酰基交换反应生成，由磷脂酰乙醇胺与丝氨酸反应生成磷脂酰丝氨酸和乙醇胺。

$$磷脂酰乙醇胺 + 丝氨酸 \longrightarrow 磷脂酰丝氨酸 + 乙醇胺$$

（3）磷脂酰肌醇、磷脂酰甘油和心磷脂。上述三者生成是由活化的 CDP-甘油二酯与相应取代基团反应生成

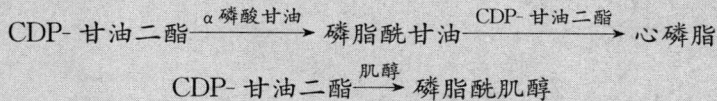

$$CDP-甘油二酯 \xrightarrow{\alpha 磷酸甘油} 磷脂酰甘油 \xrightarrow{CDP-甘油二酯} 心磷脂$$

$$CDP-甘油二酯 \xrightarrow{肌醇} 磷脂酰肌醇$$

（4）缩醛磷脂与血小板活化因子。缩醛磷脂与血小板活化因子的合成过程与上述磷脂合成过程类似，不同之处在于磷脂酸合成之前，由糖代谢中间产物磷酸二羟丙酮转变生成酯酰磷酸二羟丙酮以后，由 1 分子长链脂肪醇取代其第一位脂酰基，其后再经还原（由 NADPH 供 H）、转酰基等步骤合成磷脂酸的衍生物。此产物替代磷脂酸为起始物，沿甘油三酯途径合成胆碱或乙醇胺缩醛磷脂。血小板活化因子与缩醛磷脂的不同在于长链脂肪醇是饱和长链醇，第 2 位的酯酰基为最简单的乙酰基。

三、甘油磷脂的分解

在生物体内存在一些可以水解甘油磷脂的磷脂酶类，其中主要的有磷脂酶 A_1、A_2、B、C 和 D，它们特异地作用于磷脂分子内部的各个酯键，形成不同的产物。这一过程也是甘油磷脂的改造加工过程（图 10-9）。

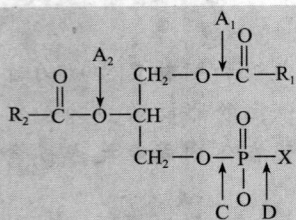

图 10-9　甘油磷脂的分解

磷脂酶 A_1：自然界分布广泛，主要存在于细胞的溶酶体内，此外蛇毒及某些微生物中亦有，可有催化甘油磷脂的第 1 位酯键断裂，产物为脂肪酸和溶血磷脂 2。

磷脂酶 A_2：普遍存在于动物各组织细胞膜及线粒体膜，能使甘油磷脂分子中第 2 位酯键水解，产物为溶血磷脂 1 及其产物脂肪酸和甘油磷酸胆碱或甘油磷酸乙醇胺等。

溶血磷脂是一类具有较强表面活性的性质，能使红细胞及其他细胞膜破裂，引起溶血或细胞坏死。当经磷脂酶 B 作用脱去脂肪酸后，转变成甘油磷酸胆碱或甘油磷酸乙醇胺，即失去溶解细胞膜的作用。

磷脂酶 C：存在于细胞膜及某些细胞中，特异水解甘油磷脂分子中第三位磷酸酯键，其结果是释放磷酸胆碱或磷酸乙醇胺，并余下作用物分子中的其他组分。

磷脂酶 D：主要存在于植物，动物脑组织中亦有，催化磷脂分子中磷酸与取代基团（如胆碱等）间的酯键，释放出取代基团。

第十一章 蛋白质降解与氨基酸代谢

☞ **课前导读**

　　生物体中氨基酸的主要生理功能是作为合成蛋白质及转化为糖或脂，也可被作为代谢燃料，人体 $10\% \sim 15\%$ 的能量来自于氨基酸的分解代谢。

　　细胞所需的氨基酸依靠外源及自身合成两个渠道而来。外源性大分子的蛋白质必须分解为小分子的氨基酸后才能被细胞吸收利用，合成为自源性蛋白质，变成细胞内蛋白质。在生物体内蛋白质的分解是在蛋白酶或酸的催化下完成的。

　　氨基酸代谢特点体现在处理氨基和羧基后回归主要的糖或脂代谢途径上，脱氨后氨基酸生成 α-酮酸和氨，α-酮酸回归到糖代谢途径；脱羧后的氨基酸转变为伯胺，伯胺在胺氧化酶作用下生成醛和氨，学习氨基酸代谢重点在脱氨（或转氨）、脱羧、氨去向三个方面。

　　氨基酸分解主要有 α-酮酸、胺、醇、二氧化碳和氨五大产物。氨基酸分解代谢与发酵生产实践有密切关系。

☞ **教学目标**

　　（1）掌握蛋白质酸法、碱法和酶法水解的优缺点。
　　（2）了解蛋白酶的来源与分类方法。
　　（3）掌握氨基酸分解代谢的公共途径。
　　（4）了解三大营养物质之间的相互转化。

　　在生物体的新陈代谢中，蛋白质的代谢占有十分重要的地位。人和动物要不断的从食物中摄取蛋白质，才能使体内的蛋白质得到不断的更新。但食物中的蛋白质必须先水解为氨基酸才能被生物体利用；蛋白质与非蛋白质间的相互转化，也须经过氨基酸才能实现。因此氨基酸代谢是新陈代谢的一个很重要的方面。

第一节 蛋白酶类及蛋白质的酶促降解

一、蛋白酶的分类

蛋白酶的种类很多，可按其来源、作用条件等进行分类。

1. 按其分布分类

蛋白酶由于分布不同可分为（细）胞内蛋白酶和（细）胞外蛋白酶。

2. 按其来源分类

根据蛋白酶的来源不同可分为动物蛋白酶、植物蛋白酶和微生物蛋白酶三类。

3. 按其作用条件分类

根据酶作用的最适 pH，蛋白酶分为酸性蛋白酶（最适 pH 为 2～5）、中性蛋白酶（最适 pH 为 7 左右）和碱性蛋白酶（最适 pH 为 9.5～10.5）三类。

4. 按其切割肽键位点分类

尽管蛋白质是大分子质量物质，但 20 种氨基酸之间构成的肽键则是有限的，根据蛋白酶水解时切断肽键位置和方式，可将蛋白酶分为内肽酶、外肽酶和二肽酶三类。

（1）内肽酶。是水解内部肽键，将肽链切割成二条短肽的酶。内肽酶有专一性，如胃蛋白酶水解芳香氨基酸以及其他疏水性氨基酸组成的肽键水解速度较快。

（2）外肽酶。又称端肽酶。它只能从肽链的一端水解肽键，每次水解放出一个氨基酸。

① 氨肽酶。从肽链 N-末端开始水解者称氨肽酶。氨肽酶是一种肽链外切酶，它能从多肽链的 N-端逐个的向里水解。

② 羧肽酶。从肽链 C-端开始水解者称羧肽酶，羧肽酶是一种肽链外切酶，它能从多肽链的 C-端逐个的水解。

（3）二肽酶。专门水解二肽中肽键，将二肽水解成单个氨基酸的酶。

二、蛋白质的酶促降解

蛋白质的酶促降解就是生物体内的蛋白质在酶的催化下水解，使蛋白质分子中的肽键断裂，最后生成氨基酸的过程。

凡是能利用外源蛋白质的微生物，总是先在胞外将蛋白质消化分解。蛋白质的消化过程是各种胞外蛋白酶协同催化水解的过程。大分子蛋白质受内肽酶、外肽酶及二肽酶的协同催化，逐渐降解。

内源蛋白质的降解，是靠细胞内溶酶体中的各种蛋白酶催化，其确切分解机制还有待进一步研究。

微生物蛋白酶对蛋白质的水解作用与生产实践关系极为密切。例如酱油、豆豉，腐乳等的制作都利用了微生物蛋白酶对蛋白质的水解作用。

不同来源的蛋白酶在工业上有不同的用途，如在洗涤剂、食品发酵、医药卫生、皮革、丝绸纺织、农业等方面得到广泛使用。

第二节 氨基酸的一般代谢

一、氨基酸的脱氨基作用

脱氨、脱羧是氨基酸代谢的主要特色，并且生物体内氨基酸代谢主要通过脱氨方式分解。氨基酸经酶促脱去氨基的过程称为脱氨作用。氨基酸的脱氨作用又可分为脱氨基作用（狭义脱氨）、转氨基作用和联合脱氨基作用（广义脱氨）。

（一）脱氨基作用

氨基酸脱氨主要有氧化脱氨基作用和非氧化脱氨基作用两类。

1. 氧化脱氨

1）直接脱氢氧化脱氨基作用

氨基酸失去氨基称为脱氨基作用（简称脱氨作用、脱氨），不同的生物体的脱氨方式略有差别，但对氨基酸而言，由于氨基酸有共同的结构特点，所以氨基酸的脱氨方式有共性。

氨基酸在酶的催化下，在脱氢（氧化）同时释放出游离的氨，生成相应的 α-酮酸，这一过程称为氧化脱氨基作用。

催化氨基酸氧化脱氨的酶有两类：氨基酸氧化酶类和氨基酸脱氢酶类。

氨基酸氧化酶主要特点是氧分子直接参加反应，反应式为

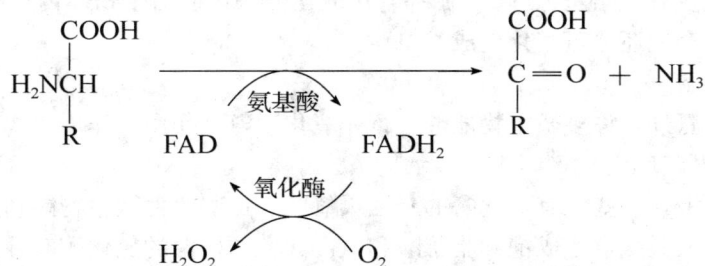

氨基酸氧化酶为黄素蛋白，是需氧脱氢酶类，以 FMN 或 FAD 为辅基。催化脱下的氢直接与分子氧结合，生成过氧化氢。

对氨基酸而言，其反应分两步：

（1）① 脱氢反应：

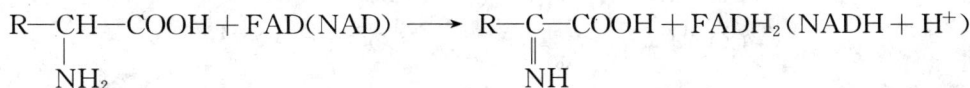

② 水解反应：

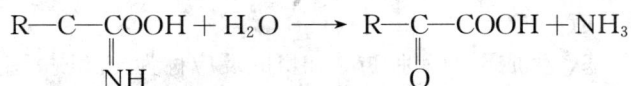

（2）当有过氧化氢酶存在时，过氧化氢被分解为水和分子氧；当无过氧化氢酶时，过氧化氢能将 α-酮酸氧化为比原来少一个碳原子的脂肪酸。反应为

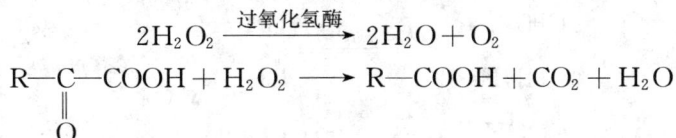

氨基酸氧化酶主要作用是朝着氨基酸分解的方向进行，在动物体内分布不广，活性也不强，所以在动物体内此作用不大。

2）脱氢氧化偶联脱氨基作用

脱氢是体内主要氧化方式，对生物氧化过程来讲，从底物脱下的氢并不是直接交给

氧，而是经电子传递链（呼吸链）将氢进行一系列传递，最后再与氧结合产生 H_2O，并且在氢（电子）传递过程中生成 ATP，为生物体供能。

氨基酸脱氢酶是不需要氧的脱氢酶类，辅酶 NAD^+ 或 $NADP^+$ 为受氢体，氨基酸脱氢酶虽种类很多，但最主要的是 L-谷氨酸脱氢酶，该酶在动、植物和微生物中都存在。其催化反应为

$$
\begin{array}{ccc}
\text{COOH} & \text{COOH} & \text{COOH} \\
| & | & | \\
\text{CHNH}_2 & \text{C}=\text{NH} & \text{C}=\text{O} + \text{NH}_3 \\
| & | & | \\
(\text{CH}_2)_2 & (\text{CH}_2)_2 & (\text{CH}_2)_2 \\
| & | & | \\
\text{COOH} & \text{COOH} & \text{COOH}
\end{array}
$$

L-谷氨酸脱氢酶　　$NAD^+ \rightarrow NADH+H^+$　　$NADP^+ \rightarrow NADPH+H^+$

L-谷氨酸脱氢酶　$\rightarrow H_2O$

产生的 α-酮戊二酸可进入 TCA 循环，被氧化分解，但当生物体内有游离的氨和 α-酮戊二酸时，也会经还原氨基化生成谷氨酸。

2. 非氧化脱氨

除了氧化脱氨外，许多微生物能够进行非氧化脱氨基作用，作用方式有以下几种：

1）还原脱氨基反应

在无氧条件下，一些含有氢化酶的专性厌氧菌和一些兼性微生物能利用还原脱氨基反应使氨基酸加氢脱氨，生成饱和脂肪酸和氨。如大肠杆菌的氢化酶对甘氨酸进行还原脱氨，生成乙酸；天冬氨酸经氢化酶作用还原生成琥珀酸。

$$
\begin{array}{cc}
\text{COOH} & \text{COOH} \\
| & | \\
\text{CH}_2 & \text{CH}_2 \\
| & \xrightarrow[\text{NADH+H}^+ \quad \text{NAD}]{\text{氢化酶}} \quad | \quad + \text{NH}_3 \\
\text{CHNH}_2 & \text{CH}_2 \\
| & | \\
\text{COOH} & \text{COOH}
\end{array}
$$

L-天冬氨酸　　　　　　　　琥珀酸

2）分解脱氨基反应

氨基酸直接脱氨基，生成不饱和脂肪酸和氨的反应称为分解脱氨基反应。如天冬氨酸酶对天冬氨酸直接脱氨生成延胡索酸和氨。

$$
\begin{array}{cc}
\text{COOH} & \text{COOH} \\
| & | \\
\text{CH}_2 & \text{CH} \\
| & \underset{\text{L-天冬氨酸酶}}{\rightleftharpoons} \quad \| \quad +\text{NH}_3 \\
\text{CHNH}_2 & \text{CH} \\
| & | \\
\text{COOH} & \text{COOH}
\end{array}
$$

L-天冬氨酸　　　　　　延胡索酸

3）脱水脱氨基反应

含羟基的氨基酸，如丝氨酸和苏氨酸在脱水酶作用下，在脱水过程中脱氨，并进行分子重排，然后自发水解成相应的酮酸。

$$\begin{array}{c} COOH \\ | \\ CHNH_2 \\ | \\ CHOH \\ | \\ R \end{array} \xrightarrow[-H_2O]{\text{脱水酶}} \begin{array}{c} COOH \\ | \\ CNH_2 \\ || \\ CH \\ | \\ R \end{array} \xrightarrow{\text{分子重排}} \begin{array}{c} COOH \\ | \\ C=NH \\ | \\ CH_2 \\ | \\ R \end{array} \xrightarrow[H_2O]{\text{自发水解}} \begin{array}{c} COOH \\ | \\ C=O \\ | \\ CH_2 \\ | \\ R \end{array} + NH_3$$

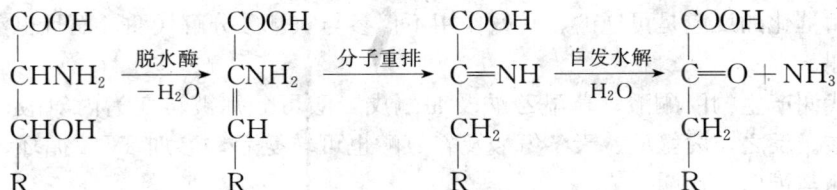

4）脱巯基脱氨基反应

半胱氨酸在氨基酸脱巯基酶催化下，脱去—SH，生成丙酮酸。其过程与脱水脱氨基相似。

5）水解脱氨基反应

不同的氨基酸水解生成不同的产物。亮氨酸水解生成 α-羟基-γ-甲基-戊酸；精氨酸水解生成瓜氨酸；色氨酸生成吲哚、丙酮酸和氨。

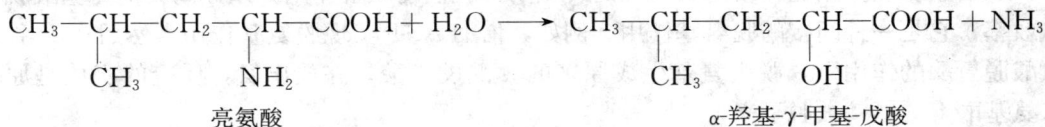

$$\begin{array}{c} CH_3-CH-CH_2-CH-COOH \\ \quad\quad\ | \quad\quad\quad\quad\ | \\ \quad\quad CH_3 \quad\quad\quad NH_2 \end{array} + H_2O \longrightarrow \begin{array}{c} CH_3-CH-CH_2-CH-COOH \\ \quad\quad\ | \quad\quad\quad\quad\ | \\ \quad\quad CH_3 \quad\quad\quad OH \end{array} + NH_3$$

$\quad\quad\quad\quad\quad$亮氨酸 $\quad\quad\quad\quad\quad\quad\quad\quad\quad\quad$ α-羟基-γ-甲基-戊酸

6）氧化还原偶联脱氨基反应

在 2 个特定的氨基酸之间，一个氨基酸进行氧化性脱氨（供氢体），脱下的氢去还原另一个氨基酸使其发生还原脱氨（受氢体）。

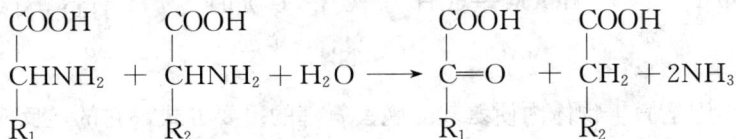

$$\begin{array}{c} COOH \\ | \\ CHNH_2 \\ | \\ R_1 \end{array} + \begin{array}{c} COOH \\ | \\ CHNH_2 \\ | \\ R_2 \end{array} + H_2O \longrightarrow \begin{array}{c} COOH \\ | \\ C=O \\ | \\ R_1 \end{array} + \begin{array}{c} COOH \\ | \\ CH_2 \\ | \\ R_2 \end{array} + 2NH_3$$

（二）转氨作用

分子间氨基转移现象，称为转氨作用。氨基酸的转氨基作用主要发生在氨基酸和酮酸之间，α-氨基酸的 α-氨基在转氨酶的催化下转移到 α-酮酸的酮基位置，结果是原来的氨基酸生成相应的 α-酮酸，而另一 α-酮酸则形成相应的 α-氨基酸。

催化转氨反应的酶称为转氨酶。转氨酶种类很多，分布广，它们都是以磷酸吡哆醛作为辅酶。人体重要的转氨酶是谷草转氨酶（过去称为 GOT，现称为 AST）和谷丙转氨酶（过去称为 GPT，现称为 ALT）它们是肝细胞成分。医院的肝功能化验单上都注明了这两种转氨酶，它们都是肝细胞内的酶，如果两种都比较高，而且 AST 水平超过 ALT，一般说明肝细胞损害比较严重，而且特别多见于酒精性肝炎。

如 L-丙氨酸与 α-酮戊二酸在 L-丙氨酸转氨酶（GPT）的作用下进行转氨反应，生成丙酮酸和 L-谷氨酸。

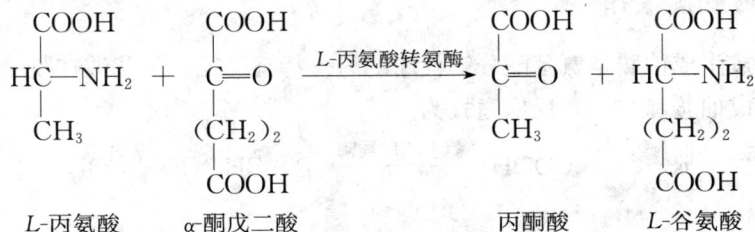

$$\begin{array}{c} COOH \\ | \\ HC-NH_2 \\ | \\ CH_3 \end{array} + \begin{array}{c} COOH \\ | \\ C=O \\ | \\ (CH_2)_2 \\ | \\ COOH \end{array} \xrightarrow{L\text{-丙氨酸转氨酶}} \begin{array}{c} COOH \\ | \\ C=O \\ | \\ CH_3 \end{array} + \begin{array}{c} COOH \\ | \\ HC-NH_2 \\ | \\ (CH_2)_2 \\ | \\ COOH \end{array}$$

$\quad\ L$-丙氨酸 $\quad\quad$ α-酮戊二酸 $\quad\quad\quad\quad\quad$ 丙酮酸 $\quad\quad\quad$ L-谷氨酸

　　转氨酶催化的反应是可逆的，转氨作用不仅参与氨基酸分解代谢，而且也参与氨基酸合成代谢。

　　由糖代谢产生的丙酮酸、草酰乙酸及 α-酮戊二酸可分别被转变为丙氨酸、天冬氨酸和谷氨酸。反之，丙氨酸、天冬氨酸及谷氨酸也可转氨后，参加 TCA 循环，从而沟通了糖代谢与蛋白质代谢。

　　实际上人体内除必需氨基酸外，所有非必需氨基酸都不同程度地参加转氨作用，并有各自的转氨酶。体内的各组织器官的细胞都能进行转氨作用，但各种细胞的反应速度不同。

（三）联合脱氨

　　联合脱氨基作用是借助酶活力强的转氨酶与脱氢酶联合作用，以提高其他氨基酸脱氨效率，它是一种间接的脱氨基作用。例如，借助 AST 实现脱氨基作用，然后在 L-谷氨酸脱氢酶的作用下，脱去氨基生成原来的 α-酮戊二酸，并放出氨，反应的实质是原来氨基酸上的氨基被脱下来。

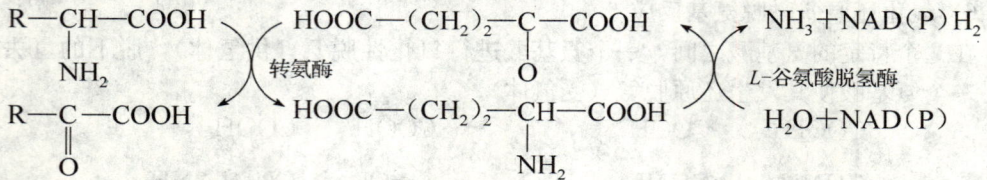

$$R—CH—COOH \quad HOOC—(CH_2)_2—C—COOH \qquad NH_3+NAD(P)H_2$$
$$\underset{NH_2}{|} \qquad\qquad\qquad \underset{O}{\|}$$
$$\text{转氨酶} \qquad\qquad\qquad\qquad\qquad\qquad L\text{-谷氨酸脱氢酶}$$
$$R—C—COOH \quad HOOC—(CH_2)_2—CH—COOH \qquad H_2O+NAD(P)$$
$$\underset{O}{\|} \qquad\qquad\qquad\qquad \underset{NH_2}{|}$$

　　联合脱氨作用是微生物体内使氨基酸脱去氨基的重要方式，它的逆反应是氨基酸生物合成的重要反应。

　　由于骨骼肌、心肌中的 L-谷氨酸脱氢酶含量较少，活性低，因此联合脱氨基作用不是肌肉等组织的脱氨方式，这些组织以另一种联合脱氨基作用进行脱氨，即腺嘌呤核苷酸循环的联合脱氨基作用（图 11-1）。

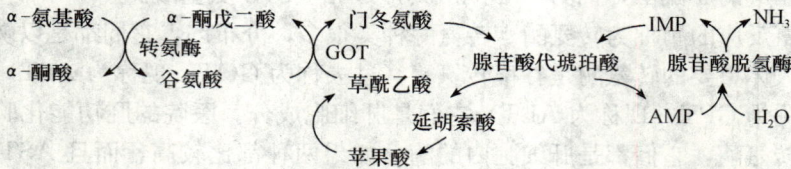

图 11-1　腺嘌呤核苷酸循环的联合脱氨作用

二、氨基酸的脱羧基作用

　　氨基酸脱羧生成伯胺是氨基酸分解代谢的另一特有途径。氨基酸在脱羧酶的催化下脱去羧基，生成伯胺和 CO_2，反应通式为

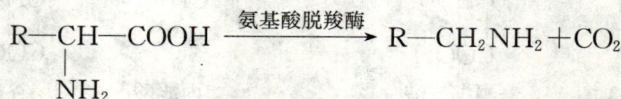

$$R—CH—COOH \xrightarrow{\text{氨基酸脱羧酶}} R—CH_2NH_2+CO_2$$
$$\underset{NH_2}{|}$$

氨基酸脱羧后形成的胺类化合物，有些是生物体的重要物质，如色氨酸分解后生成植物生长激素吲哚乙酸；丝氨酸分解后生成胆碱，是构成磷脂的重要成分。但也有些胺类是有害的，如鸟氨酸分解生成腐胺，赖氨酸分解生成尸胺具有恶臭气味，对人体有毒性。

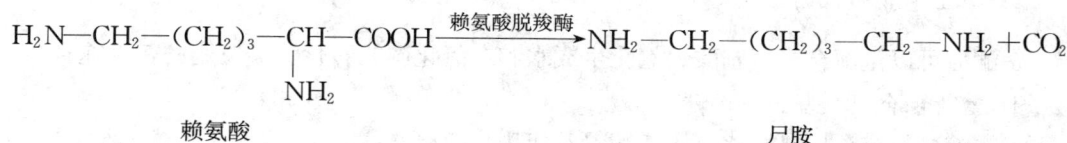

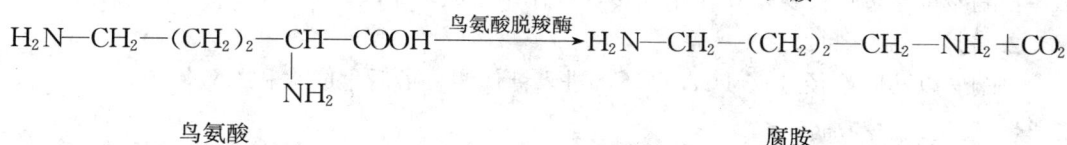

$$H_2N-CH_2-(CH_2)_3-\underset{\underset{NH_2}{|}}{CH}-COOH \xrightarrow{\text{赖氨酸脱羧酶}} NH_2-CH_2-(CH_2)_3-CH_2-NH_2+CO_2$$

$$\text{赖氨酸} \hspace{6cm} \text{尸胺}$$

$$H_2N-CH_2-(CH_2)_2-\underset{\underset{NH_2}{|}}{CH}-COOH \xrightarrow{\text{鸟氨酸脱羧酶}} H_2N-CH_2-(CH_2)_2-CH_2-NH_2+CO_2$$

$$\text{鸟氨酸} \hspace{6cm} \text{腐胺}$$

氨基酸脱羧酶的专一性很强，这一性质被用来测定发酵液中某种氨基酸的含量。如在测定发酵液中谷氨酸的含量时，取一定量的谷氨酸发酵液，加入适量的谷氨酸脱氢酶，在适宜的条件下反应，用微量气体呼吸仪测量出反应放出的 CO_2 量，根据放出的 CO_2 量可计算出谷氨酸的含量。

三、氨基酸的脱氨基、羧基作用

某些微生物如细菌、酵母的细胞中含有能进行加水分解，使氨基酸同时脱氨、脱羧生成少一个碳原子的伯醇，释放出氨和二氧化碳。这类反应是白酒与酒精发酵中生成杂醇油的主要反应。杂醇油是指某些高级醇（如丙醇、正丁醇、异丁醇、异戊醇和活性异戊醇）的混合物。因它们浓度较高时在酒精溶液中呈油状，故称杂醇油。酒中杂醇太多会让人喝了感觉"上头"，引起头晕、头痛等不适。

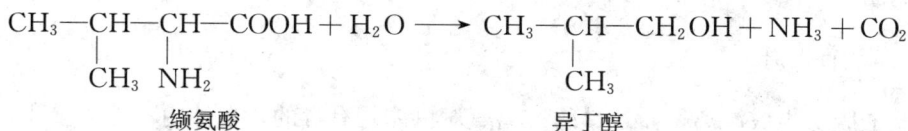

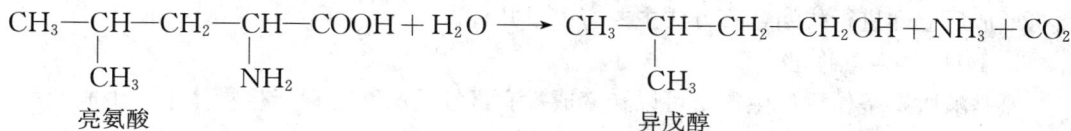

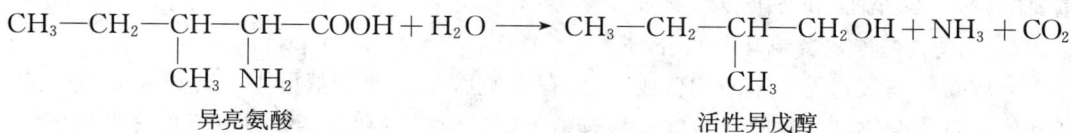

$$CH_3-\underset{\underset{CH_3}{|}}{CH}-\underset{\underset{NH_2}{|}}{CH}-COOH+H_2O \longrightarrow CH_3-\underset{\underset{CH_3}{|}}{CH}-CH_2OH+NH_3+CO_2$$

$$\text{缬氨酸} \hspace{5cm} \text{异丁醇}$$

$$CH_3-\underset{\underset{CH_3}{|}}{CH}-CH_2-\underset{\underset{NH_2}{|}}{CH}-COOH+H_2O \longrightarrow CH_3-\underset{\underset{CH_3}{|}}{CH}-CH_2-CH_2OH+NH_3+CO_2$$

$$\text{亮氨酸} \hspace{5cm} \text{异戊醇}$$

$$CH_3-CH_2-\underset{\underset{CH_3}{|}}{CH}-\underset{\underset{NH_2}{|}}{CH}-COOH+H_2O \longrightarrow CH_3-CH_2-\underset{\underset{CH_3}{|}}{CH}-CH_2OH+NH_3+CO_2$$

$$\text{异亮氨酸} \hspace{5cm} \text{活性异戊醇}$$

四、氨基酸的脱氨、脱羧产物的进一步代谢

氨基酸经脱氨基，转氨基及脱羧基等作用之后，生成各种 α-酮酸、胺、醇、二氧化碳和氨，这些产物在体内需进一步代谢。

$$
\text{氨基酸} \begin{cases} \text{脱氨作用：生成 } \alpha\text{-酮酸、氨} \\ \text{脱羧作用：生成胺、二氧化碳} \\ \text{脱氨、脱羧作用：生成醇、氨、二氧化碳} \end{cases}
$$

（一）α-酮酸的代谢

α-酮酸可以重新合成氨基酸、氧化生成水和二氧化碳或转化为糖及脂肪三种途径。

1. 重新再合成氨基酸

α-酮酸可经过还原氨基化作用或转氨基作用合成氨基酸。

2. 氧化生成水和二氧化碳

α-酮酸以不同途径进入 TCA 循环，进入糖代谢，最后生成水和二氧化碳。

3. 转变为糖和脂

在氨基酸脱氨以后生成丙酮酸、琥珀酸、延胡索酸、α-酮戊二酸后能直接进入 EMP 或 TCA 循环，部分酮酸可氧化生成羧酸，经 β-氧化途径生成乙酰辅酶 A 进入 TCA 循环。

丙酮酸与 TCA 循环中间产物通过"糖原异生作用"可转变为糖类。氨基酸中的碳架能转变为糖的氨基酸称为生糖氨基酸，天然氨基酸中除亮氨酸外都是生糖氨基酸。

亮氨酸脱氨生成的 α-酮酸经复杂变化后转变为糖代谢中产物乙酰 CoA，乙酰 CoA 在动物体内不能转变为糖，只能逆 β-氧化途径转变为脂肪酸，称其为生酮氨基酸。但在微生物和植物中，因存在乙醛酸循环途径，乙酰 CoA 也能转为琥珀酸等 C_4 二羧酸。因此也能通过糖原异生作用转变为糖。

所有氨基酸的碳骨架在生物体内都能转变为乙酰 CoA，可进一步合成脂肪酸。氨基酸在向糖转变过程中生成的磷酸二羟丙酮，可被还原生成甘油。甘油与脂肪酸可进一步合成脂肪。

（二）氨的代谢

氨基酸脱氨生成游离氨，过量的游离氨对机体是有毒的，在体内不能大量积存。游离氨形成后立即进行代谢，其方式主要有以下几种。

1. NH_3 储存与排出

氨基酸脱氨基作用产生的氨可以转变成没有毒性的酰胺储存于生物体中。生成的最重要酰胺是天冬酰胺和谷酰胺。

2. 合成氨基酸或其他含氮化合物

合成新氨基酸（见氨基酸的合成）。储存于酰胺基上的氨基可用于合成新的氨基酸或其他含氮化合物，如嘌呤、嘧啶、核苷酸等，谷氨酰胺和天冬酰胺也可直接参与蛋白质合成。

3. 合成甲酰磷酸

NH_3、CO_2 及 ATP 可在氨酰磷酸合成酶的催化下反应生成氨甲酰磷酸，氨甲酰磷酸合成酶需要 N-乙酰谷氨酸作辅助因子，其反应为

$$NH_3 + CO_2 + H_2O + 2ATP \xrightarrow[\text{N-乙酰谷氨酸、Mg}^{2+}]{\text{氨甲酰磷酸合成酶}} H_2N\overset{\displaystyle O}{\overset{\|}{-}}C-O \sim Pi + 2ADP + Pi$$

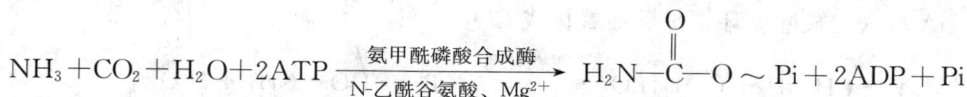

氨甲酰磷酸是合成嘧啶、精氨酸、尿素的重要前体物质。由于氨甲酰磷酸分子中具有高能键，因此，它是微生物能量代谢的重要高能化合物之一。氨甲酰磷酸的合成是由无机氮合成有机含氮物的重要反应，是同化氮的重要途径，对植物和微生物来说是保留氮的重要方式。

4. 生成尿素

尿素的形成是高等动物的一种重要解毒方式。在高等动物中，氨和二氧化碳通过环式代谢合成尿素后即排出体外，该环式代谢称鸟氨酸循环（图 11-2）。

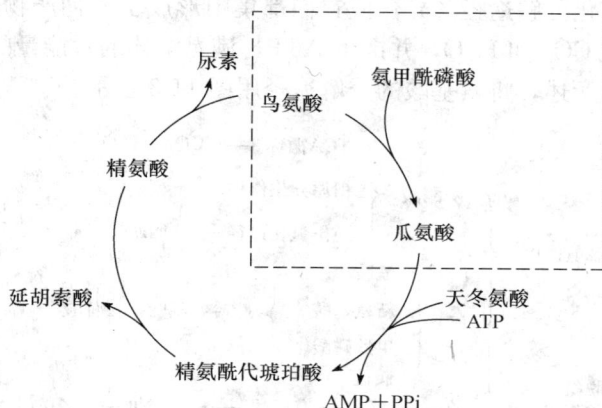

图 11-2　鸟氨酸循环

植物和微生物也能形成尿素，但其作用是储存氮，以供给合成之需要。当体内需要氮时，尿素可经尿素酶的作用，分解成 NH_3 和 CO_2，尿素合成机理见鸟氨酸循环。鸟氨酸进入线粒体，与氨甲酰磷酸合成瓜氨酸后回到细胞浆中，瓜氨酸与天冬氨酸反应生成精氨酸代琥珀酸，精氨酸代琥珀酸继续分解为精氨酸和延胡索酸……，通过天冬氨酸和延胡索酸鸟氨酸循环就和 TCA 循环联系起来了。

（三）CO_2 去路

氨基酸脱羧形成的 CO_2 大部分直接排到细胞外，小部分可通过丙酮酸羧化支路被固定，生成草酰乙酸或苹果酸，这些四碳有机酸的生成对于三羧酸循环及通过三羧酸循环产生发酵产物（如柠檬酸、谷氨酸、延胡索酸、苹果酸等）有促进作用。

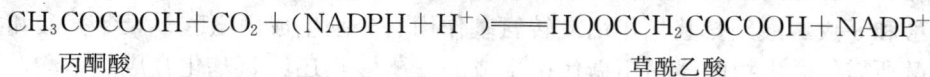

$$CH_3COCOOH + CO_2 + (NADPH + H^+) =\!=\!= HOOCCH_2COCOOH + NADP^+$$
丙酮酸　　　　　　　　　　　　　　　　　　　草酰乙酸

（四）胺的去路

氨基酸脱羧生成的胺，可在胺氧化酶的作用下氧化脱氨生成醛和氨。醛在醛脱氢酶的作用下继续氧化，加水脱氢生成有机酸。有机酸再经过 β-氧化作用，生成乙酰 CoA。

乙酰 CoA 进入三羧酸循环，最后被氧化成 CO_2 和 H_2O。

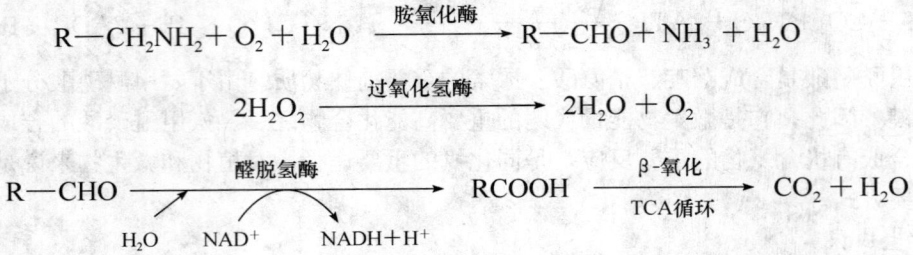

$$R—CH_2NH_2 + O_2 + H_2O \xrightarrow{\text{胺氧化酶}} R—CHO + NH_3 + H_2O$$

$$2H_2O_2 \xrightarrow{\text{过氧化氢酶}} 2H_2O + O_2$$

$$R—CHO \xrightarrow[\substack{H_2O \quad NAD^+ \quad\quad NADH+H^+}]{\text{醛脱氢酶}} RCOOH \xrightarrow[\text{TCA循环}]{\beta\text{-氧化}} CO_2 + H_2O$$

五、氨基酸分解代谢途径小结

虽然氨基酸的氧化分解途径各异，但它们都集中形成了五种产物进入 EMP、TCA 循环，最后氧化生成 CO_2 和 H_2O，并产生 ATP，满足机体的对能量的需求。代谢产物也能进入合成。综上所述，将氨基酸的分解途径用图 11-3 表示。

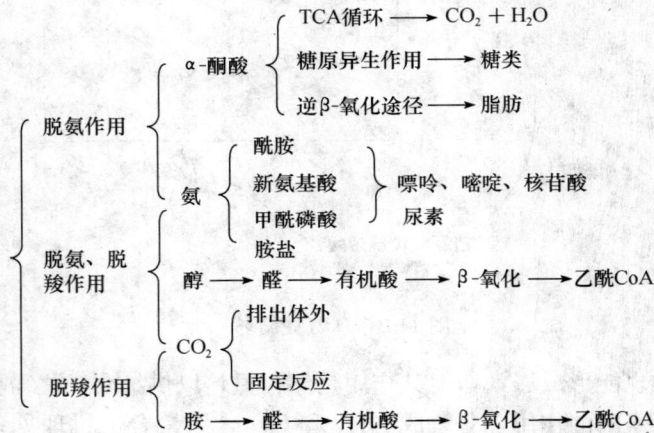

图 11-3　氨基酸的分解途径

第三节　糖、脂肪、蛋白质代谢的相互转化

一、糖与蛋白质的相互转化

糖与氨基酸可能互变，生糖氨基酸脱氨生成的 α-酮酸可以通过糖原异生途径合成糖类；糖在生物体内也可以转变成几种氨基酸，如糖代谢生成的中间产物——丙酮酸、草酰乙酸和 α-戊二酸经氨基化作用或转氨基作用后分别生成丙氨酸、天冬氨酸和谷氨酸。发酵所需的微生物菌体利用糖代谢生成的 α-酮酸经还原氨基化合成氨基酸，进而合成菌体蛋白质。

细胞在饥饿状态（能源供应不足时）细胞分解蛋白质库中储存的蛋白质进入糖代谢。

二、糖与脂类的相互转化

糖可以转变为脂肪，EMP 途径中的磷酸二羟丙酮可转变为甘油，糖经酵解作用可变成丙酮酸，丙酮酸氧化脱羧生成乙酰辅酶 A，再经脂肪酸生物合成途径，进而合成脂肪。反之脂肪可水解为甘油、和乙酰辅酶 A 进入糖代谢，通过糖原异生途径合成糖类或进行生物氧化，提供能量。

三、蛋白质与脂类的相互转化

氨基酸脱氨后生成的 α-酮酸经一定的反应可转变为乙酰 CoA，进而合成脂肪酸。氨基酸脱氨生成的 α-酮酸转变为糖的途径中产生的磷酸丙糖，可被还原生成磷酸甘油，甘油和脂肪酸可进一步合成脂肪。

脂类分子中的甘油可经 EMP 途经先转变为丙酮酸，再转变为草酰乙酸、α-戊二酸，它们接受氨基生成丙氨酸、天冬氨酸和谷氨酸等。这些氨基酸可参加蛋白质的合成。

上述三类物质通过不同的代谢途径在生成乙酰 CoA 之后，均可进入 TCA 循环彻底氧化成 CO_2 和 H_2O，同时放出能量。可见，TCA 循环是这些物质分解产生能量的共同途径。同时 TCA 循环上 α-戊二酸、草酰乙酸又可与谷氨酸、天冬氨酸进行互变，因此，TCA 循环又是这些物质互相转变的共同机构。

在生物体（细胞）内，三类物质的代谢同时进行，它们既相互联系，又相互制约。

（1）糖类、脂类和蛋白质之间可以转化，概括如图 11-4 所示。

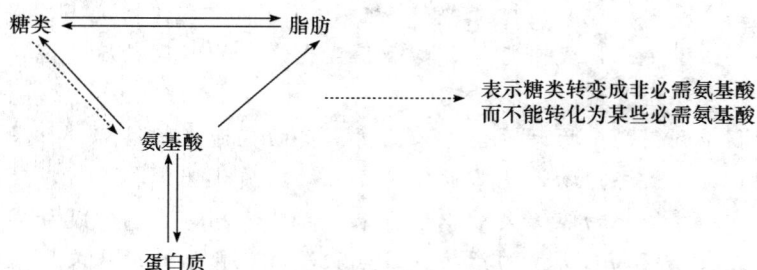

图 11-4　糖类、脂类和蛋白质之间转化

（2）三大营养物质之间的转化是有条件的：如糖类供应充足可以大量转化为脂肪，而脂肪供应充足时却不能大量转化成糖类。

（3）三大营养物质之间的转化是相互制约的：正常情况下人和动物体主要由糖类氧化分解供能，这制约了脂肪和蛋白质氧化分解供能，糖类代谢障碍时，脂肪和蛋白质的氧化分解加快，以保证机体能量需要。糖类和脂肪摄入量不足时，体内蛋白质分解增加。

（4）三大有机物代谢的共同点：合成、分解、转变，都伴随着能量的释放，代谢终产物都有 CO_2 和 H_2O。

本章小结

蛋白质分解与合成是两种不同类型的代谢，蛋白质分解为氨基酸，氨基酸能进一步分解、转化为其他化合物。蛋白质水解可通过酸法、碱法和酶法，不同的水解方法有其特有的优点。脱氨是氨基酸主要降解方式，但不同的生物体也能通过其他方式降解。氨基酸降解产物能进一步代谢。三大营养物质能相互转化。

习题

(1) 蛋白酶按作用方式分哪几类？按作用最适 pH 又分哪几类？
(2) 氨基酸有哪几种脱氨形式？举例说明。
(3) 何为转氨基作用？转氨酶的辅酶是什么？
(4) 氨基酸分解代谢产物 α-酮酸，NH_3 和 CO_2 的去向如何？

扩展阅读

发酵生产谷氨酸的生化机理

细胞是一个受严格代谢控制的"精密机器"，在正常代谢情况下，代谢的中间产物含量极低，仅满足正常代谢运行需要；并且最终产物因存在反馈调节作用也不会大量积累。

发酵过程是利用微生物大量合成人们所需要的代谢产物过程。如果要使细胞大量积累中间产物或最终产物，就必须破坏原有的物质代谢调控系统，使正常代谢不能积累或很少积累的产物能够大量积累下来。因此，发酵生产就是利用代谢规律异常的微生物大量合成人们所需的产物。谷氨酸发酵是典型的通风发酵过程，谷氨酸合成的生化过程较简单，仅涉及 TCA 循环、回补反应；谷氨酸的分泌涉及生物膜通透性、反馈抑制等生理因素。

一、谷氨酸生物合成途径

谷氨酸合成的生化过程较简单，葡萄糖通过 EMP 途径生成丙酮酸，并进入 TCA 循环，TCA 循环中间产物 α-酮戊二酸在谷氨酸脱氢酶作用下可以转化为谷氨酸。

二、谷氨酸生产菌需要具备的生化特点

生产菌种要大量合成谷氨酸，必须具备以下代谢特点（生化特点）和生理特点。

1. α-酮戊二酸脱氢酶缺失或活力极低

生产菌种的 α-酮戊二酸脱氢酶缺失或活力极低，TCA 循环主要积累 α-酮戊二酸，不能或极少生成琥珀酸。

2. 谷氨酸脱氢酶活力高

谷氨酸脱氢酶活力高，能及时将 α-酮戊二酸转化为谷氨酸。

3. 有回补反应能力

营养缺陷型菌株——丧失了生物代谢途径中某些合成反应步骤（缺失酶），不能合成其代谢产物的能力。只有外界供给该代谢产物作为营养物时才能生长。对于营养缺陷型菌株，必须在培养基中加入一定的营养物，菌体才能生长。

谷氨酸生产菌缺失 α-酮戊二酸脱氢酶，TCA 循环不能正常运行，供能代谢会因此而中断，所以必须通过回补反应提供 TCA 循环的需的起始物或中间产物，否则菌种不能生长。同时，有了回补反应之后才能保证反应方向朝合成谷氨酸方向进行。

　　　草酰乙酰＋乙酰 CoA→柠檬酸→异柠檬酸→α-酮戊二酸→谷氨酸

4. 细胞膜通透性强

谷氨酸如果在细胞内大量积累，则谷氨酸合成会受到反馈调节抑制，因此谷氨酸生产菌还应及时将谷氨酸分泌到细胞外，以降低的反馈调节作用。因此要求谷氨酸生产菌的细胞膜通透性强，在生产上常通过控制培养基中生物素浓度来提高细胞膜通透性。或者加入表面活性剂（如吐温）提高细胞膜通透性（图 11-5）。

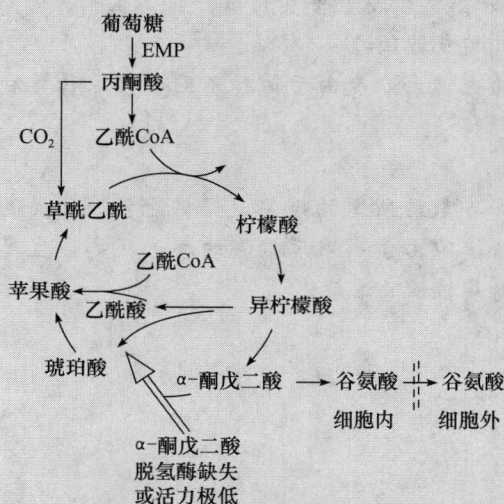

图 11-5　谷氨酸生化代谢特征

三、环境对谷氨酸发酵的影响

影响谷氨酸发酵的物理因素有：温度、罐压、搅拌速度、通风量等（溶解氧）、发酵（培养）时间；影响谷氨酸发酵的化学因素：糖浓度、pH、生物素浓度等。

1. 温度的影响

在 Glu 生产菌的生长阶段和 Glu 合成阶段有不同的最适温度，从酶反应动力学上看，在一定温度范围内适当提高温度，反应速度提高，但是酶易失活，易出现杂菌污染，菌体易衰老、自溶等。谷氨酸生产菌最适生长的温度在 $30 \sim 32℃$，Glu 最适合成温度在 $34 \sim 37℃$，为此，生产上多采用多段控制温度，在不同的生产时间段内发酵温度不同。

2. pH 的影响

pH 对发酵的影响很大，GA 生产菌最适 pH 在 $6.5 \sim 8.0$，合成谷氨酸最适 pH 在 $7.0 \sim 7.2$。培养基成分的酸碱性和缓冲能力直接影响发酵起始的 pH 和发酵前期的 pH，当开始合成谷氨酸时，发酵液 pH 下降，生产上常通过流加尿素或氨控制 pH 在一定范围内。

3. 溶解氧的影响

谷氨酸发酵是典型的通风发酵，在生产上以通入无菌空气和加强搅拌来提高发酵液的溶解氧，如供氧不足则会生成乳酸和 α-酮戊二酸。

4. 生物素浓度影响

生物素是谷氨酸生产菌种的生长因子，大多数谷氨酸生产菌种是生物素缺陷型，必须补充生物素菌体才能生长。

人们发现，在大量积累谷氨酸时，生物素的浓度需要远比菌体的生长时低，即为菌体需要"亚适量"。如果生物素含量太多，菌体生长、繁殖快，但是只长菌，不产谷氨酸，而是产生乳酸或琥珀酸。

谷氨酸发酵最适的生物素浓度由于菌种不同，碳源种类和浓度以及供氧条件不同而不同。

5. 糖浓度影响

糖提供菌体生长和谷氨酸所需的碳架，提供能量。要提高产酸率应要有一定的糖度来保证碳源的供给，但由于高浓度糖液的渗透压高，生产上常通过流加糖液方法控制发酵液糖度保持在较低的浓度。

第十二章 信息分子代谢

☞ **课前导读**

　　本章主要介绍 DNA、RNA、蛋白质生物合成的过程和有关酶的特点及意义。遗传密码、反密码子等基本概念。

☞ **教学目标**

　　(1) 掌握 DNA 的生物合成过程——DNA 的半保留复制。

　　(2) 掌握 RNA 的生物合成过程——DNA 指导的 RNA 合成。

　　(3) 掌握遗传密码、核糖体在蛋白质生物合成中的作用，了解蛋白生物合成的过程。

　　生物的遗传信息存在于 DNA 分子中，双链 DNA 是绝大多数生物遗传信息的载体。在 DNA 合成时，决定其结构特性的遗传信息只能来自于 DNA 自身，也就是子代的 DNA 是以亲代的 DNA 为模板来合成的，新合成的 DNA 是模板 DNA 的复制品，所以 DNA 的生物合成也称为 DNA 的复制。通过这种方式，亲代 DNA 可真实地传给子代，这就是遗传信息一代一代传递下去的基础。生物在生长发育过程中，DNA 分子上的特定部位表达，转录出与 DNA 碱基顺序相同的 RNA 分子。RNA 作为蛋白质合成的直接模板，通过翻译过程，RNA 中的遗传信息又转变为蛋白质分子中特定的氨基酸顺序。特定的蛋白质具有其特定的生物学功能，使生物表现出特定的性状。

　　Crick 在 1958 年总结了 DNA、RNA、蛋白质、生物性状这四者的关系，提出了在生物遗传中遗传信息的传递方向，即著名的遗传中心法则：DNA→RNA→蛋白质→遗传性状。中心法则的提出对核酸、蛋白质合成的机理及从分子水平上阐明遗传现象本质起了极大的推动作用。在以后的生物化学的发展又丰富了中心法则的内容。

第一节 DNA 的生物合成

　　DNA 分子在生物体内的合成有三种方式：

　　(1) DNA 指导的 DNA 合成：也称复制，是细胞内 DNA 最主要的合成方式。遗传信息储存在 DNA 分子中，细胞增殖时，DNA 通过复制使遗传信息从亲代传递到子代。

　　(2) 修复合成：即 DNA 受到损伤（突变）后进行修复，需要进行局部的 DNA 的合成，用以保证遗传信息的稳定遗传。

（3）RNA 指导的 DNA 合成：即反转录合成，是 RNA 病毒的复制形式，以 RNA 为模板，由逆转录酶催化合成 DNA。真核生物的 DNA 合成过程与原核生物基本相似，但机理尚不十分清楚，以原核生物为例介绍其复制过程。

一、DNA 的半保留复制

在 DNA 双螺旋结构理论的基础上，1953 年，Watson 和 Crick 提出了著名的 DNA 半保留复制假说。他们预计，当 DNA 复制时，每条多核苷酸链都作为通过碱基配对相互作用而生成互补链的模板，亲代分子的两条链因此必须分开，从而使互补的子链能在每条亲链的表面由酶促合成，结果产生两个双螺旋 DNA 分子，每个都含有一条来自亲代分子的多核苷酸链，以及一条新合成的互补链。这种复制模式被称作半保留复制（semiconservative replication）（图 12-1、图 12-2）。

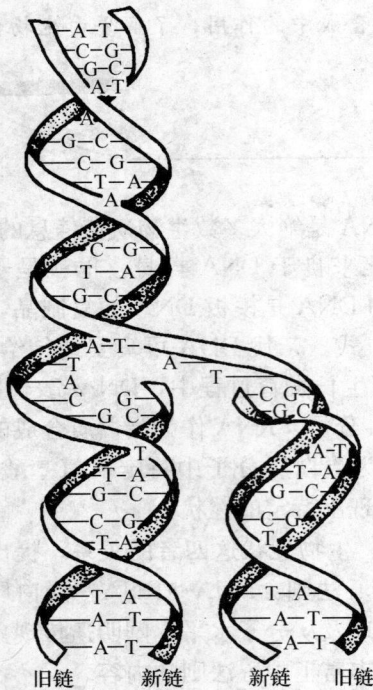

图 12-1　双链 DNA 的复制模型　　　　12-2　DNA 半保留复制的实验证明

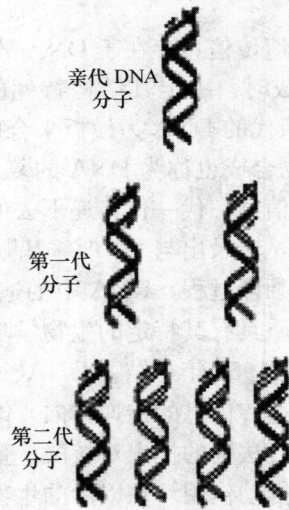

二、DNA 的双向复制

大肠杆菌染色体为一环形分子，当两条 DNA 亲链解离以允许合成其互补子链时这些环形染色体便形成被称为 θ 结构的复制"泡"或"眼"。环形染色体多以"θ"方式进行复制，大多数生物染色体 DNA 的复制是双向进行的（图 12-3）。

DNA 复制开始于染色体上固定的起始点。起始点是含有 100～200 个碱基对的一段 DNA。先是 DNA 的两条链在起始点分开形成叉子样的"复制叉（亲本 DNA 发生解链而新的 DNA 链正在合成的那一点）。随着复制叉的移动完成 DNA 的复制过程。细胞内存在着能识别起始点的特种蛋白质。

三、与 DNA 复制有关的酶

1. 拓扑异构酶

通过切断并连接 DNA 双链中的一股或双股，改变 DNA 分子拓扑构象，避免 DNA 分子打结、缠绕、连环，在复制的全程中都起作用。其种类有：拓扑异构酶Ⅰ和拓扑异构酶Ⅱ，拓扑异构酶Ⅰ能切断 DNA 双链中一股并再连接断端，反应不需 ATP 供能；拓扑异构酶Ⅱ能使 DNA 双链同时发生断裂和再连接，需 ATP 供能，并使 DNA 分子进入负超螺旋。

2. 解螺旋酶

DNA 进行复制时，需亲代 DNA 的双链分别作模板来指导子代 DNA 分子的合成，解螺旋酶可以将 DNA 双链解开成为单链。大肠杆菌中发现的解螺旋酶为 DnaB。

图 12-3 大肠杆菌染色体的复制
A. 单向复制；B. 双向复制

3. 引物酶

引物酶是一种 RNA 聚合酶，在复制的起始点处以 DNA 为模板，催化合成一小段互补的 RNA。DNA 聚合酶不能催化 2 个游离的 dNTP 聚合反应，若没有引物就不能起始 DNA 合成。引物酶能直接在单链 DNA 模板上催化游离的 NTP 合成一小段 RNA，并由这一小段 RNA 引物提供 3′-OH，经 DNA 聚合酶催化链的延伸。

4. DNA 聚合酶

DNA 聚合酶是依赖 DNA 的 DNA 聚合酶，简称为 DNA pol，以 DNA 为模板，dNTP 为原料，催化脱氧核苷酸加到引物或 DNA 链的 3′-OH 末端，合成互补的 DNA 新链，即 5′→3′ 聚合活性。原核生物的 DNA 聚合酶有 DNA pol Ⅰ、DNA pol Ⅱ 和 DNA pol Ⅲ，DNA pol Ⅲ 是复制延长中真正起催化作用的，除具有 5′→3′ 聚合活性，还有 3′→5′ 核酸外切酶活性和碱基选择功能，能够识别错配的碱基并切除，起即时校读的作用；DNA pol Ⅰ 具有 5′→3′ 聚合活性、3′→5′ 和 5′→3′ 核酸外切酶活性，5′→3′ 核酸外切酶活性可用于切除引物以及突变片段，起切除、修复作用。

5. DNA 连接酶

DNA 连接酶用于连接双链中的单链缺口，使相邻两个 DNA 片段的 3′-OH 末端和 5′-P 末端形成 3′，5′磷酸二酯键。DNA 连接酶在 DNA 复制、修复、重组、剪接中用于缝合缺口，是基因工程的重要工具酶。

四、双链 DNA 的复制过程

1. 冈崎片段和半不连续复制

1968 年 Okazaki（冈崎）等提出了 DNA 不连续合成的概念，此设想提出的依据是

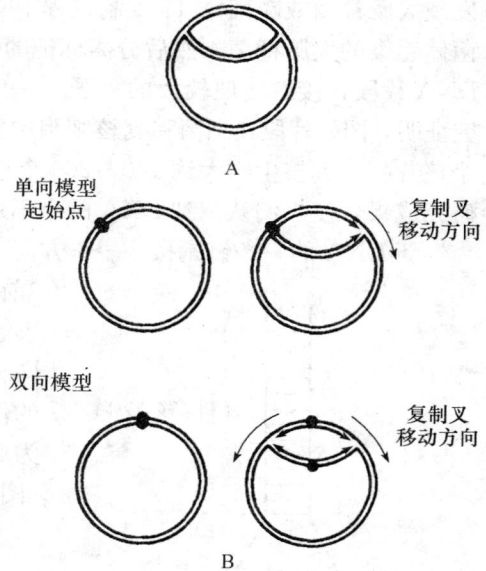

发现大肠杆菌或噬菌体 T_4 复制过程中有小片断出现。Okazaki 等用 [3]H-脱氧胸苷掺入噬菌体感染的大肠杆菌，然后分离标记的 DNA 产物，发现短时间内首先合成的是较短的 DNA 片段，接着出现较大的分子。一般把这些 DNA 片段称为冈崎片段。进一步的研究证明，冈崎片段在细菌和真核细胞中普遍存在。细菌的冈崎片段较长，有 1000～2000 个核苷酸，真核生物大约 100～200 个核苷酸。冈崎的重要发现以及后来许多其他人的研究成果，使人们认识到 DNA 的半不连续复制过程：

新 DNA 的一条链是按 $5'\rightarrow 3'$ 方向（与复制叉移动的方向一致）连续合成的，称为"前导链"（leading strand）；另一条链的合成则是不连续的，即先按 $5'\rightarrow 3'$ 方向（与复制叉移动的方向相反）合成若干短片段（冈崎片段），再通过酶的作用将这些短片段连在一起构成第二条子链，称为后随链（lagging strand）。DNA 的半不连续复制（图 12-4）。

2. 冈崎片段的 RNA 引物

所有 DNA 的合成，不管是前导链还是后随链，都需要预先合成一段 RNA 引物即一个与模板 DNA 的碱基顺序互补的 RNA 短片段。有许多实验结果能证明 RNA 引物的存在。在多瘤病毒的体外该系统中合成的冈崎片段 $5'$ 端是一个约 10 个核苷酸长的，以 $5'$-三磷酸为结尾的 RNA。这是一个强有力的证据。

引物 RNA 一般只含少数核苷酸残基，通过 DNA 聚合酶Ⅲ，在引物的 $3'$ 端逐个加上 1000～2000 个与模板链碱基顺序互补的脱氧核苷酸单位以完成冈崎片段的合成。然后通过 DNA 聚合酶Ⅰ的 $5'\rightarrow 3'$ 外切酶活性将 RNA 引物上的核苷酸单位逐个除去。每个核苷酸单位被切除后立即被与模板链相应位置碱基互补的脱氧核苷酸补上。这后一反应是利用前面的冈崎片段作为引物通过 DNA 聚合酶Ⅰ的聚合酶活性完成的。各个冈崎片段的合成都不需要特异的起始部位；因为冈崎片段只具有暂时的功能。在复制的后阶段，这些小片段将连接成 DNA 大分子的多核苷酸长链，起始部位即不再有任何意义。

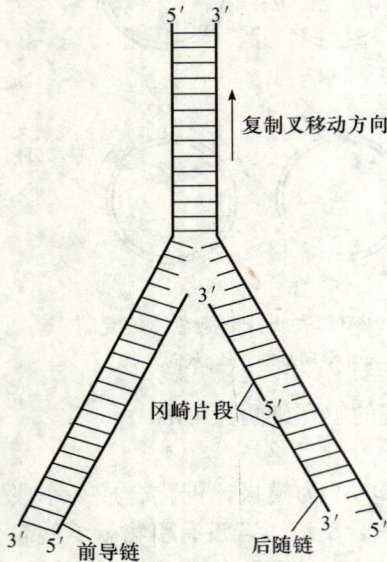

图 12-4　DNA 的半不连续复制

前导链是连续复制的，其复制方向与复制叉移动的方向一致，后随链为不连续复制，即先复制许多短的冈崎片段再连接起来。冈崎片段的复制方向与复制叉移动的方向相反。

总之，DNA 后随链的生成共包含三个基本步骤：

(1) 起始（RNA 引物的合成）。

(2) 延长（向引物 RNA$3'$-端添加 DNA 顺序，合成短的 DNA 片段）。

(3) 终止（RNA 引物脱落并代以相应的 DNA 顺序，用共价键连接各 DNA 短片段）。

3. DNA 双链的合成

(1) DNA 双螺旋分子具有紧密缠绕的结构。在 DNA 合成时，首先 DNA 解链酶或解螺旋酶（DNAheliease）能使复制叉前方的 DNA 双链解开一短段，每解开一个碱基对需要 2 分子 ATP 水解成 ADP 和 Pi 以供给能量，一旦有一段碱基顺序已经解开，就有几个分子的单链结合蛋白（single-strand bindingprotein，符号 SSB）与每条分开的 DNA 链紧密结合，防止它们再接触并重新结成碱基对。

（2）在单链模板的冈崎片断起点上，由 RNA 聚合酶合成一小段 RNA；或结合一小段预先形成的 RNA。

（3）按 DNA 模板链的碱基顺序，以 RNA 为引物，从 $5' \rightarrow 3'$ 方向合成 DNA 片断（冈崎片断），直到另一 RNA 引物的 $5'$ 末端。该反应由 DNA 聚合酶Ⅲ或相应的 DNA 聚合酶所催化。还有一种蛋白质称为 DNA 旋转酶（grrase）或拓扑异构酶Ⅱ（typeⅡ topoisomerase）。它兼有内切酶和连接酶活力，能迅速使 DNA 链断开又接上，当与 ATP 水解产生 ADP 与 Pi 的反应耦联时，旋转酶可使松弛态的 DNA 转变为超螺旋状态，在没有 ATP 时，它又可使超螺旋 DNA 变为松弛态。因此，旋转酶可协助解链酶使 DNA 模板解旋。旋转酶广泛存在于各种生物中，是完成 DNA 复制所必需的一种酶。

（4）在 DNA 聚合酶Ⅰ的 $5' \rightarrow 3'$ 核酸外切酶的作用下，水解除去 RNA 引物；所出现的缺口由聚合酶催化 DNA 片段的继续延长反应来填补。

（5）由 DNA 连接酶将 DNA 片段连接起来，成为大分子 DNA 链。

一般来说链的终止不需要特定的信号，也不需要特殊的蛋白质参与。后随链的合成完成以后，两条新链与其各自的模板链自动生成 2 个子代双螺旋分子，每个分子含有一条新链和一条母链。新双螺旋 DNA 分子的生成不需要能量供应，也不需要任何酶的作用。

4. DNA 聚合酶的"校对"作用

DNA 聚合酶都具有的最重要的特性，就是校正聚合反应的准确度。

对高度纯化的大肠杆菌 DNA 聚合酶性质的详细研究得知 DNA 聚合酶具有三种不同的酶活性。它具有 $3' \rightarrow 5'$ 外切酶活性，说明它也能朝执行聚合酶功能时的相反方向移动并切除新生 DNA 链的 $3'$ 端核苷酸残基。DNA 聚合酶的 $3' \rightarrow 5'$ 外切酶活性是校对新生 DNA 链和改正聚合酶活性所造成"错配"的一种手段，当因聚合酶活性的作用插入一个错配的核苷酸时，酶能识别这种"失误"并立即从新 DNA 链的 $3'$ 端除掉所错配的核苷酸，然后再按 $5' \rightarrow 3'$ 方向和正常复制的过程在新生 DNA 链的 $3'$ 端加上正确的核苷酸。所以当复制叉沿模板链移动时，所加入的每个脱氧核苷酸单位都将受到检查（图 12-5）。DNA 聚合酶的校正功能十分有效，其准确率达到每聚合 104 个核苷酸单位至多出现一个错配的核苷酸。

复制的准确性高于转录和转译过程。这点非常重要，因为复制的错误可能引起突变或致死，而转录和翻译的失误一般只涉及一个细胞中某种 RNA 或蛋白质的产生，不会改变生物的遗传性能。DNA 聚合酶的校正作用可能仅是保证复制准确性的数种途径之一。

总之，生物细胞 DNA 复制的基本特点：

（1）复制是半保留的。

（2）复制起始于细菌或病毒的特定位置，真核生物有多个起始点。

（3）复制可以朝一个方向，也可以向两个方向进行，后者更为常见。

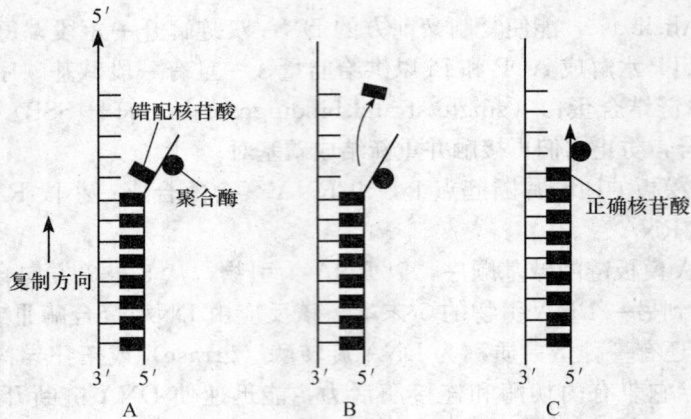

图 12-5　DNA 聚合酶的校对作用

图中最左侧的箭头指示复制的方向，黑色画球代表 DNA 聚合酶，
黑色长方块代表新生 DNA 链中的脱氧核苷酸单位

（4）复制时，DNA 的两条链都从 5′端向 3′端延伸。

（5）复制是半不连续的，前导链是连续合成的，后随链是不连续合成的，即先合成短的冈崎片段，再连接起来构成后随链。

（6）冈崎片段的合成始于一小段 RNA 引物，这一小段 RNA 以后被酶切除，缺口由脱氧核苷酸补满后再与新生 DNA 链连在一起。

（7）复制有多种机制，即使在同一个细胞里，也可因环境——酶的丰富程度、温度、营养条件等的不同而具有不同的起始机制和链延长的方式。

五、DNA 反转录作用（RNA 指导的 DNA 合成）

以 RNA 为模板通过酶的催化而合成 DNA 的过程称为反转录。1970 年 H. Temin 和 D. Baltimore 同时分别从致癌 RNA 病毒中发现 RNA 指导的 DNA 聚合酶（反转录酶）。由于它催化遗传信息从 RNA 流向 DNA，与转录作用正好相反，故称为反转录酶或逆转录酶；含有反转录酶的病毒称为反转录病毒。病毒感染细胞后通过反转录酶生成与病毒 RNA 碱基序列互补的 DNA，并整合到宿主细胞的染色体 DNA 中。

反转录酶的发现具有以下几个方面的意义：

（1）揭示了癌症发生的部分原因。设想所谓致癌基因是来源于致癌的 RNA 病毒，它整合在宿主的染色体上，平时不被转录，只有当被致癌因素诱发时才转录出病毒，是正常细胞转变为癌细胞。

（2）反转录酶在基因工程上的应用。目前，反转录酶已成为 DNA-RNA 相互关系，DNA 克隆等研究领域中重要的生物化学工具，利用反转录酶可能在实验室中制造与任何 RNA 模板（mRNA，tRNA 或 rRNA）的碱基序列互补的 DNA。这种 DNA 称为互补 DNA（cDNA）。如果某种真核细胞的天然基因不易分离，而其 mRNA 却容易获得时，就可以利用反转录酶制备合成该基因。如从未成熟的红细胞中分离血红蛋白肽链的 mRNA 比较容易，便可由血红蛋白一条多肽链的 mRNA 反转录生成相应的 cDNA，再加工成血红蛋白肽链的基因。

（3）在理论上这一发现发展了中心法则，RNA 分子上的遗传信息也可以传递到 DNA 分子上。

第二节 RNA 的生物合成

DNA 是大多数生物遗传信息的载体，DNA 通过忠实的复制使遗传信息代代相传，从而保持了物种的长期存在。但是 DNA 本身是不能体现种种不同性状的，必须将 DNA 上的遗传信息转换为 RNA 再从 RNA 转换为蛋白质，这些结构不同的蛋白质可表现出种种不同的生理生化功能。DNA 上的信息转换为 RNA 这一过程便称为转录，也就是以 DNA 为模板合成 RNA 的过程。

一、DNA 指导的 RNA 的合成—转录

细胞的各类 RNA（包括 mRNA、rRNA、tRNA）都是以 DNA 为模板，在 RNA 聚合酶的催化下合成的。转录产物有三类 RNA，即信使 RNA（mRNA）、核糖体 RNA（rRNA）和转移 RNA（tRNA）。转录为遗传信息表达的第一步，转录产生的 mRNA 随即把信息带到蛋白质合成系统。

（一）DNA 是合成 RNA 的模板

DNA 是合成 RNA 所需要的模板（图 12-6）。在生物体内，基因的两条链都是转录所需要的，但只有一条链直接作为转录的模板，另一条链可能对转录起调节作用。转录的模板 DNA 链称为模板链或有义链（sense strand），另一条链称为编码链或反义链（andtisense strand）。每个基因的有义链并不总是在染色体 DNA 的同一条链上，就是说，一条链上具有某些基因的有义链和另一些基因的反义链。复制过程和转录过程有一重要的不同点。复制时是以全部染色体 DNA 为模板产生完全相同的子代 DNA 分子，而转录时并不是全部 DNA 都必须转录。基因的转录是有选择的。根据细胞的实际需求不同，特定的基因或者"开放"或者"关闭"。

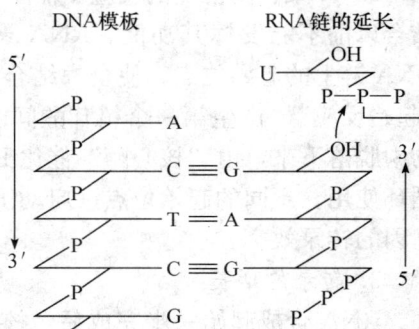

图 12-6 DNA 指导的 RNA 合成

（二）RNA 聚合酶

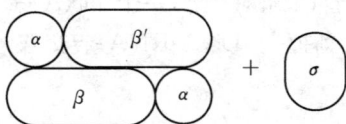

图 12-7 大肠杆菌聚合酶

RNA 聚合酶是催化 DNA 指导的 RNA 合成的酶，这个酶在模板 DNA 上将核糖核苷三磷酸（ATP、CTP、GTP、UTP）连接在一起。RNA 聚合酶是大的多亚基的蛋白质复合体，其中有 RNA 合成所必需的催化活性。如大肠杆菌的 RNA 聚合酶（图 12-7），它由 α、α、β、β′ 和 σ 等 5 个亚基所组成。如果 5 个亚基同时存在于一个酶分子上，这一酶便

称为全酶，如果只含 α、α、β、β′ 4 个亚基则称为核心酶。σ 亚基能在 DNA 模板上识别起始转录的特定位置，核心酶负责多核苷酸的合成。

RNA 聚合酶从单核苷酸的 3′-OH 上逐个加上核苷酸，与模板 DNA 反平行，从 5′-3′ 延长 RNA 链（图 12-6）。

真核细胞则有 4 种或 5 种 RNA 聚合酶，（如 RNA pol Ⅰ、RNApol Ⅱ、RNApol Ⅲ）每一种酶合成一种不同的 RNA。真核细胞 RNA 聚合酶的性质与大肠杆菌 RNA 聚合酶相似。大多数真核细胞中的 RNA 聚合酶可能有 Ⅰ、Ⅱ、Ⅲ 三类（表 12-1）。

表 12-1　真核细胞 RNA 聚合酶

RNA 聚合酶	所合成的 RNA（前体）	在细胞内的分布
Ⅰ	rRNA（5.8S，18S 和 28S）	核仁
Ⅱ	mRNA	核质
Ⅲ	tRNA 和 5S RNA	核质

（三）转录过程

1. 原核生物中的转录

转录过程包括起始、延长和终止三个阶段。不论在原核生物中还是在真核生物中，一个编码蛋白质的基因至少由三段 DNA 序列组成：转录起始区、编码区、转录终止区。起始区和终止区内分别包括有转录起始信号和转录终止信号。

2. 转录的起始

RNA 聚合酶催化的反应不需要引物，它与 DNA 模板上特定的起始位点（启动子）结合以前不能发挥其功能。RNA 聚合酶上的 σ 因子在 RNA 合成时能专门辨认模板 DNA 链上的起始位点，使全酶结合在起始位点上，形成全酶-DNA 复合物，从而开始"起始反应"（产生第一个核苷酸间磷酸二酯键），转录开始后，σ 因子立即从这个复合物中脱落下来，由"核心酶"催化 RNA 的合成，而 σ 因子以后又重新同核心酶结合而循环使用。不同的起始位点（启动子）的碱基序列不一样，起始位点可能决定一个特定基因的转录效率。

3. 转录的延长

RNA 合成起始一步完成后，核心酶沿 DNA 链滑动，随即第二，三……个核苷酸依次转录，RNA 链逐渐延长。当酶沿模板链移动时，DNA 解旋也随着一起进行，而原来分开的部位则重新形成完整的双螺旋。新合成的 RNA 链与模板 DNA 碱基配对的规律是 dT-A，dA-U，dG-C，dC-G。RNA 聚合酶合成新链从 5′ 端开始，第一个前体常是 GTP 或 ATP。它们的 5′-三磷酸基（用-P-P-P 表示）在转录过程中保存完整，并不断裂解产生 PPi。在转录过程中新 RNA 链与模板 DNA 链只暂时配对生成一个 DNA—RNA 杂交双链短片段，待 RNA 合成后此短片段就很快被"剥掉"。DNA-RNA 杂交双链的短暂存在有利于正确"阅读"模板 DNA 链的碱基序列。

4. 转录的终止

当转录到一定长度时，和 RNA 聚合酶结合的转录终止辅助因子帮助酶识别 DNA

模板上的终止信号（终止子）。并在 ρ 因子帮助下终止转录，释放转录产物——RNA。据估计，在 37℃ 时，大肠杆菌 RNA 链的延伸速度是 25～50 个核苷酸/s。

（四）真核细胞的转录作用

真核生物中的转录过程与原核生物中的转录过程虽然大体上相似，同样需要由 RNA 多聚酶、模板 DNA 的参与，但在下述几个方面与原核生物有明显的不同：

真核生物中不同的 RNA 由不同的 RNA 多聚酶催化。

真核生物 mRNA 的 5′端有帽结构。

从 DNA 模板转录出来的初级转录物，往往需要经过加工后再能成为具有功能的 RNA。

真核生物中的 mRNA 的寿命比原核生物的要长。

真核生物的转录过程要比原核生物复杂，因为遗传信息很多，必须经选择加工。真核生物的转录过程也包括起始、延伸、终止三个阶段。真核生物的转录作用主要在核内进行。现实按照 DNA 模板转录出初级转录物，然后在核内进行剪切、甲级化等加工步骤，形成具有功能的 RNA。

（五）转录产物的"加工"

各种 RNA 合成时，先以 DNA 为模板生成分子质量较大的 RNA 前体（初级转录产物），然后在专一酶的作用下切除多余的部分，或进行修饰，最后才生成有活性的"成熟" RNA。这个过程称为"转录后加工"，以和"转译后加工"相区别。转录时产生的 tRNA 和 rRNA 前体需要进一步加工，真核生物 mRNA 前体也进行加工，原核生物 mRNA 不需要加工，它在合成尚未完成时已开始在蛋白质生物合成系统中发挥作用。

二、RNA 复制（RNA 指导的 RNA 合成）

在以 DNA 为遗传物质的生物中，DNA 为合成 RNA 的模板。合成的 RNA 或是作为传递遗传信息的中间物（mRNA），或是作为特定功能的最终产物（tRNA、rRNA）。在以 RNA 作为遗传物质的病毒（噬菌体、动植物病毒）中，RNA 则是以 RNA 为模板合成的。合成的 RNA 一方面作为新生子代的遗传物质，一方面也作为合成蛋白质的模板。至于在翻译过程中所需要的 tRNA 和核糖体组成成分 rRNA 则多是利用宿主细胞的。

某些大肠杆菌噬菌体，如 f2，MS2，R17 和 Qβ 是 RNA 病毒。这些病毒染色体 RNA 的功能好似病毒蛋白质的 mRNA，它是在宿主细胞中由 RNA 指导的 RNA 聚合酶或称 RNA 复制酶催化合成的。RNA 复制酶不存在于正常大肠杆菌细胞中，感染时才由宿主产生。

从 Qβ 噬菌体感染的大肠杆菌细胞中提出的 RNA 复制酶用 4 种核苷三磷酸为底物，催化合成与病毒 RNA 碱基序列互补的 RNA 链，和 DNA 指导的 RNA 聚合酶所催化的反应类似。

$$NTP + (NMP)_n \xrightarrow{\text{病毒 RNA 模板}} \left(\ \ NMP\ \ \right)_{n+1} + PPi$$
$$\text{RNA} \qquad\qquad\qquad\qquad \text{延长的RNA}$$

新 RNA 链的合成方向是 $5' \rightarrow 3'$。RNA 复制酶需要专一的 RNA 模板，即 Qβ 复制酶只能用 Qβ 病毒的 RNA 为模板，它不能复制宿主细胞的 RNA。这可以解释在有多种类型 RNA 的宿主细胞中病毒 RNA 怎样复制。

R17 病毒染色体 RNA 的碱基序列和它所编码的 3 个病毒外壳蛋白的氨基酸排列序列都已确定。此成就揭示了遗传密码与多肽链合成起始和终止信号的重要信息。RNA 噬菌体已成为研究 mRNA 结构和功能关系的重要材料。

总之，RNA 病毒在繁殖方式上有两种类型。一种类型如 RNA 复制酶需要专一的 RNA 模板，即 Qβ 复制酶只能用 Qβ 病毒的 RNA 为模板，它不能复制宿主细胞的 RNA。病毒，是以病毒 RNA 直接作为复制的模板，另外一种类型如劳氏肉瘤病毒（一种逆转录病毒），是以病毒 RNA 为模板逆转录为 DNA，然后再从 DNA 转录出病毒 RNA。

第三节　蛋白质生物合成过程

蛋白质生物合成需要大约 300 种生物大分子，其中包括 tRNA、mRNA、核糖体、可溶性蛋白质因子等参加的协同作用。

DNA 的遗传信息，首先由 RNA 聚合酶转录到 mRNA 上，然后，mRNA 和核糖体结合构成蛋白质的合成场所。mRNA 为蛋白质合成的直接模板，同时各种氨基酸由特有的 tRNA 携带到核糖体上，在这里形成肽链并放出各种 tRNA。

tRNA 具有特有的反密码子，能和 mRNA 上的密码对应连接，则 mRNA 上的碱基排列顺序就转抄为多肽链上的氨基酸排列顺序，这后一过程称为翻译过程。在整个翻译过程中，需要两个酶，一个催化氨基酸的活化，即形成氨基酰-tRNA，称为氨基酰-tRNA 合成酶；另一个催化肽链的形成，称为氨基酰-tRNA 转肽酶。

一、遗传密码

mRNA 是指导蛋白质合成的直接模板，mRNA 分子中所存储的蛋白质合成信息，是由组成它的 4 种碱基（A、G、C 和 U）以特定顺序排列成 3 个一组的三联体代表的，即每 3 个碱基代表一个氨基酸信息。这种代表遗传信息的三联体称为密码子，或三联体密码子。因此 mRNA 分子的碱基顺序即表示了所合成蛋白质的氨基酸顺序。mRNA 的每一个密码子代表一个氨基酸。20 种基本氨基酸的三联体密码子都已经确定。此外，还有一个密码子是肽链合成起始密码子，3 个是终止密码子，以保证蛋白质合成能够有序地进行。

遗传密码的特点：

（1）遗传密码不重叠，无标点。

密码中每 3 个碱基代表一个氨基酸编码，碱基的读取不重复，2 个相邻的碱基之间无空位，好比文章无标点。要正确阅读密码必须从一个正确的起点开始，一个碱基不漏地连续的读下去，直到读到终止信号为止。中间若插入或删除一个或两个碱基，就会使这以后的读码发生错误，称为移码。由移码引起的突变称为移码突变。

（2）遗传密码的通用性。

大量事实证明，遗传密码在各类生物中是通用的。无论是微生物还是高等动、植物。但近年来发现这个结论并不完全适用于真核生物的线粒体遗传体系。

（3）密码子的简并性。

从密码字典中看出（表12-2），大多数氨基酸都有两种以上的不同密码子，称同义密码。一种氨基酸有多种同义密码的现象叫密码子的简并性，这对保持生物物种的遗传稳定性有重要的意义。当外界因素引起某个密码子突变为另一个同义密码子时，翻译的结果仍然是结构相同的蛋白质，生物性状也不会发生变化。

表 12-2　遗传密码字典

密码子第一位（5′末端碱基）	密码子第二位				密码子第三位（3′末端碱基）
	U	C	A	G	
U	苯丙	丝	酪	半胱	U C A G
	亮		终止	终止 色	
C	亮	脯	组	精	U C A G
			谷酰胺		
A	异亮	苏	天冬酰胺	丝	U C A G
	甲硫		赖	精	
G	缬	丙	天冬	甘	U C A G
			谷		

（4）密码子的摆动性。

当 tRNA 上的反密码子以碱基配对的方式去识别 mRNA 分子中的密码子时，密码子的一二位碱基与反密码子的配对是严格的，而密码子第三位碱基与反密码子的第一位碱基配对不那么严格，称摆动配对。

（5）起始密码子和终止密码子。

64 组密码子中有两种特殊的密码子，一种是 AUG，它既是蛋氨酸的密码子，又是肽链合成的起始密码子。另一种是终止密码子 UAG、UAA、UGA，这三组密码子不编码任何氨基酸，指示肽链合成的终止点。

二、氨酰 tRNA 的合成

蛋白质合成的过程大致分为三个基本阶段：起始、延伸和终止。表12-3 中列举大肠杆菌蛋白质合成体系中所需要的重要组分。

表 12-3　大肠杆菌蛋白质合成体系的重要组分

阶　段	组　分
1. 氨基酸的激活	氨基酸、tRNA、氨酰-tRNA 合成酶、ATP、Mg^{2+}
2. 启动阶段	甲酰甲硫氨酰-tRNA、mRNA 的起始密码（AUG）、30S 核糖体亚基、50S 核糖体亚基、起始因子（IF_1、IF_2、IF_3）GTP、Mg^{2+}
3. 肽链的延长	70S 核糖体、mRNA 的密码、氨酰-tRNA、延长因子（EFT_U、EFT_S、EFG）、GTP、Mg^{2+}
4. 肽链合成的终止	70S 核糖体、mRNA 的终止密码（UAA、UAG、UGA）、释放因子（R_1、R_2、R_3 和 RR）、GTP、Mg^{2+}、脱甲酰酶及氨肽酶
5. 肽链的折叠加工处理	在专一性酶及辅助因子的作用下，除去起始残基及信号肽、修饰末端残基、连接酶的辅基，通过连接磷酸基、甲基、羧基或糖基共价修饰特异氨基酸的侧链基团，在分子伴侣（或称监护蛋白）作用下折叠成有活性的构象

蛋白质在合成之前，首先要将氨基酸激活，即将特定的氨基酸于特定的 tRNA 结合，形成氨酰-tRNA 复合物。

每一种氨基酸均由特异的活化酶体系来激活，这种酶称为氨酰-tRNA 合成酶。反应分两步进行：

（1）氨基酸与 ATP 作用，形成氨基酰腺嘌呤核苷酸；

（2）氨基酰基转移到 tRNAde 3-OH 端上，形成氨基酰-tRNA。

$$\text{ATP} + {}^-\text{O}-\overset{\overset{\displaystyle O}{\|}}{\text{C}}-\underset{\underset{\displaystyle \overset{+}{N}H_3}{|}}{\text{C}}\text{H}-\text{R} \xrightarrow{\text{酶，}Mg^{2+}} \left[\text{A}-\text{O}-\overset{\overset{\displaystyle O}{\|}}{\underset{\underset{\displaystyle OH}{|}}{\text{P}}}-\text{O}-\overset{\overset{\displaystyle O}{\|}}{\text{C}}-\underset{\underset{\displaystyle NH_2}{|}}{\text{C}}\text{H}-\text{R} \right] + \text{PPi}$$

　腺苷三磷酸　　　　氨基酸　　　　　　与酶结合的氨酰-AMP　A:腺苷　　焦磷酸

$$\text{A}-\text{O}-\overset{\overset{\displaystyle O}{\|}}{\underset{\underset{\displaystyle OH}{|}}{\text{P}}}-\text{O}-\overset{\overset{\displaystyle O}{\|}}{\text{C}}-\underset{\underset{\displaystyle NH_2}{|}}{\text{C}}\text{H}-\text{R} + \text{tRNA} \xrightarrow{\text{酶}} \text{RCHCO-tRNA} + \text{AMP}$$
$$\underset{\displaystyle NH_2}{}$$

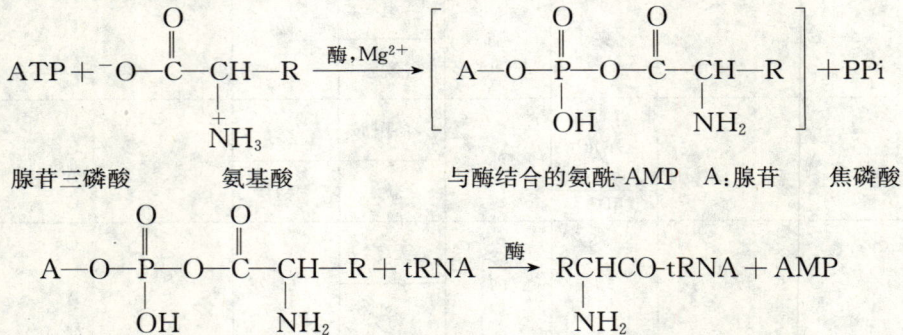

一般说来，各种氨基酸需要各自专一的合成酶来激活，原核细胞大体如此，真核细胞则每种氨基酸常有一个以上专一的合成酶。在合成酶的作用下，氨基酸被激活且转移到 tRNA 分子上。在此，tRNA 的重要功能还在于它能把对应与 mRNA 上的三联体密码的特定氨基酸转移到核糖体上。

氨酰 tRNA 合成酶具有严格的专一性，特别是对 tRNA 的选择表现高度的专一性，这就保证了转移过程的正确性。

三、肽链合成的起始

核糖体是如何起始合成多肽链的呢？这种反应首先在大肠杆菌中观察到，几乎半数大肠杆菌的蛋白质都是以不常见的氨基酸 Met 开始。事实上起始翻译的 tRNA 是一种 Met 残基被甲酰化了的特殊形式 Met-tRNA^{Met}

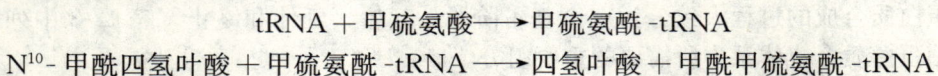

$$\text{tRNA} + \text{甲硫氨酸} \longrightarrow \text{甲硫氨酰 -tRNA}$$
$$\text{N}^{10}\text{- 甲酰四氢叶酸} + \text{甲硫氨酰 -tRNA} \longrightarrow \text{四氢叶酸} + \text{甲酰甲硫氨酰 -tRNA}$$

原核细胞中肽链合成的起始需要 30S 亚基、mRNA、N-甲酰甲硫氨酸-tRNA、起始因子（1F$_1$、IF$_2$ 及 IF$_3$）及 GTP 参加。起始复合物的形成分三个步骤进行（图 12-8）。

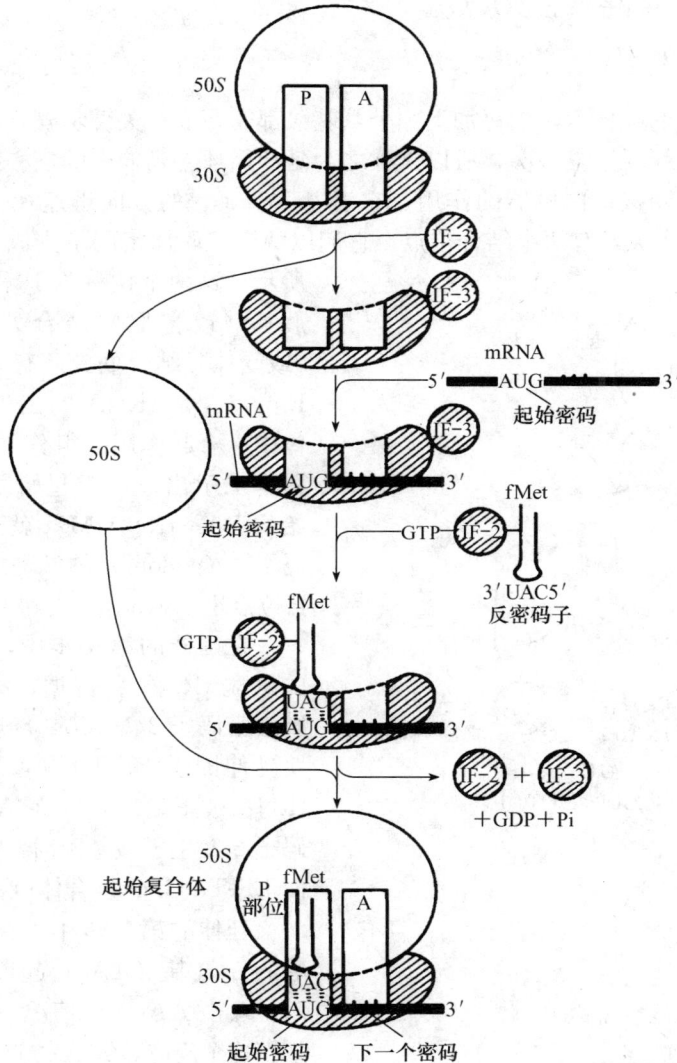

图 12-8　起始复合物的形成

P 表示肽基部位；A 表示氨酰基部位

第一步：30S 核糖体亚基与起始因子 3（IF）结合以阻止 30S 亚基与 50S 亚基重新结合。然后 305 亚基与 mRNA 结合成 30S·mRNA·IF$_3$ 复合体（组分比例 1：1：1），

第二步：30S·mRNA·IF$_3$ 与已经含有结合态 GTP 及甲酰甲硫氨酰-tRNA 的起始因子 IF$_1$ 和 IF$_2$ 结合形成更大的复合物。

第三步：此复合物释放出 IF$_3$ 后就与 50S 核糖体大亚基结合；与此同时与 IF$_2$ 结合的 GTP 水解生成 GDP 及磷酸释放出来，IF$_1$ 及 IF$_2$ 也离开此复合物，形成具有起始功能的核糖体称为起始复合物。

现在已经知道作为多肽链合成起始信号的密码子有 2 个，即甲硫氨酸的密码子（AUG）和缬氨酸的密码子（GUG）。

四、肽链的延长

蛋白质合成的延伸阶段中每加上一个氨基酸都需要 3 个关键步骤。因为每形成一个肽键，这些步骤就要重复一次，所以常称之为延伸循环。延伸中的核心问题是组装完毕的核糖体起着核糖核蛋白机器的作用，它沿着 $5' \rightarrow 3'$，的方向迅速在 mRNA 上移动。在这个复合体的中央，有两个结合位点，它们以两个三联体密码子排成一列，如图 12-9

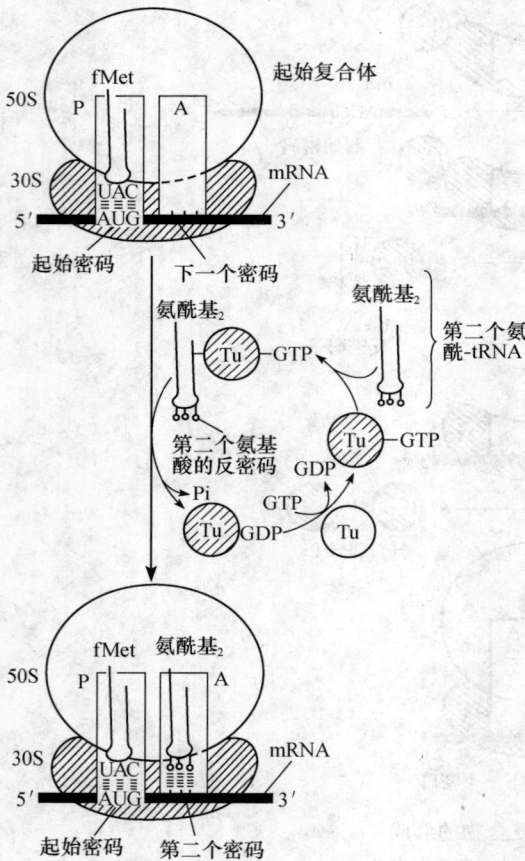

图 12-9　延长过程中的进位

所示。这两个位称为 P 和 A 位点，P 是肽基（或多肽）结合处，A 是氨酰基（或受体）结合处。还有第 3 个位点称为 E 位点，是 tRNA 的出口处，也是核糖体中一个起作用的组分，但为简明起见，图中未示出。形成起始复合体之后，起始的 fMet-tRNAfM't 就通过与 AUG 密码子 1（codon₁）的碱基配对而被安放在 P 位点上。

在延伸的第一步中，A 位点为适当的氨酰-tRNA 所占据，哪种氨酰-tRNA 则由密码子 2（codon₂）规定，此反应需要延伸因子 EF-Tu 和 GTP。一旦氨酰-tRNA 被正确地安放在 A 位点上并与密码子 2 发生了碱基配对，GTP 就被水解，而 EF-Tu-GDP 复合体就被释放。

延伸的第二步中，A 位点中的氨基酸的 α-氨基（AA₂）起着亲核物质的作用。攻击 AA₁（此情况下是 fMet）的羧基。这个反应导致 A 位点中二肽基-tRNA 的形成和 P 位点中脱 tRNA^fMet 的形成（图 12-10）。延伸的最后一步是核糖体沿 3′ 的方向移动一个密码子的距离。这一步需要另一个 GTP 的水解，其结果是 A 位点移到密码子 3（codon₃）的位置上。二肽基-tRNA 仍然结合在 mRNA 的密码子 2（codon₂）上，但因为核糖体已经移位，这 tRNA 现在就在 P 位点上了。这一移位过程也就给下一个氨酰-tRNA 创造了一个空的 A 位点，每向延伸中的肽链上加一个氨基酸，这一系列的 3 个步骤就重复一次。以后肽链上每增加一个氨基酸残基，就按：

（1）进位（新的氨酰-tRNA 进入 A 部位）。

（2）转肽（形成新的肽键）。

（3）脱落（转肽后，P 部位上的 tRNA 脱落）。

（4）移位（核糖体移动的同时，原处于 A 部位带有肽链的 tRNA 随即转到 P 部位），这四个步骤一再重复，直至肽链增长到必需的长度（图 12-9～图 12-11）。

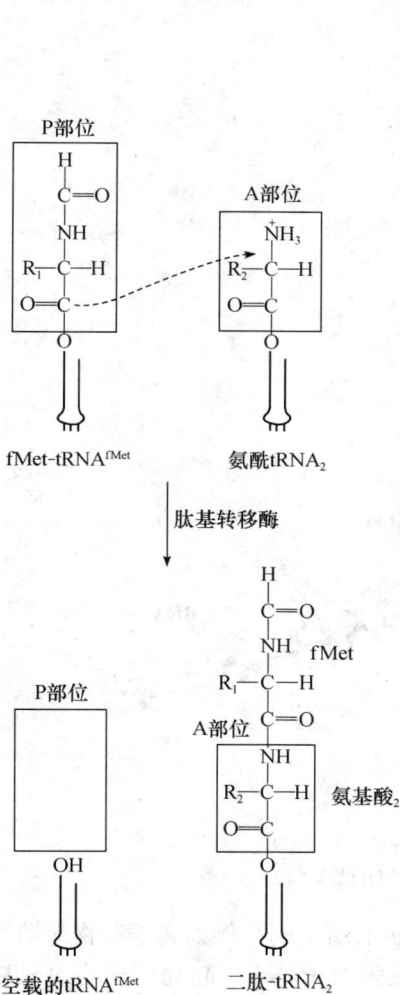

图 12-10　延长过程中的肽链生成

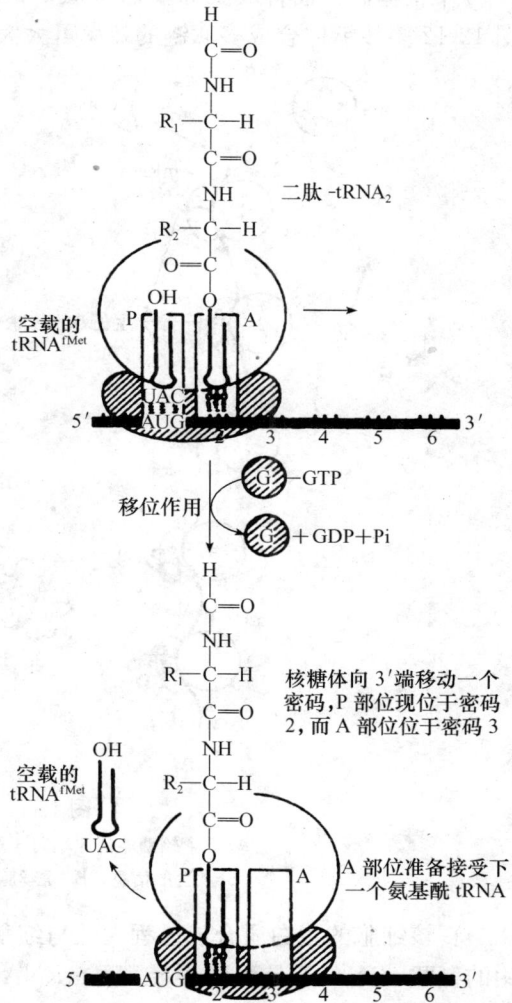

图 12-11　延长过程中的移位

五、肽链合成的终止和释放

终止反应包含两个事件：

（1）在 mRNA 上识别终止密码子。

（2）水解所合成肽链与 tRNA 间的酯键而释放出新生的蛋白质。终止密码子为 UAA、UAG 及 UGA。tRNA 残基从 P 部位上脱落还有一个最后因子 RR 参加。一旦 tRNA 脱落，则 70S 核糖体也从 mRNA 上脱落，解离为 30S 及 50S 亚基并立即投入下一轮核糖体循环，以合成另一新的蛋白质分子。

图 12-12 中所表示的是单个核糖体上的情况，实际上生物体内合成蛋白质常是多个核糖体在同一时间内与同一 mRNA 相连，每一个核糖体按上述步骤依次在 mRNA 的模板指导下，各自合成一条肽链。例如血红蛋白多肽链的 mRNA 分子较小，只能附着 5～6 个核糖体，而合成肌球蛋白多肽链的 mRNA 较大，可以附着 50～60 个核糖体，图 12-12 多核糖体合成多肽链的效率可大大提高。

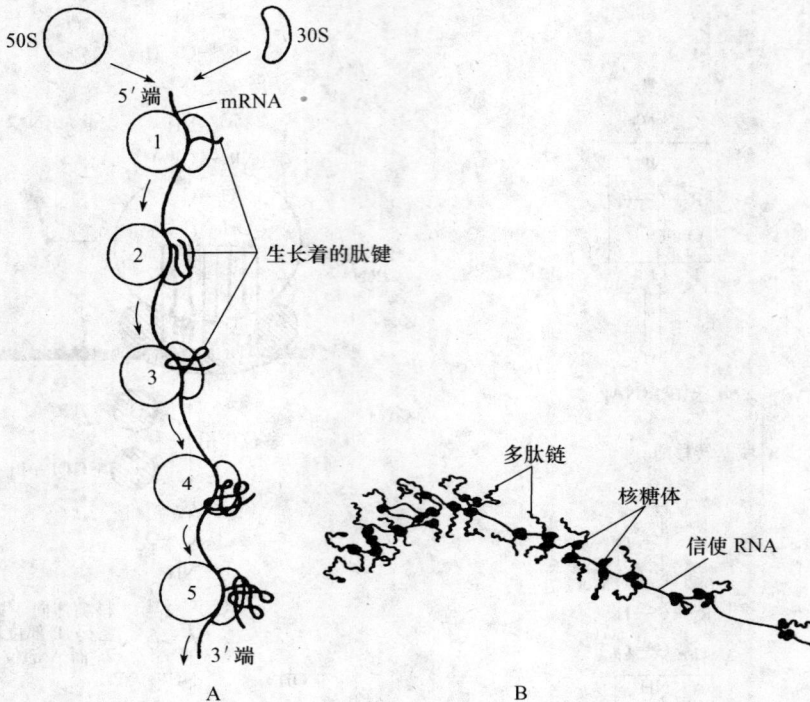

图 12-12　多核糖体
A. 5 个核糖体从 5′端向 3′端移动，同时翻译一个 mRNA
分子上的信息；B. 蚕丝腺多核糖体电镜照片的示意图

真核细胞的蛋白质合成过程大致与细菌相同，但也有所不同，例如高等动物起动作用的氨酰-tRNA 不是甲酰甲硫氨酰-tRNA，而是甲硫氨酰-tRNA。起动因子有 9～10 种。肽链延长因子也不同。终止因子只有 1 个。

六、肽链合成后的"加工处理"

由信使核糖核酸翻译出来的多肽链，多数还不是有功能的蛋白质，新生蛋白质一般要经各种方式的"加工处理"才能转变成为有一定生物学功能的蛋白质。

（1）N 端甲酰甲硫氨酸的切除，这是一个肽链合成起始的氨基酸，必须在肽链折叠成一定空间结构之前去除。

（2）某些蛋白质在合成过程中，在氨基末端额外生成 15～30 个氨基酸组成的信号序列（信号肽），用以引导合成的蛋白质前往细胞的固定部位。最后，这些信号序列将在特异的肽酶作用下除去。

（3）某些蛋白质的一些丝氨酸、苏氨酸及酪氨酸残基中的羟基，可通过酶促磷酸化作用，生成磷酸丝氨酸、磷酸苏氨酸及磷酸酪氨酸残基。例如有些酶的活化需要酶分子中的特异丝氨酸羟基磷酸化。正常细胞转化成癌细胞，某些蛋白质中特异的酪氨酸的磷酸化可能是重要的步骤。

（4）信使 RNA 中没有胱氨酸的密码子，二硫键是通过 2 个半胱氨酸的硫氢基氧化形成的。

（5）某些氨基酸的侧链要经过专一性的改变，如胶原中的脯氨酸和赖氨酸的羟基化，又如在翻译完成后糖蛋白的天冬氨酸、丝氨酸和苏氨酸的侧链基团才与糖基相结合。

（6）有些新生的多肽链要在专一性的蛋白酶水解去掉部分肽段后，才能转变成有功能的蛋白质。如前胰岛素转变为胰岛素，前胶原转变为胶原，蛋白酶原转变为蛋白酶等。有些动物病毒的信使 RNA 则先翻译成很长的多肽链，然后再水解成许多个有功能的蛋白质分子。最近积累的许多证据证明：大量哺乳动物蛋白质在细胞中生成时首先合成较大的前体，再从细胞运出。

（7）由多个肽链及其他辅助成分（如脂类、核酸、血红素等）构成的蛋白质，在多肽链合成后，还需要经过多肽链之间以及多肽链与辅助成分之间的缔合过程，才能形成有活性的蛋白质。

（8）新生多肽链折叠成有活性的构象，自 20 世纪 60 年代研究核糖核酸酶变性与复性以来，人们一直认为蛋白质一级结构决定其高级结构，即多肽链氨基酸序列包含着高级结构的全部信息。然而这一原则只给出了蛋白质折叠的热力学上的可能性，至于多肽链合成后折叠过程和折叠途径仍然是个谜。近年来大量实验及理论的研究发现，生物体内蛋白质多肽链的准确折叠和组装过程需要某些辅助蛋白质参与。这种辅助蛋白质称为分子伴侣或监护蛋白。其功能是与新生多肽链或部分折叠的蛋白质结合，加速折叠或组装成天然构象的进程。分子伴侣一般与没折叠或部分折叠的多肽链的疏水表面结合，诱发多肽链折叠成正确构象，防止多肽链间相互聚合或错误折叠。

本章小结

核酸和蛋白质在遗传信息的保存、传递、表达中起重要的作用，被称为信息生物分子。

核酸的生物合成都是在原有的多核苷酸链的指导下进行的，起指导作用的链称为合成新链的模板。以 DNA 为模板时，合成 DNA 称作 DNA 复制，合成 RNA 称作转录。以 RNA 为模板合成 DNA 称作反转录，合成 RNA 称作 RNA 复制。

DNA 的复制是半保留复制，在复制时，亲代 DNA 分子的两条链彼此分开，在分离的每条单链上，按碱基互补原则，合成新的 DNA 链，这样，在子代 DNA 分子中，一条链来自于亲代，一条链是新合成的。半保留复制保证了遗传信息的准确传递。DNA 的复制是双向复制，由 DNA 聚合酶与 DNA 连接酶催化。两条链合成的方向均为 $5'$-$3'$。

遗传信息通过转录由 DNA 传递给 RNA。通常 DNA 分子的两条链中只有一条链被转录。RNA 的转录过程分为：转录的起始，链的延长和终止。转录产物通常需要一系列的加工过程才能成为成熟的 mRNA、rRNA、tRNA。

　　蛋白质的生物合成在细胞代谢中具有及重要的地位。细胞内蛋白质合成的主要途径是翻译途径，即将核酸中核苷酸的排列顺序变成蛋白质中氨基酸的排列顺序。细胞内蛋白质的合成部位是核糖体，它是由 rRNA 与蛋白质构成。若干个核糖体与一条 mRNA 链聚合成串，就成为多聚合糖体。多聚合糖体具有同时合成几条肽链的功能。

　　mRNA 是蛋白质合成的模板。mRNA 分子的核苷酸序列由 DNA 决定，而蛋白质肽链中氨基酸排列顺序则由 mRNA 的核苷酸排列顺序决定。每个氨基酸在肽链中的位置由 mRNA 上三个按一定顺序排列的核苷酸决定。这种三核苷酸的编码单位称为密码子，对应于 20 中常见的氨基酸，有 61 组密码子存在。

　　蛋白质的合成分为四个阶段：

　　(1) 氨酰-tRNA 的合成。

　　(2) 肽链合成的起始。

　　(3) 肽链的延伸。

　　(4) 肽链合成的终止及释放。新合成的肽链经过加工才能成为具有生物功能的蛋白质。

习题

　　(1) 什么是 DNA 半保留复制？有何实验依据？

　　(2) 在 DNA 复制过成中，哪一种酶起着关键性的作用？为什么？

　　(3) 比较 DNA 复制、RNA 转录过程的异同

　　(4) 反转录酶的发现有何理论意义和实践意义。

　　(5) 简述多肽链合成的起始、延长和终止过程。

扩展阅读

DNA 损伤与修复

　　DNA 存储着生物体赖以生存和繁衍的遗传信息，因此维护 DNA 分子的完整性对细胞至关重要。外界环境和生物体内部的因素都经常会导致 DNA 分子的损伤或改变，而且与 RNA 及蛋白质可以在胞内大量合成不同，一般在一个原核细胞中只有一份 DNA，在真核二倍体细胞中相同的 DNA 也只有一对，如果 DNA 的损伤或遗传信息的改变不能更正，对体细胞就可能影响其功能或生存，对生殖细胞则可能影响到后代。所以在进化过程中生物细胞所获得的修复 DNA 损伤的能力就显得十分重要，也是生物能保持遗传稳定性之所在。在细胞中能进行修复的生物大分子也就只有 DNA，反映了 DNA 对生命的重要性。另一方面，在生物进化中突变又是与遗传相

对立统一而普遍存在的现象，DNA 分子的变化并不是全部都能被修复成原样的，正因为如此生物才会有变异、有进化。

一、DNA 的损伤

（一）DNA 损伤的原因

1. DNA 分子的自发性损伤

（1）DNA 复制中的错误。以 DNA 为模板按碱基配对进行 DNA 复制是一个严格而精确的事件，但也不是完全不发生错误的。碱基配对的错误频率约为 $10^{-2} \sim 10^{-1}$，在 DNA 复制酶的作用下碱基错误配对频率降到约 $10^{-6} \sim 10^{-5}$，复制过程中如有错误的核苷酸参入，DNA 聚合酶还会暂停催化作用，以其 $3', 5'$ 外切核酸酶的活性切除错误接上的核苷酸，然后再继续正确的复制，这种校正作用广泛存在于原核和真核的 DNA 聚合酶中，可以说是对 DNA 复制错误的修复形式，从而保证了复制的准确性。但校正后的错配率仍约在 10^{-10} 左右，即每复制 10^{10} 个核苷酸大概会有一个碱基的错误。

（2）DNA 的自发性化学变化。生物体内 DNA 分子可以由于各种原因发生变化，至少有以下类型：

① 碱基的异构互变。DNA 中的 4 种碱基各自的异构体间都可以自发地相互变化（例如烯醇式与酮式碱基间的互变），这种变化就会使碱基配对间的氢键改变，可使腺嘌呤能配上胞嘧啶、胸腺嘧啶能配上鸟嘌呤等，如果这些配对发生在 DNA 复制时，就会造成子代 DNA 序列与亲代 DNA 不同的错误性损伤，如图 12-13 所示，腺嘌呤的稀有互变异体与胞嘧啶 a，或胸腺嘧啶的稀有互变异构体与鸟嘌呤 b 的氢链形成导致下一世代中 G-C 配对取代 A-T 配对。

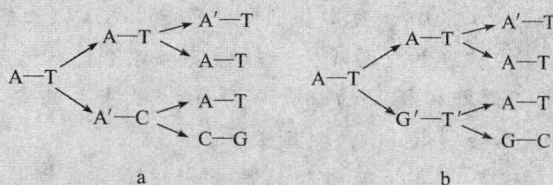

图 12-13　G-C 配对

② 碱基的脱氨基作用。碱基的环外氨基有时会自发脱落，从而胞嘧啶会变成尿嘧啶、腺嘌呤会变成次黄嘌呤（H）、鸟嘌呤会变成黄嘌呤（X）等，遇到复制时，U 与 A 配对、H 和 X 都与 C 配对就会导致子代 DNA 序列的错误变化。胞嘧啶自发脱氨基的频率约为每个细胞每天 190 个。

③ 脱嘌呤与脱嘧啶。自发的水解可使嘌呤和嘧啶从 DNA 链的核糖磷酸骨架上脱落下来。一个哺乳类细胞在 37℃ 条件下，20h 内 DNA 链上自发脱落的嘌呤约 1000 个、嘧啶约 500 个；估计一个长寿命不复制繁殖的哺乳类细胞（如神经细胞）在整个生活期间自发脱嘌呤数约为 10^8 个，约占细胞 DNA 中总嘌呤数的 3%。

④ 碱基修饰与链断裂。细胞呼吸的副产物 O_2、H_2O_2 等会造成 DNA 损伤，能产生胸腺嘧啶乙二醇、羟甲基尿嘧啶等碱基修饰物，还可能引起 DNA 单链断裂等损伤，每个哺乳类细胞每天 DNA 单链断裂发生的频率约为 5 万次。此外，体内还可以发生 DNA 的甲基化，结构的其他变化等，这些损伤的积累可能导致老化。

由此可见，如果细胞不具备高效率的修复系统，生物的突变率将大大提高。

2. 物理因素引起的 DNA 损伤

射线引起的 DNA 损伤是最引人注意的。

(1) 紫外线引起的 DNA 损伤。DNA 分子损伤最早就是从研究紫外线的效应开始的。当 DNA 受到最易被其吸收波长（~260nm）的紫外线照射时，主要是使同一条 DNA 链上相邻的嘧啶以共价键连成二聚体，相邻的两个 T、或两个 C、或 C 与 T 间都可以环丁基环（cyclobutane ring）连成二聚体，其中最容易形成的是 TT 二聚体，如图 12-14 所示。

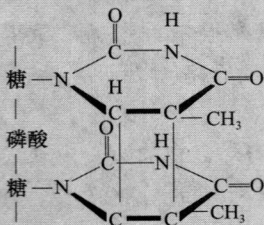

图 12-14　胸腺嘧啶二聚体的形成

人皮肤因受紫外线照射而形成二聚体的频率可达每小时 $5×10^4$ 个细胞，但只局限在皮肤中，因为紫外线不能穿透皮肤。但微生物受紫外线照射后，就会影响其生存。紫外线照射还能引起 DNA 链断裂等损伤。

(2) 电离辐射引起的 DNA 损伤。电离辐射损伤 DNA 有直接和间接的效应，直接效应是 DNA 直接吸收射线能量而遭损伤，间接效应是指 DNA 周围其他分子（主要是水分子）吸收射线能量产生具有很高反应活性的自由基进而损伤 DNA。电离辐射可导致 DNA 分子的多种变化：

① 碱基变化。主要是由 OH—自由基引起，包括 DNA 链上的碱基氧化修饰、过氧化物的形成、碱基环的破坏和脱落等。一般嘧啶比嘌呤更敏感。

② 脱氧核糖变化。脱氧核糖上的每个碳原子和羟基上的氢都能与—OH 反应，导致脱氧核糖分解，最后会引起 DNA 链断裂。

③ DNA 链断裂。这是电离辐射引起的严重损伤事件，断链数随照射剂量而增加。射线的直接和间接作用都可能使脱氧核糖破坏或磷酸二酯键断开而致 DNA 链断裂。DNA 双链中一条链断裂称单链断裂（single strand broken），DNA 双链在同一处或相近处断裂称为双链断裂（doublestrand broken）。虽然单链断裂发生频率为双链断裂的 10～20 倍，但还比较容易修复；对单倍体细胞来说（如细菌）一次双链断裂就是致死事件。

④ 交联。包括 DNA 链交联和 DNA-蛋白质交联。同一条 DNA 链上或两条 DNA 链上的碱基间可以共价键结合，DNA 与蛋白质之间也会以共价键相连，组蛋白、染色质中的非组蛋白、调控蛋白、与复制和转录有关的酶都会与 DNA 共价键连接。这些交联是细胞受电离辐射后在显微镜下看到的染色体畸变的分子基础，会影响细胞的功能和 DNA 复制。

3. 化学因素引起的DNA损伤

化学因素对DNA损伤的认识最早来自对化学武器杀伤力的研究，以后对癌症化疗、化学致癌作用的研究使人们更重视突变剂或致癌剂对DNA的作用。

(1) 烷化剂对DNA的损伤。烷化剂是一类亲电子的化合物，很容易与生物体中大分子的亲核位点起反应。烷化剂的作用可使DNA发生各种类型的损伤：

① 碱基烷基化。烷化剂很容易将烷基加到DNA链中嘌呤或嘧啶的N或O上，其中鸟嘌呤的N_7和腺嘌呤的N_3最容易受攻击，烷基化的嘌呤碱基配对会发生变化，例如鸟嘌呤N_7被烷化后就不再与胞嘧啶配对，而改与胸腺嘧啶配对，结果会使G-C转变成A-T。

② 碱基脱落。烷化鸟嘌呤的糖苷键不稳定，容易脱落形成DNA上无碱基的位点，复制时可以插入任何核苷酸，造成序列的改变。

③ 断链。DNA链的磷酸二酯键上的氧也容易被烷化，结果形成不稳定的磷酸三酯键，易在糖与磷酸间发生水解，使DNA链断裂。

④ 交联。烷化剂有两类，一类是单功能基烷化剂，如甲基甲烷碘酸，只能使一个位点烷基化；另一类是以双功能基烷化剂，化学武器如氮芥、硫芥等（图12-15），一些抗癌药物如环磷酰胺、苯丁酸氮芥、丝裂霉素等，某些致癌物如二乙基亚硝胺等均属此类，其两个功能基可同时使两处烷基化，结果就能造成DNA链内、DNA链间，以及DNA与蛋白质间的交联。

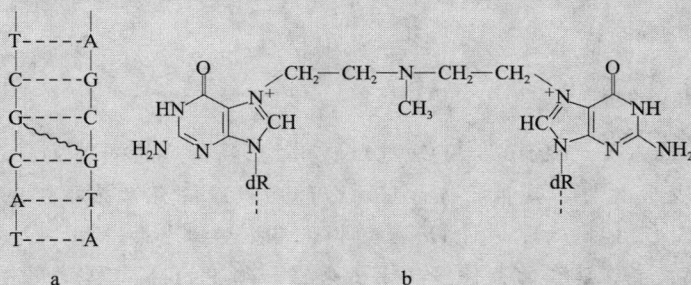

图12-15　氮芥引起DNA分子两条链在鸟嘌呤上的交联
a. 交联附近的总图；b. 交联部分结构图

(2) 碱基类似物、修饰剂对DNA的损伤。人工可以合成一些碱基类似物用作促突变剂或抗癌药物，如5-溴尿嘧啶（5-BU）、5-氟尿嘧啶（5-FU）、2-氨基腺嘌呤（2-AP）等。由于其结构与正常的碱基相似，进入细胞能替代正常的碱基参入到DNA链中而干扰DNA复制合成，例如5-BU结构与胸腺嘧啶十分相近，在酮式结构时与A配对，却又更容易成为烯醇式结构与G配对，在DNA复制时导致A—T转换为G—C。

还有一些人工合成或环境中存在的化学物质能专一修饰DNA链上的碱基或通过影响DNA复制而改变碱基序列，例如亚硝酸盐能使C脱氨变成U，经过复制就可使DNA上的G棧变成A裙对；羟胺能使T变成C，结果是A裙改成C栝对；黄曲霉素B也能专一攻击DNA上的碱基导致序列的变化，这些都是诱发突变的化学物质或致癌剂。

（二）DNA 损伤的后果

上述损伤会最终导致 DNA 分子结构的变化，这种 DNA 分子水平上的突变（mutation）是整体遗传突变的基础。

归纳 DNA 损伤后分子最终的改变，有以下几种类型：

（1）点突变（point mutation），是指 DNA 上单一碱基的变异。嘌呤替代嘌呤（A 与 G 之间的相互替代）、嘧啶替代嘧啶（C 与 T 之间的替代）称为转换（transition）；嘌呤变嘧啶或嘧啶变嘌呤则称为颠换（transvertion）。

（2）缺失（deletion），是指 DNA 链上一个或一段核苷酸的消失。

（3）插入（insertion），是指一个或一段核苷酸插入到 DNA 链中。在为蛋白质编码的序列中如缺失及插入的核苷酸数不是 3 的整倍数，则发生读框移动（reading frame shift），使其后所译读的氨基酸序列全部混乱，称为移码突变（frame shift mutaion）。

（4）倒位或转位（transposition），是指 DNA 链重组使其中一段核苷酸链方向倒置、或从一处迁移到另一处。

（5）双链断裂。已如前述，对单倍体细胞一个双链断裂就是致死性事件。

突变或诱变对生物可能产生 4 种后果：①致死性；②丧失某些功能；③改变基因型（genotype）而不改变表现型（phenotype）；④发生了有利于物种生存的结果，使生物进化。

二、DNA 修复

DNA 修复（DNA repairing）是细胞对 DNA 受损伤后的一种反应，这种反应可能使 DNA 结构恢复原样，重新能执行它原来的功能；但有时并非能完全消除 DNA 的损伤，只是使细胞能够耐受这种 DNA 的损伤而能继续生存。也许这未能完全修复而存留下来的损伤会在适合的条件下显示出来（如细胞的癌变等），但如果细胞不具备这修复功能，就无法对付经常发生的 DNA 损伤事件，就不能生存。所以研究 DNA 修复也是探索生命的一个重要方面，而且与军事医学、肿瘤学等密切相关。对不同的 DNA 损伤，细胞可以有不同的修复反应。

（一）回复修复

这是较简单的修复方式，一般都能将 DNA 修复到原样。

1. 光修复

这是最早发现的 DNA 修复方式。修复是由细菌中的 DNA 光解酶（photolyase）完成，此酶能特异性识别紫外线造成的核酸链上相邻嘧啶共价结合的二聚体，并与其结合，这步反应不需要光；结合后如受 300～600nm 波长的光照射，则此酶就被激活，将二聚体分解为 2 个正常的嘧啶单体，然后酶从 DNA 链上释放，DNA 恢复正常结构。后来发现类似的修复酶广泛存在于动植物中，人体细胞中也有发现。

2. 单链断裂的重接

DNA 单链断裂是常见的损伤，其中一部分可仅由 DNA 连接酶（ligase）参与而完全修复。此酶在各类生物各种细胞中都普遍存在，修复反应容易进行。但双链断裂几乎不能修复。

3. 碱基的直接插入

DNA 链上嘌呤的脱落造成无嘌呤位点，能被 DNA 嘌呤插入酶（insertase）识别结合，在 K^+ 存在的条件下，催化游离嘌呤或脱氧嘌呤核苷插入生成糖苷键，且催化插入的碱基有高度专一性、与另一条链上的碱基严格配对，使 DNA 完全恢复。

4. 烷基的转移

在细胞中发现有一种 O-6-甲基鸟嘌呤甲基转移酶，能直接将甲基从 DNA 链鸟嘌呤 O6 位上的甲基移到蛋白质的半胱氨酸残基上而修复损伤的 DNA。这个酶的修复能力并不很强，但在低剂量烷化剂作用下能诱导出此酶的修复活性。

（二）切除修复（excision repair）

切除修复是修复 DNA 损伤最为普遍的方式，对多种 DNA 损伤包括碱基脱落形成的无碱基位点、嘧啶二聚体、碱基烷基化、单链断裂等都能起修复作用。这种修复方式普遍存在于各种生物细胞中，也是人体细胞主要的 DNA 修复机制。修复过程需要多种酶的一系列作用，基本步骤如图 12-16 所示，①首先由核酸酶识别 DNA 的损伤位点，在损伤部位的 5′ 侧切开磷酸二酯键。不同的 DNA 损伤需要不同的特殊核酸内切酶来识别和切割。②由 5′→3′ 核酸外切酶将有损伤的 DNA 片段切除。③在 DNA 聚合酶的催化下，以完整的互补链为模板，按 5′→3′ 方向 DNA 链，填补已切除的空隙。④由 DNA 连接酶将新合成的 DNA 片段与原来的 DNA 断链连接起来。这样完成的修复能使 DNA 恢复原来的结构。

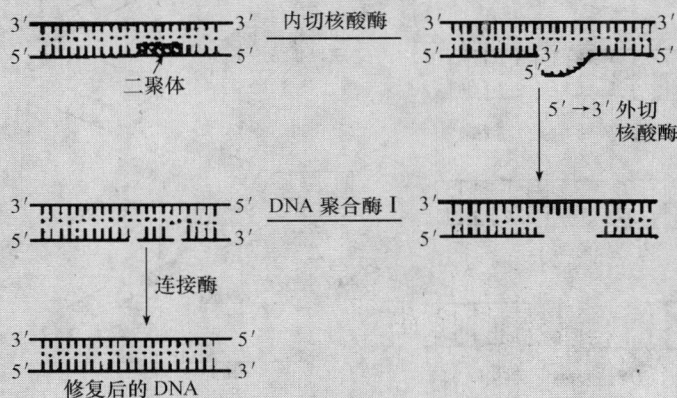

图 12-16　损伤 DNA 的切除修复

（三）重组修复（recombinational repair）

上述的切除修复在切除损伤段落后是以原来正确的互补链为模板来合成新的段

落而做到修复的。但在某些情况下没有互补链可以直接利用，例如在 DNA 复制进行时发生 DNA 损伤，此时 DNA 两条链已经分开，其修复可用图 12-17 所示的 DNA 重组方式：①受损伤的 DNA 链复制时，产生的子代 DNA 在损伤的对应部位出现缺口。② 另一条母链 DNA 与有缺口的子链 DNA 进行重组交换，将母链 DNA 上相应的片段填补子链缺口处，而母链 DNA 出现缺口。③以另一条子链 DNA 为模板，经 DNA 聚合酶催化合成一新 DNA 片段填补母链 DNA 的缺口，最后由 DNA 连接酶连接，完成修补。

　　重组修复不能完全去除损伤，损伤的 DNA 段落仍然保留在亲代 DNA 链上，只是重组修复后合成的 DNA 分子是不带有损伤的，但经多次复制后，损伤就被"冲淡"了，在子代细胞中只有一个细胞是带有损伤 DNA 的。

（四）SOS 修复

　　"SOS"是国际上通用的紧急呼救信号。SOS 修复是指 DNA 受到严重损伤、细胞处于危急状态时所诱导的一种 DNA 修复方式，修复结果只是能维持基因组的完整性，提高细胞的生成率，但留下的错误较多，故又称为错误倾向修复（errorprone repair），使细胞有较高的突变率。

　　如图 12-17 所示，当 DNA 两条链的损伤邻近时，损伤不能被切除修复或重组修

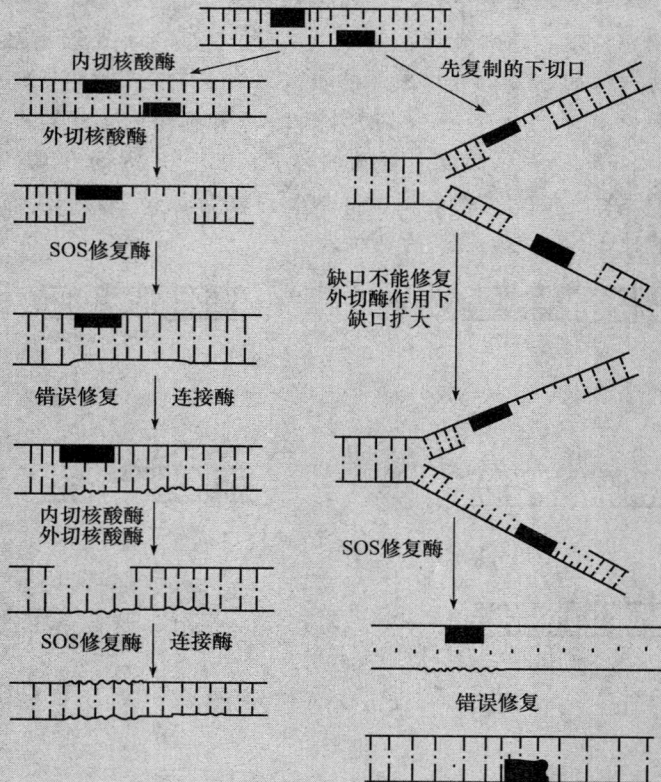

图 12-17　SOS 修复

复，这时在核酸内切酶、外切酶的作用下造成损伤处的 DNA 链空缺，再由损伤诱导产生的一整套的特殊 DNA 聚合酶垒 OS 修复酶类，催化空缺部位 DNA 的合成，这时补上去的核苷酸几乎是随机的，但仍然保持了 DNA 双链的完整性，使细胞得以生存。但这种修复带给细胞很高的突变率。

应该说目前对真核细胞的 DNA 修复的反应类型、参与修复的酶类和修复机制了解还不多，但 DNA 损伤修复与突变、寿命、衰老、肿瘤发生、辐射效应、某些毒物的作用都有密切的关系。人类遗传性疾病已发现 4000 多种，其中不少与 DNA 修复缺陷有关，这些 DNA 修复缺陷的细胞表现出对辐射和致癌剂的敏感性增加。例如着色性干皮病（xeroderma pigmentosum）就是第一个发现的 DNA 修复缺陷性遗传病，患者皮肤和眼睛对太阳光特别是紫外线十分敏感，身体暴光部位的皮肤干燥脱屑、色素沉着、容易发生溃疡、皮肤癌发病率高，常伴有神经系统障碍，智力低下等，病人的细胞对嘧啶二聚体和烷基化的清除能力降低。

第十三章 生物化学实验

一、基础实验篇

实验一 3,5-二硝基水杨酸比色法测定糖的含量

一、实验目的

(1) 掌握 3,5-二硝基水杨酸比色法测定还原糖的基本原理及方法;

(2) 学习分光光度计的使用。

二、实验原理

还原糖的测定是糖定量测定的基本方法。还原糖是指含有自由醛基或酮基的糖类,单糖都是还原糖,双糖和多糖不一定是还原糖。

还原糖在碱性条件下加热被氧化成糖酸及其他产物,3,5-二硝基水杨酸则被还原为棕红色的 3-氨基-5-硝基水杨酸。

在一定范围内,还原糖的量与棕红色物质颜色的深浅成正比关系,利用分光光度计,在 540nm 波长下测定光密度值,查对标准曲线并计算,便可求出样品中还原糖的含量。

三、实验材料、仪器和试剂

1. 实验材料

小麦面粉,精密 pH 试纸。

2. 仪器

具塞玻璃刻度试管:20mL×9,离心管,烧杯:100mL×1,三角瓶:100mL×1,容量瓶:100mL×1,刻度吸管:1mL×1、2mL×2、10mL×1,恒温水浴锅,沸水浴锅,离心机,扭力天平,分光光度计。

3. 试剂

1mg/mL 葡萄糖标准液,3,5-二硝基水杨酸(DNS)试剂。

四、实验步骤

1. 制作葡萄糖标准曲线

取 7 支具有 25mL 刻度的血糖管或刻度试管编号,按表 13-1 顺序加入各种试剂,

混匀后置于沸水浴 5min，取出冷却至室温，再以蒸馏水定容至 25mL 刻度处，用橡皮塞塞住管口，颠倒混匀（如用大试管，则向每管加入 21.5mL 蒸馏水，混匀）。在 540nm 波长下，用 0 号管调零，分别读取 1～6 号管的消光值。以消光值为纵坐标，葡萄糖（mg）为横坐标，绘制标准曲线，求得直线方程。

表 13-1　葡萄糖标准曲线制作

管　号	0	1	2	3	4	5	6
葡萄糖标准液/mL	0	0.2	0.4	0.6	0.8	1.0	1.2
蒸馏水/mL	2.0	1.8	1.6	1.4	1.2	1.0	0.8
3,5-二硝基水杨酸试剂/mL	1.5	1.5	1.5	1.5	1.5	1.5	1.5
相当葡萄糖量/mg	0	0.2	0.4	0.6	0.8	1.0	1.2
OD_{540nm}							

2. 样品中还原糖的测定

1）样品中还原糖的提取

准确称取 1.00g 食用面粉，放入 100mL 烧杯中，先用少量蒸馏水调成糊状，然后加入 50mL 蒸馏水，搅匀，于沸水浴中提取 20min，使还原糖浸出。冷却后定容至 100mL，再将浸出液（含沉淀）转移到离心管中，于 3000r/min 下离心 10min，取上清液作为还原糖待测液。

2）样品中还原糖含量的测定

取 3 支 25mL 具塞刻度试管，编号，按表 13-2 所示分别加入待测液和显色剂，空白调零可使用制作标准曲线的 0 号管。加热、定容和比色等其余操作与制作标准曲线相同。

表 13-2　还原糖的测定

管　号	还原糖待测液/mL	蒸馏水/mL	3,5-二硝基水杨酸试剂/mL	OD_{540nm}
0	0	1.5	1.5	
7	0.5	1.5	1.5	
8	0.5	1.5	1.5	

五、结果与计算

计算出 7、8 号管光密度值的平均值，在标准曲线上分别查出相应的还原糖毫克数，按下式计算出样品中还原糖的百分含量。

$$还原糖的质量分数（\%）=\frac{查表得的还原糖质量（mg）×样品提取液总体积（mL）}{样品重（mg）×测定时取用提取总体积（mL）}$$

六、思考题

（1）比色测定的操作要点与注意事项是什么？

（2）比色测定时为什么要设置空白管？

实验二　氨基酸的分离鉴定
——单向纸层析法

一、实验目的

通过对氨基酸的分离和鉴定，学习掌握纸层析的基本原理及操作方法。

二、实验原理

层析法又称是色谱分析法，是生化技术最常用的分离方法之一。这种方法是由一种流动相带试样流经固定相，从而使试样中的各种组分分离。层析法按其分离原理，可分为吸附层析、分配层析、离子交换层析和排阻层析（分子筛层析）。

纸层析是一种分配层析，是以层析滤纸为惰性支持物的，滤纸纤维与水有较强的亲和力，能从移动的溶剂前沿中优先吸收水分子。通常以含水的有机溶剂作为展层剂，结合于滤纸纤维上的水即为固定相，有机溶剂为流动相，根据各物质在这两相中溶解度不同将其分离。在一定温度下分配达到平衡时，溶质在这两种溶剂中的浓度比是一个常数，称为分配系数。

层析时，滤纸一端浸入展层剂，有机溶剂连续通过点有样品的原点处，溶质中的各种物质依据本身的分配系数在两相间进行分配。分配过程：一部分溶质随着有机相移动离开原点进入无溶质区，并进行重新分配，不断向前移动。随着有机相不断向前移动，溶质不断地在两相间进行可逆的分配。由于各种物质的分配系数不同，随展层剂移动的速率也不同，从而达到分离的目的。移动速率可用比移 R_f 表示。

$$R_f = \frac{原点到层析点中心的距离}{原点到溶剂前沿的距离}$$

各种化合物在恒定的条件下，经层析后都有自己一定的 R_f，借此可以达到分离、鉴定的目的。R_f 的大小与物质的极性、滤纸的质地、溶剂的纯度及 pH、层析的温度和时间等因素有关。

层析一般多采用单向层析，即只沿滤纸的一个方向进行层析，若样品中溶质种类较多，且某些溶质在某一溶剂系统中的 R_f 十分接近时，单向层析分离效果不佳，则可采用双向层析。这时，将样品点在一方形滤纸的角上，先用一种溶剂系统展层，滤纸取出干燥后，再将滤纸转 90 度角，用另一溶剂系统展层，所得图谱分别与在这两种溶剂系统中作的标准物质层析图谱对比，即可对混合物样品中各组分进行鉴定。

三、实验材料，仪器和试剂

1. 实验材料

层析滤纸（新华一号），针线。

2. 仪器

层析缸，电吹风机，毛细管，喷雾器，培养皿（9~10cm）。

3. 试剂

（1）扩展剂；由 4 份水饱和的正丁醇和 1 份醋酸的混合物作为扩展剂。将 20mL 正丁醇和 5mL 冰醋酸放入分液漏斗中，与 15mL 水混合，充分震荡，静置后分层，放出下层水层。取漏斗内的扩展剂约 5mL 置于小烧杯中作平衡溶剂，其余的倒入培养皿中备用。

（2）氨基酸溶液。0.5% 的赖氨酸、甘氨酸、脯氨酸、缬氨酸、亮氨酸、溶液及它们的混合液。

（3）显色剂。0.1% 水合茚三酮正丁醇溶液。

四、实验步骤

（1）将盛有平衡溶剂的小烧杯置于密闭的层析缸中。

（2）取层析滤纸一张（裁剪成 22cm×14cm），在纸的一端距边缘 2～3cm 处用铅笔轻轻地划一条直线，在此直线上每间隔约 2cm 处做一记号。

（3）点样：用毛细管将各氨基酸样品分别点在这几个位置上；干后再点一次。每次点在纸上扩散的直径最大不超过 3mm。

（4）扩展：将点样后的滤纸两侧对齐，用线将滤纸缝成桶状，纸的两边不能接触。避免由于毛细现象溶剂沿边缘快速移动而造成溶剂前沿不齐，影响 R_f。将盛有约 20mL 扩展剂的培养皿迅速置于密闭的层析缸中，将滤纸直立于培养皿中（点样的一端在下，扩展剂的液面需低于点样线 1cm）。待溶剂上升 15～20cm 时即取出滤纸，用铅笔描出溶剂前沿界线，自然干燥或用吹风机热风吹干。

（5）显色：用喷雾器均匀喷上 0.1% 茚三酮正丁醇溶液，用热风吹干即可显得各层析斑点（图 13-1）。

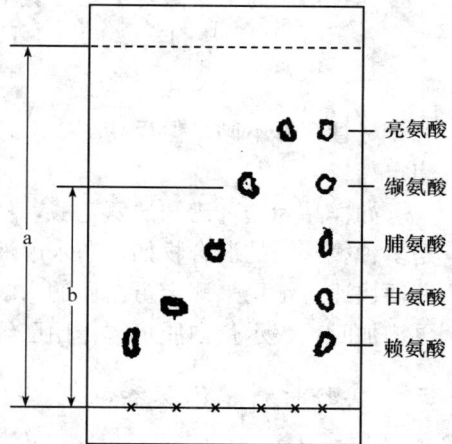

图 13-1　氨基酸点样及显色后的图谱

五、结果与计算

计算各种氨基酸的 R_f。

$$R_f = \frac{b}{a}$$

六、思考题

在缝滤纸筒时为什么要避免纸的两端完全接触？

实验三　甲醛滴定法测定氨基氮含量

一、实验目的

学习并掌握用甲醛滴定法测定氨基氮的原理和方法。

二、实验原理

氨基酸含有碱性基团——氨基和酸性基团——羧基，两种基团互相影响，使溶液常呈近中性，很难用碱来滴定其羧基。如果加入甲醛，则氨基可与甲醛反应而被遮盖，致使氨基酸变成相应的羧基酸，这样氨基酸的羧基便能用碱所滴定。因此，推算出的结果可代表游离氨基酸的含量。作用机制，有如下不同的解释：

其一：认为氨基酸与甲醛反应生成一羟甲基或二羟甲基衍生物。

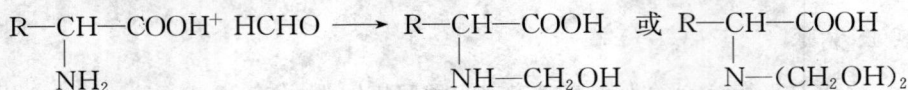

$$
\underset{\underset{NH_2}{|}}{R-CH-COOH} + HCHO \longrightarrow \underset{\underset{NH-CH_2OH}{|}}{R-CH-COOH} \quad 或 \quad \underset{\underset{N-(CH_2OH)_2}{|}}{R-CH-COOH}
$$

其二：认为甲醛可与氨基酸的氨基化合物生成甲烯氮。

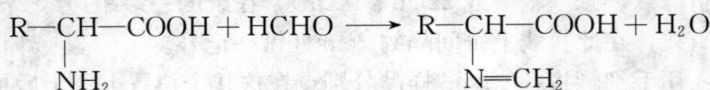

$$
\underset{\underset{NH_2}{|}}{R-CH-COOH} + HCHO \longrightarrow \underset{\underset{N=CH_2}{|}}{R-CH-COOH} + H_2O
$$

其三：认为氨基酸与甲醛在氨基处结合成一复合物。

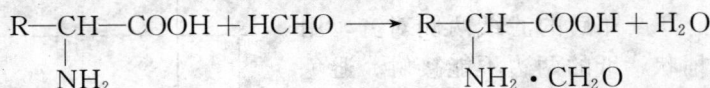

$$
\underset{\underset{NH_2}{|}}{R-CH-COOH} + HCHO \longrightarrow \underset{\underset{NH_2 \cdot CH_2O}{|}}{R-CH-COOH} + H_2O
$$

尽管解释不同，但反应结果都是把碱性的氨基遮盖，使羧基充分暴露而为碱所滴定。

如样品为一种已知的氨基酸，从甲醛滴定的结果可算出此种氨基氮的含量。如样品是多种氨基酸的混合物如蛋白水解液，则滴定结果不能作为氨基酸的定量依据。但此法简便快速。常用来测定蛋白质的水解程度，随水解程度的增加滴定值也增加，滴定值不再增加时，表示蛋白质水解作用已经完成。

三、实验材料、仪器和试剂

1. 实验材料

0.1mol/L 标准甘氨酸溶液：准确称取 750mg 甘氨酸，溶解后定容至 100mL。

2. 仪器

25mL 锥形瓶，25mL 滴定管，各种吸管、滴管、吸耳球、蒸馏水瓶、铁架台、滴定夹。

3. 试剂

(1) 0.02mol/L 标准氢氧化钠溶液（用前须标定）。

(2) 酚酞指示剂 0.5％酚酞的 50％乙醇溶液

(3) 中性甲醛溶液（pH7）。在 50mL 36％～37％分析纯甲醛溶液中加入 1mL 酚酞指示剂，用 0.02mol/L 的氢氧化钠溶液滴定到微红，储于密闭的玻璃瓶中，此试剂在临用前配制，如已放置一段时间，则使用前需重新中和。

四、实验步骤

取 3 个 25mL 的锥形瓶，编号，按表 13-3 加入。

表 13-3　氨基氮含量测定

试剂 \ 瓶号	1	2	3
0.1mol/L 标准甘氨酸	2mL	2mL	
H₂O	5mL	5mL	7mL
酚酞	5 滴	5 滴	5 滴
中性甲醛	2mL	2mL	2mL

五、结果与计算

混匀后分别用 0.02mol/L 标准氢氧化钠溶液滴定至溶液显微红色。

重复以上实验 2 次，记录每次每瓶消耗标准氢氧化钠溶液的毫升数，取平均值，计算甘氨酸氨基氮的回收率。

$$甘氨酸氨基氮回收率\% = \frac{实际测得量}{加入理论量} \times 100$$

公式中测得量为滴定第 1 和 2 号瓶耗用的标准氢氧化钠溶液毫升数的平均值与第 3 号瓶耗用的标准氢氧化钠溶液毫升数之差乘以标准氢氧化钠的摩尔浓度再乘以 14.008。

2mL 乘以标准甘氨酸的摩尔浓度再乘以 14.008。即为加入理论量的毫克数。

取未知浓度的甘氨酸溶液 2mL，按照上述方法进行测定，平行做 2 份，取平均值。并计算出每毫升该种甘氨酸溶液中含有氨基氮的平均毫克数。

$$氨基氮(mg/mL) = \frac{(V_{未} - V_{对}) \times 14.008 \times M_{NaOH}}{2}$$

式中　$V_{未}$——滴定待测液耗用标准氢氧化钠溶液的平均毫升数；

　　　$V_{对}$——滴定对照液（3 号瓶）耗用标准氢氧化钠溶液的平均毫升数；

　　　M_{NaOH}——标准氢氧化钠溶液的真实摩尔浓度。

六、思考题

为什么甲醛滴定时，加入氢氧化钠溶液滴定的是氨基而不是羧基？

实验四　蛋白质含量测定
——总氮量的测定微量凯氏定氮法

一、实验目的

了解凯氏定氮法的原理，初步掌握凯氏定氮的方法。

二、实验原理

天然含氮有机物（如蛋白质、核酸及氨基酸等）的含氮量常用凯氏定氮法测定。

凯氏定氮法基本原理：当被测定的天然含氮有机物与浓硫酸共热消化时，分解出 N_2、CO_2 和 H_2O，其中的氮转变成氨，并进一步与硫酸作用生成硫酸铵，此过程通常称为"消化"。

但是，消化反应进行的比较缓慢，常需加入硫酸钠或硫酸钾以提高反应液的沸点（可由 290℃提高到 400℃），并加入硫酸铜作为催化剂，以加快反应速度。以甘氨酸为例，其"消化"过程可表示为

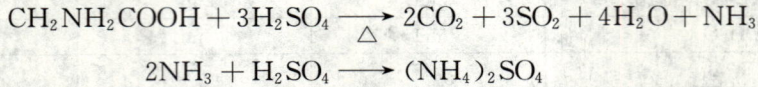

$$CH_2NH_2COOH + 3H_2SO_4 \xrightarrow{\triangle} 2CO_2 + 3SO_2 + 4H_2O + NH_3$$

$$2NH_3 + H_2SO_4 \longrightarrow (NH_4)_2SO_4$$

"消化"完成后，在凯氏定氮仪的消化液中加入强碱碱化消化液，使其中的硫酸铵分解而放出氨，再借水蒸气将氨蒸馏到一定量一定浓度的硼酸溶液中去，硼酸吸收氨后使溶液中氢离子浓度降低，然后用标准无机酸滴定，直至恢复溶液中原来的氢离子浓度为止。

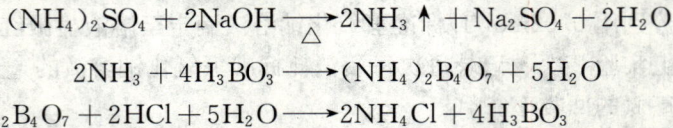

$$(NH_4)_2SO_4 + 2NaOH \xrightarrow{\triangle} 2NH_3\uparrow + Na_2SO_4 + 2H_2O$$

$$2NH_3 + 4H_3BO_3 \longrightarrow (NH_4)_2B_4O_7 + 5H_2O$$

$$(NH_4)_2B_4O_7 + 2HCl + 5H_2O \longrightarrow 2NH_4Cl + 4H_3BO_3$$

最后，根据所用标准酸的当量数（相当于样品中氨的当量数）计算出样品中的总氮量。本法适用于 0.2～1.0mg 氮，相对误差应小于±2%。

三、实验材料、仪器和试剂

1. 实验材料

干燥酵母。

2. 仪器

凯氏定氮仪（图 13-2），酸式微量滴定管，移液管，10mL 量筒，50mL 三角瓶，酒精灯，火柴。

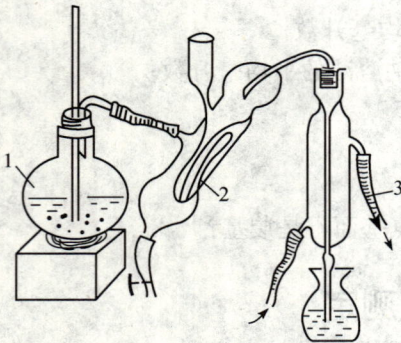

3. 试剂

（1）浓硫酸（化学纯）、30%氢氧化钠溶液、标准盐酸溶液（0.0100mol/mL）、2%硼酸。

（2）混合指示剂：由 50mL 0.1%甲烯蓝乙醇溶液与 200mL 0.1%甲基红乙醇溶液混合而成，储于棕色瓶中备用，此试剂酸性时为紫色，碱性为绿色。

（3）粉末硫酸钾-硫酸铜混合物（以 3∶1 配比研磨混合）。

图 13-2　凯氏定氮仪

1. 蒸汽发生器；2. 反应管；3. 冷凝管

四、实验步骤

（1）取 1g 左右的干燥酵母两份作为实验样品。

（2）消化：取 2 个 100mL 凯氏烧瓶并标号，在 1 号瓶中加样品 1g，催化剂（粉末硫酸钾-硫酸铜混合物）2g，浓硫酸 50mL，注意加样品时应直接送入瓶底，不要沾在瓶口和瓶颈上。2 号瓶加 1mL 蒸馏水，其余同 1 瓶，作为对照，用以测定试剂中可能含有的微量含氮物质。各瓶口放一漏斗。然后在通风橱内的电炉上加热 7h 左右，即可完成消化，1 号为样品消化液，2 号瓶为空白消化液。

消化时注意，凯氏瓶宜斜置，消化开始时应控制火力，勿使液体冲到瓶颈，待瓶内水气蒸完，硫酸开始分解并放出 SO₂ 白烟后，适当加强火力，继续消化，直至消化液

呈淡绿色为止，消化完毕，待烧瓶内容物冷却后，加蒸馏水冲洗烧瓶数次，将洗液注入容量瓶，用水稀释至500mL 刻度，混匀后备蒸馏之用。

（3）蒸馏器的洗涤（图 13-3）。

① 打开弹簧夹 2 使自来水缓慢进入夹套至稍高于出水口时，关闭夹子 2 和 1。

② 用酒精灯在反应室夹套下部加热，使蒸汽通过进汽口 5 而进入蒸馏器进行蒸汽洗涤。

③ 在冷凝管 8 下口放入一个盛有硼酸—混合指示剂三角瓶（50mL 三角瓶内加入 5mL 2%硼酸及 2～3 滴混合指示剂），冷凝管下端应浸没在三角瓶内液体之中。

④ 加热蒸馏洗涤 1～2min，若三角瓶中溶液不变色则证明蒸馏器内部已洗涤干净。

⑤ 当仪器洗净后，将火移开，立即从加样漏斗 4 加入少量蒸馏水，关闭夹子 1 由于夹套内温度降低，而使压力下降，即可把反应室内的液体经进气口 5 而吸到夹套内，打开夹子 1 和 3 放出夹套内过多的液体，如此重复几次，仪器即可使用。

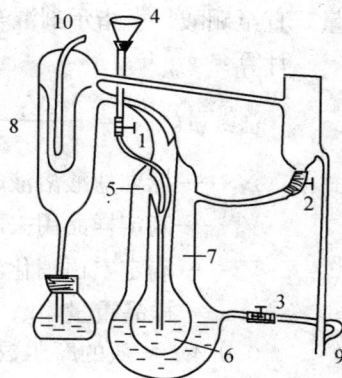

图 13-3　改良式凯氏定氮仪
1、2、3. 弹簧夹；4. 加样漏斗；
5. 进气口；6. 反应室；7. 夹套；
8. 冷凝管；9. 出水口；10. 入水口

（4）样品及空白蒸馏。为了练习蒸馏和滴定的操作方法，在蒸馏样品和空白蒸馏前，可先用标准硫酸铵溶液做 2～3 次蒸馏和滴定操作。

① 硼酸指示液准备：取 3 个 50mL 三角瓶，各加硼酸 5mL 混合指示剂 2～3 滴，溶液呈紫红色，用表面皿覆盖瓶口备用。

② 加样：加样前反应室内的液体应尽可能少，以免降低碱的浓度，延长反应时间。加样时先移去酒精灯，打开夹子 2 和 3。否则，样品会被抽出反应室。然后打开夹子 1，用吸管吸取 2mL 样品消化液，细心地从加样漏斗 4 加入反应室。取一只盛有硼酸-混合指示剂溶液三角瓶，放在冷凝管下，冷凝管下口必须在硼酸指示剂液面之下。关闭 3，再用量筒从加样漏斗加 10mL 30% NaOH 溶液，当碱液未完全流尽时，关闭夹子 1，并在漏斗内加 5mL 蒸馏水，再打开夹子 1，使一半流入反应室，一半留在漏斗内作水封。

③ 蒸馏：用酒精灯在夹套下部加热，当三角瓶内硼酸溶液吸收了氨时，指示剂就由紫色变为蓝色。自变色时起，记时，再蒸馏 3～5min。移动三角瓶，使液面离冷凝管下口约 1cm，并用少量蒸馏水洗涤冷凝管下端外壁，继续蒸馏 1min。拿开三角瓶，用表面皿覆盖瓶口。

④ 废液排除及洗涤：蒸馏完毕后，即从漏斗加入一些蒸馏水，反应室内的废液即猛然从进气口喷出，进入夹套。如此重复两次后，打开夹子 1、3 废液即可从夹套中排出。

⑤ 取 2mL 空白消化液，细心地由加样漏斗加入反应室，其后操作同上，最后用表面皿覆盖三角瓶以备滴定。

五、滴定及计算

全部蒸馏完毕后，用标准盐酸（0.0100mol/lHCl）溶液滴定各三角瓶中收集的氨量，直至硼酸——指示剂混合液由蓝色变为淡紫色为滴定终点，记录盐酸用量。

计算：

$$总氮量(\%) = \frac{N(V_1 - V_2) \times 0.014 \times 100}{m} \times \frac{消化液总量(mL)}{测定时消化液用量(mL)} \times \%$$

式中　N——标准盐酸溶液摩尔浓度，mol/L；

　　　V_1——滴定样品用去的盐酸溶液平均毫升数，mL；

　　　V_2——滴定空白消化液用去的盐酸溶液平均毫升数，mL；

　　　m——样品重量，g；

　　　0.014——氮的摩尔数。

六、思考题

（1）消化时加硫酸钾硫酸铜混合物的目的是什么？

（2）30％氢氧化钠溶液的作用是什么？

实验五　蛋白质的两性解离与等电点

一、实验目的

了解蛋白质是两性电解质，学习测定蛋白质等电点的一种方法。

二、实验原理

蛋白质由许多氨基酸组成。氨基酸通过肽键连接成多肽链，除 N—端和 C—端外，还有一定数量的可解离侧链基团，因此蛋白质也是两性电解质。蛋白质分子上可解离基团的解离程度与溶液的 pH 有关。pH 很低时，蛋白质分子中的自由氨基和羧基都被质子化，整个分子带正电荷；当 pH 很高时，自由羧基解离而质子化的氨基去质子化，蛋白质带负电荷；当溶液调至某一 pH 时，自由氨基的质子化程度等于羧基的解离程度，蛋白质静电荷为零，这个 pH 称为蛋白质的等电点（pI）：

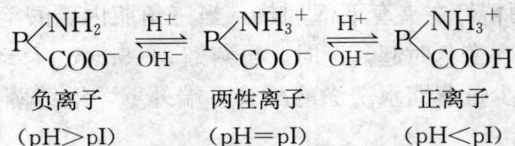

$$P\!\!\stackrel{NH_2}{\underset{COO^-}{\diagdown}} \underset{OH^-}{\overset{H^+}{\rightleftharpoons}} P\!\!\stackrel{NH_3^+}{\underset{COO^-}{\diagdown}} \underset{OH^-}{\overset{H^+}{\rightleftharpoons}} P\!\!\stackrel{NH_3^+}{\underset{COOH}{\diagdown}}$$

　　　　负离子　　　　　　两性离子　　　　　　正离子

　　　（pH＞pI）　　　　（pH＝pI）　　　　（pH＜pI）

在电场中：移向阳极　　　　不移动　　　　移向阴极

由于各种蛋白质中解离基团的种类和数量不同，因此等电点不同。蛋白质在等电点时净电荷为零，溶解度最低，容易发生聚沉。配制不同 pH 的缓冲溶液，观察蛋白质在这些缓冲液中的溶解情况，即可大致确定其等电点。

本试验通过观察酪蛋白在不同 pH 的溶解度，来测定酪蛋白的等电点，用醋酸与醋酸钠配制成各种不同 pH 的缓冲液，然后向各种缓冲溶液中加入酪蛋白，观察沉淀出现并测定酪蛋白的等电点。

三、实验材料、仪器和试剂

1. 实验材料

（1）0.5％酪蛋白溶液：称取 0.25g 酪蛋白，溶于 50mL、0.01mol/L NaOH 溶液中。

（2）酪蛋白-乙酸钠溶液：称取 0.25g 酪蛋白，加蒸馏水 20mL，并准确加入 5mL 1mol/L 的 NaOH 溶液，振荡使酪蛋白溶解，然后准确加入 5mL 1mol/L 的乙酸溶液，最后用蒸馏水定容至 50mL。充分混匀。

2. 仪器

试管及试管架，刻度吸管（1mL、2mL、10mL）。

3. 试剂

（1）1mol/L 乙酸：量取 99.5％乙酸（相对密度 1.05）2.875mL，加水至 50mL，标定，调至 1.00mol/L。

（2）0.1mol/L 乙酸：吸取 1.00mol/L 乙酸 5mL，加水稀释至 50mL。

（3）0.01mol/L 乙酸：吸取 0.1mol/L 乙酸 5mL，加水至 50mL。

（4）0.2mol/L NaOH。

（5）0.2mol/L HCl。

（6）0.01％溴甲酚绿指示剂：称取溴甲酚绿 5mg，加 0.29mL 1mol/L NaOH，然后加水至 50mL。

四、操作步骤

1. 蛋白质的两性反应

（1）取 1 支试管，加 0.5％酪蛋白溶液 1mL，滴加 0.01％溴甲酚绿指示剂 4 滴，混匀，观察颜色，然后用滴管慢慢加入 0.2mol/L HCl，边加边摇，直至有大量沉淀出现。观察此时溶液颜色的变化，说明什么？继续滴加 0.2mol/L HCl，沉淀会逐渐减少以至消失。为什么？

（2）在上述试管中滴加 0.2mol/L NaOH，沉淀又出现。继续滴加 0.2mol/L NaOH，沉淀又逐渐消失。注意观察溶液颜色的变化。解释颜色和沉淀变化的原因。（注：溴甲酚绿的变色范围 pH3.8～5.4）。

2. 酪蛋白等电点的测定

（1）取同样规格的试管 7 支，编号并按表 13-4 加入试剂。

表 13-4　酪蛋白等电点测定

试　剂	管　号						
	1	2	3	4	5	6	7
1.00mol/L 乙酸/mL	1.6	0.8	0	0	0	0	0
0.10mol/L 乙酸/mL	0	0	4.0	1.0	0	0	0
0.01mol/L 乙酸/mL	0	0	0	0	2.5	1.25	0.62
蒸馏水/mL	2.4	3.2	0	3.0	1.5	2.75	3.38
溶液的 pH	3.5	3.8	4.1	4.7	5.3	5.6	5.9

(2) 充分摇匀，然后向各管加入酪蛋白—乙酸钠溶液 1mL，混匀。静置 5min，观察各管的混浊度。用一、±、＋、等符号表示各管的混浊度，并根据混浊度判断酪蛋白的等电点。（注：最混浊的一管的 pH 即为酪蛋白的等电点）

该实验要求各种试剂的浓度和加入量必须相当准确。除需精心配置试剂外，实验中应严格按照定量分析的操作进行。

五、思考题

在蛋白质等电点测定过程中，如何根据实验现象判断酪蛋白的等电点？为什么？

实验六　可溶性蛋白质含量的测定
（考马斯亮蓝 G-250 法测定蛋白质含量）

一、实验目的

(1) 学习并掌握考马斯亮蓝 G-250 法测定蛋白质含量的原理和方法。

(2) 了解分光光度计的使用方法。

二、实验原理

考马斯亮蓝 G-250 是一种染料，在游离状态下呈红色，与蛋白质结合则呈现蓝色。在一定范围内，溶液在 595nm 波长下的吸光度与蛋白质含量成正比，可用比色法测定。本法试剂配制简单，操作简便，是一种常见的蛋白质快速微量测定方法。

三、实验材料、仪器和试剂

1. 实验材料

牛奶。

2. 仪器

721 分光光度计，刻度吸管（1mL、5mL）。

3. 试剂

(1) 考马斯亮蓝 G-250 试剂，称取 100mg 考马斯亮蓝 G-250，溶于 50mL 95％乙醇中，加入 100mL 85％（kg/L）的磷酸，用水定容至 1000mL。此试剂常温下可保存 30d。

(2) 标准蛋白质溶液：精确称取牛血清白蛋白 25mg，加水溶解并定容至 100mL，吸取上述溶液 40mL，用蒸馏水稀释至 100mL，即为 100μg/mL 的标准蛋白质溶液。

四、实验步骤

(1) 标准曲线的制作。取 6 支，编号，按表 13-5 加入试剂。

表 13-5　可溶性蛋白质含量的测定

试　剂	管　号					
	1	2	3	4	5	6
蛋白质标准液/mL	0	0.2	0.4	0.6	0.8	1.0

续表

试　剂	管　号					
	1	2	3	4	5	6
蒸馏水/mL	1.0	0.8	0.6	0.4	0.2	0
考马斯亮蓝 G-250 试剂/mL	5	5	5	5	5	5
蛋白质含量/μg	0	20	40	60	80	100

摇匀。注意：各管振荡程度应尽量一致。放置 2min，在 595nm 波长下比色测定，比色应在 1h 内完成。以酪蛋白含量为横坐标，以吸光度为纵坐标，绘出标准曲线。

(2) 样品中蛋白质含量的测定。样品的制作：准确吸取 2mL 牛乳（市场上现买），加水至 1000mL。

(3) 取样品（牛乳）0.6mL + H_2O 0.4mL + 显示剂 5mL 混合，2min 后在 595nm 波长下进行比色。

另做一空白样品进行对照。

五、结果与计算

根据所测样品的吸光度，在标准曲线上查得相应的蛋白质含量，按下式计算：

$$样品蛋白质含量（\mu g/g 鲜重）= \frac{查得的蛋白质含量（\mu g）\times 提取液总体积（mL）}{样品重（g）\times 测定时取用提取液体积（mL）}$$

六、思考题

考马斯亮蓝法测蛋白质有何优点？

实验七　牛乳中酪蛋白的制备

一、实验目的

学习从牛奶中酪蛋白的原理及方法。

二、实验原理

如果需要从蛋白质混合液中分离出所需蛋白质，利用所需蛋白质与其他蛋白质理化性质的差异，即可达到目的。常用的蛋白质粗级分离方法有等电点沉淀法、有机试剂沉淀法、盐析法等。

牛乳中的主要的蛋白质是酪蛋白，酪蛋白的 pI 是 4.8，利用等电点时溶解度最低的原理，将 pH 降至 4.8，使酪蛋白沉淀出来；酪蛋白不溶于乙醇，可利用酪蛋白这个性质从酪蛋白粗制剂中除去脂类杂质，从而获得纯的酪蛋白。

三、实验材料、仪器和试剂

1. 实验材料

脱脂乳或低脂奶粉，pH 试纸。

2. 仪器

烧杯（50mL），恒温水浴锅，温度计，磁力搅拌器，pH 计，离心机，离心管（50mL），抽滤装置，表面皿。

3. 试剂

0.2mol/L 的乙酸-乙酸钠缓冲溶液（pH 为 4.6），95% 乙醇，无水乙醚，乙醇-无水乙醚混合液（1∶1，体积分数）。

四、实验步骤

（1）将 20mL 牛乳（或 2g 脱脂奶粉及 20mL 40℃，pH4.6 的醋酸-醋酸钠缓冲溶液）倒入 50mL 烧杯中，在搅拌下缓慢加入加入 20mL 40℃左右的乙酸-乙酸钠缓冲溶液，直到 pH 达到 4.7 左右，可以用酸度计调节。将上述悬浮液冷却至室温，然后 3000r/min 离心 15min，弃上清，收集沉淀，即为酪蛋白粗制品。

（2）将沉淀用少量水（约 6mL）洗涤 3 次，3000r/min 离心 15min，弃上清，留沉淀。

（3）在沉淀中加乙醇 10mL，搅拌 5min，将悬浊液转移至布氏漏斗中抽滤，用乙醇-薏米混合液洗涤沉淀 2 次，最后再用乙醚洗涤沉淀 2 次，抽干。

（4）将沉淀摊开在表面皿中，风干后得酪蛋白纯品。准确称量后，计算含量及实际得率。

五、结果与计算

计算出每 100mL 牛乳所制备出的酪蛋白数量，并与理论产量（3.5%）相比较。求出实际得率。

六、思考题

讨论影响得率的因素。

实验八　离子交换柱层析法分离氨基酸

一、实验目的

（1）通过实验要求学会装柱、洗脱、收集等离子交换柱层析技术。

（2）学会用离子交换柱层析法分离氨基酸的原理及方法。

二、实验原理

树脂（惰性支持物）上结合了阳离子或阴离子后，可与样品中阴离子或阳离子化合物结合，改变溶液的离子强度则这种结合物又解离。

由于不同的氨基酸在不同的 pH 及离子强度溶液中的所带电荷各不相同，故对离子交换树脂的亲和力也各不相同。从而可以在洗脱过程中按先后顺序洗出，达到分离的目的。

三、实验材料、仪器和试剂

1. 实验材料

732 型阳离子树脂。

2. 仪器

层析柱 1.2cm×19cm，恒流泵，部分收集器，刻度试管 10mL（×1），烧杯 250mL（×1），吸管 1.0mL（×2）。

3. 试剂

（1）柠檬酸缓冲液（洗脱液，0.45mol/L，pH5.3）：称取 57g 柠檬酸，用适量的蒸馏水溶解，加入 37.2g NaOH，21mL 浓 HCl，混匀，用蒸馏水定容至 2000mL。

（2）显色剂（0.5% 茚三酮）：0.5g 茚三酮溶于 100mL 95% 乙醇中。

（3）0.1% $CuSO_4$ 溶液。

（4）氨基酸样品：0.005mol/L 的 A_{sp} 和 Lys（用 0.02mol/LHCl 配制）。

四、实验步骤

1. 树脂的处理

干树脂经蒸馏水膨胀，倾去细小颗粒，然后用 4 倍体积的 2mol/LHCl 及 2mol/L NaOH 依次浸洗，每次浸 2h，并分别用蒸馏水洗至中性。再用 1mol/L NaOH 浸 0.5h（转型），用蒸馏水洗至中性。

2. 装柱

垂直装好层析柱，关闭出门，加入柠檬酸缓冲液约 1cm 高。将处理好的树脂 12～18mL 加等体积缓冲液，搅匀，沿管内壁缓慢加入，柱底沉积约 1cm 高时，缓慢打开出门，继续加入树脂直至树脂沉积达 8cm 高，装柱要求连续、均匀，无纹格、无气泡，表面平整，液面不得低于树脂表面．否则要重新装柱。

3. 平衡

将缓冲液瓶与恒流泵相连，恒流泵出门与层析柱入口相连，树脂表面保留 3～4cm 左右的液层，开动恒流泵，以 24mL/h 的流速平衡，直至流出液 pH 与洗脱液 pH 相同（需 2～3 倍柱床体积）。

4. 加样

揭去层析柱上口盖子，待柱内液体流至树脂表面 1.0～2.0mm 关闭出口，沿管壁四周小心加入 0.5mL 样品，慢慢打开出口，使液面降至与树脂表面相平处关闭，吸少量缓冲液冲洗柱内壁数次，加缓冲液至液层 3～4cm，接上恒流泵。加样时应避免冲破树脂表面，避免将样品全部加在某一局限部位。

5. 洗脱

以柠檬酸缓冲液洗脱，洗脱流速 24mL/h，用部分收集器收集洗脱液，4mL/管×20。

6. 测定

分别取各管洗脱液 1mL，各加入显色剂 1mL，混合后沸水浴 15min，冷却，各加 0.1% $CuSO_4$ 溶液 3mL，混匀，测 A_{570nm}。以吸光度值为纵坐标，洗脱液累计体积（每管 4mL，故 4mL 为一个单位）为横坐标绘制洗脱曲线。

以已知氨基酸的纯溶液为样本，按上述方法和条件分别操作，将得到的洗脱曲线与混合氨基酸的洗脱曲线对照，即可确定三个峰为何种氨基酸。

五、思考题

离子层析法包括哪些步骤？操作中应该注意什么？

实验九　血清蛋白醋酸纤维薄膜电泳

一、实验目的

学习和掌握醋酸纤维薄膜电泳分离蛋白质的一般原理和基本技术。

二、实验原理

（1）电泳现象：带电粒子在电场中向与自身带相反电荷的电极移动的现象称为电泳。由于带电胶粒或分子中各种成分所具有的电荷和分子质量不同，在电场中将以不同的速度移动，因而在电泳过程中，不同的成分将各自的迁移速度得到有效的分离。

（2）电泳可分为三大类：显微电泳、自由界面电泳和区带电泳。前两类电泳均用于一些较特殊的研究中，而区带电泳则是应用最广的电泳技术。

区带电泳即胶体在各种不同的惰性支持物中进行电泳，不同组分形成带状区间，故称区带电泳。正因为支持介质的存在，减少了界面异常现象的干扰和样品的扩散程度，所以适于鉴定氨基酸、核苷酸等小分子，以及蛋白质、核酸等大分子物质。

区带电泳仪器简单、操作方便、分辨率高。根据常用的支持物介质的不同物理性质又大体可分为四类：滤纸及其他纤维薄膜电泳，凝胶电泳，粉末电泳，丝线电泳。

醋酸纤维薄膜电泳是用醋酸纤维薄膜作为支持物的电泳方法。醋酸纤维薄膜由二乙酸纤维素制成，具有均一的泡沫样的结构，厚度仅 $120\mu m$，渗透性强，对分子移动阻力小。用它作为区带电泳的支持物进行蛋白质电泳具有简便、快速、样品用量少、谱带清晰、没有吸附现象等优点，因此已经广泛用于血清蛋白、脂蛋白、糖蛋白和同工酶的分离鉴定以及免疫电泳中。

血清中的蛋白质种类较多，各种蛋白质的等电点不同且低于 pH7.0，在同一 pH 下所带电量不同，因此在电场中的泳动速度不同。可根据它们的泳动速度快慢将其分离开来。

在 pH8.6 的条件下，其泳动顺序为清蛋白$>\alpha_1>\alpha_2>\beta>\gamma$

醋酸纤维薄膜经透明液或液体石蜡处理即透明，因此可得到背景无色的电泳图谱，有利于用扫描仪直接进行定量测定，也可将条带分别洗脱，用比色法测定。

三、实验材料、仪器和试剂

1. 实验材料

新鲜的血清（无溶血现象），醋酸纤维薄膜（2cm×8cm），粗滤纸，离心管。

2. 仪器

稳压电泳仪，水平式电泳槽，点样器，培养皿。

3. 试剂

（1）巴比妥-巴比妥钠缓冲液（pH8.6，离子强度为 0.075）：称取 2.76g 巴比妥（A.R）和 15.45g 巴比妥钠（A.R），用无离子水溶解，定容至 1000mL（须用酸度剂校正其 pH）。

（2）染色液：氨基黑 10B 0.25g，异丙醇或甲醇（A.R）50mL，冰乙酸（A.R）10mL 和蒸馏水 40mL 配制而成。

（3）漂洗液：乙醇（A.R）45mL，冰乙酸（A.R）5mL 和蒸馏水 50mL 配制而成。

（4）透明液：无水乙醇：冰醋酸＝7：3，混匀。

四、实验步骤

（1）薄膜预处理。用小镊子夹取一张（识别光泽面与无光泽面）2cm×8cm 的醋酸纤维薄膜，将其粗糙无光泽面向上铺在一块干净滤纸上，在距一端 1.5cm 处用铅笔轻画一线表示点样位置，然后将无光泽面朝下，浸没于巴比妥缓冲液（pH8.6）中，注意要使薄膜均匀着液，等其完全浸透，用镊子夹出放在滤纸上，吸去表面多余的溶液。

（2）"滤纸桥"的制作。在电泳槽两边槽内倒入相同体积的巴比妥缓冲液，并使之处于同一水平。剪裁大小合适的双层滤纸，用缓冲液浸润，一端浸没在电泳槽内缓冲液中，另一端切附于电泳槽内支架上，既成为"滤纸桥"或"盐桥"。同时在另一槽上制作一个相同的"滤纸桥"（图 13-4）。

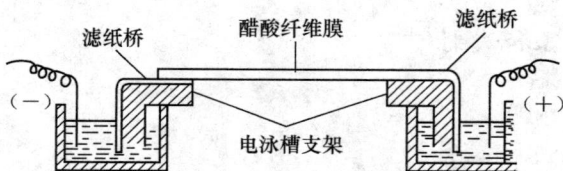

图 13-4　醋酸纤维膜电泳装置

（3）点样。将处理过的薄膜（无光泽面朝上）平铺在玻璃板上，用洁净的盖玻片蘸取血清，轻轻按在薄膜点样线上，待膜上有一定量样品后，随即移开盖玻片。注意：盖玻片的宽度应小于薄膜的宽度，点样后的样品呈一条带状，其宽度一般应小于 1.5mm。

（4）电泳。用镊子夹取点有样品的薄膜，粗糙面向下，两端贴附在电泳槽内的"滤纸桥"上。要求点样端的电极与电泳仪负极相连，点样线不得触及"滤纸桥"。盖上电泳槽盖，再检查操作是否正确，打开电泳仪电源开关，调节电压 90～120V（10～15V/cm），电流 0.4～0.6mA/cm，电泳 45min。

（5）染色。电泳完毕后先切断电源，用镊子夹出醋酸纤维薄膜，放入盛有染色液的培养皿中浸泡 5～10min。然后夹出，用漂洗液漂洗至薄膜上背景颜色退去，蛋白质谱带清晰可见。如图 13-5 所示。

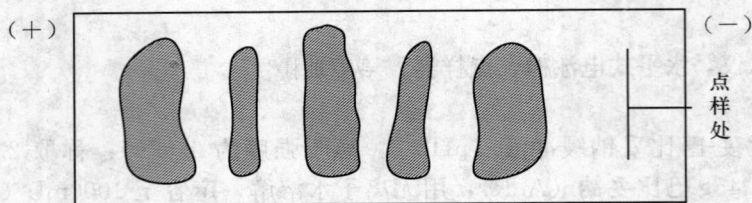

图 13-5　醋酸纤维图

左，为：白蛋白，α_1 球蛋白，α_2 球蛋白，β 球蛋白，γ 球蛋白

五、思考题

醋酸纤维素薄膜用作电泳的支持物有何优点？

实验十　α-淀粉酶的活力测定方法

一、实验目的

了解并掌握 α-淀粉酶的活力测定方法。

二、实验原理

液化型淀粉酶能催化水解淀粉生成分子较小的糊精和少量的麦芽糖及葡萄糖。本实验以碘的呈色反应来测定液化型淀粉酶水解淀粉作用的速度，从而衡量此酶活力的大小。

三、实验材料、仪器和试剂

1. 实验材料

α-淀粉酶粉。

2. 仪器

多孔白瓷板，2.50mL 三角瓶或大试管（25×200m），恒温水浴箱，烧杯，容量瓶，漏斗，吸管。

3. 试剂

（1）原碘液：称取 I_2 11g、KI 22g，加少量水完全溶解后，再定溶至 500mL，储于棕色瓶中。

（2）稀碘液：吸取原碘液 2mL，加 KI 20g，用蒸馏水溶解定溶至 500mL，储于棕色瓶中。

（3）标准"终点色"溶液。

① 准确称取氯化钴 40.2439g，重铬酸钾 0.4878g，加水溶解并定容至 500mL。

② 0.04％铬黑 T 溶液：准确称取铬黑 T40mg，加水溶解并定容至 100mL。

取①液 80mL 与②液 10mL 混合，即为终点色。冰箱保存。

（4）2％可溶性淀粉：称取绝干可溶性淀粉 2.00g，先以少许蒸馏水混匀，倾入

80mL 沸水中，继续煮沸至透明，冷却后用水定溶成 100mL。（此溶液需要新鲜配制）

（5） 0.02mol/L、pH6.0 磷酸氢二钠-柠檬酸缓冲液：称取 $Na_2HPO_4 \cdot 12H_2O45.23g$ 和 $C_6H_8O_7 \cdot H_2O8.07g$，用蒸馏水溶解定溶至 1000mL，配好后以酸度计或精密试纸校正 pH。

四、实验步骤

1. 待测酶液的制备

精密称取 α-淀粉酶粉 1～2g，放入小烧杯中，先用少量的 40℃0.02mol/LpH6.0 的磷酸氢二钠-柠檬酸缓冲液溶解，并用玻璃棒捣研，将上清液小心倾入容量瓶中，沉渣部分再加入少量上述缓冲液，如此反复捣研 3～4 次，最后全部转入容量瓶中，用缓冲液定容至刻度，摇匀，通过四层纱布过滤，滤液供测定用。如为液体样品，可直接过滤，取一定量滤液入容量瓶中，加上述缓冲液稀释至刻度，摇匀，备用。

2. 测定

（1） 将"标准色"溶液滴于白瓷板的左上角空穴内，作为比较终点色的标准)。

（2） 在 50mL 的三角瓶中（或大试管中），加入 2% 可溶性淀粉液 20mL，加缓冲液 5mL 在 60℃ 水浴中平衡约 4～5min，加入 0.5mL 酶液，立即记录时间，充分摇匀。定时用滴管取出反应液约 0.25mL。滴于预先充满此稀碘液（约 0.75mL）的调色板空穴内，当空穴颜色由紫色变为棕红色，与标准色相同时，即为反映终点，记录时间 t（min）。

说明：

（1） 酶反应全部时间应控制在 2～2.5min 之内，否则应改变稀释倍数重新测定。

（2） 本实验中，吸取 2% 可溶性淀粉及酶液的量必须准确，否则误差较大。

五、结果与计算

1g 酶粉或 1mL 酶液于 60℃ pH6.0 的条件下，1h 液化可溶性淀粉的克数，称为液化型淀粉酶的活力单位数。

$$酶活力单位 = \left(\frac{60}{t} \times 20 \times 2\% \times n\right) \times \frac{1}{0.5} \times \frac{1}{m}$$

式中　n——酶粉稀释倍数；

　　　60——1h＝60min；

　　　0.5——吸取待测酶液的量，mL；

　　　20×2%——可溶性淀粉的量，g；

　　　t——反应时间，min；

　　　m——酶粉取样量。

六、思考题

测定酶活力，应注意什么问题？

实验十一　酶的基本性质

一、实验目的

通过本实验进一步了解酶的有关性质，如酶催化的高效性、特异性以及 pH、温度、抑制剂和激活剂对酶活力的影响。

二、实验原理

通过测定生熟马玲薯中的过氧化氢酶以及唾液中淀粉酶和酵母中蔗糖酶的活性，理解酶的特性及影响因素。

三、实验材料、仪器和试剂

1. 实验材料

（1）每边约 1cm 的马铃薯方块（生、熟）、铁粉、2% H_2O_2（用时现配）。

（2）唾液淀粉酶溶液：先用蒸馏水漱口，再含 10 mL 左右蒸馏水，轻轻漱动，数分钟后吐出收集在烧杯中，用数层纱布过滤，即得清澈的唾液淀粉酶原液，根据酶活高低稀释 50～100 倍为唾液淀粉酶溶液。

（3）蔗糖酶溶液：取 1g 鲜酵母或干酵母放入研钵中，加入少量石英砂和水研磨，加 50mL 蒸馏水，静置片刻，过滤即得。

（4）2% 蔗糖溶液：用分析纯蔗糖新鲜配制。

（5）1% 淀粉溶液：1g 淀粉和 0.3gNaCl，用 5mL 蒸馏水悬浮慢慢倒入 60mL 煮沸的蒸馏水中，煮沸 1min，冷却至室温，加水到 100mL，冰箱储存。

（6）0.1% 淀粉溶液：0.1g 淀粉，以 5mL 水悬浮，慢慢加入 60mL 煮沸的蒸馏水中，煮沸 1min，冷却至室温，加入到 100mL，冰箱储存。

2. 仪器

恒温水浴（37℃，70℃），沸水浴，冰浴，移液管（1mL，2mL，5mL），量筒（10mL），多孔白瓷板。

3. 试剂

（1）本乃狄（Benedict）试剂：17.3g $CuSO_4 \cdot 5H_2O$，加 100mL 蒸馏水加热溶解，冷却；173g 柠檬酸钠和 100g $Na_2CO_3 \cdot 2H_2O$，以 600mL 蒸馏水加热溶解，冷却后将 $CuSO_4$ 溶液慢慢加到柠檬酸钠-碳酸钠溶液中，边加边搅匀，最后定容至 1000mL，如有沉淀可过滤除去，此试剂可长期保存。

（2）碘液：3g KI 溶于 5mL 蒸馏水中，加 1g I_2，溶解后再加 295mL 水，混匀储存于棕色瓶中。

（3）磷酸缓冲液。

① 0.2mol/L Na_2HPO_4：称取 28.40g Na_2HPO_4（或 35.61g $Na_2HPO_4 \cdot 2H_2O$ 或 71.64g $Na_2HPO_4 \cdot 12H_2O$）溶于 1000mL 水中。

② 0.1mol/L 柠檬酸：称取 21.01g $C_6H_8O_7 \cdot H_2O$ 溶于 1000mL 水中。

pH5.0 缓冲液：10.30mL①液＋9.70mL②液

pH7.0 缓冲液：16.47mL①液＋3.53mL②液

pH8.0 缓冲液：19.45mL①液＋0.55mL②液

（4）1％ $CuSO_4 \cdot 5H_2O$ 溶液。

（5）1％ NaCl 溶液。

四、实验步骤

1. 酶催化的高效性

过氧化氢酶广泛分布于生物体内，能将代谢中产生的有害的 H_2O_2 分解成水和氧，其催化效率比无机催化剂铁粉高 10 个数量级。

取 4 支试管，按表 13-6 操作。

表 13-6　酶催化的高效性实验

操作项目	管　号			
	1	2	3	4
2％H_2O_2/mL	3	3	3	3
生马铃薯小块/块	2	0	0	0
熟马铃薯小块/块	0	2	0	0
铁粉	0	0	一小匙	0

记录并解释各管发生的现象。

2. 酶催化的专一性

酶是一种生物催化剂，它与一般催化剂最主要的区别是酶具有高度的专一性，淀粉酶只对淀粉起作用，蔗糖酶只水解蔗糖。

取 6 支干净试管，按表 13-7 操作。

表 13-7　酶催化的专一性实验

试　剂	管　号					
	1	2	3	4	5	6
1％淀粉/mL	1	1	0	0	1	0
2％蔗糖/mL	0	0	1	1	0	1
唾液淀粉酶原液/mL	1	0	1	0	0	0
蔗糖酶溶液/mL	0	1	0	1	0	0
蒸馏水/mL	0	0	0	0	1	1
酶促水解	摇匀，37℃水浴中保温 10min					
本乃狄试剂/mL	2	2	2	2	2	2
检查还原糖	摇匀，沸水浴中加热 5～10min					

取出后冷却，记录并解释实验现象。

3. 温度对酶活力的影响

酶的反应速度受温度的影响，最适温度下反应最快。

取 3 支试管，按表 13-8 操作。

表 13-8　温度对酶活力的影响实验

试 剂	管 号		
	1	2	3
唾液淀粉酶溶液/mL	1	1	1
pH7.0 磷酸缓冲液/mL	2	2	2
温度预处理 5min	0℃	37℃	70℃
1%淀粉溶液/mL	2	2	2

摇匀，保持各自温度继续反应，数分钟后每隔半分钟从各管分别吸取 1 滴反应液于白瓷板上，用碘液检查反应进行情况，直到其中一管反应不再变色（只有碘液的颜色），立即取出，流水冷却 2min，各加 1 滴碘液，混匀。观察并记录各管反应现象，解释之。

4. pH 对酶活力的影响

取 3 支试管，按表 13-9 操作。

表 13-9　pH 对酶活力的影响

试 剂	管 号		
	1	2	3
pH5.0 磷酸缓冲液/mL	3	0	0
pH7.0 磷酸缓冲液/mL	0	3	0
pH8.0 磷酸缓冲液/mL	0	0	3
1 % 淀粉溶液/mL	1	1	1
预保温	混匀，37℃水浴中保温 2min		
唾液淀粉酶溶液/mL	1	1	1

摇匀，置 37℃水浴中反应，每隔 0.5min 从各管中分别吸 1 滴反应液于白瓷板上，加碘液检查反应进行情况，直至其中一管反应液对碘呈阴性反应，即刻停止反映，各加入 1 滴碘液，摇匀，观察并记录各管实验现象，比较其反应速度的差异并解释 pH 对酶活力的影响。

5. 酶的抑制与激活

很多因素能降低或加快酶的反应速度，称为抑制和激活作用。能产生抑制作用的物质称为抑制剂。能提高酶活性的物质称为激活剂。

取 3 支试管，按表 13-10 操作。

表 13-10　酶的抑制与激活实验

试 剂	管 号		
	1	2	3
1%NaCl/mL	1	0	0
1%CuSO₄/mL	0	1	0
蒸馏水/mL	0	0	1
唾液淀粉酶溶液/mL	1	1	1
1%淀粉溶液/mL	3	3	3

摇匀，置 37℃水浴中反应，每隔半 min 从各管分别吸取 1 滴反应液于白瓷板上，用碘液检查反应进行情况，直至其中一管对碘液呈阴性反应，立即终止反应。各加 1 滴碘液，摇匀，观察并记反应现象，解释抑制剂和激活剂对酶活性的影响。

说明：

（1）各人唾液中淀粉酶活力不同，因此实验（3）、（4）、（5）应随时检查反应进行情况。如反应进行太快，应适当稀释唾液；反之，则应增大唾液淀粉酶浓度。

（2）抑制与激活最好用经透析的唾液，因为唾液中含有少量 Cl^-。另外，注意不要在检查反应程度时使各管溶液混杂。

五、思考题

温度、pH、抑制剂和激活剂对酶的活性各有何影响？

实验十二　酵母 RNA 的提制

一、实验目的

（1）学习用浓盐法从酵母中提制 RNA 的原理和方法，加深对核酸性质的认识。

（2）掌握紫外分光光度计的基本原理和方法。

二、实验原理

核酸是生物体内的主要化学成分，在生物体内主要是以核蛋白的形式存在。核酸分为 DNA 和 RNA。DNA 主要存再与细胞核中。RNA 主要存在于细胞质中。

提取和制备的首要问题是选材，一定要选密度高的材料。提制 RNA 酵母最为理想，因为酵母核酸中 RNA 含量较多。

RNA 提制过程是先使 RNA 从细胞中释放，并使它的蛋白质分离，然后将菌体除去．再根据核酸在等电点时溶解度最小的性质，将 pH 调至 2.0～2.5，使 RNA 沉淀，进行离心收集。

提取 RNA 的方法很多，在工业生产上常用的是稀碱法和浓盐法。前者利用稀碱使细胞壁溶解，使 RNA 释放出来，这种方法提取时间短，但 RNA 在此条件下不稳定，容易分解；后者在加热的条件下，利用高浓度的盐改变细胞膜的透性，使 RNA 释放出来，此法易掌握，产品颜色较好。用浓盐法提取 RNA 时应注意掌握温度，避免在 20～27℃停留时间过长，因为这是磷酸二酯酶和磷酸单酯酶作用活跃的温度范围，会使 RNA 因降解而降低提取率。加热至 90～100℃使蛋白质变性，破坏该类酶，有利于 RNA 的提取。

三、实验材料、仪器和试剂

1. 实验材料

鲜酵母或干酵母，pH0.5～5.0 的精密试纸。

2. 仪器

量筒（50mL），试管（100mL），烧杯（250mL、50mL、10mL），布氏漏斗（40mm），吸滤瓶（125mL），表面皿（6cm），751 型分光光度计，离心机（4000r/min），恒温水浴锅，电子天平，烘箱。

3. 试剂

NaCl（化学纯），6mol/l HCl，95%乙醇（化学醇）。

四、实验步骤

1. 提取

称取鲜酵母 30g 或干酵母粉 5g，倒入 100mL 试管中，加 NaCl 5g，水 50mL，搅拌均匀，置于沸水浴中提取 1h。

2. 分离

将上述提取液取出，用自来水冷却，装入大离心管内，以 3500r/min 离心 10min，使提取液与菌体残渣等分离。

3. 沉淀 RNA

将离心得到的上清液倾于 50mL 烧杯内，并置于放有冰块的 250mL 烧杯中冷却，待冷至 10℃以下时，用 6mol/L HCl 小心地调节至 pH 至 2.0～2.5。随着 pH 下降，溶液中白色沉淀逐渐增加，至等电点时沉淀量最多（注意严格控制 pH）。调好后继续于冰水中静置 10min，使沉淀充分，颗粒变大。

4. 洗涤和抽滤

上述悬浮液以 3000rpm 离心 10min，得到 RNA 沉淀。将沉淀物放在 10mL 小烧杯内，用 95%的乙醇 5～10mL 充分搅拌洗涤然后在布氏漏斗上用泵抽气过滤再用 95%的乙醇 5～10mL 淋洗 3 次。由于 RNA 不溶于乙醇，洗涤不仅可脱水，使沉淀物疏松，便于过滤、干燥，而且可除去可溶性的酯类及色素等物质，提高了制品的纯度。

5. 干燥

从布氏漏斗上取下沉淀物，放在 6cm 表面皿上，铺成薄层，置于 80℃烘箱内干燥。将干燥后的 RNA 制品称重，存放于干燥器内。

6. 含量测定

将干燥后的 RNA 产品配制成浓度为 10～50μg/mL 的溶液，在 751 型分光光度计上测定其 260nm 处的吸光度，按下式计算 RNA 含量：

$$\text{RNA 含量}(\%) = \frac{A_{260}}{0.024 \times L} \times \frac{\text{RNA 溶液总体积(mL)}}{\text{RNA 称取量}(\mu g)} \times 100$$

式中　A_{260}——260nm 处的吸光度；

　　　L——比色杯光径，cm；

　　　0.024——1mL 溶液含 1μg RNA 的吸光度。

五、结果与计算

根据含量测定的结果按下式计算提取率：

$$RNA\ 提取率(\%) = \frac{RNA\ 含量(\%) \times RNA\ 制品重(g)}{酵母重(g)} \times 100$$

六、思考题

RNA 提制中注意事项是什么？

二、综合实验篇

实验一　从番茄中提取番茄红素和 β-胡萝卜素

天然色素的理化性质各不相同，想从天然物质中提取所需色素，需要研究所需色素的理化性质，根据其理化性质，选择相应的分离纯化工艺除去无效和有害成分。

目前，常用的天然物质提取方法主要有：浸渍法、渗漉法、煎煮法、回流提取法等；常用的精制方法有：水提醇沉法（醇水法）、酸碱法、盐析法、离子交换法和结晶法等。近年又开发出一些新的分离和纯化技术，如絮凝沉淀法、大孔吸附树脂法、膜分离法、高速离心法等。

本次实验是在研究番茄中的番茄红素和 β-胡萝卜素理化性质的基础上，选取了乙酸乙酯浸提、氧化铝吸附层析分离番茄红素和 β-胡萝卜素，并对结果进行了检验。本实验由以下内容构成：

(1) 类胡萝卜素的提取。
(2) 类胡萝卜素的柱层析分离。
(3) 类胡萝卜素的薄层层析检验。
(4) 类胡萝卜素的分光光度法测定。

一、实验目的

(1) 掌握从番茄中提取分离 β-胡萝卜素和番茄红素的原理与方法。
(2) 学习用柱层析和薄层层析分离、检测有机化合物的实验技术。
(3) 学会用分光光度法测定 β-胡萝卜素和番茄红素的方法。

二、实验原理

番茄中含有番茄红素和少量的 β-胡萝卜素，β-胡萝卜素和番茄红素的分子式均为 $C_{40}H_{56}$，相对分子质量为 536.85，β-胡萝卜素的熔点 184℃，番茄红素的熔点 174℃。β-胡萝卜素和番茄红素是不饱和碳氢化合物，难溶于甲醇、乙醇，可溶于乙醚、石油醚、正己烷、丙酮，易溶于氯仿、二硫化碳、苯等有机溶剂。

根据 β-胡萝卜素和番茄红素的上述性质，故可利用石油醚、乙酸乙酯等弱极性溶剂将它们从植物材料中浸提出来。然后，根据它们对吸附剂吸附能力的差异，用柱层析进行分离，用薄层层析检测分离效果。并根据它们在可见光区有强烈吸收的性质，用紫外-可见分光光度法进行测定，β-胡萝卜素的最大吸收峰为 451nm，番茄红素的最大吸收峰为 472nm。

三、实验材料、仪器和试剂

1. 实验材料

新鲜番茄。

2. 仪器

三角瓶（50mL），分液漏斗（150mL），蒸馏瓶（50mL），普通蒸馏装置（或减压蒸馏装置），色谱柱，硅胶薄层板，量筒，烧杯，试管，721 型分光光度计，层析缸。

3. 试剂

食盐，丙酮，乙酸乙酯，石油醚（60～90℃），无水硫酸镁（或无水硫酸钠），氧化铝（层析用，100～200 目），硅胶（层析用，200～300 目），石油醚：丙酮（3∶2）（体积分数）。

四、实验步骤

1. 原料处理与色素提取

（1）称取 20g 新鲜番茄果肉，捣碎，置于 50mL 三角瓶中，再加入 5g 食盐，用玻棒搅拌，使食盐与番茄果肉充分混合均匀，设置一定时间，便会看到果肉组织中水分大量渗出。脱水时间持续 15～30min。随后将脱除下来的水分滤入 150mL 分液漏斗中。

（2）向经过食盐脱水的番茄果肉加入 10mL 丙酮，用玻棒搅拌，并静置 5～10min。然后将丙酮提取液也滤入分液漏斗中。

（3）向经过丙酮处理的番茄果肉加入 10mL 乙酸乙酯浸提 5min。浸提过程中应不时振摇三角瓶，使番茄果肉与溶剂充分接触；若室温过低，可将三角瓶置于温水浴中温热，但应注意不能使浸提溶剂明显挥发损失。5min 后将提取液也滤入分液漏斗中，并用玻棒轻压残渣尽量使溶剂流尽。再用乙酸乙酯重复提取 2 次，每次 10mL，合并提取液至分液漏斗中。

（4）充分振摇分液漏斗中的混合溶液，静置，完全分层后，分去水层，有机层（酯层）再用蒸馏水洗 2 次，每次 8～10mL，弃去水层。酯层自分液漏斗上口倒入干燥的小三角瓶中，加入适量无水硫酸镁（或无水硫酸钠）干燥 15min（注意：应避光）。

（5）干燥后的酯层滤入 50mL 干燥的蒸馏瓶中，水浴加热，小心蒸馏（最好减压蒸馏）浓缩至 1～2mL。所得浓缩液即为类胡萝卜素样品。

2. 柱层析分离

取一支长 1.5×20cm 的层析柱，柱内装有用石油醚调制的层析用氧化铝（100～200 目）。待溶剂液面降至氧化铝柱面顶端时，将粗制的类胡萝卜素用滴管在氧化铝表面附近沿柱壁缓缓加入柱中（留 1～2 滴供以后的薄层层析用），打开活塞，至有色物料在挂顶刚流干时即关闭活塞。用滴管取几毫升石油醚，沿柱壁洗下色素，并通过放出溶剂至柱顶刚流干，从而使色素吸附在柱上。然后加大量的石油醚洗脱。黄色的 β-胡萝卜素在柱中移动较快，红色的番茄红素移动较慢。第一步收集的洗脱液是黄色的 β-胡萝卜素，待洗脱液清亮无色后用石油醚：丙酮＝3∶2（体积分数）的混合液洗脱，第二步收集到的洗脱液为红色。最后用丙酮将前两步不能洗脱的剩余组分洗脱下来。分别收集三步洗脱液，用作薄层色谱检测及分光光度法测定。

3. 薄层层析检验

对前面得到的类胡萝卜素样品以及柱色谱分离得到的样品分别进行薄层分析，以检查柱色谱分离效果。

在用硅胶 G 铺成的薄板上距离底边约 1cm 处，分别用毛细管点上 3 个样品，中间点为未分离的混合物，两边分别点上分离得到的 β-胡萝卜素和番茄红素。可以多次点样，即点完一次，待溶剂挥发后再在原来的位置上点样。但要注意，必须在同一位置上点，而且样品斑点尽量小。点样时毛细管只要轻轻接触板面即可，切不可划破硅胶层。样品之间的距离为 1～1.5cm。将此板放入装有石油醚（60～90℃）：丙酮＝3：2（体积分数）作展开剂的层析缸中，盖上盖子。切勿让展开剂浸没样品斑点。待溶剂展开至10cm 左右时，取出层析板。因斑点会氧化而迅速消失，故要用铅笔立即圈出。计算不同样品的 R_f 值，比较不同样品 R_f 值大小的原因以及分离效果。

在本实验条件下，薄层检测结果为：β-胡萝卜素，黄色，R_f 为 0.89；番茄红素，深红色，R_f 为 0.84。

4. 类胡萝卜素的分光光度法测定

取柱色谱分离后得到的样品，用石油醚适当稀释至仪器测量范围，然后用 721 型分光光度计分别在 420～520nm 范围测定它们的光密度 E，并做出 E-λ 曲线（每隔 10nm 测定一次光密度）。指出各自最大吸收峰 λ_{max}，并与标准吸收对照鉴定。

说明：

（1）新鲜番茄果肉组织中含有大量水分，类胡萝卜素处在含水量很高的细胞环境中，有机溶剂不易渗透进去，因此，为了提高提取效率，减少提取溶剂用量，应首先用食盐对番茄果肉进行脱水处理。经食盐一次脱水处理后，番茄果肉里仍然含有一定量水分，致使所用提取溶剂还是无法进入细胞内很好地将类胡萝卜素溶出，故选用弱极性溶剂丙酮对之进一步脱水，同时也会溶出部分类胡萝卜素。为了最大限度地减少类胡萝卜素的损失，故应将前步脱除下来的水分及这一步的丙酮浸提液都滤入分液漏斗中合并处理。经丙酮处理后的番茄果肉便可直接加有机溶剂浸提。

（2）如用乙酸乙酯提取胡萝卜素，提取液浓缩至 1～2mL 后，应停止蒸馏，拆卸仪器，将蒸馏瓶敞口，让剩余的乙酸乙酯挥发至干，然后再加适量石油醚溶解，所得溶液即为类胡萝卜素样品，用于下一步实验。切不可将经过浓缩的乙酸乙酯提取液直接用于柱色谱分离。

（3）浓缩提取液时应当用水浴加热蒸馏瓶，最好用减压蒸馏，而且不可蒸得太快、太干，以免类胡萝卜素受热分解破坏。

（4）氧化铝层析柱的装填方法：将层析柱垂直固定于铁架上，铺上一层薄薄的石英砂，关闭活塞。称取 15g 氧化铝置于 50mL 锥形瓶中，加入 15mL 石油醚（顺序不能反）边加边搅，且不断旋摇直至成均匀浆液（稠厚但能流动），向柱内加入溶剂（石油醚）至半满，然后开启活塞让溶剂以每秒一滴的速度流入小锥瓶中，摇动浆液，不断地逐渐倾入正在流出溶剂的柱子中，不断用木棒或带橡皮管的玻璃棒轻轻敲击柱身，使顶部成水平面，将收集到的溶剂在柱内反复循环几次，以保证沉降完全和装紧柱。整个过程不能让柱流干。待溶剂刚好放至柱顶刚变干时即可上样。

（5）硅胶 G 薄层板的制备：将 4g 硅胶 G 置于一小烧杯中，加入 8mL 蒸馏水不断搅拌至糊糊状，倾倒在洗净的玻板上（18cm×6cm），流平，或用涂布器铺板，并轻轻敲打均匀，在室温放置 0.5h 晾干，然后移入烘箱，缓慢升温至 105～110℃恒温活化 0.5h，取出放入干燥器中备用。

五、思考题

（1）在本法中，柱层析和薄层层析的操作要点是什么？

（2）根据本实验结果，试提出一个从植物材料中提取、分离、鉴定植物色素的一般流程。

实验二　酵母细胞的固定化及其蔗糖酶活力测定

固相酶又称为固定化酶，是通过物理及化学的处理方法，使水溶性酶和固态的水不溶性支持物（或载体）相结合而制备的。通过酶的固定化可以将酶转变成不溶物同时仍保留酶的活力，在催化反应中具有诸多水溶性酶所不具备的优点。常用的酶的固定化方法主要有：物理吸附法、载体偶联法（键结合法）、交联法、包埋法。就其应用技术而言，又分为固定化酶和固定化细胞二种。本次实验主要研究酵母细胞中蔗糖酶在固定化前后活性的变化。

本实验由以下内容构成：

（1）酵母细胞的固定化。

（2）标准曲线的绘制。

（3）固定化前后蔗糖酶活性的测定。

一、实验目的

（1）学习酵母细胞的固定化方法。

（2）掌握蔗糖酶活力的检测方法。

（3）学习独立设计实验应遵循的原则。

二、实验原理

实验中，用测定生成还原糖（葡萄糖和果糖）的量来测定蔗糖水解的速度，在给定的实验条件下，每分钟水解底物的量定为蔗糖酶的活力单位。具体方法如下：3,5-二硝基水杨酸溶液与还原糖溶液共热后被还原成棕红色的氨基化合物，在一定范围内还原糖的量和棕红色物质颜色深浅的程度成一定比例关系，利用分光光度计，在 540nm 波长下测定光密度值，查对标准曲线并计算，便可求出样品中还原糖的含量。

三、实验材料、仪器和试剂

1. 实验材料

干酵母。

2. 仪器

1mL 吸管 4 支，电炉，漏斗 1 个，烧杯 1 个，止血夹 1 个，恒温水浴锅，试管若干。

3. 试剂

海藻酸钠若干克，K 号酵母液，10％蔗糖液，蒸馏水，0.2％Glc 溶液，3,5 二硝基水杨酸试剂，1mol/L NaOH 溶液。

四、实验步骤

1. 葡萄糖浓度标准曲线的制作

取 7 支编号的试管按表 13-11 的顺序加入 0.1％Glc，水及 3,5-二硝基水杨酸试剂。然后在沸水浴中加热 5min，然后立即用自来水冷却，转移至血糖管中并用蒸馏水定容至 25mL，摇匀，于 540nm 测光密度，以葡萄糖 mg 数为横坐标，光吸收值为纵坐标，绘制标准曲线。

表 13-11　葡萄糖浓度标准曲线的制作

试管序号	0	1	2	3	4	5	6
葡萄糖标准液/mL	0	0.2	0.4	0.6	0.8	1.0	1.2
相当于葡萄糖量/mg	0	0.2	0.4	0.6	0.8	1.0	1.2
蒸馏水/mL	2.0	1.8	1.6	1.4	1.2	1.0	0.8
DNS 试剂/mL	1.5	1.5	1.5	1.5	1.5	1.5	1.5
OD_{540nm}							

2. 酵母细胞的固定化

（1）称取海藻酸钠 0.5g 加入 50mL 水中，微火加热溶解后冷却到 30℃左右，将预先准备好的 2g 卡氏酵母（或 K 号酵母的培养液 20mL）的悬液加入混匀。然后倒入下边装有胶管与止血夹的漏斗中，让其慢慢滴入 4％氯化钙溶液中，制成直径 2～3mm 的球形固定化酵母。

（2）将此固定化酵母装入塞有棉花团的漏斗中，漏斗下端固定，用 20mL 10％的蔗糖液浸泡 20min，收集流出的水解液即为经固定化卡氏酵母或 K 号酵母水解的糖液，其成分为葡萄糖和果糖的混合液。

3. 蔗糖酶的活性测定

（1）固定化蔗糖酶的活性测定：按表 13-12 吸取 DNS 试剂 1.5mL 于干燥试管中，蒸馏水 1.5mL，加入水解液 0.5mL，沸水中加热 5 min，定容至 25mL 摇匀，在 540nm

表 13-12　蔗糖酶的活性测定

试管序号	1（空白管）	2（固定化细胞）	3.（细胞悬浮液）
水解液/mL	0	0.5	0.5
10％的蔗糖溶液/mL	0.5	0	0
DNS 试剂/mL	1.5	1.5	1.5
蒸馏水	1.5	1.5	1.5
沸水浴中加热 5min，定容至 25mL 摇匀，在 540nm 下测定吸光度			
OD_{540nm}			

下测定吸光度。

空白以 10％蔗糖液做对照，其他同上。

（2）未固定化的蔗糖酶的活性测定：将 2g 酵母细胞用 20mL 10％的蔗糖溶液浸泡 20min，用纱布或棉花过滤，收集清液于试管中。取收集液 0.5mL 于干燥试管中，加入 1.5mL DNS 试剂，蒸馏水 1.5mL，沸水中加热 5min，定容至 25mL 摇匀，在 540nm 下测定吸光度。

空白以 10％蔗糖液做对照，其他同上。

4. 温度对酶的影响

按表 13-13 分别称取 2g 固定化酵母细胞于 5 支试管中，分别加入 4mL 10％的蔗糖溶液在 30℃、40℃、50℃、60℃、70℃下反应 10min 后，取水解液测定酶活性。

表 13-13　温度对酶的影响实验

试管序号	1（空白）	2（30℃）	3（40℃）	4（50℃）	5（60℃）	6（70℃）
固定化细胞	0	5 支试管中分别加入 2g 固定化酵母细胞				
10％的蔗糖溶液/mL	4	4	4	4	4	4
温度/℃	分别在 30℃、40℃、50℃、60℃、70℃下反应 10min 后，取 0.5mL 于 5 支试管中					
DNS 试剂/mL	1.5	1.5	1.5	1.5	1.5	1.5
蒸馏水	1.5	1.5	1.5	1.5	1.5	1.5
	沸水浴中加热 5min，定容至 25mL 摇匀，在 540nm 下测定吸光度					
OD$_{540nm}$						

五、结果与计算

（1）蔗糖酶的酶活单位定义。在给定的实验条件下，每分钟产生 1mg 还原糖的酶量为一个活力单位。

（2）数据处理及分析（表 13-14）。在葡萄糖标准曲线上找到所测定光密度值对应的葡萄糖含量，按下面公式计算酶活力：

$$[E] = 葡萄糖 mg 数 \times (4.5/0.5 \times 10) \times E 的稀释倍数$$

表 13-14　数据处理

项目	细胞悬浮液酶活力	固定化蔗糖酶酶活力
室温		
30℃		
40℃		
50℃	无	
60℃		
70℃		

六、思考题

（1）本实验中海藻酸钠和氯化钙的作用是什么？

（2）酶母细胞固定化时应该注意哪些问题？

主要参考文献

陈思齐. 1995. 生物化学. 北京：中国商业出版社.

陈毓荃. 2002. 生物化学实验方法和技术. 北京：科学出版社.

陈阅增，张宗炳，等. 1997. 普通生物学. 北京：高等教育出版社.

大连轻工业学院. 1980. 生物化学. 北京：中国轻工业出版社

董小燕. 2003. 生物化学实验. 北京：化学工业出版社.

郭勇. 1994. 酶工程. 北京：中国轻工业出版社.

郭勇. 1996. 酶在食品工业中的应用. 北京：中国轻工业出版社.

郭志钧. 1995. 食品生物化学. 西安：西北大学出版社.

姜锡瑞. 1996. 酶制剂应用技术. 北京：中国轻工业出版社.

姜招峰. 2002. 生物化学. 北京：科学出版社.

李晓华. 2002. 食品应用化学. 北京：高等教育出版社.

李再资. 1995. 生物化工与酶催化. 广州：华南理工大出版社.

刘孝民. 1990. 生物化学. 北京：中国轻工业出版社.

罗纪盛，等. 1999. 生物化学简明教程. 北京：高等教育出版社.

倪培德. 2003. 油脂加工技术. 北京：化学工业出版社.

沈同，等. 1980. 生物化学. 北京：高等教育出版社.

石保金. 1993. 食品生物化学. 北京：中国轻工业出版社.

宋宏新. 2002. 现代生物化学实验技术教程. 西安：陕西人民出版社.

宋思扬，楼士林. 1999. 生物技术概论. 北京：科学出版社.

陶慰孙. 1981. 蛋白质分子基础. 北京：高等教育出版社.

童海宝. 2001. 生物化工. 北京：化学工业出版社.

万萍. 2006. 食品微生物基础与实验技术. 北京：科学出版社.

汪家政，范明. 2000. 蛋白质技术手册. 北京：科学出版社.

王保莉. 2002. 生物化学. 西安：西北工业大学出版社.

王璋，许时婴，汤坚. 1990. 食品化学. 北京：中国轻工业出版社.

魏述众. 1996. 生物化学. 北京：中国轻工业出版社.

夏文水. 2003. 肉制品加工原理与技术. 北京：化学工业出版社.

徐幼卿. 1996. 食品化学. 北京：中国商业出版社.

张洪渊，万海清. 2001. 生物化学. 北京：中国轻工业出版社.

张洪渊. 1994. 生物化学教程. 成都：四川大学出版社.

张树林. 1984. 酶制剂工业. 北京：科学出版社.

赵永芳. 2002. 生物化学技术原理及应用. 北京：科学出版社.

D. 沃伊特，J. G. 沃伊特，C. W. 普拉特. 2003. 基础生物化学. 朱德煦，郑昌学译. 北京：科学出版社.

Harry R. Matthews Richard A. Freedland Rogerl. Miesfeld. 2001. 生物化学简明教程. 吴相钰译. 北京：北京大学出版社.

生物化学网上资源

生物软件网：http://www.bio-soft.net/　上面收录了许多生物科学类网址

中国生物器材网：http://www.bio-equip.com/

中科院上海生物研究所：http://www.sibcb.ac.cn/

附录　常用生物化学名词的缩写

A	adenine,adenosine,or adenylate	腺嘌呤、腺苷或腺苷酸
A	absorbance	吸收值
Ach	acetylcholine	乙酰胆碱
ACP	acyl carrier protein	酰基载体蛋白
ACTH	adrenocorticotropic hormone	促肾上腺皮质激素
Acyl-CoA	acyl derivatives of coenzyme A(also,acyl-S-CoA)	辅酶 A 的酰基衍生物
ADH	alcohol dehydrogenase	醇脱氢酶
adoHcy	S-adenosylhomocysteine	S-腺苷高半胱氨酸
adoMet	S-adenosylmethionine(also,SAM)	S-腺苷甲硫氨酸
AIDS	acquired immunodeficiency syndrome	获得性免疫缺损综合征
Ala	alanine	丙氨酸
$[\alpha]_D^{25℃}$	specific rotation	比旋光度
AMP,ADP,ATP	adenosine 5′-mono-,di-,triphosphate	腺苷 5′-单、二、三磷酸
Arg	arginine	精氨酸
ARS	autonomously replicating sequence	自主性复制序列
Asn	asparagines	天冬酰胺
Asp	aspartate	天冬氨酸
ATCase	aspartate transcarbamoylase	天冬氨酸转氨甲酰基酶
ATPase	adenosine triphosphatase	腺苷三磷酸酶
B_{12}	coenzyme B_{12},cobalamin	辅酶 B_{12},钴胺素
BMR	basal metabolic rate	基础代谢率
bp	base pair	碱基对
1,3-BPG	1,3-bisphosphoglycerate	1,3-甘油酸二磷酸
BPTI	bovine pancreatic trypsin inhibitor	牛胰蛋白酶抑制剂
C	cytosine,cytidine,or cytidylate	胞嘧啶,胞苷或胞苷酸
CaM	calmodulin	钙调蛋白
cAMP,cGMP	3′,5′-cyclic AMP,3′,5′-cyclic GMP	3′,5′-环 AMP,3′,5′-环 GMP
CAP	catabolite activator protein	代谢物活化蛋白质
cDNA	complementary DNA	互补 DNA
Chl	chlorophyll	叶绿素
CMP,CDP,CTP	cytidine 5′-mono-,di-,triphosphate	胞苷 5′-单、二、三磷酸（胞苷 5′-单,二、三磷酸,简称为胞苷酸,下面相关词类同）

CoA	coenzyme A(also, CoASH)	辅酶 A
CoQ	coenzyme Q(ubiquinone; also, UQ)	辅酶 Q(也用 UQ 表示)
Cys	cysteine	半胱氨酸
D	diffusion coefficient	扩散系数
d	density	密度
dADP, dGDP, etc.	deoxyadenosine 5′-diphosphate, deoxyguanosine 5′-diphosphate, etc.	脱氧腺苷-5′-二磷酸 脱氧鸟苷-5′-二磷酸等
dAMP, dGMP, etc.	deoxyadenosine 5′-monophosphate, deoxyguanosine 5′-monophosphate, etc.	脱氧腺苷-5′-单磷酸 脱氧鸟苷-5′-单磷酸
dATP, dGTP, etc.	deoxyadenosine 5′-triphosphate, deoxyguanosine 5′-triphosphate, etc.	脱氧腺苷-5′-三磷酸 脱氧鸟苷-5′-三磷酸
DEAE	diethylaminoethyl	二乙氨基乙基
DFP(DLFP)	diisopropylfluorophosphate	二异丙基氟磷酸
DHAP	dihydroxyacetone phosphate	二羟丙酮磷酸
DHF	dihydrofolate(also, H_2 folate)	二氢叶酸
DHU	dihydrouridine	二氢尿嘧啶核苷
DMS	dimethyl sulfate	二甲基硫酸
DNA	deoxyribonucleic acid	脱氧核糖核酸
Dnase	deoxyribonuclease	脱氧核糖核酸酶
DNP	2,4-dinitrophenol	2,4-二硝基苯酚
Dol	dolichol	长萜醇
DOPA	dihydroxyphenylalanine	二羟苯丙氨酸(多巴)
E	electrical potential	电势
E. C.	Enzyme Commission(followed by numbers indicating the formal classification of an enzyme)	酶学委员会(E. C,后面的数字表示酶的征实分类编号)
EDTA	ethytlenediaminetetraacetate	乙二胺四乙酸
EF	elongation factor	延长因子
EGF	epidermal growth factor	表皮生长因子
ELISA	enzyme-linked immunosorbent assay	酶联免疫吸收剂试验
EM	electron microscopy	电子显微镜
ε	molar absorption coefficient	摩尔吸光系数
ER	endoplasmic reticulum	内质网
η	viscosity	黏度
f	frictional coefficient	摩擦因数
FA	fatty acid	脂肪酸
FAD, $FADH_2$	flavin adenine dinucleotide, and its reduced form	黄素腺嘌呤二核苷酸及其还原型

FBPase-1	fructose-1,6-bisphosphatase	果糖-1,6-二磷酸酶
FBPase-2	fructose-2,6-bisphosphatase	果糖-2,6-二磷酸酶
Fd	ferredoxinF	铁氧还蛋白
DNB(DNFB)	1-fluoro-2,4-dinitrobenzene	1-氟-2,4-二硝基苯
FFA	free fatty acid	游离脂肪酸
FH	familial hypercholesterolemia	家族性高胆甾醇血症
fMet	N-formylmethionine	N-甲酰甲硫氨酸
FMN,FMNH$_2$	flavin mononucleotide,and its reduced form	黄素单核苷酸及其还原型
FP	flavoprotein	黄素蛋白
F1P	fructose-1-phosphate	果糖-1-磷酸
F6P	fructose-6-phosphate	果糖-6-磷酸
Fru	*D*-fructose	*D*-果糖
ΔG	free-energy change	自由能变化
$\Delta G^{o\prime}$	standard free-energy change	标准自由能变化
$\Delta G^{\neq}$	activation energy	活化能
ΔG_B	binding energy	结合能
ΔG_P	free-energy change of ATP hydrolysis under non standard conditions	非标准条件下 ATP 水解自由能变化
G	guanine,guanosine,or guanylate	鸟嘌呤、鸟苷或鸟苷酸
GABA	γ-aminobutyrate	γ-氨基丁酸
Gal	*D*-galactose	*D*-半乳糖
GalN	*D*-galactosamine	*D*-半乳糖胺
GalNAc	N-acetyl-*D*-galactosamine	N-乙酰-*D*-半乳糖胺
GAP	glyceraldehyde-3-phosphate(also,G3P)	甘油醛-3-磷酸
GDH	glutamate dehydrogenase	谷氨酸脱氢酶
GH	growth hormone	生长激素
GLC	gas-liquid chromatography	气-液色谱
Glc	*D*-glucose	*D*-葡萄糖
GlcA	*D*-gluconic acid	*D*-葡糖酸
GlcN	*D*-glucosamine	*D*-葡糖胺
GlcNAc	N-acetyl-*D*-glucosamine(also,NAG)	N-乙酰-*D*-葡糖胺
GlcUA	*D*-glucuronic acid	*D*-葡糖醛酸
Gln	glutamine	谷氨酰胺
Glu	glutamate	谷氨酸
Gly	glycine	甘氨酸
GMP,GDP,GTP	guanosine 5$\prime$-mono-,di-,triphosphate	鸟嘌呤核苷-5$\prime$-单,二,三磷酸
G1P	glucose-1-phosphate	葡糖-1-磷酸

G6P	glucose-6-phosphate	葡萄糖-6-磷酸
GSH,GSSG	glutathione	还原型谷胱甘肽,氧化型谷胱甘肽
ΔH	enthalpy change	热熔变化
Hb,HbO₂,HbCO	emoglobin, oxyhemoglobin, carbon monoxide hemoglobin	血红蛋白,氧合血红蛋白,一氧碳血红蛋白
HDL	high-density lipoprotein	高密度脂蛋白
H₂ folate	dihydrofolate(also,DHF)	二氢叶酸(DHF)
H₄ folate	tetrahydrofolate(also,THF)	四氢叶酸(THF)
His	histidine	组氨酸
HIV	human immunodeficiency virus	人类免疫缺乏病毒
HMG-CoA	β-hydroxy-β-methylglutaryl-CoA	β-羟-β-甲基戊二酰辅酶 A
hnRNA	heterogeneous nuclear RNA	不均一核 RNA
HPLC	high-performance liquid chromatography	高效液相层析
HRE	hormone response dlement	激素应答元件
Hyp	hydroxyproline	羟脯氨酸
I	inosine	肌苷(次黄嘌呤核苷)
IF	initiation factor	起始因子
Ig	immunoglobulin	免疫球蛋白
IgG	immunoglobulin G	免疫球蛋白 G
Ile	isoleucine	异亮氨酸
IMP,IDP,ITP	inosine 5′-mono-, di-, triphosphate	次黄苷-5′-单,二,三磷酸
IR	infrared	红外线
IS	insertion sequence	插入序列
K	dissociation constant	解离常数
Kₐ	acid dissociation constant	酸解离常数
Kₑq	equilibrium constant	平衡常数
K′ₑq	equilibrium constant under standard conditions	标准条件下的平衡常数
KI	inhibition constant	抑制作用常数
Kₘ	Michaelis-Menten constant	米-曼常数
KS	dissociation constant	解离常数
κ	rate constant	速率常数
κcat	turnover nuinber	转换数
kb	kilobase	千碱基
kbp	kilobase pair	千碱基对
α-KG	α-ketoglutarate	α-酮戊二酸
λ	wavelength	波长

LDH	lactate dehydrogenase	乳酸脱氢酶
LDL	low-density lipoprotein	低密度脂蛋白
Leu	leucine	亮氨酸
LH	luteinizing hormone	促黄体(生成)激素
LTR	long terminal repeat	行末端重复
Lys	lysine	赖氨酸
Mr	relative molecular mass	相对分子质量
Man	D-mannose	D-甘露糖
Mb, MbO$_2$	myoglobin, oxymyoglobin	肌红蛋白,氧合肌红蛋白
Met	methionine	甲硫氨酸,蛋氨酸
mRNA	messenger RNA	信使 RNA
MSH	melanocyte-stimulating hormone	促黑(素细胞)激素
mDNA	mitochondrial DNA	线粒体 DNA
μ	electrophoretic mobility	电泳迁移率
Mur	muramic acid	胞壁酸,2-葡糖胺-3-乳酸醚
MurNAc	N-acetylmuramic acid(also, NAM)	N-乙酰胞壁酸(NAM)
NAD$^+$, NADH	nicotinamide adenine dinucleotide, and its reduced form	烟酰胺腺嘌呤二核苷酸及其还原型
NADP$^+$, NADPH	nicotinamide adenine dinucleotide phosphate, and its reduced form	烟酰胺腺嘌呤二核苷酸磷酸及其还原型
NAG	N-acetylglucosamine(also, GlcNAc)	N-乙酰葡萄糖胺(GlcNAc)
NAM	N-acetylmuramic acid(also, MurNAc)	N-乙酰胞壁酸
NeuNAc	N-acteylneuraminic acid	N-乙酰神经氨酸
NMN$^+$, NMNH	nicotinamide mononucleotide, and its reduced form	烟酰胺单核苷酸及其还原型
NMP, NDP, NTP	nucleoside mono-, di-, and triphosphate	核苷单,二和三磷酸
NMR	nuclear magnetic resonance	核磁共振
OAA	oxaloacetate	草酰乙酸
P	pressure	压力
Pi	inorganic orthophosphate	无机正磷酸
pO$_2$	partial pressure of oxygen	氧分压
PAB or PABA	p-aminobenzoate	对-氨基苯甲酸
PAGE	polyacrylamide gel electrophoresis	聚丙烯酰胺凝胶电泳
PBG	porphobilinogen	胆色素原
PC	plastocyanin; phosphatidylcholine	质体蓝素,磷脂酰胆碱
PCR	polymerase chain reaction	聚合酶链式反应
PDGF	platelet-derived growth factor	血小板衍生生长因子
PE	phosphatidylethanolamine	磷脂酰乙醇胺

PEP	phosphoenolpyruvate	烯醇丙酮酸磷酸
PFK	phosphofructokinase	果糖磷酸激酶
PG	prostaglandin	前列腺素
2PG	2-phosphoglycerate	甘油酸-2-磷酸
3PG	3-phosphoglycerate	甘油酸-3-磷酸
pH	$lg1/[H^+]$	$lg\dfrac{1}{[H^+]}$
Phe	phenylalanine	苯丙氨酸
PI	phosphatidylinositol	磷脂酰肌醇
PK	protein kinase; pyruvate kinase	蛋白激酶; 丙酮酸激酶
pK	$lg1/K$	$lg\dfrac{1}{K}$
PLP	pyridoxal-5-phosphate	吡哆醛磷酸
Pn	phosphopantetheine	泛酰疏基乙胺磷酸
Pol	polymerase	聚合酶(DNA 或 RNA)
PPi	inorganic pyrophosphate	无机焦磷酸
PQ	plastoquinone	质体醌
Pro	proline	脯氨酸
PRPP	5-phosphoribosyl-1-pyrophosphate	5-磷酸核糖-1-焦磷酸
ΔΨ	transmembrane electrical potential	跨膜电位
RER	rough endoplasmic reticulum	粗面内质网
RF	release factor; replicative form	释放因子; 复制型
RFLP	restriction-fragment length polymorphism	限制片段长度的多态现象
Rib	*D*-ribose	*D*-核糖
RNA	ribonucleic acid	核糖核酸
RNase	ribonuclease	核糖核酸酶
RQ	respiratory quotient	呼吸熵
rRNA	ribosomal RNA	核糖体 RNA
RSV	Rous sarcoma virus	劳氏肉瘤病毒
ΔS	entropy change	熵变
SAM	S-adenosylmethionine(also, adoMet)	S-腺苷甲硫氨酸
SDS	sodium dodecyl sulfate	十二烷基硫酸盐
SER	smooth endoplasmic reticulum	光面肉质网
Ser	serine	丝氨酸
snRNA	small nuclear RNA	小核 RNA
SRP	signal recognition particle	信号识别颗粒
STP	standard temperature and pressure	标准温度和压力

T	thymine, thymidine, or thymidylate	胸腺嘧啶,胸苷或胸苷酸
T	absolute temperature	绝对温度
TH	thyrotropic hormone	促甲状腺(激)素
THF	tetrahydrofolate(alao, H_4, folate)	四氢叶酸
Thr	threonine	苏氨酸
TIM	triose phosphate isomerase	丙糖磷酸异构酶
TLC	thin layer chromatography	薄层层析
TMP, TDP, TTP	thymidine 5'-mono-, di-, triphosphate	胸苷-5'-单,二,三磷酸
TMV	tobacco mosaic virus	烟草花叶病毒
TPP	thiamine pyrophosphate	硫胺素焦磷酸
tRNA	transfer RNA	转移 RNA
Trp	tryptophan	色氨酸
Tyr	tyrosine	酪氨酸
U	uracil, uridine, or uridylate	尿嘧啶,尿苷或尿苷酸
UDP-Gal	uridine diphosphate galactose (also, UDP-galactose)	尿苷半乳糖二磷酸(UDP-半乳糖)
UDP-Glc	uridine diphosphate glucose(also, UDP-glucose)	尿苷葡糖二磷酸(UDP-葡糖)
UMP, UDP, UTP	uridine 5'-mono-, di-, triphosphate	尿苷-5'-单,二,三磷酸
UQ	coenzyme Q(ubiquinone; also, CoQ)	辅酶 Q(泛醌)
UV	ultraviolet	紫外线
V_{max}	maximum velocity	最大反应速度
V_0	initial velocity	初速度
Val	valine	缬氨酸
VLDL	very low-density lipoprotein	极低密度脂蛋白
Z	net charge	净电荷